物料管理

第4版

Materials Management

梁添富 編著

全華

目次

四版序

每一個圓的背後，都需要一個緣的契合；
每一遍內容的盡力撰寫，也必有一群角色的全心搭配；
也許輕描淡寫，卻是永久深植心扉，
綿綿散發豐厚芬芳的書香！

人生是一串串耕耘與鏈結「緣與圓」的豐厚旅程，上面這首小詩，正是作者撰寫本書歷程的誠摯態度與心路寫照。作者深深以為，一本好的專業著作須帶給讀者理論觀念的啓迪、實務作法的導引及產經趨勢的融入三個目標。為此，抱懷最兢業的治學態度，將個人在物料管理領域探索多年的經驗與心得，戮力寫成本書，內心深盼其能滿足讀者對這三個目標的追求。

欲做為一本永久散發芬芳書香的優質著作，修訂後第四版內容，除仍保有清晰敘述基本觀念、提升決策能力及融入科技發展三項特色外，隨著網際網路及資訊科技的蓬勃發展，特於第十二章新增「智慧物聯網系統及其應用」一節，探討物聯網技術的興起和應用領域，並闡述如何建構智慧物料系統以尋求最適管理決策，有效整合供應鏈系統的物流、資訊流、金錢流及服務流。

同時，配合實務應用及證照考試需求，新版也同步更新全文內容與各章測驗題，將最新的物料管理重點概念及工業工程師證照考試試題納入，期能提升讀者的學習效果及就業實作能力。

第四版的完成，最大功臣在於幕後一群角色的全心搭配。首先，誠摯地感謝李銘薰老師的驅動和鼓勵，熱忱提供書寫創見與方向、協助彙整資料及編修文稿內容。其次，屏東科大王貳瑞教授、高雄科大黃天受教授及逢甲大學廖東亮教授的互動交流，特要致上最大謝意。同時，更要感謝蔡登茂、邱文智、吳英偉、鄭鴻文、林學茂、王建廷、林建佑、楊千芝及多位同仁的切磋指導。對於全華圖書主編林芸珊及編輯部愛婷小姐的改版提示與多方協助，也要一併致謝。

最後，要將本書呈獻給摯愛的林玉雪女士，感恩她一生無怨無悔的相持，以及默默持家育子之辛勞！

梁添富 謹識
2020 年 10 月於高雄

CONTENTS

Chapter 7

存量管制決策模式

Chapter 8

採購管理及價值分析

Chapter 9

物料驗收與供應商管理

Appendix

附錄

Chapter 1 物料管理概論

▷ 內容大綱

物料乃為企業產銷活動過程中一項相當重要的資源，其管理績效實為企業組織提升生產力之成敗關鍵。本章內容主要在論述物料管理學科之基本概念，包括物料管理的定義、目標、重要性、物料管理系統、組織結構及績效評估指標；同時，為期建立正確的物料決策分析概念，特舉經濟訂購量與安全存量之決定為例說明之。

1.1 物料管理的定義

開宗明義，首先要介紹物料管理的定義。本節內容將分別從物料、管理及物料管理三個層面來定義之，期對物料管理的定義能有一清晰與完整地瞭解。

一、物料的定義

依照美國生產和存量管制學會（American Production and Inventory Control Society, APICS）的定義：物料（Materials）乃指直接或間接用於製造產品，或是提供服務活動，所投入之任何物品（Commodity）。從上述定義來看，物料一詞所涵蓋的範圍相當廣泛，凡是在企業產銷活動過程中，直接與間接所使用的各種物品均可謂之。

以教室木製椅子為例，傢俱工廠於製造過程中所投入之直接物料含木板、鐵釘、固定鐵片及油漆等，間接物料則含保養維修物品、潤滑油、手套、表單等；此外，各種在製品、製成品、下腳料、報廢材料、文具及醫療用品等，亦均包含在物料範圍內。

任何企業從事產銷活動皆必須投入許多物料，少則百項，多則萬項物料以上。以汽車裝配工廠為例，直接用於裝配一輛汽車約需一萬二千個零配件，但若在計算各種間接物料，則一家汽車裝配工廠全部物料項目至少應有二萬項之多。

最後，根據上述，特別歸納出物料的範圍如下：

1. 原料。
2. 在製品（含組件、次裝配）。
3. 製成品。
4. 保養維修物品。
5. 呆廢料、下腳料。
6. 雜項物料（含文具、醫療、消防及文康等物品）。

二、管理的定義

管理（Management）是一項相當時髦與生活化的名詞，日常生活中人們一直在使用。上至國家的總統與行政院長、企業董事長與總經理、學校校長與總務主任，下至政府機構的科長與股長、企業的領班與機台台長、學校的導師與班級幹部等，均可稱之爲管理者（Manager）。

有關管理的定義，可謂百花爭鳴，管理學者分別提出不同的觀點與見解，包含程序、行爲、計量、情境及權變理論等。其中，**比較普遍性與淺顯的定義乃爲 Follett 教授所提：管理乃爲藉由他人，達成組織任務之一種藝術**。不過，此定義並未提及管理的內涵與管理者必須要履行之功能，實爲一項缺失。

物料管理乃爲一系列程序性活動；**因此，本書特從程序的觀點，引用 Cornor 教授的定義如下：管理乃爲一項程序，藉由此項程序，企業組織得以善用有限資源，期以達成既定目標。由此定義可知，管理乃是一項動態的活動程序，管理者主要在履行下列四個管理功能（Management Function）活動：**

1. **規劃（Planning）**：設定目標及擬定達成目標的行動方案之過程。
2. **組織（Organizing）**：設計組織結構，以有效整合人員、工作及權責之過程。
3. **領導（Leading）**：管理者發揮影響力及激勵、溝通、協調之過程。
4. **控制（Controlling）**：進行績效評估、矯正及改善行動之過程。

三、物料管理的定義

比較直接了當地說明，物料管理的定義乃是將前述物料與管理的概念加以整合，**物料管理爲將規劃、組織、領導及控制等管理功能，導入企業產銷活動過程中，希能以經濟有效的方法，即時取得、供應組織內部各部門所需物料之各種活動**。

下面將從程序的觀點，進一步闡述物料管理的內涵。任何企業組織之產銷活動過程，主要包含資源投入、轉換過程（加工、裝配）及產出（產品、服務）三個階段，物料管理即是將管理功能（規劃、組織、領導及控制）導入到此三個階段的活動中，此概念如圖 1.1 所示。

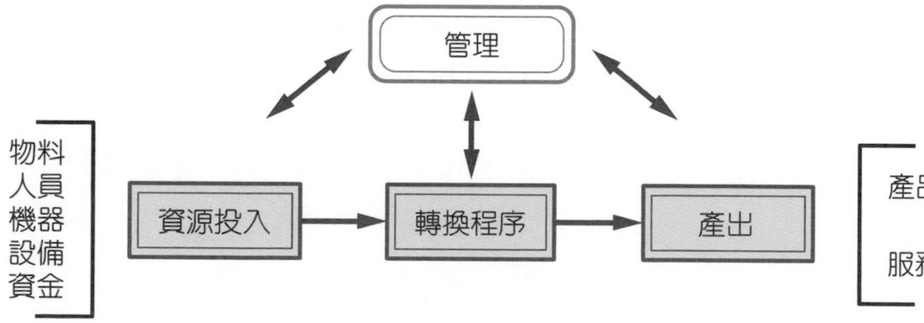

圖 1.1 物料管理的概念

從圖 1.1 可知，在企業組織之產銷活動過程中，第一階段首須投入物料、人力、機器設備、資金、能源等資源；其次，第二階段轉換過程，則須將原物料送到作業現場，藉由人力與機器來加工，目的爲增加原物料之附加價值（亦稱效用）；最後，第三個階段是產出有形的製成品（製造業）或是無形的服務（服務業）。須注意，在各種投入資源中，物料成本所佔產品成本之比例最重，幾達百分之五十以上。因之，無論處在那一個階段，物料管理皆扮演著最重要的角色，企業必須做好物料管理，才能一面使企業內部之物料流動速度最快（即依原物料、在製品及製成品順序），又能兼顧達成提升物料資源利用效率之目標。

1.2 物料管理的目標

無論任何的學科，在學習之初，瞭解其整體內涵與目標是相當重要的課題。因之，在談完物料管理的定義後，在本節內容，將分別從一般性目標與提高生產力兩方面，具體地介紹物料管理的目標。

一、一般性目標

依前面所述，**物料管理的目標乃是以經濟有效的方法，即時取得、供應各部門所需之物料**。茲進一步敘述如下：

1. **經濟性（Right Cost）**：是指以最低的存貨與物料成本來從事各項物料管理活動，希望創造最大的企業利潤。
2. **及時化（Right Time）**：即能掌握最佳的時機，不會延遲、亦不會提早（Not too Late，and not too Early），即時取得、供應各項製程與企業活動所需之物料。
3. **適質（Right Quality）與適量（Right Quantity）**：乃是指各項物料的品質、數量皆能符合與滿足企業的需求。

學者 Ammer 在其《物料管理（Material Management）》一書中，對物料管理目標的敘述非常詳細，總共提出了八個主要目標與八個次要目標，如表 1.1 所示。

表 1.1 物料管理的目標

主要目標	次要目標
取得價格低廉	與客戶、供應商建立互惠關係
高存貨週轉率	研發新材料與新產品
儲存成本低廉	獲得自製或外購的經濟效益
持續供應物料	物料規格的標準化
品質穩定	持續的產品改善
低的薪資成本	各部門獲致協調與配合
建立良好的供應商關係、人力資源發展	做好物料預測
建立良好的記錄	企業合併以獲致成長與維持料源穩定

二、提高生產力

實務上，物料是爲整體企業產銷活動過程中，所佔產品成本比例最重之資源，**若從資源利用效率的觀點來看，物料管理之最終目標乃在於提高企業生產力，亦即善用企業內部之有限的物料資源**。

生產力（Productivity）乃爲衡量企業經營績效或資源利用效率之一項指標，公式如下：

$$生產力 = \frac{產出價值}{投入價值} \quad \cdots\cdots\cdots\cdots\cdots\cdots \quad (1.1)$$

由上式可知，若從個體經濟層面來分析，生產力乃爲企業產出價值（Output）和資源投入價值（Input）之比值；其中，產出價值是爲製成品或服務產出之價值，資源投入價值則含物料、人力、機器、設備、資金等價值。若依比值分析，欲提高企業生產力則須做到提高產出價值，降低資源投入價值。因之，**比較通俗的講法：提高生產力就是以最少的物料資源投入，獲致最大的產出**。

但是，若從總體經濟的角度來分析，國家總體經濟之生產力可代表一國之經濟實力，以當今國際現勢與經濟舞台而言，生產力亦可稱之爲一國之國力指標。目前，在國際舞台上比較富裕（平均國民所得較高）的國家，大部分屬於短缺資源的國家，如日本、台灣、新加坡、香港等，只有美國例外；反觀資源豐富的國家，如大陸、印度等，其經濟發展卻相對落後，人民生活水準較低。因之，一國經濟發展成敗的關鍵在於其總體經濟生產力之高低，而欲提高總體經濟生產力，最重要者爲強化物料管理的功能，期以善用物料資源，提高企業與國家之競爭力。

1.3 物料管理的重要性

台灣屬海島經濟型態，具有下列二點特徵：第一點，原料資源相當短缺，工業生產所需物料資源大皆仰賴進口；第二點，國內市場狹小，進口之物料資源經加工與裝配後，百分之七十以上產品必須外銷到國際貿易市場。因之，就第一點特徵而言，國內企業如何做好物料管理並研發新物料，以提升物料利用效率及降低物料成本，顯得格外的重要。

下面，分別從物料成本佔產品成本的比例、提升企業利潤的途徑、生產管理目標的達成及整體企業活動循環等四個層面，來敘述物料管理的重要性。

首先，**就產品成本的結構而言，物料成本所佔比例最高，平均幾達百分之五十以上；**像統一、義美等食品業者，其物料成本所佔比例更是高達百分之七十五以上。同時，無論我國、日本或美國所做的實證調查研究皆明白顯示，在製造業無論其物料成本，或存貨價值佔資產的比例皆相當的高，故有關物料資源的取得、調配及如何準時供應生產所需，期以降低存貨與短缺成本，實為值得關注之課題。

其次，就提升企業利潤的途徑而言，經營企業最主要的目的在於創造利潤。就一項產品來講，利潤乃為價格和單位成本之差額，公式如下：

利潤＝價格－成本 ································ （1.2）

由上式可知，企業欲提升利潤主要有提高價格與降低成本兩個途徑。然而，就提高價格途徑而言，因國際貿易市場競爭相當激烈，提高價格將產生訂單流失現象，進而造成利潤減少、甚至產生損失現象；因之，**降低成本實為提升企業利潤之最佳途徑，如何做好物料管理之合理化、制度化及電腦化工作，期以降低物料成本，是提升企業利潤之不二法門。**

再就生產管理目標之達成而言，生產管理主要有低生產成本、高品質水準及準時交貨三個目標；然而，在實務上，生產管理問題之產生皆肇因於物料管理無法配合所致，如圖 1.2 所示。

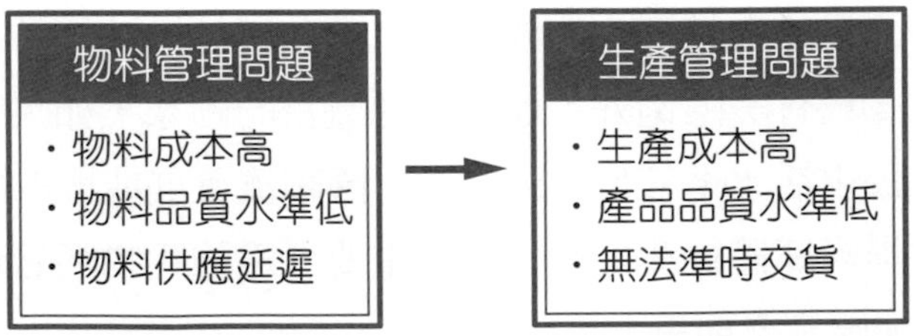

圖 1.2 物料管理與生產管理的因果關係

因之，企業組織欲求提高生產管理的成效，達成低成本、高品質及準時交貨之目標，必須先行做好物料管理，力求降低物料取得與保管成本，提升原物料品質水準；同時，與供應商維持良好的互動關係，確實掌握物料供應之前置時間，希能避免待料停工、產能閒置之情事發生。

最後，就整體企業活動循環而言，物料管理也扮演著重要的角色。企業活動循環如圖 1.3 所示。

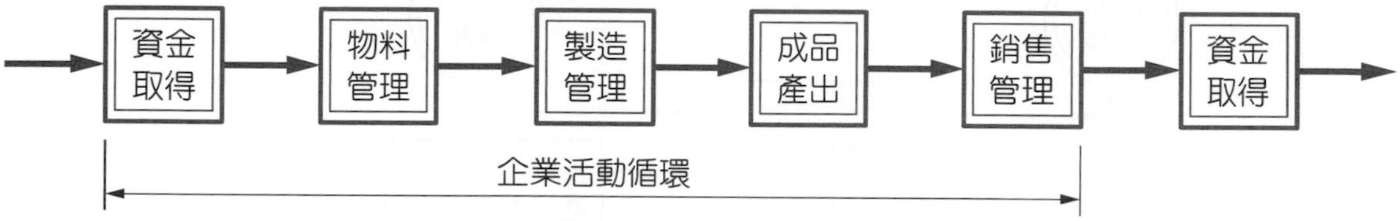

圖 1.3 企業活動循環

由上圖可以看出，在整體企業活動循環過程中，經歷資金取得、物料需求規劃與物料取得、製造活動與管理、成品產出、銷售管理及回到資金取得五個階段。這其中，每個階段的活動環環相扣，缺一不可；假若沒有進行物料需求規劃，或物料管理績效太差，則將造成物料成本太高或無法及時提供製造活動所需物料之現象。

1.4 物料管理系統

學習一門新的學科，欲宏觀的了解其全貌，最重要者必須先行瞭解其整體的系統架構、所包含之子系統及各子系統間之順序銜接關係。所以本節內容將介紹整體的物料管理系統，再依此來彙總說明本書之內容架構，並微觀每一章節所要介紹之內容重點。

一、物料管理系統

物料管理系統乃為企業產銷活動之後勤支援系統，其所涵蓋的活動範圍相當廣泛，遍及整個企業系統。一般而言，物料管理活動是從物料預測開始，經由物料需求規劃、存量管制、採購、驗收、倉儲管理，一直到領發料活動為止，如圖 1.4 所示。

由圖 1.4 可知，物料管理活動係從企業活動開始，行銷管理部門根據市場預測值，於年度開始之前先行擬訂營業計畫；接著，生產管理部門再根據營業計畫來訂定生產計畫，生產計畫也稱為總生產日程計畫（Master Production Schedule, MPS），其主要係提供生產什麼產品（What）、何時生產（When）及生產多少數量（How Much）三種資訊，關於生產計畫之重要概念，將於本書第四章物料需求規劃內容再詳述之。

在圖 1.4 上介於營業計畫與生產計畫之間，特別從企業實務的觀點，提出一個製成品存貨計畫，此計畫的目的乃為促使銷售及生產之配合。事實上，國內許多的產業常會面臨產銷不能配合之問題，其現象為銷售訂單常會受季節因素影響，會產生季節變動現象；但是，若站在生產管理的立場，則希望生產率能維持穩定一致，期以有效達成降低成本、提高品質水準及準時交貨之目標。

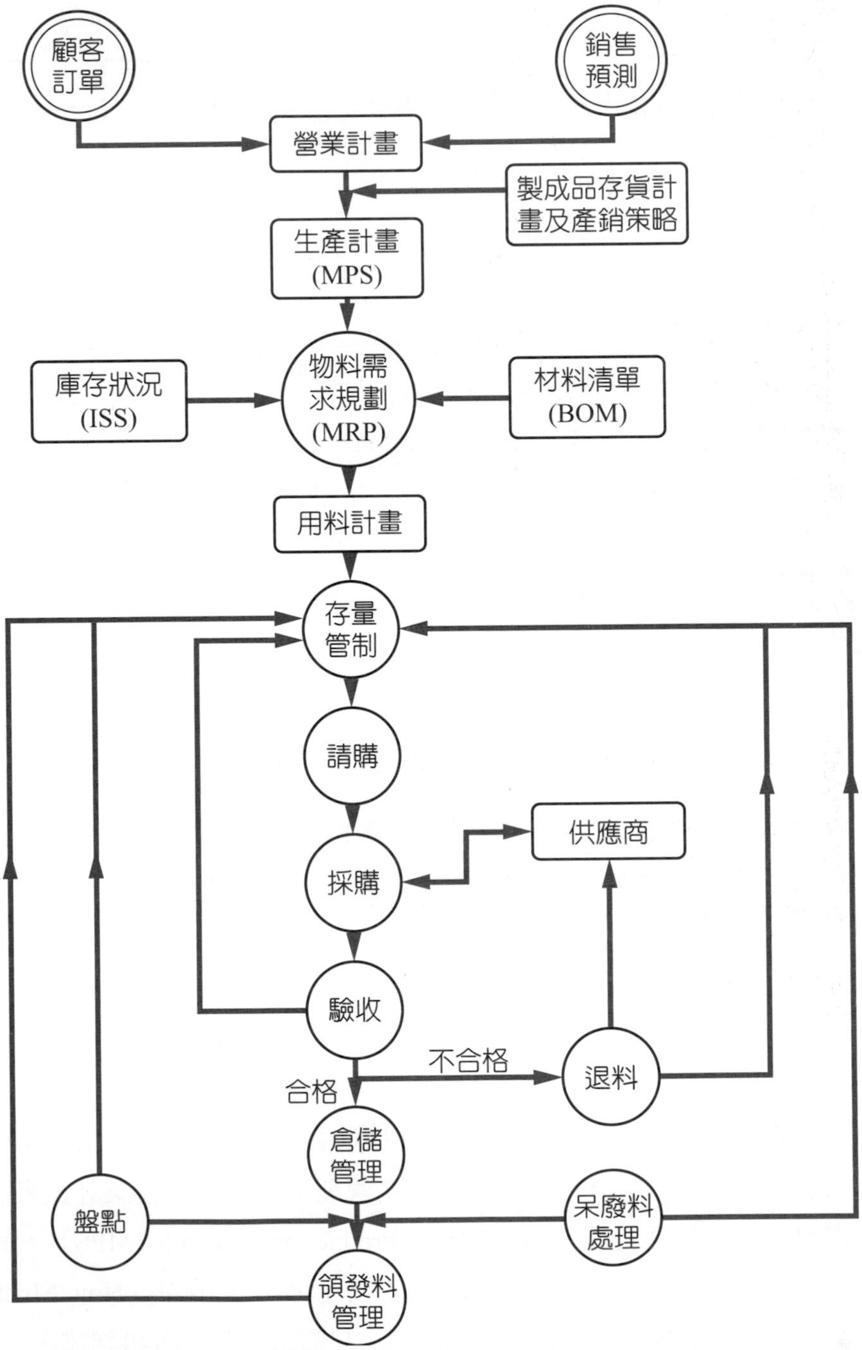

圖 1.4 完整的物料管理系統

因之，爲促使產銷能夠配合，特提出製成品存貨計畫之策略，其概念如圖 1.5 所示。就企業實務而言，產能配合問題相當的重要，將於第四章再行深入探討之。

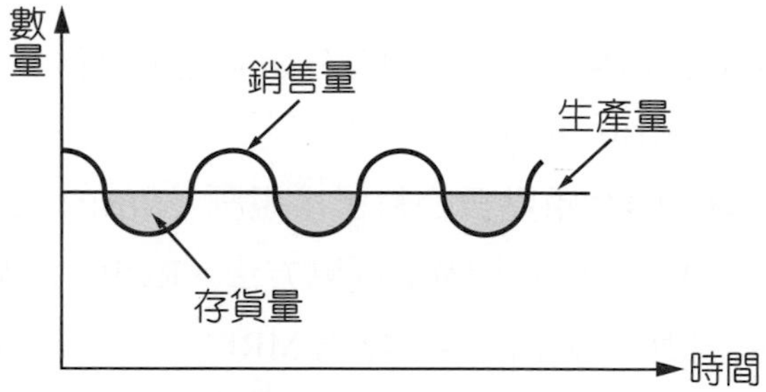

圖 1.5　產銷配合之概念

在訂定生產計畫後，物料管理部門便要進行物料需求規劃（Material Requirement Planning, MRP），包含用料計算與訂定物料計畫。一般而言，物料計畫必須提供需用物料（What）、何時需用（When）及需用數量（How Much）三種資訊。同時，根據物料計畫從事存量管制決策及相關活動。

存量管制（Inventory Control）爲相當重要的物料管理功能，關係著整體物料管理之成效，其目的爲管制適當的物料存貨數量，希能及時提供產銷活動所需物料與降低存貨成本。存量管制部門依據各類存量管制系統所訂之訂購時間（When）及訂購數量（How Much）爲基準，決定是否發出訂購單（Purchase Order）、製造命令單（Shop Order）及修正已購未交訂單（Open Order）資訊。

接下來，物料管理部門須依序展開請購、採購、驗收、倉儲及領發料等活動。此外，爲求有效提升物料管理成效，物料管理部門尙須進行物料分類與編號、盤點、呆廢料分析、供應商管理、建置物料資訊系統、物料預算與成本分析、價值分析、管理績效評估、部門組織設計及建立各項管理制度等活動。

二、本書架構

如前所述，整體物料管理系統涵蓋了物料預測、物料需求規劃、存量管制、採購、倉儲管理、領發料、物料分類與編號、物料盤點、呆廢料分析、成本分析及電腦化等功能；因之，爲完整地介紹這些功能活動，本書內容架構共含十二章，茲將重點簡要敘述如下：

第一章 物料管理概論：內容重點爲物料管理的整體概念，含物料管理的定義、目標、物料管理系統、組織結構、物料決策分析及衡量管理績效之評估指標。

第二章 物料預測與預算管理：內容重點爲企業及物料預測的完整介紹，含預測的程序、預測的技術及選擇、時間數列分析法、最小平方法、季節變動預測法、預測準確度的測量及物料預算管理。

第三章 物料分類與編號：內容重點爲物料分類與編號之做法，含物料分類與編號的重要性、原則、方法及物料 ABC 分類。

第四章 物料需求規劃：內容重點爲物料需求規劃（MRP）之重要概念，含 MRP 的目標、產銷配合的策略、MRP Ⅰ的介紹及訂購點方法（ROP）之缺失。

第五章 MRP Ⅰ的展開與計算：內容重點爲 MRP Ⅰ之展開與計算方式，含 MRP Ⅰ的邏輯架構、MRP Ⅰ的展開釋例、批量調整模式、MRP Ⅰ與 JIT 生產系統的比較及製造資源規劃（MRP Ⅱ）。

第六章 存量管制概論：內容重點爲存量管制的重要概念，含存量的類型與功能、存量管制的環境面因素、存貨成本的分類、存量管制系統及訂購點（ROP）與安全存量的決定。

第七章 存量管制決策模式：內容重點爲各類存量決策模式，含允許缺貨及不允許缺貨下之經濟訂購量（EOQ）與經濟生產批量（EPQ）模式，數量折扣 EOQ 模式及機率性存量管制模式。

第八章 採購管理及價值分析：內容重點爲採購管理之實務做法，含請購與採購的程序、採購管理的實質內涵、採購合約、國外採購及價值分析（VA）。

第九章 物料驗收與供應商管理：內容重點爲物料驗收與供應商管理之實務做法，含物料驗收管理的程序、進料品質檢驗、檢驗規範之建立、MIL-STD-105E 標準及供應商管理。

第十章 領發料作業與倉儲管理：內容重點爲領發料作業與倉儲管理之實務做法，含領發料作業管理、倉儲管理、倉儲搬運系統、自動化倉儲系統、物料盤點及呆廢料管理。

第十一章 供應鏈管理與全球運籌：內容重點爲供應鏈與全球運籌的重要概念，含供應鏈管理的定義與效益、供應鏈系統的設計、績效衡量、有效整合與協作、企業電子化和資訊管理、新的發展課題及全球運籌模式。

第十二章 物料管理發展的新趨勢：內容重點爲現代生產和資訊科技對物料管理之影響，含現代物流管理系統、網際網路及電子商務、ISO 9000 品保系統、ISO 14000 環保標準、綠色消費運動及智慧物聯網系統及其應用。

1.5 物料管理部門的組織結構

物料管理成效的發揮，端賴能否設計一完整的物料管理部門之組織結構，其能有效地將內部人員、工作及權責做適當的整合。因之，本節將從功能性的觀點，介紹物料部門的基本組織結構，詳列每一個功能單位所擔負之職掌，並舉二實例說明之。

一、基本組織結構

在前面 1.4 節，已完整地介紹物料管理系統的架構及其所擔負的功能活動，**若依整體物料管理系統之功能活動順序來區分，物料管理系統約可粗略地分成存量管制、採購及倉儲管理三個主要功能**。因之，特以這三個物料功能活動爲基礎，設計出物料管理部門之基本組織結構，如圖 1.6 所示。

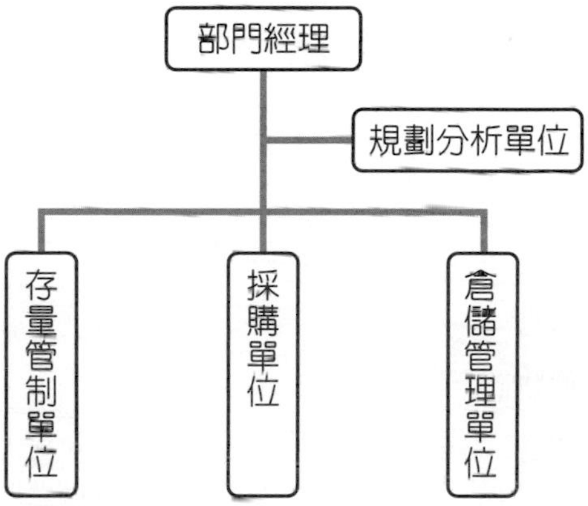

圖 1.6　物料管理部門之基本組織結構

由圖 1.6 可知，無論各行各業，其最基本的組織結構，物料管理部門必須包含存量管制、採購及倉儲管理三個直線單位，用以推動各項日常性物料功能活動；然而，從管理實務的角度來看，**特別再增設一「規劃分析單位」，爲物料管理部門主管之單位幕僚，主要職掌爲研訂各項管理制度及績效跟催工作**。現將各直線及幕僚單位之職掌列出如下：

1. **存量管制單位**

 (1) 物料需求規劃（MRP）。

 (2) 物料 ABC 分類

 (3) 嚴格管制存貨數量

 (4) 經濟訂購量（EOQ）、經濟生產批量（EPQ）及其他存量決策。

(5) 發起請、採購活動。

(6) 建立正確的料帳記錄。

(7) 呆廢料分析、檢討及處理。

(8) 物料預測。

2. 採購單位

(1) 進行招標、議價及比價工作。

(2) 尋求及建立供應商檔案記錄。

(3) 進料跟催活動。

(4) 收集原物料供應市場資訊及尋求新物料來源。

(5) 供應商管理與績效評估。

(6) 建立請、採購資料記錄。

(7) 加強與各部門之聯繫與協調。

3. 倉儲管理單位

(1) 物料驗收。

(2) 辦理領發料活動。

(3) 保管存貨。

(4) 成品儲存及出貨活動。

(5) 借料及歸還物料之處理。

(6) 物料搬運設備之保養維護。

(7) 呆廢料之保管與處理。

(8) 建立正確的料帳。

(9) 策劃與執行物料盤點活動。

4. 規劃分析單位

(1) 建立物料管理制度。

(2) 跟催與績效評估。

(3) 物料分類與編號。

(4) 物料成本分析與改善。

(5) 價值分析（VA）。

(6) 建置物料管理資訊系統（MIS）。

(7) 訂定物料政策。

(8) 法律問題之處理。

二、範例

在瞭解物料管理部門組織之基本概念以後，下面將介紹二個組織範例，一個爲音響器材公司，另一爲工具機製造公司，目的爲使讀者能夠明瞭實務上物料管理部門之組織結構。

範例一

爲一家音響器材公司之物料管理部門組織，如圖 1.7 所示。此家公司總部爲於台北，員工約有 500 人，其中桃園廠爲一內銷工廠，在工廠內設有發貨倉庫，負責全省各營業所之發貨工作。現將此家公司物料管理部門組織結構之特色分析如下：

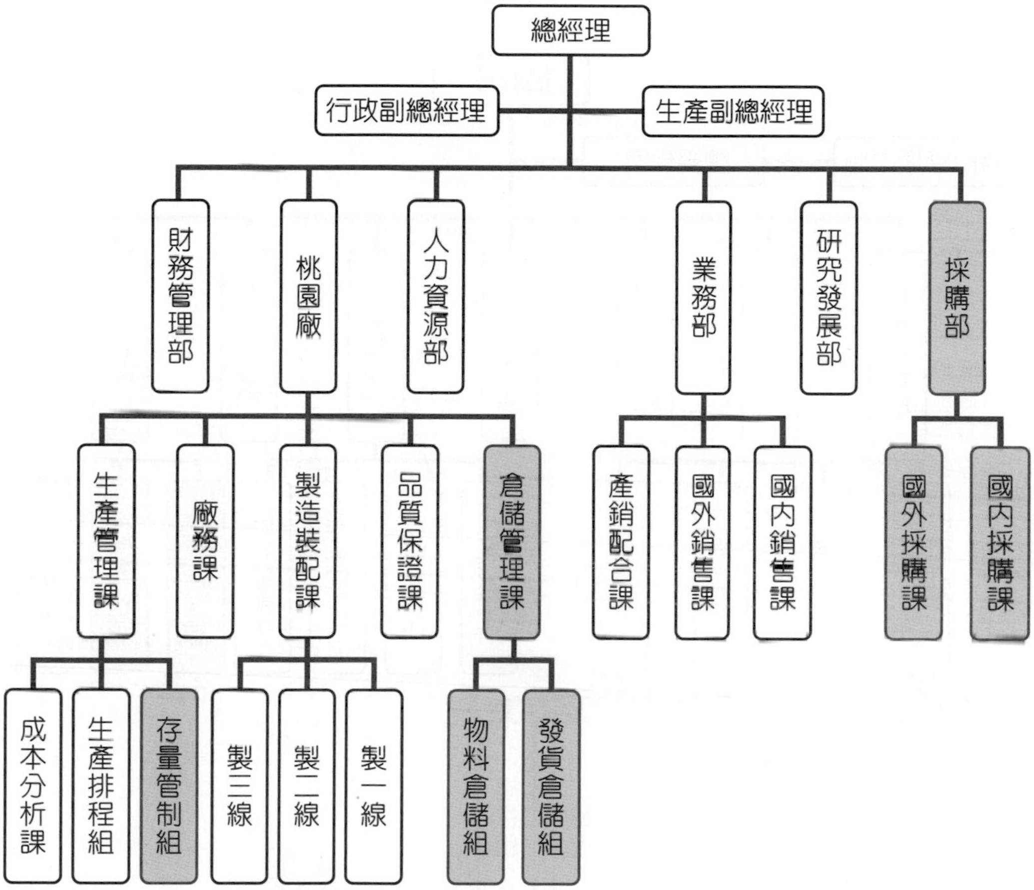

圖 1.7　音響器材公司之物料管理部門組織

1. 該公司的物料管理部門屬於**分散式組織結構**，因其將存量管制、採購、倉儲管理及相關的物料管理功能分置於不同的單位。
2. 該公司約需 3,000 項之零配件、間接物料及耗材，採購業務相當繁忙故將採購部列爲一級單位，歸總公司管轄。

3. 存量管制組及成本分析組編制於生產管理課下面，屬於三級單位，以充分支援生產所需物料及擔任物料成本分析工作。
4. 倉儲管理課編制於桃園廠內，下含發貨倉儲及物料倉儲二個單位。另外，該公司也設有產銷配合課，隸屬於業務部。

範例二

爲一家工具機械製造公司之物料管理部門組織，如圖 1.8 所示。該公司員工約有 250 人，產品爲 CNC 中心加工機，市場以外銷歐美市場及日本爲主。

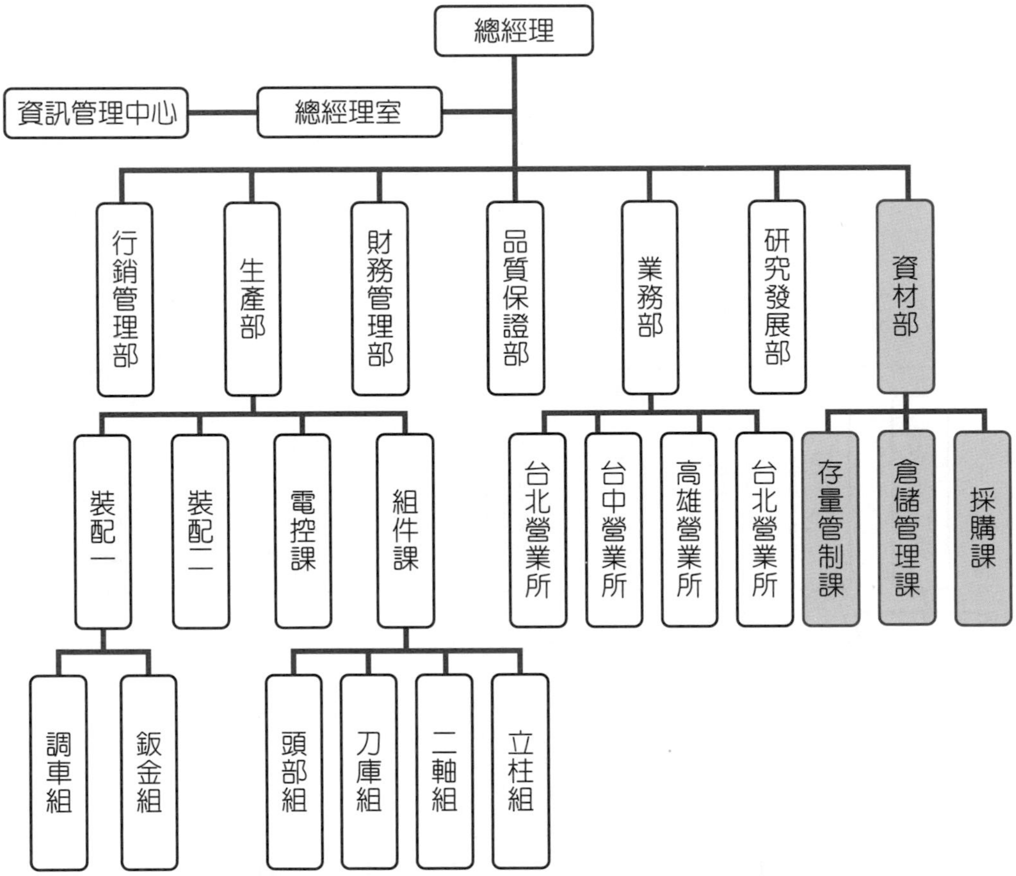

圖 1.8 工具機械製造公司之物料管理部門組織

範例二主要特色乃爲一**集中式物料管理組織結構**，基本的物料管理功能，包含採購、存量管制及倉儲管理等單位，皆隸屬於資材部。

1.6 二個物料決策分析的例子

欲提升管理成效，物料管理人員首須具備正確的決策分析觀念，期能客觀地比較、選擇及執行最佳的行動方案，以獲致最大的經濟效益。在本節，將介紹二個物料決策分析的例子，分別爲經濟訂購量及安全存量的決定。介紹這二個物料數量決策例子，目的乃是希望從系統的角度思考，建立正確物料決策分析之概念。

一、經濟訂購量的決定

就對外訂購物料而言，一次訂購數量較實際需求爲多，將會產生存貨過多，造成利息資金的積壓；然而，若一次訂購數量較實際需求爲少，則將會造成物料供應不繼，製造現場產生待料停工現象。因之，如何訂定最適的經濟訂購數量，以力求降低相關存貨成本，實爲做物料決策時相當重要的課題之一。

自對外訂購物料的角度來思考，相關存貨成本共含訂購成本（Ordering Cost）、儲存成本（Holding Cost）、短缺成本（Shortage Cost）及物項成本（Item Cost）四類。訂購成本乃是爲了取得物料，從事請購、招標、比價、驗收及搬運入庫所產生的成本；儲存成本包含資金的積壓、倉儲管理費用及搬運設備折舊費用等；短缺成本爲供應商未依合約日期準時交貨，造成物料供應不繼，致使人員及機器設施閒置之損失；物項成本乃因物料本身的經濟價值所產生之成本，即爲物料之購買與支付成本。

在瞭解相關存貨成本之類別以後，以下開始進行物料外購批次訂購量之決策分析。因爲，本節旨在介紹正確的物料決策觀念，爲求簡化起見，特別設定供應商完全能依照合約日期準時交貨，所以不考量短缺成本；另外，也假設沒有數量折扣，即決策期間之總物項成本維持一定，故決策分析時只須考量訂購成本與儲存成本。首先，分析訂購成本與批次訂購量之關係，若決策期間物料需求量維持固定，則其總訂購量成本將與批次訂購量成反比；亦即若批次訂購量愈多，訂購次數將愈少，故總訂購成本將會降低，參閱圖 1.9 之總訂購成本曲線。

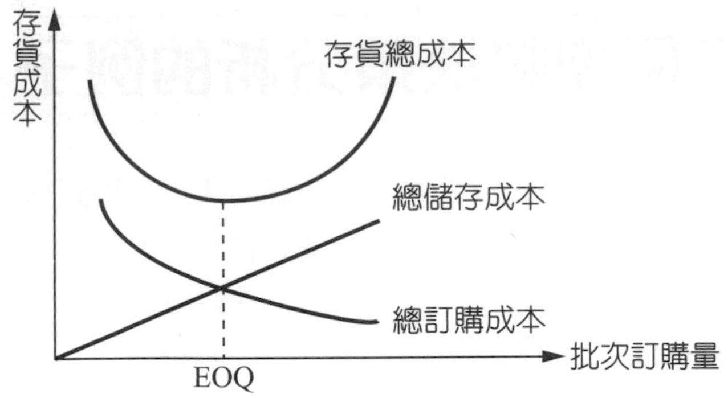

圖 1.9 經濟訂購量決策分析

再就儲存成本而言，儲存成本最大宗者乃是資金的積壓，由圖 1.9 可以看出，總儲存成本與批次訂購量成正比，乃為自原點畫起之一條直線。因為，若一次訂購物料之數量愈多，則所積壓之資金利息亦愈多，故總儲存成本亦會跟著提高。在權衡總訂購與總儲存成本後，便可決定最適的經濟訂購量（Economic Order Quantity, EOQ），亦即當批次訂購量等於 EOQ 時，將可獲得最低存貨總成本，如圖 1.9 所示。

以上乃為外購物料批次訂購量之決策分析，此一決策分析例子涵蓋一些重要的物料管理觀念，如存貨成本的類別及如何決定物料之批次訂購數量，以創造最大的經濟效益，這些觀念將於本書往後章節再做深入探討。最後再提及，自最低存貨總成本之觀點來看，經濟批次訂購量的決定，必須考量訂購、儲存、短缺及物項四類存貨成本。

二、安全存量的決定

在實務上，無論是製造業或是服務業，許多的企業在其倉庫料架上都擺有安全存量，目的為防止物料供應不繼，以避免待料停工之情事發生，減少人員及機器設施的閒置損失。從此角度觀之，安全存量實有其正面的功能。

然而，安全存量的存在有其負面價值。一般說來，安全存量是備而不用的物料，若是長期堆積貨數量太多，將會造成資金利息積壓，且有形成呆廢料之虞。因之，從實務來看，在企業組織內從事物料管理工作，如何藉由適當的物料決策分析，以訂定合理的安全存量，實為一相當重要的課程。

如同前述 EOQ 的決定一樣，欲訂定合理的安全存量亦須考量最佳的經濟效益，即以能獲致最低的總存貨成本為決策目標。安全存量屬於存貨，若依照前述存貨成本分類的概念，與安全存量相關的存貨成本要包含儲存成本及短缺成本二類。其中，儲存成本乃是安全存量的存在所造成資金利息的積壓，短缺成本則是因為安全存量太少，形成物料供應不繼所蒙受的資源閒置損失。

在瞭解安全存量的概念後，以下開始訂定安全存量之決策分析，如圖 1.10 所示。由圖 1.10 可以看出，儲存成本與安全存量成正比，安全存量愈多，儲存成本愈高，故總儲存成本線爲一條自原點畫起之直線；再看短缺成本，若安全存量愈多，則其可供應製造現場所需之物料較多，現場短缺物料、待料停工之機率會減少，短缺成本亦會降低，故短缺成本爲一條與安全存量成反比之曲線。存貨總成本曲線爲一往上拋物線，將曲線最低點垂直往下到橫座標，便可求得最適安全存量 S*。

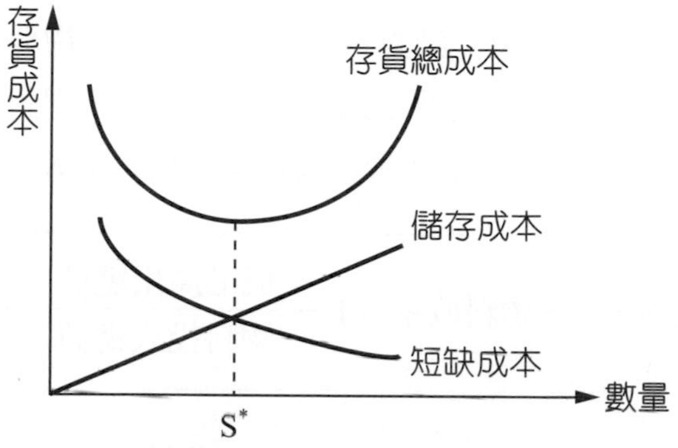

圖 1.10 安全存量之決策分析

由以上決策分析例子可知，安全存量的存在有其正、負面的功能。欲尋求最佳決策以訂定適當安全存量，必須權衡儲存及短缺二類成本，期能取得平衡點，獲致最大的經濟效益。一般而言，**安全存量的存在係受到前置時間（Lead Time）及需求率（Demand Rate）二個變數之影響**。關於安全存量的概念，將於第六章再行詳述之。

1.7 物料管理績效的評估

前面提及，管理程序包含規劃、組織、領導及控制四個功能，事實上，欲有效地提升物料管理績效，除了須訂定具體的物料需求計畫及落實各項功能活動外，尚須做好績效評估工作，希能客觀衡量管理成效，並採取改善行動。因之，在本章最後一節，將介紹績效評估的概念、衡量物料管理績效之指標及這些指標在實務上的應用。

一、績效衡量指標

從管理控制的角度來看，衡量指標的選擇乃是績效評估成敗之關鍵。自實務面而觀之，企業常以物料收率、物料報廢率、利息比率、服務水準及物料週轉率五個指標來衡量物料管理的績效。

首先，介紹物料收率指標，國內台塑企業一直使用這個指標來衡量其物料管理的成效，公式如下：

$$\text{物料收率} = \frac{\text{成品產出總值}}{\text{物料投入總值}} \quad \cdots\cdots\cdots\cdots \text{（1.3）}$$

物料收率乃是用以衡量物料能否被有效利用的一項指標，其值愈高表物料管理成效愈佳，物料成本愈低。在台塑企業，針對各機台、部門及原物料之性質，皆設有標準物料收率，以做爲衡量實際物料管理成效之比較依據。另外，相對於物料收率指標，也可利用物料報廢率（Scrap Rate）指標來衡量實際物料利用之成效，公式如下：

$$\text{物料報廢率} = 1 - \text{物料收率} = 1 - \frac{\text{成品產出總值}}{\text{物料投入總值}} \quad \cdots\cdots\cdots\cdots \text{（1.4）}$$

物料報廢率亦爲衡量物料能否被有效利用之一項指標，其值愈低，表物料管理成效愈佳。此外，在實務上，產業界亦經常以物料利息比率作爲衡量物料管理成效之指標，物料利息比率與物料投入總額之比值，公式如下：

$$\text{物料利息比率} = \frac{\text{物料利息費用}}{\text{物料投入總額}} \quad \cdots\cdots\cdots\cdots \text{（1.5）}$$

物料利息比率乃是每一元的物料成本所分攤之物料利息費用，目的爲顯示資金利息積壓之情形，其值愈低表示存貨較少，存貨管制績效愈佳，而資金利息積壓亦愈低。

若從顧客滿足的角度來看，服務水準（Service Level）經常被用來作爲衡量物料管理績效之指標，公式如下：

$$\text{服務水準} = \frac{\text{準時交貨批數}}{\text{顧客訂貨批數}} \quad \cdots\cdots\cdots\cdots \text{（1.6）}$$

一般而言，假若服務水準愈高，表示愈能準時交貨、顧客滿足程度較高，物料管理績效愈佳。相對於服務水準，在實務上，亦可以利用缺貨率來衡量，其意爲缺貨批數與顧客訂貨批數之比值，其值若愈低，顯示物料管理之績效愈佳。

最後，第五類指標乃是各類物料週轉率（Material Turnover Rate），在實務上，使用相當的普遍。其一般公式如下：

$$物料週轉率 = \frac{物料投入金額}{平均存貨金額} \quad \cdots\cdots\cdots\cdots\cdots\cdots （1.7）$$

實務上，產業界在計算物料週轉率，一般都以一年爲時間單位。物料週轉率愈高愈佳，表示物料在企業內部流動速度較快，平均年存貨金額較低，將可減少資金利息之積壓。利用上式，可分別計算原物料、在製品及製成品之週轉率，並以之來衡量物料管理的成效。同時，若將上面物料週轉率公式顚倒，則可求得原物料、在製品及製成品之週轉天數，週轉天數愈短愈佳，表示物料在企業內部流動速度較快，可提高資金之回收速度。

二、實務應用

綜合前節所述，在實務上，產業常用於衡量物料管理績效的指標含有物料收率、物料報廢率、物料利息比率、服務率及物料週轉率五類，每類指標皆有其意涵，使用時可根據實際需求選擇之。現將這五類指標之概念、公式及實務應用，彙總比較如表 1.2 所示。

表 1.2 各類衡量物料管理績效指標之比較

指標名稱	用途	備註
物料收率	衡量物料資源之利用效率	愈高愈佳
物料報廢率	同上	愈低愈佳
物料利息比率	衡量利息資金積壓之情形	愈低愈佳
服務水準	衡量準時交貨及顧客滿意度	愈高愈佳
物料週轉率	衡量物料流動速度及平均存貨水準	愈高愈佳

在實務上，爲求客觀的衡量物料管理之成效，於選擇衡量指標並求得實際績效値後，尙須透過適當的比較方式，才能具體地顯示實際績效之優劣，進而採取改善行動。一般在實務上，常用的比較方式包含同業間與企業內部二類。同業間比較，也叫企業外部比較，主要是拿一指標來比較同業間之實際績效値，並據以研判企業自身管理成效之優劣。圖 1.11 爲比較二家同業的物料利息比率之績效趨勢圖。

績效趨勢圖爲實務使用非常普遍之績效比較工具，由圖 1.11 可以清楚地看出，二家企業之物料利息比率互有高低，藉由兩者績效趨勢曲線之比較，便可研判本身物料管理績效之優劣，進而擬訂具體的差異改善對策，並採取改善行動。

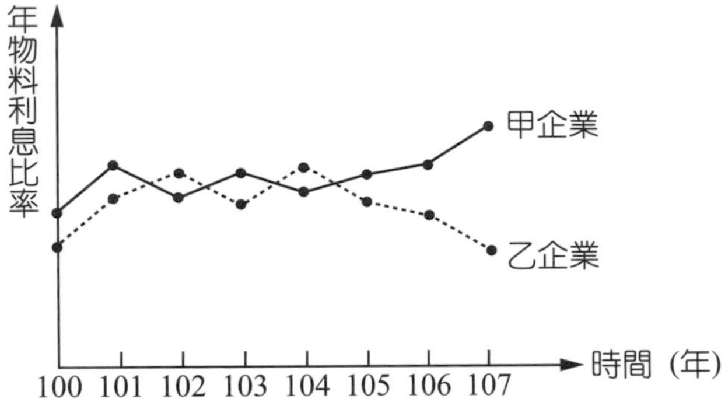

圖 1.11 同業間比較之績效趨勢圖

第二種比較方式，是爲企業內部之比較。因一般同業間之資料並不容易收集，故實務上常採用此種內部比較方式。圖 1.12 爲企業內部比較之績效趨勢圖。

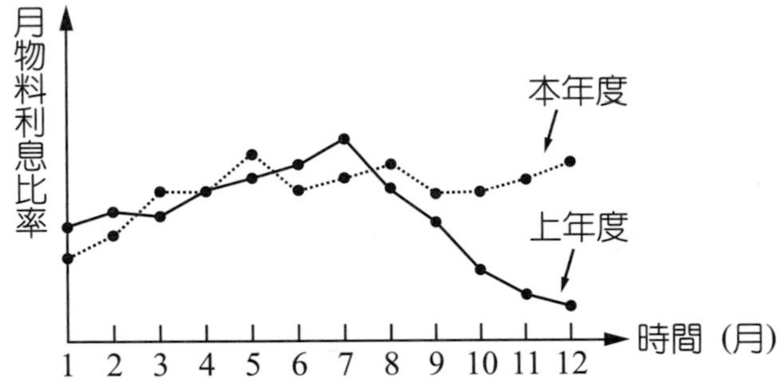

圖 1.12 企業內部比較之績效趨勢圖

由上圖二個年度的績效趨勢曲線比較，可以研判出本年度各月份物料利息比率之優劣。針對企業內部比較方式，必須強調的是：爲求客觀公正起見，必須研判產品是否具有季節變動，若產品具季節變動，則須以相同的流行季節，即旺季對旺季、淡季對淡季來做比較；假若，產品並無季節變動，則比較方式較爲單純，直接拿來與上期做比較即可。

1.8 結論

物料乃為企業產銷活動過程中相當重要的資源，其管理績效實為企業提升生產力之成敗關鍵。物料乃指直接或間接用於製造產品或是提供服務活動，所投入之任何物品，含括原料、在製品、最終製成品、保養維修物品、呆廢料、下腳料及文具等雜項物品。

物料管理乃為將規劃、組職、領導及控制等管理功能，導入到企業之產銷活動過程中，希能以經濟有效的方法，即時取得、供應各部門所需之物料的各種活動。物料管理的最終目標乃為善用企業有限的物料資源，以實質有效地提升企業生產力。

台灣屬於海島型經濟型態，工業資源相當缺乏，企業必須重視物料管理；若是從物料成本佔產品成本的比例、提升企業利潤的途徑、生產目標的達成及整體企業活動循環等四個層面來看，更能顯示出物料管理之重要性。

物料管理系統乃為企業產銷活動之後勤支援系統，其所涵蓋的活動範圍相當廣泛，遍及整個企業系統。物料管理活動是從物料預測開始，經由物料需求規劃、存量管制、採購、驗收、倉儲管理、一直到領發料活動為止；此外，還包括物料分類與編號、盤點、呆廢料分析、成本分析、價值分析及建立物料資訊系統等功能活動。

最基本的物料管理部門的組織架構，必須包含存量管制、採購及倉儲管理等三個直線單位，用以推動各項日常性物料功能活動；此外，從管理實務的角度來看，必須再增列一規劃分析幕僚單位，主要職掌為研訂各項管理制度及績效跟催活動。

物料管理人員須具備正確的決策分析觀念，期能客觀地比較、選擇及執行最佳的行動方案，以獲致最大的經濟效益。為此，本章特舉決定經濟訂購量及安全存量二種決策分析為例，目的乃為從整體物料管理系統的角度來思考，期能建立正確的物料決策分析之概念。

從管理控制的角度來看，選擇適當的衡量指標乃是評估物料管理績效之關鍵。在實務上，一般常用的衡量指標共含物料收率、物料報廢率、物料利息比率、服務水準及物料週轉率五類。此外，企業常採同業間企業外部及企業內部二種管理績效比較方式。

參考文獻

1. 白滌清譯（民 102 年 6 月），生產與作業管理，初版，台北：歐亞書局，頁 243-271。
2. 何應欽譯（民 99 年 1 月），作業管理，四版，台北：華泰文化事業公司，頁 398-453。
3. 林清和（民 83 年 5 月），物料管理－實務、理論與資訊化之探討，初版再印，台北：華泰書局，頁 1-10。
4. 洪振創、湯玲郎、李泰琳（民 105 年 1 月），物料與倉儲管理，初版，台北：高立圖書，頁 2-27。
5. 許獻佳、林晉寬（民 82 年 2 月），物料管理，再版，台北：天一圖書公司，頁 1-18。
6. 楊金福（民 83 年 5 月），材料系統－計劃、分析與管制，初版，台北：永大書局，頁 1-44。
7. 傅和彥（民 85 年 1 月），物料管理，增訂 21 版，台北：前程企業管理公司，頁 17-46。
8. 葉忠（民 81 年 1 月），最新物料管理－電腦化，再版，台中：滄海書局，頁 1-14。
9. Jacobs, F.R. and R.B.Chase (2017), Operations and Supply Chain Management: The Core, Fourth Edition, McGraw-Hill International Edition, New York: McGraw-Hill Education, pp. 2-40.
10. Russell, R.S. and B.W. Taylor (2014), Operations and Supply Chain Management, Eighth Edition, International Student Edition, Singapore: John Wiley & Sons Singapore Pte. Ltd., pp. 3-25.

自我評量

一、解釋名詞

1. 物料（Materials）
2. 管理功能（Management Function）
3. 物料管理（Materials Management）
4. 生產力（Productivity）
5. 存量管制（Inventory Control）
6. 經濟訂購量（Economic Order Quantity, EOQ）
7. 安全存量（Safety Stock）
8. 物料週轉率（Material Turnover Rate）

二、選擇題

(　　) 1. 下列有關物料管理績效指標的敘述，何者正確？ (A) 物料庫存周轉率越低越好 (B) 物料超用率越低越好 (C) 物料庫存周轉天數越高越好 (D) 物料利息率越高越好。【107 年第一次工業工程師－生產與作業管理】

(　　) 2. 某公司結算今年度期末存貨爲 2,500,000 元，若期初存貨爲 1,500,000 元，存貨週轉率爲 8 次，則今年度總銷貨成本爲多少？ (A) 8,000,000 元 (B) 12,000,000 元 (C) 16,000,000 元 (D) 20,000,000 元。

【104 年第二次工業工程師－生產與作業管理】

(　　) 3. 某工廠生產了 90,000 單位的產品，原料成本 8,000，勞工成本 13,000，製造費用 9,000，此工廠的總生產力爲？ (A) 0.25 (B) 4.00 (C) 0.30 (D) 3.00。【103 年第一次工業工程師－生產與作業管理】

(　　) 4. 一家公司若要提高其存貨週轉率（inventory turnover ratio），下列方法何者不適用？ (A) 提高銷售 (B) 增加每次採購的批量 (C) 降低存貨 (D) 縮短前置時間。【100 年第二次工業工程師－生產與作業管理】

(　　) 5. 有關經濟訂購量（EOQ）系統的敘述，下列何者正確？ (A) 採用經濟訂購批量系統時，則可使年儲存成本（annual carrying cost）最低 (B) 採用經濟訂購批量系統時，則可使年訂購成本（annual ordering cost）最低 (C) 採用經濟訂購批量系統時，年儲存成本較年訂購成本爲低 (D) 採用經濟訂購批量系統時，年儲存成本與年訂購成本相同。

【96 年第二次工業工程師－生產與作業管理】

(　　) 6. 下列何者不是物料管理的主要目標？ (A) 物料取得價格低廉 (B) 高存貨週轉率 (C) 與供應商維持競爭關係 (D) 品質穩定。

(　　) 7. 在實務上，企業常在營業計畫及生產計畫之間訂有製成品庫存計畫，製成品庫存計畫主要目的係爲追求 (A) 產銷配合 (B) 降低存貨成本 (C) 降低品質不良率 (D) 零庫存。

(　　) 8. 設甲表物料需求計畫，乙表營業計畫，丙表總生產日程計畫。這三個計畫之訂定順序爲 (A) 甲乙丙 (B) 丙乙甲 (C) 乙丙甲 (D) 甲丙乙。

(　　) 9. 若前置時間及需求率皆維持一定，則經濟訂購量（EOQ）之訂定需權衡哪二項存貨成本？ (A) 裝設成本與儲存成本 (B) 物項成本與短缺成本 (C) 短缺成本與物項成本 (D) 訂購成本與儲存成本。

(　　) 10. 爲追求最大經濟效益，最適安全存量（safety stock）的決定須權衡哪二項成本？ (A) 訂購成本與短缺成本 (B) 訂購成本與儲存成本 (C) 儲存成本與短缺成本 (D) 訂購成本與裝設成本。

(　　) 11. 關於訂定最適安全存量之決策分析，下列敘述何者不正確？ (A) 儲存成本與安全存量成正比 (B) 短缺成本與安全存量成反比 (C) 儲存成本與安全存量成反比 (D) 存貨總成本曲線爲一條往上拋物線。

(　　) 12. 安全存量是備而不用的物料，若長期堆積或數量太多，將會造成資金利息的積壓，且有形成呆廢料之虞。安全存量的存在係受到哪二個變數之影響？ (A) 前置時間、需求率 (B) 前置時間、物料搬運距離 (C) 可靠度、需求率 (D) 平均流程時間、品質不良率。

(　　) 13. 就物料管理部門的組織設計而言，針對欲採購物料進行招標、議價及比價工作，是下列哪一個單位的執掌？ (A) 倉儲管理 (B) 採購 (C) 品質保證 (D) 存量管制。

(　　) 14. 關於物料管理績效的衡量，下列何項指標比較不適合？ (A) 物料收率 (B) 總製程時間 (C) 物料週轉率 (D) 物料利息比率。

(　　) 15. 下列關於物料績效衡量的敘述，何者不正確？ (A) 物料收率愈高表物料管理成效愈佳、物料成本愈低 (B) 物料利息比率愈低表存貨較少、資金利息積壓亦愈低 (C) 服務水準愈低表準時交貨、顧客滿足程度較高 (D) 物料報廢率愈低表報廢物料較少，管理成效愈佳。

三、問答題

1. 物料的範圍原物料、在製品、製成品、保養維修用品、呆廢料與下腳料、及雜項物品等六種類別。現請你任舉一家企業爲例，估算其擁有的物料數量，並個別列舉這六種物料類別之其中五種物料。
2. 何謂管理？試定義之。
3. 依照 Dean S. Ammer 教授的論點，物料管理共涵蓋了九個主要目標與八個次要目標，現請你任舉一家企業（可選製造業或服務業）之物料管理爲例，個別說明如何達成其中三個主要與次要目標。
4. 若從物料資源利用的觀點來看，物料管理的目標在提高企業生產力，試問生產力的衡量具有何種意義？試分別從企業經營與國家總體經濟發展二個層面說明之。
5. 臺灣屬於海島型經濟型態，其具有哪些特徵？試說明之。
6. 一般來說，物料成本佔產品成本的比例幾達百分之五十以上，故做好物料管理相當重要。現依你個人的經驗爲例，任舉一例來說明物料管理的重要性。（以實際數據印證）
7. 生產管理目標的達成與物料管理有何關連？試說明之。
8. 物料管理在整體企業活動的循環過程中，扮演著何種重要的角色？試說明之。
9. 試繪製完整的物料管理系統架構圖，並列出物料管理所包含的功能活動，以及本書之簡要架構。
10. 試依前題所繪之物料管理系統架構圖，給予粗略解剖，據以設計出物料管理部門之基本的組織架構，並詳列每一個功能單位之職掌。
11. 試任選一家企業爲例，繪製其組織系統圖，並分析其物料管理部門之組織結構特色、優缺失，藉由組織診斷與改善，提出新的組織系統圖，並做改善前後之效益評估。
12. 就外購物料而言，共含有哪些相關的存貨成本？試說明之。
13. 經濟訂購量（EOQ）的決定須權衡哪些存貨成本？應如何進行經濟訂購量（EOQ）之決策分析？試繪圖說明之。
14. 安全存量的決策分析須權衡哪些存貨成本？試繪圖說明之。
15. 何謂物料收率？其與物料報廢率有何關係？試說明之。
16. 何謂物料利息比率？其用途爲何？試說明之。
17. 何謂物料週轉率？物料週轉率與物料管理的績效有何關係？其又涵蓋哪些類別？ 試說明之。

18. 何謂企業外部管理績效的比較方式？適用條件爲何？試舉例說明之。

19. 何謂企業內部管理績效的比較方式？其與季節變動有何關係？試舉例說明之。

20. 試任選一家企業爲例，分析其物料管理績效之衡量指標及比較方式。

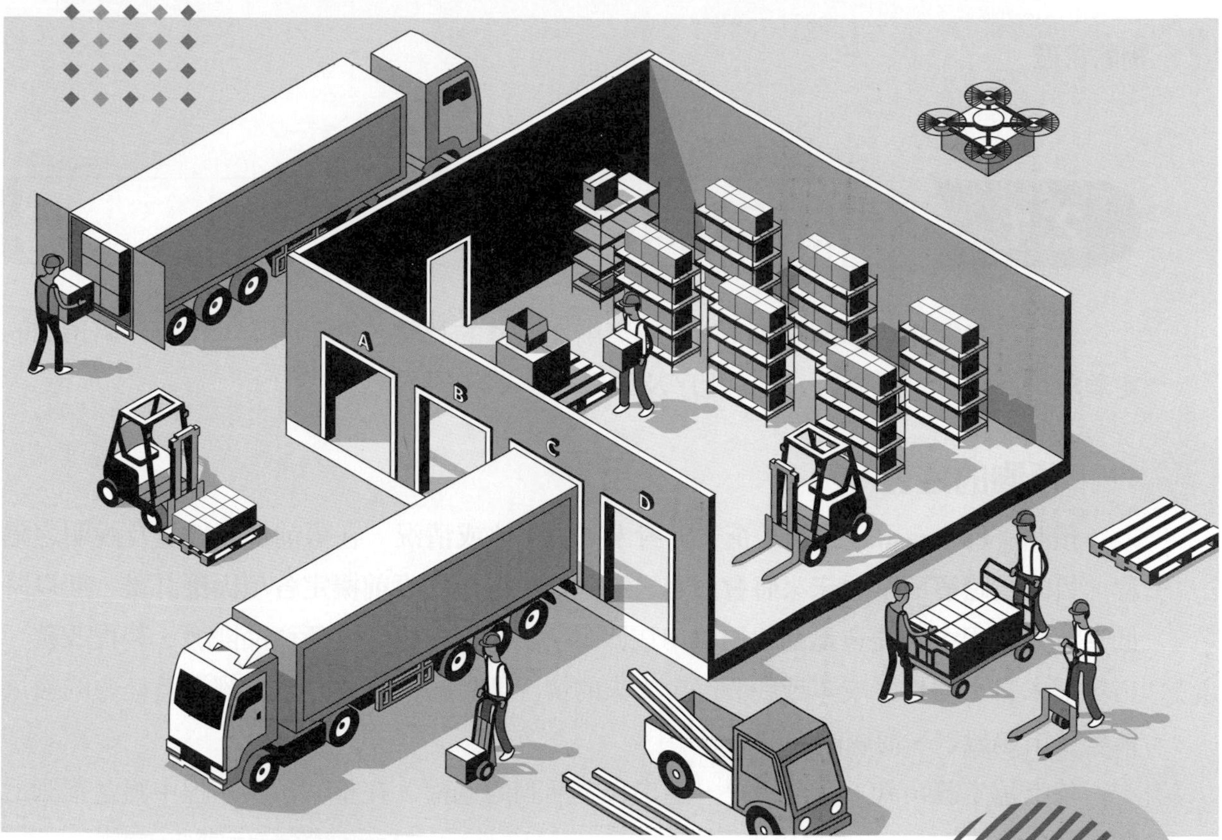

Chapter 2

物料預測與預算管理

▷ 內容大綱

2.1 預測的基本概念

爲使讀者對企業預測的概念能有一清晰與完整的認識，本章開始，首先介紹預測的定義與重要性、預測項目、預測程序及預測的層次等重要概念。

一、預測的定義

預測（Forecasting）乃是企業針對未來的事件或情況，在事前加以敘述及說明之過程，目的爲瞭解與掌握未來將會面臨之不確定情況，於事前擬定各項因應計畫，期以降低在行動過程中可能會遭遇的風險。在此，所謂未來的事件含新產品開發、製程改善、市場需求量、價格、成本或利潤等，未來的情況則指國內外之政治、經濟與社會的發展情勢及市場競爭、海峽兩岸關係等。

依上述定義可知，預測實是一連串作業活動的過程，在整個預測過程中應含下列七個步驟：

1. 決定預測項目。
2. 建立預測的目的。
3. 規劃預測所涵蓋的時間水平。
4. 選擇預測的技術。
5. 蒐集與分析資料。
6. 編制預測值。
7. 預測值之驗證與修正。

上述預測程序中，首先爲決定預測的項目。一般來說，預測項目相當的廣泛，舉凡企業各項經營管理活動或企業內外環境因素，均爲企業預測之對象，包含市場需求量、價格、收入、成本、利潤、生產力、投資報酬率、銀行利率、股價、科技創新、以及失業率、國民生產毛額（GNP）等關鍵性總體經濟發展指標等。同時，在決定預測的項目以後，須進而建立預測的目的，比如決定在「產、銷、人、發、財」管理活動中，欲利用預測值作爲擬訂何種計畫之基礎。

其次，因爲預測無法達到百分之百的準確度，會有誤差值產生，故必須妥善地規劃預測所涵蓋的時間水平，以掌握預測準確度。**在實務上，常以時間爲區隔基準，將預測分爲長期、中期及短期預測三種層次，預測值之準確度一般會與時間水平成反比，即中、長期預測之準確度較短期預測爲低。**

接著，第三個步驟爲預測技術的選擇。預測技術包含定性分析法、時間數列分析法及因果模式三類，其中每類又可細分成好幾種方法，須考量本身實際需求及成本效益因素後，慎重抉擇之。再來，第四個步驟則爲蒐集與分析資料，**資料分爲初級資料（Primary Data）與次級資料（Secondary Data）**。初級資料爲藉由郵寄問卷、人員拜訪或電話訪問等活動，直接與消費者接觸所獲得的第一手資料；而次級資料，則是間接地引用天下雜誌、中華徵信所、政府統計公報、研究機構或學者之研究調查資料。在此，特別強調企業預測是爲一種科學與理性的方法，所以資料的蒐集與分析是一項非常重要的工作。

在蒐集與分析資料以後，下一個步驟爲利用電腦或人工，依前述所選擇預測技術實際進行預測工作，並編製預測値。最後，必須進行監督與修正，因爲預測無法達到百分之百的準確度，故在執行過程中，必須依據企業組織內外部環境之變化，隨時修正預測値及各項活動計畫，希能確保管理成效。最近，國內部分產業因受金融風暴及國際經濟不景氣之影響，紛紛調降其財務預測，並提出各種因應計畫，即爲典型之例。

二、預測的重要性

預測乃是企業管理活動之重要基礎，若無預測値或預測値準確度太低，則所有各項企業營運政策、目標及活動計畫勢將無法訂定，或者在執行時將造成方向的偏離與資源的浪費，使企業蒙受重大的損失。因之，如何編制準確的預測値，並據以設定目標及研擬達成目標之行動方案，實爲一項相當重要的課題。

現以生產管理爲例說明之。生產管理之目標爲提高產品品質水準、降低生產成本及準時交貨，爲求有效達成這三個目標，企業首須進行預測活動，並依預測値來擬訂營業、生產及各項管理計畫，如圖 2.1 所示。

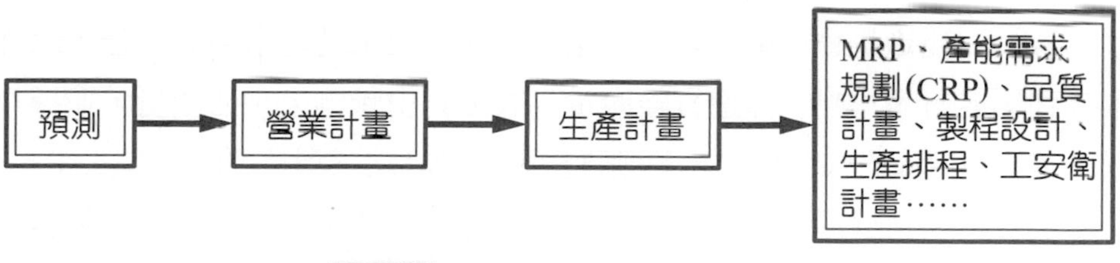

圖 2.1 預測與生產管理之關係

由上圖可知，預測乃是生產管理的首要活動，若無預測値，則後續的生產管理活動皆將無法進行，包含生產計劃（MPS）及各項工業管理計畫，如物料需求、產能需求、製程設計、生產排程、品質發展、成本管制、保養維修及工安衛計畫等，勢必無法擬定，因而會影響到整體生產管理的成效。

接下來，特別以製程設計爲例，藉以說明預測的重要性。製程設計乃是決定從原物料投入開始，一直到最終製成品的產出爲止，所需經過的加工路線。這裡面最重要者乃爲生產方法的選擇，因爲生產方法與生產成本的關係最爲密切。假設在某個工作站裡，面對三個可行的生產方法：人工操作機器、半自動化機器及全自動化機器。現在針對這三個可行方案，以損益平衡模式來做比較分析，並從中選擇最佳的生產方式，期以獲得最大的經濟效益。在整體的考量固定成本及變動成本後，這三個可行方案的總成本線如圖 2.2 所示。

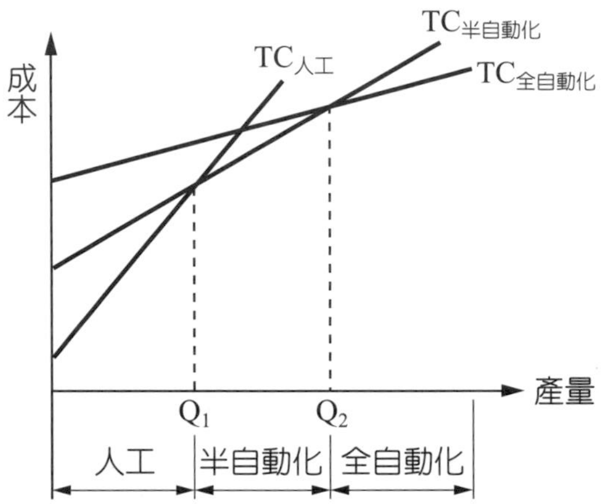

圖 2.2　最佳生產方式的決策分析

由圖 2.2 的決策分析**可獲得下列結論：若實際產量介於零至 Q_1 之間，最佳的生產方法爲人工操作機器；若實際產量介於 Q_1 至 Q_2 之間，最佳的生產方法爲半自動化機器；若實際產量大於 Q_2 時，最佳的生產方法爲全自動化機器。**

從本例中，特別要凸顯的意涵是預測的重要性。整個選擇生產方法之決策分析過程中，最重要考量的變數是爲工廠之實際產量；然而，決策乃是事前的工作，因在製程規劃時尚未接到顧客訂單，無法知道實際產量，故須藉由預測來預估產量，並據以做決策分析以選擇最佳的生產方法。因之，預測實爲製程設計之一項重要的前提工作。

在第一章介紹物料管理系統時就已談及，就存貨生產工廠而言，首項物料管理之功能活動即爲預測，並藉由預測值展開訂定營業計畫、生產計畫、製成品存貨計畫、MRP 及存量管制等系列功能活動。

三、預測的層次

配合生產規劃，若以時間做爲區隔基準，預測一般可分爲長期、中期及短期預測三種層次。茲說明如下：

1. **長期預測（Long-Range Forecasting）**

   涵蓋的時間爲一年以上，用以進行長期規劃，目的爲訂定公司之長期營運政策，內容含產能規劃、廠址選擇、設施規劃、產品與服務設計及工作系統設計等。

2. **中期預測（Intermediate Forecasting）**

   用以進行中期規劃，涵蓋時間二個月至一年之間，目的爲促使產銷配合，並有效利用生產資源以提升生產力，內容含存貨、人力調配、外包、多角化及欠撥量等產銷配合之實際做法。

3. **短期預測（Short-Range Forecasting）**

   所涵蓋的時間爲二個月以內，主要用來進行短期規劃，內容含生產排程、人員指派、機器負荷及 EOQ 的決定等，目的爲提升各項作業活動之效率。

圖 2.3 顯示上述三種預測層次及規劃層次之關係。由本圖可知，預測分爲長期、中期及短期三種層次，在實務上，爲求實質提升企業經營管理之成效，必須依照各種層次之預測值，分別來進行長期、中期及短期規劃，並依此來展開各項管理及作業活動。

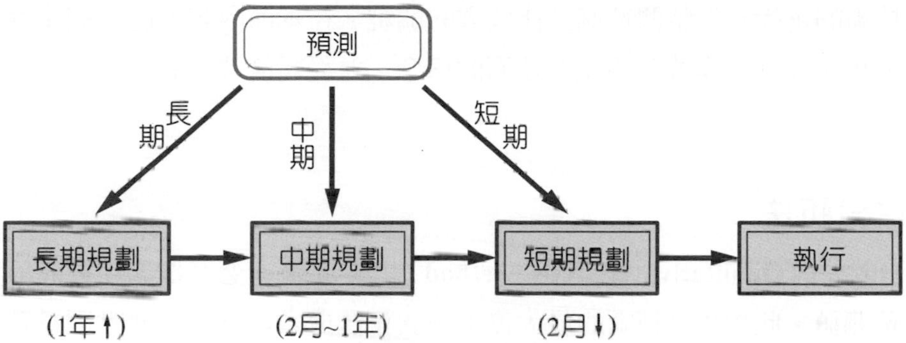

圖 2.3 預測的層次

前面提及，預測程序中第二個步驟乃爲建立預測涵蓋的時間水平，即決定預測屬於長期、中期或短期預測之意。不同的預測層次之預測項目、準確度、預測技術及相關的概念並不相同，在選擇預測技術時必須愼重考量之。舉例來說，若以準確度來做比較，短期預測因不確定程度較低，準確度最高；反之，長期預測因涵蓋時間最長，準確度最低。最後，將短、中、長期三種預測層次之特性彙總比較，如表 2.1 所示。

表 2.1 三種預測層次之比較

比較基準	長期預測	中期預測	短期預測
準確度	低	中	高
預測人員	高階管理人員	中階管理人員	低階管理人員
涵蓋時間範圍	一年以上	二月～一年之間	二月以內
涵蓋項目範圍	企業全部產出	產品線 / 服務線	物項 / 產品 / 服務
預測內容重點	長期營運政策	產銷配合策略	短期作業活動
預測目的	研訂長期計畫	促使產銷配合	提升作業效率

2.2 預測的技術

預測技術的選擇乃爲整個預測工作成敗的關鍵。在本節內容，將介紹定性分析法、時間數列分析法及因果模式三類預測技術的概念，並從經濟效益的觀點，介紹此三類預測技術的比較和選擇。

一、定性分析法

定性分析法（Qualitative Analysis Method）乃是預測者憑其個人主觀意識與直覺判斷來編製預測值。此類預測技術的最大優點是其預測成本最低，但缺點則爲預測值之準確度最低，故其風險及誤差成本相對較高。一般來說，爲提高預測值之準確度，定性分析法特別強調預測者的個人經驗與智識。

依上述定義來看，定性分析法是一較具主觀與不科學的預測技術，雖然其事前預測過程中所花費的預測成本最低；但是，事後因預測值不準確所蒙受的風險損失卻相當的高。在實務上，定性分析法只適用於缺乏過去歷史資料或企業內外環境變動激盪之場合。舉例來說，企業在推出新產品或創新活動時，因無過去銷售與相關資料，即適合採用定性分析法來編製預測值。

在實務上，常用的定性分析法包含下列五種方法：

1. **消費者調查法（Consumer Surveys Method）**

   藉由郵寄問卷、電話訪談或人員拜訪等方式，直接與消費者接觸與蒐集資訊，並據以編製預測值。

2. 銷售人員意見法（Salesforce Opinions Method）

因銷售人員直接與消費者接觸，對整個市場需求之變動最爲靈敏，故根據其所提供的意見來編製預測值。

3. 主管意見法（Executive Opinions Method）

一般在企業擔任高階管理者之經驗與智識較爲豐富，故本方法由生產、行銷、財務及人力資源等部門主管討論以編製預測值。

4. 專家意見法（Experts Opinions Method）

聘請產、官、學、研等各領域之專家學者來編製預測值。

5. 德菲技術法（Delphi Technique Method）

德菲技術法係於 1948 年由美國 RAND 公司所創，其主要藉由一系列問卷調查方式，以匿名方式徵詢專家與學者的意見，每次問卷皆取多數中性意見，一直到意見統一爲止，並依此最終意見來編製預測值。此方法乃爲企業組織從事研究發展及科技創新活動最常使用之預測方法，其優點爲客觀性及準確性較高，以匿名方式塡寫問卷，較不受意見領袖的影響；缺點則是須進行一系列調查，方能取得一致性意見，時間花費較長，較無法掌握時效。

二、時間數列分析法

時間數列分析法（Time Series Analysls Method）乃是根據時間數列所呈列之歷史資料，藉由數學技術來編製預測值。此技術之假設條件爲：未來是過去的延伸（Future Value Can be Esimated by Past Value），其意爲將過去歷史資料往前丟擲，並依其投射地點來編製預測值。

相對於定性分析法之較具主觀與不科學之特性，時間數列分析法因係爲數學模式，須引用歷史資料及配合電腦來做預測，故其優點爲預測的準確度較高，但其缺點是預測成本相對較高。

時間數列（Time Series）乃是將預測變數的一組觀測值，依時間發生順序予以排列後之一種數列。由此定義來看，時間數列的自變數固定爲時間，因變數則爲各種預測項目。現舉一例說明，嘉雄自行車公司在民國 101 年至 107 年之實際銷售量，彙總如表 2.2 所示。

表 2.2 嘉雄自行車公司銷售量之時間數列 單位：千輛

年度	101	102	103	104	105	106	107
銷售量	210	215	236	225	248	258	270

表 2.2 將過去七年嘉雄公司之銷售量依年度順序予以排列。利用此時間數列，即可利用時間數列分析法的技術，進行 108 年或往後年度之銷售量預測。一般而言，時間數列主要由長期趨勢、季節變動、循環變動及殘餘變動四個因素組成，茲說明如下：

1. **長期趨勢（Secular Trend, T）**

   乃是時間數列的觀測值隨時間的經過，呈逐漸遞增或遞減之一種傾向。舉例來說，若無戰爭發生，一國的人口量、GNP、物價、汽車或冷氣機等產品需求量即呈遞增的長期趨勢。

2. **季節變動（Seasonal Variations, S）**

   乃是時間數列的觀測值因受氣候、溫度、雨量及各種民間習俗等季節因素的影響，所形成的一種週期性的變動狀態。一般來說，大部分的產品或服務銷售會有季節變動，如冷氣機、雨傘、汽車、飲料及成衣的銷售，或是電影院觀眾人數、搭乘公車人數等皆具有季節變動。

3. **循環變動（Cyclical Variations, C）**

   乃指時間數列的觀測值因受景氣循環影響，所造成的一種週期性變動。依照經濟學家 Hicks 的觀點，每一次景氣循環週而復始，共包含繁榮期（Prosperity）、衰退期（Recession）、蕭條期（Depression）及復甦期（Recovery）四個階段。循環變動與季節變動的型態相似，但循環時間並不相同，一次循環變動平均約為三至五年時間，而季節變動的循環時間則為一年以內。

4. **殘餘變動（Residual Variations, R）**

   乃是指因受天災、人禍等突發性重大事件影響所造成的不規則變動。例如，因受颱風、地震、氣候異常、罷工或是戰爭等事件之影響，其變動即屬殘餘變動。上述事件係屬突發性質，一般較難加以預測及掌握。

   在實務上，企業使用時間數列分析法相當的普遍，其又包含天眞的方法、移動平均法、指數平滑法、古典分解法、壽命週期曲線法、X-11 法及 Box-Jenkins 法七種。

三、因果模式

因果模式（Causal Model）乃是預測者藉由分析過去歷史資料的因果關係，建立迴歸方程式（Regression Equation），並據以編製預測值。相對於前述二類預測技術，因果模式最為複雜，一般常用多變量分析的數學技術來建立迴歸方程式，同時必須配合電腦來進行統計分析，並編製預測值。

所以，因果模式的優點是考量各種自變數，並蒐集最充分的資料，故其預測值準確度最高；但其缺點則是預測過程須配合使用電腦，投入最多的資源，故相對的預測成本亦是最高。

現舉一例，設台中市一家傢俱工廠總經理正欲進行下一年度銷售量的預測，經使用多變量分析統計結果，其迴歸方程式如下：

$$Y = a_0 + a_1Y_1 + a_2Y_2 + a_3Y_3 + a_4Y_4 + \cdots \qquad \cdots\cdots\cdots\cdots\cdots\cdots \text{(2.1)}$$

上式中，Y ＝下一年度傢俱銷售量的預測值

a_0 ＝基本需求量

Y_1 ＝新婚人數

Y_2 ＝國民所得

Y_3 ＝新建房屋數量

Y_4 ＝每戶家庭人數

a_i ＝相關係數（i ＝ 1、2、…、n）

上例中，因深入分析了影響傢俱銷售量之各項自變數，故預測值較為準確。但是，在整個預測過程中必須投入較多的人力、財力及物力。譬如，新建房屋數量資料的蒐集，若傢俱銷售地區為台中市，須至市政府建設局蒐集；但若是全台灣地區，則須至內政部營建署蒐集。同時，整個統計分析過程，必須使用多種多變量分析技術，以求得各相關係數及建立迴歸方程式。此外，因投入資料相當繁雜，無法利用人工計算，必須配合電腦，故投入電腦軟硬體費用亦相當的昂貴。

實務上，因果模式較常用於國家總體經濟發展預測、區域經濟規劃及企業中長期經營發展規劃。因果模式共含迴歸模式（Regression Model）、計量經濟模式（Econometric Model）、領先指標法（Leading Model）、擴散指數法（Diffusion Index）及投入產出模式（Input-Output Model）五種方法。讀者若有興趣，可參閱總體經濟學書籍及相關文獻。

四、預測技術的選擇

前面已介紹了定性分析法、時間數列分析法及因果模式三種預測技術，以下將從實務的觀點來探討預測技術的比較與選擇。若從經濟效益的觀點來考量，預測總成本可分成預測成本及誤差成本二種，茲定義如下：

1. **預測成本（Forecast Cost, C_f）**

   乃爲事前預測者進行預測活動所支出的成本。預測活動爲前面所提預測的程序，共包含決定預測項目、建立時間水平、選擇預測技術、蒐集資料及編製預測值六個步驟，進行這些預測活動所投入的各種相關人事及軟硬體設施費用，即屬於預測成本。

2. **誤差成本（Error Cost, C_e）**

   也叫預測不準確成本，肇因預測值不準確，使得事後的各項管理計畫及執行活動不切實際所蒙受的損失。預測值乃是企業訂定各項管理計畫及行動方案之依據，假若預測值誤差太大，將使管理活動產生嚴重的方向偏差，造成企業人力、物力資源的浪費。

實際上，上述預測成本的分類主要是以時間爲基礎，依時間順序將預測總成本分成事前的預測成本（C_f）與事後的誤差成本（C_e）二類。在進行預測技術之抉擇以前，茲將三大類預測技術與各類預測成本之關係彙總比較之，如表 2.3 所示。

表 2.3 預測成本的比較

項目	定性	時間數列	因果
預測成本	低	中	高
誤差成本	高	中	低

最後，依據表 2.3 所列相關預測成本的比較，來進行預測技術的抉擇分析。本文所做的決策分析，主要以考量經濟效益因素爲主，即以獲得最低預測總成本爲目標，並未考量成本以外之非計量因素（如政治、環保、心理、競爭等）。現將二種預測成本與預測誤差值之關係，繪製如圖 2.4 所示。圖中，預測成本（C_f）與誤差值成反比，係爲一條遞減的曲線；誤差成本（C_e）與誤差值成正比，爲一遞增的曲線；預測總成本乃是兩者成本之累積和，爲一條往上拋物線，此拋物線高度爲在特定誤差值下，預測成本曲線與誤差成本曲線高度之累積。由圖 2.4 可知，**若將實際誤差值定位於 e* 點，可獲得最大的經濟效益，即預測總成本爲最低，故 e* 點可稱爲最適誤差值（Right Error）**。

再看圖 2.4 之橫座標，依表 2.3 相關預測成本的比較，將三大類預測技術依序予以定位，即可獲得重要的結論：**若考量各類預測技術的經濟效益，在實務上，較常用者應爲時間數列分析法，因其預測總成本位於總成本線之較低的區域**。然而，若產業性質、預測對象或企業內外環境不一時，相關預測成本曲線的型態將會變化，結論將會不同，亦即最具經濟效益的預測技術，也有可能是定性分析法或是因果模式。

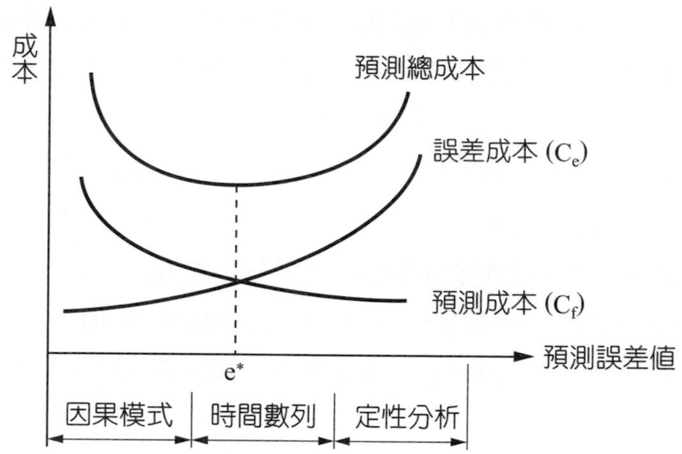

圖 2.4 預測技術之抉擇分析

2.3 時間數列分析法

依據前面的分析，若同時考量預測成本與誤差成本，時間數列分析法較具經濟效益，在實務上較常被使用。因之，在本節內容，將介紹四種時間數列分析法，包含天眞的方法、移動平均法、指數平滑法及古典分解法。

一、天眞的方法

天眞的方法（Naive Forecasting Method）之概念相當簡單，其意乃是直接拿上一期的實際值作爲本期的預測值，公式如下：

$$F_t = A_{t-1} \quad \cdots\cdots\cdots\cdots \quad (2.2)$$

上式中，F_t ＝第 t 期預測值

A_{t-1} ＝第 t -1 期預測值

舉例來說，嘉雄公司在民國 101 年至 107 年實際銷售量之時間數列，如表 2.2 所示，現以天眞的方法進行預測，則 108 年銷售量預測值應爲 270 單位（即 107 年之實際銷售量）。天眞的方法之優點爲簡單明瞭，不需任何計算，只用前一期實際值即可編製預測值。

然而，天眞的方法仍有缺點存在，其一爲此法太過於簡單，因就企業預測而言，內外環境之變數相當的複雜，若只考量前一期實際值資料，將會失之偏頗，造成預測誤差值太大之現象；其二，天真的方法不適用於長期趨勢與季節變動之預測。如嘉雄自行車公司之例，因時間數列具有長期趨勢，故 107 年之預測誤差值達 12 單位（實際值 270 單位減預測值 258 單位）之多。因之，須作如下的修正：

1. **季節變動的修正：**以上一循環同一時期實際值作爲本循環同期預測值，即淡季對淡季、旺季對旺季，流行季節相同之意。
2. **長期趨勢的修正：**讓本期的變動量與前一期的變動量相同，以嘉雄自行車公司爲例，因 105 年至 106 年實際值變動量爲 10 單位，故 106 年至 107 年的變動量亦爲 10 單位，107 年之銷售量預測值應修正爲 268 單位，經此修正後，107 年誤差值將減低爲 2 單位。

二、移動平均法

相對於天真的方法只考量前一期的實際值，移動平均法則考量時間數列中最近 n 期的實際值資料，故其預測值較天真的方法準確。移動平均法分成簡單移動平均法及加權移動平均法兩種。

1. 簡單移動平均法（Simple Moving Average Method）

簡單移動平均法乃是從時間數列中求算最近 n 期實際值的平均值，並以之作爲本期之預測值。預測值 F_t 的公式如下：

$$F_t = \frac{A_{t-1} + A_{t-2} + \ldots + A_{t-n}}{n} \quad \cdots\cdots\cdots\cdots\cdots\cdots\cdots\cdots\cdots \text{(2.3)}$$

上式中，F_t ＝第 t 期預測值

$A_{t\text{-}i}$ ＝最近第 i 期之實際值（i = 1、2、⋯、n）

n ＝移動期數

例題 2.1

復興機械公司生產中心加工機，其產品全部外銷日本及歐美地區。下表為本年前六個月，復興機械每月實際銷售量之時間數列。試以四期簡單移動平均法預測 7 月份之銷售量。

單位：台

月份	1	2	3	4	5	6
銷售量	50	55	60	68	76	80

解答

最近四期爲 3 月至 6 月，故求算 3 月至 6 月實際值之平均值，即可得 7 月份之預測值 F_7，計算如下：

$$F_7 = \frac{60+68+76+80}{4} = 71 \text{（台）}$$

在瞭解簡單移動平均法的計算後，**特別要提及一重要的概念：雖然簡單移動平均法的計算相當的簡易，但是卻與實際情況有些脫節，主要原因爲其隱含著過去每期歷史資料之重要性相同的假設**。事實上，過去每期歷史資料之重要性並不相同，一般常與資料距離現在時間之長短成反比，即距離現在愈近的實際值其對預測值之影響力愈大，重要性愈高。

舉例來說，我國氣象局若以前一週的實際氣象資料來預測明日之氣候，則以今日氣象對其影響最大，因時間距離最近，而以前七日氣象之影響力最小，因其距離現在時間最遠。因之進行預測活動時，應考量每期歷史資料之重要性，此即下面要介紹的加權移動平均法的概念。

2. 加權移動平均法（Weighted Moving Average Method）

加權移動平均法主要是依照每期歷史資料的重要性給予設定一權數（Weights），再據以求算最近 n 期之加權移動平均值，並以之作爲第 t 期的預測值。加權移動平均值的計算公式如下：

$$F_t = \frac{W_{t-1} \cdot A_{t-1} + W_{t-2} \cdot A_{t-2} + \ldots + W_{t-n} \cdot A_{t-n}}{W_{t-1} + W_{t-2} + W_{t-3} + \ldots + W_{t-n}} \quad \cdots\cdots\cdots\cdots\cdots\cdots \text{(2.4)}$$

上式中，F_t ＝第 t 期預測值

A_{t-i} ＝最近第 i 期之實際值（i = 1、2、⋯、n）

W_{t-i} ＝最近第 i 期之權數（i = 1、2、⋯、n）

例題 2.2

如同例題 2.1。現設定各月份之權數，以顯示各月份實際值之重要性。試以加權移動平均法預測本年 7 月份之銷售量預測值。

單位：台

月份	1	2	3	4	5	6
銷售量	50	55	60	68	76	80
權數	0	0	0	0.2	0.3	0.5

解答

由題意可知，1 月、2 月及 3 月權數為 0，故本題為三期加權移動平均法，預測值 F_7 為 4 月至 6 月之加權平均值，計算如下：

$$F_7 = \frac{(0.2)\cdot 68 + (0.3)\cdot 76 + (0.5)\cdot 80}{0.2 + 0.3 + 0.5} = 76.4\ (台)$$

一般來說，因為加權移動平均法特別考量每期歷史資料的重要性，故預測值較簡單移動平均法準確。最後**針對移動平均法加以評論：移動平均法的優點是簡易明瞭，不必使用電腦，並可降低預測成本。但是，缺點則是不適用於長期趨勢及季節變動的預測，因為會產生預測值較實際值落後之現象。**

若時間數列屬遞增長期趨勢，預測值機將會永遠偏低；反之，而若時間數列為遞減長期趨勢，則預測值將永遠偏高，會形成較大的誤差值。此種現象，如圖 2.5 所示。

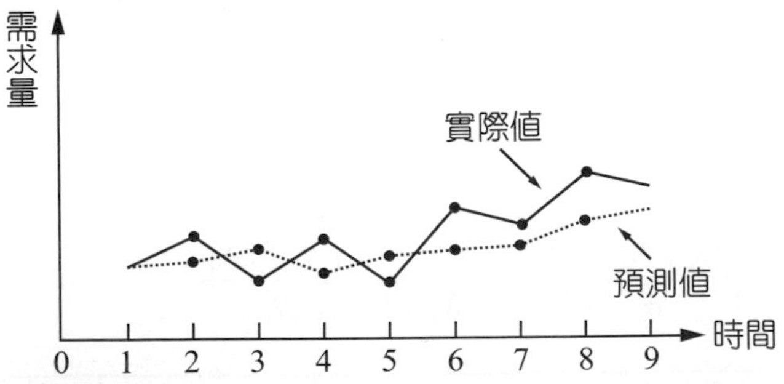

圖 2.5 移動平均法用於長期趨勢預測之落後現象

此外，就季節變動之預測而言，採用移動平均法所求預測值會受到移動期數 n 值的影響，若 n 值愈大，則所求預測值將變異較小，預測值之變動曲線較爲平均。

三、指數平滑法

指數平滑法（Exponential Smoothing Method）係由學者 Holt 和 Brown 所創，其爲前述加權移動平均法的一種，公式如下：

$$F_t = F_{t-1} + \alpha(A_{t-1} - F_{t-1}) \quad \cdots\cdots (2.5)$$

上式中，F_t ＝第 t 期預測值

F_{t-1} ＝第 t-1 期預測值

A_{t-i} ＝第 t-1 期實際值

α ＝平滑常數（Smoothing Constant）

由上式可知，指數平滑法的概念乃是將前一期的預測值，加上前一期預測誤差值乘以平滑常數，其累積和即爲本期之預測值。一般來說，使用指數平滑法之成敗關鍵在於指數平滑常數 α 的設定，**依學者 Holt 和 Brown 的論點：平滑常數 α 的設定係由預測者依其個人經驗研討之，其值域範圍介於 0.1 至 0.5 之間**。一般常以下列兩個原則來訂定 α 值：

1. **實際值變動：**變動較大時，α 值應設定較大；變動小時，α 值應設定較小。
2. **權衡變動的型態：**如屬偶然變動（如颱風、地震等），則 α 值應設定較小；若爲眞正變動（如景氣循環），α 值應設定較大。

下面，將舉復興機械公司例子，說明指數平滑法之應用。

例題 2.3

如同例題 2.1。現設定復興公司以指數平滑法進行預測，設 6 月份的預測值為 76 台，平滑常數 α 值為 0.4，試求算 7 月份銷售量的預測值。

解答

由已知條件可知，$F_6 = 76$ 台，α 值 $= 0.4$，$A_6 = 80$ 台，

$\therefore F_7 = 76 + 0.4\,(80 - 76)$

$= 77.6$（台）

指數平滑法在實務上使用相當的普遍，然而，在使用時常會面臨缺少前一期預測值 F_{t-1} 資料，產生無法直接帶基本公式以求第 t 期之預測值之情況。爲此，必須作如下的修正：先以下列公式求算 n 值，並以時間數列最初 n 期實際值之平均值做爲第 n+1 期預測值，再依序以指數平滑法基本公式求算第 t 期之預測值。

$$n = \frac{2}{\alpha} - 1 \quad \cdots\cdots\cdots\cdots \quad (2.6)$$

在利用上式時，因 n 值表移動期數，故必須取整數。舉例來說，若 α 值爲 0.4 時，則 n 值等於 4；若 α 值爲 0.3 時，則 n 值等於 6。

例題 2.4

如同例題 2.1。現設復興公司未做 6 月份之銷售量預測，即缺少 6 月份預測值，其餘條件繼續維持，即平滑常數 α 值等於 0.4，且 6 月份實際值 A_6 為 80 台。試以指數平滑法預測 7 月份之銷售量預測值。

解答

本例題因缺少 F_6 資料，故必須先行求算 n 值：

$$n = \frac{2}{0.4} - 1 = 4$$

$$\therefore F_5 = \frac{50 + 55 + 60 + 68}{4} = 58.25$$

最後，帶指數平滑法的基本公式，即可依序求得 F_6 與 F_7：

$F_6 = 58.25 + 0.4\,(76 - 58.25) = 65.35$ (台)

$F_7 = 65.35 + 0.4\,(80 + 65.35) = 71.21$ (台)

故 7 月份之銷售量預測值爲 71.21 台機器。

前面提到，指數平滑法是爲加權移動平均法的一種。因之，爲了印證這兩種預測方法之關係，並進而探討指數平滑法的優點與特色，以及其較適合實務使用的理由，下面擬將指數平滑法基本公式展開，展開式如下：

$$
\begin{aligned}
F_t &= F_{t-1} + \alpha (A_{t-1} - F_{t-1}) \\
&= \alpha \cdot A_{t-1} + (1-\alpha) \cdot F_{t-1} \\
&= \alpha \cdot A_{t-1} + (1-\alpha)[F_{t-2} + \alpha (A_{t-2} - F_{t-2})] \\
&= \alpha \cdot A_{t-1} + \alpha \cdot (1-\alpha) \cdot A_{t-2} + \alpha \cdot (1-\alpha)^2 \cdot F_{t-2} \\
&= \cdots\cdots \\
&= \alpha \cdot A_{t-1} + \alpha \cdot (1-\alpha) \cdot A_{t-2} + \alpha \cdot (1-\alpha)^2 \cdot A_{t-3} + \\
&\quad \cdots + \alpha \cdot (1-\alpha)^{t-2} \cdot A_1 + (1-\alpha)^{t-1} \cdot F_1 \quad \cdots\cdots\cdots\cdots\cdots\cdots\cdots \ (2.7)
\end{aligned}
$$

現舉一例，設定平滑常數 α 值為 0.2，則預測值 F_t 的關係式為：

$$
\begin{aligned}
F_t &= 0.2 \cdot A_{t-1} + 0.2 \cdot (1-0.2) \cdot A_{t-2} + 0.2 \cdot (1-0.2)^2 \cdot A_{t-3} + \cdots \\
&\quad + 0.2 \cdot (1-0.2)^{t-2} \cdot A_1 + (1-0.2)^{t-1} \cdot F_1 \\
&= 0.2 \cdot A_{t-1} + 0.16 \cdot A_{t-2} + 0.128 \cdot A_{t-3} + 0.1024 \cdot A_{t-4} + \cdots
\end{aligned}
$$

觀察上式之係數分配可知，上式每一項實際值之係數即為其重要性權數，因權數大小和實際值距離現在時間之長短成反比例，故可以印證指數平滑法屬於加權移動平均法的一種，參閱圖 2.6。同時，由圖 2.6 可以看出，各期實際值權數之分配型態屬於指數分配型態，這也是指數平滑法名稱之由來。

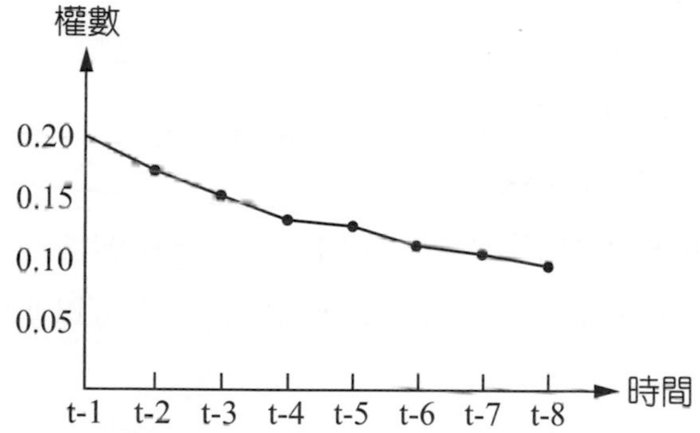

圖 2.6 指數平滑法之權數分配型態

指數平滑法相當適合實務的使用，由指數平滑法之展開式可知，**指數平滑法相當具有彈性，假若過去歷史資料型態改變時，僅需設定適當的平滑指數 α 值即可調整之**。此外，指數平滑法也適合電腦化的使用，因為其僅需儲存實際值即可進行預測，所佔電腦之儲存空間較小。

四、古典分解法

古典分解法（Classical Decomposition Method）乃是將時間數列分解成長期趨勢（T）、季節變動（S）、循環變動（C）及殘餘變動（R）四個因素，並以適當的預測方法來編製每個因素的預測值，最後再依組合模式將四個因素的預測值予以組合，即可求得整體的預測值。有關組成時間數列之 T、S、C、R 四個因素的概念，請參閱 2.2 節內容。

時間數列因素的組合模式，共含加法模式及乘法模式二類，一般在實務上較常使用乘法模式，茲分別介紹之。

1. 加法模式（**Additive Model**）

   乃是將 T、S、C、R 四個因素之累積和作爲預測值，公式如下：

$$Y = T + S + C + R \quad \cdots\cdots (2.8)$$

上式中，Y ＝整體預測值

T ＝長期趨勢預測值

S ＝季節變動預測值

C ＝循環變動預測值

R ＝殘餘變動預測值

讀者須注意，使用加法模式必須符合下列二個條件：

(1) **T、S、C、R 四個因素皆爲獨立因素。**

(2) **T、S、C、R 四個因素的單位必須相同**，以前述復興機械公司中心加工機銷售量的預測來講，四個因素預測值的單位皆須爲台，才可以使用加法模式來求其累積和。

2. 乘法模式（**Multiplicative Model**）

   乘法模式乃是以 T、S、C、R 四個因素的乘積作爲預測值，其公式如下：

$$Y = T \cdot S \cdot C \cdot R \quad \cdots\cdots (2.9)$$

上述數學符號的定義與加法模式完全相同，惟使用乘法模式必須符合下列二個條件：

(1) **T、S、C、R 四個因素皆爲相依因素，即四個因素間互有關聯。**

(2) **T、S、C、R 四個因素的單位不能相同，其中只有長期趨勢 T 之單位爲數量，季節變動 S、循環變動 C 及殘餘變動 R 三個因素之單位皆爲指數（百分比）**。舉例來說，前述復興機械公司中心加工機銷售量的預測，若用乘法模式組合，則 T 的預測值的單位爲台，其餘 S、C 及 R 三個因素的單位皆爲百分比。

在實務上，一般較常使用乘法模式進行 T、S、C、R 四個因素的組合，因爲此四個因素一般皆屬相依因素。例題 2.5 爲乘法模式在速食業預測之應用。

例題 2.5

牛肉麵銷售量之預測。設台中牛肉麵復興店在 107 年之實際銷售量為 80,000 碗牛肉麵，現該店正欲進行 108 年第二季牛肉麵銷售量之預測，各已知條件如下：

1. **長期趨勢** T：

   根據預測，因配合高速鐵路及捷運系統的規劃與建造，台中市南區將會更加繁榮發展，故 108 年復興店牛肉麵之銷售量將會成長 10%，即長期趨勢 T 為 88,000 碗牛肉麵。

2. **季節變動** S：

   就歷年復興店牛肉麵銷售量之統計分析，第二季四至六月屬於銷售旺季，其季節變動指數 S 為 0.38。

3. **循環變動** C：

   根據經建會及政府相關部門對我國總體經濟發展的預測可知，108 年經濟發展仍處於衰退期階段，預期循環變動指數 C 為 0.95。

4. **殘餘變動** R：

   各種政治、社會、氣候等預測皆顯示，108 年將不會發生戰爭、颱風、地震、罷工等突發性事件，故殘餘變動指數 R 維持為 1.00。

解答

由題意可知，T = 88,000，S = 0.38，C = 0.95，R = 1.00，現以乘法模式組合，計算如下：

$Y = 88,000 \cdot 038 \cdot 0.95 \cdot 1.00$

$\quad = 31,768$（碗）

故復興店第二季銷售量之預測值爲 31,768 碗。

2.4 最小平方法

最小平方法（Least Square Method）是適用於長期趨勢預測的一種方法，在實務上使用相當普遍，其概念乃是首先繪製時間數列上實際值資料之散佈圖，並根據圖形散佈狀況，導引一條通過散佈點的趨勢線（Trend Line），此趨勢線即用以代表時間數列之長期趨勢，最後建立此趨勢線之方程式，並將時間變數帶進方程式即可求得預測值。

前已談及，時間數列是將預測變數的一組觀測值，依時間順序予以排列後之一種數列，任何時間數列皆含二個變數，自變數表時間，因變數則表預測項目。因之，爲配合最小平方趨勢線方程式的建立，可將時間數列轉換成二維座標之散佈圖。以前述嘉雄自行車公司爲例，設橫座標表年度別，縱座標表需求量，將表 2.2 時間數列轉換成時間數列散佈圖，如圖 2.7 所示。

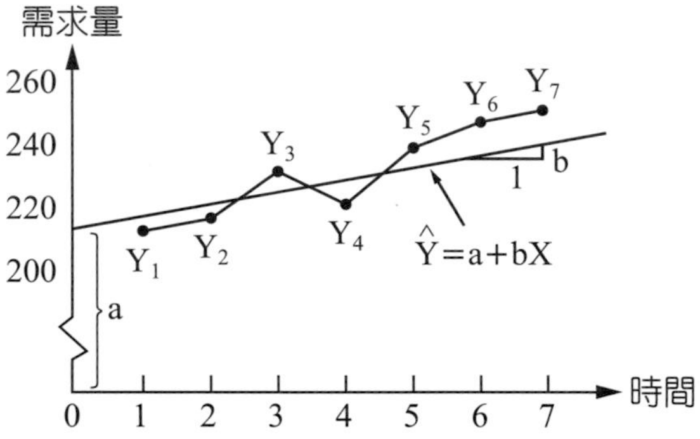

圖 2.7 嘉雄自行車公司之時間數列圖

由圖 2.7 可知，通過散佈點導引出一條足以代表長期趨勢的趨勢線，此趨勢線 $\hat{Y}$ 係一條直線，其方程式如下：

$$\hat{Y} = a + bX \quad \cdots\cdots \quad (2.10)$$

上式中，$\hat{Y}$ = 預測值

a = 趨勢線與縱座標的截距

b = 趨勢線的斜率

進一步導引趨勢線二個參數 a 和 b 之公式。首先，要使趨勢線能代表時間數列之長期趨勢，須使預測結果之總誤差值爲最小。因此，可建立能使 n 期歷史資料之最小總誤差值方程式如下：

$$\text{Min 總誤差值} = (Y_1 - \hat{Y}) + (Y_2 - \hat{Y}) + (Y_3 - \hat{Y}) + \cdots + (Y_n - \hat{Y})$$
$$= \Sigma(Y_i - \hat{Y}) \quad i = 1、2、3、\cdots、n \quad \cdots\cdots (2.11)$$

但是，實際利用上式計算時，可能會產生各期誤差值之正負相抵，因而使得總誤差值變小或趨近於 0 現象；因此，爲避免各期誤差值正負相抵，期以客觀地衡量總誤差值，須將各期誤差值取其平方值，再使得其總誤差值平方值之累積和爲最小值，此一關係式如下：

$$\text{Min}\,\Sigma(Y - \hat{Y})^2 = \Sigma(Y - a - bX)^2 \quad \cdots\cdots (2.12)$$

因爲建立參數（a）和（b）公式之目的，在於獲取最小的總誤差值平方和，故下面將進一步以偏導數求取極値的方法，來建立求解（a）和（b）公式之聯立方程式，關係式如下：

$$\frac{\partial\Sigma(y - a - bx)^2}{\partial a} = -2\Sigma(Y - a - bx) = 0$$
$$\therefore\ \Sigma Y - na - b\Sigma x = 0 \quad \cdots\cdots (a)$$
$$\frac{\partial\Sigma(y - a - bx)^2}{\partial b} = -2\Sigma(Y - a - bx)X = 0$$
$$\therefore\ \Sigma XY - a\Sigma X - b\Sigma X^2 = 0 \quad \cdots\cdots (b)$$

最後，求解（a）、（b）聯立方程式，即可導引出參數 a 和 b 之公式，茲列出如下：

$$a = \frac{\Sigma Y - b\cdot\Sigma X}{n}$$
$$b = \frac{\Sigma X\cdot\Sigma Y - n\cdot\Sigma XY}{(\Sigma X)^2 - n\cdot\Sigma X^2} \quad \cdots\cdots (2.13)$$

但是，實務上利用上面公式求算 a 和 b 值時，因爲公式較爲複雜，求解不易。現可令 $\Sigma X = 0$，以簡化 a 和 b 值公式，公式如下：

$$a = \frac{\Sigma Y}{n}$$
$$b = \frac{\Sigma XY}{\Sigma X^2} \quad \cdots\cdots (2.14)$$

因此，實際進行預測時，可移動縱座標至歷史資料中間期，使得 $\Sigma X = 0$，藉以簡化 a 和 b 值之計算。下面例題 2.6 及例題 2.7 將分別舉歷史資料單數期與偶數期為例子，以說明最小平方法之應用。

例題 2.6

如同表 2.2 時間數列資料，試以最小平方法預測嘉雄自行車公司民國 108 年銷售量。

單位：千輛

年度	101	102	103	104	105	106	107
銷售量	210	215	236	225	248	258	270

解答

本題歷史資料為單數期，為使 $\Sigma X = 0$，必須設定三個條件：設中間期之 X 值為 0 值、X 值依序由小到大排列及各期所設定 X 值之間距必須相同。依此將計算 a 和 b 值之相關的資料彙總如下表：

年度	銷售量 (Y)	X	X^2	XY
101	210	– 3	9	– 630
102	215	– 2	4	– 430
103	236	– 1	1	– 236
104	225	0	0	0
105	248	1	1	248
106	258	2	4	516
107	270	3	9	810
	$\Sigma Y = 1662$	$\Sigma X = 0$	$\Sigma X^2 = 28$	$\Sigma XY = 278$

將上表資料帶入 a 和 b 值公式，可得：

$$a = \frac{\Sigma Y}{n} = \frac{1662}{7} = 237.43$$

$$b = \frac{\Sigma XY}{\Sigma X^2} = \frac{278}{28} = 9.93$$

$$\hat{Y} = a + bX = 237.43 + 9.93X$$

$\therefore$ 108 年銷售量預測值 $\hat{Y} = 237.43 + 9.93(4) = 277.15$（千輛）

例題 2.7

現將例題 2.6 時間數列資料再增加 100 年實際銷售量 205 單位，試以最小平方法預測嘉雄公司民國 108 年銷售量。

單位：千輛

年度	100	101	102	103	104	105	106	107
銷售量	205	210	215	236	225	248	258	270

解答

本題歷史資料為偶數期，為使 $\Sigma X = 0$，可設定中間期之 X 值為 -1 及 1，各期 X 值之間距固定為 2 單位，計算資料彙總如下：

年度	銷售量 (Y)	X	X^2	XY
100	205	−7	49	−1435
101	210	−5	25	−1050
102	215	−3	9	−645
103	236	−1	1	−236
104	225	1	1	225
105	248	3	9	744
106	258	5	25	1290
107	270	7	49	1890
	$\Sigma Y = 1867$	$\Sigma X = 0$	$\Sigma X^2 = 168$	$\Sigma XY = 783$

將上表資料帶入 a 和 b 值公式，可得：

$$a = \frac{\Sigma Y}{n} = \frac{1867}{8} = 233.38$$

$$b = \frac{\Sigma XY}{\Sigma X^2} = \frac{783}{168} = 4.66$$

$$\hat{Y} = a + bX = 233.38 + 4.66X$$

$\therefore$ 108 年銷售量預測值 $\hat{Y} = 233.38 + 4.66(9) = 275.32$（千輛）

2.5 季節變動的預測

在經濟社會中，因受季節因素的影響，造成許多產品的銷售常會有季節變動的現象，如冷氣機、汽車、飲料、成衣、電腦等。因之，就企業經營管理而言，如何做好季節變動的預測，以研訂適當的中期計畫及產銷配合策略，並據以進行物料需求規劃與存量管制活動，期使產銷能夠配合，並有效提升企業生產力，實爲一項重要的課題。以下將分別介紹簡單平均及移動平均二種季節變動預測的方法。

一、簡單平均法

簡單平均法（Simple Average Method）乃是利用時間數列中各季的平均值與總平均值的比值，來計算各季的季節指數（Seasonal Index），並依此季節指數將全年度預測值予以分配到各季，即可求得各季之預測值。茲將簡單平均法的計算步驟彙總如下：

1. 將歷史資料（時間數列）依年度及季節順序予以整理排列。
2. 以算術平均法計算歷史資料中每季的平均值。
3. 考量全部歷史資料，計算總平均值。有二種算法：一爲計算各季平均值之平均值；另一算法爲將各年度實際值累積和平均分攤至各年與各季。
4. 將各季平均值分別除以總平均值，以求算各季之季節指數。
5. 以最小平方法或適當的預測方法，預測下一個年度的預測值。
6. 將前一個步驟之下一個年度的預測值平均至每季，即求算每季之平均預測值。
7. 最後，將每季之平均預測值分別乘以各季季節指數，即可求得下一個年度各季的預測值。

例題 2.8

明德電器行銷售各類家電產品，在過去五年中，每季冷氣機之實際銷售量彙總如下表所示。試以簡單平均法預測 108 年春、夏、秋、冬四季冷氣機之銷售量。

單位：台

年度	春季	夏季	秋季	冬季
103	60	86	55	30
104	65	90	60	36
105	68	100	62	40
106	78	105	65	45
107	80	115	70	50

解答

現在依前述七個步驟來求算本例題，其中第一個步驟因歷史資料已依季節順序排列，故予省略。第二、三、四等三個步驟之計算彙總如下表所示：

年度	春季	夏季	秋季	冬季	年計
103	60	86	55	30	231
104	65	90	60	36	251
105	68	100	62	40	270
106	78	105	65	45	293
107	80	115	70	50	315
合計	351	496	312	201	1,360
平均值	70.20	99.20	62.40	40.20	68.00
季節指數	1.03	1.46	0.92	0.59	

接下來，第五個步驟爲以最小平方法預測 108 年年度銷售量，如下表所示：

年度	銷售量 (Y)	X	X^2	XY
103	231	− 2	4	− 462
104	251	− 1	1	− 251
105	270	0	0	0
106	293	1	1	293
107	315	2	4	630
	$\Sigma Y = 1360$	$\Sigma X = 0$	$\Sigma X^2 = 10$	$\Sigma XY = 210$

$$a = \frac{1360}{5} = 272$$

$$b = \frac{\Sigma XY}{\Sigma X^2} = \frac{210}{10} = 21$$

∴ 108 年銷售量預測值 = 272 + 21(3) = 335（台）

最後，將 335 台平均分攤至各季（除以 4），再乘以各季的季節指數，即可求出明德電器行在春、夏、秋、冬四季冷氣機之銷售量預測值，結果如下：

1. 108 年春季銷售量 = (355/4)1.03 = 86.26（台）
2. 108 年夏季銷售量 = (355/4)1.46 = 122.28（台）
3. 108 年秋季銷售量 = (355/4)0.92 = 77.05（台）
4. 108 年冬季銷售量 = (355/4)0.59 = 49.41（台）

二、移動平均法

移動平均法（Moving Average Method）與簡單平均法的重大差別，在於季節變動指數的計算。移動平均法的考量較為周延，其先後藉由二次的移動平均，用以求算各季的平均季節指數。茲將移動平均法之步驟彙總如下：

1. 將歷史資料（時間數列）依年度及季節順序予以整理排列。
2. 藉由四季（若為月資料則為十二月）與二季的移動平均值計算，求出每季的平均值。
3. 將各季的實際值除以該季移動平均值，以求算每季的季節指數。
4. 將步驟四所求季節指數分別依季節別平均之，以計算各季的平均季節指數。
5. 下面步驟與前述簡單平均法相同，即以最小平方法或適當的預測方法，預測下一個年度的預測值。
6. 將前一個步驟所求下個年度的總預測值平均分攤至每季，求算每季之平均預測值。
7. 最後，將每季之平均預測值分別乘以各季平均季節指數，即可求得下一個年度各季的預測值。

為確保準確度起見，步驟四所求出各季平均季節指數，其累積和需等於四，否則須予以調整。例題 2.9 為移動平均法的計算實例。

例題 2.9

如同例題 2.8 明德電器行冷氣機之實際銷售量資料。試以移動平均法預測 108 年，春、夏、秋、冬各季冷氣機之銷售量。

解答

首先，依序計算四季與二季之移動平均值，並據以求各季的季節指數，結果如下表所示。

年度	季節	銷售量	四期移動	二期移動	季節指數
103	春	60			
	夏	86			
			57.75		
	秋	55		58.38	0.94
			59.00		
	冬	30		59.50	0.50
			60.00		
104	春	65		60.63	1.07
			61.25		
	夏	90		62	1.45
			62.75		
	秋	60		63.13	0.95
			63.50		
	冬	36		64.75	0.56
			66.00		
105	春	68		66.25	1.03
			66.50		
	夏	100		67	1.49
			67.50		
	秋	62		68.75	0.90
			70.00		
	冬	40		70.63	0.57
			71.25		
106	春	78		71.63	1.09
			72.00		
	夏	105		72.63	1.45
			73.25		
	秋	65		73.50	0.88
			73.75		
	冬	45		75	0.60
			76.25		
107	春	80		76.88	1.04
			77.50		
	夏	115		78.13	1.47
			78.75		
	秋	70			
	冬	50			

舉例來說，103 年秋季季節指數 0.94 的計算，乃是將該季實際銷售量 55 單位除以移動平均值 58.38 單位。

在求出各季之季節指數以後，緊接著須計算各季的平均季節指數。計算程序爲先將上表所求之季節指數資料依年度與季節順序排列，並據以計算平均季節指數，如下表所示。

年度	春季	夏季	秋季	冬季
103			0.94	0.50
104	1.07	1.45	0.95	0.56
105	1.03	1.49	0.90	0.57
106	1.09	1.45	0.88	0.60
107	1.04	1.47		
合計	4.23	5.86	3.67	2.23
平均值	1.0575	1.4650	0.9175	0.5575
調整後	1.0582	1.4659	0.9181	0.5578

舉例來說，春季平均季節指數計算如下：

春季平均季節指數 = (1.07 + 1.03 + 1.09 + 1.04)/4
= 4.23/4 = 1.0575

然而，因所求春、夏、秋、冬四季平均季節指數之總和爲 3.9975，必須調整使其總和等於 4.000。現以（4/3.9975）尺度將平均季節指數與以擴大，計算如下：

1. 春季平均季節指數 = 1.0575 × (4/3.9975) = 1.0582
2. 夏季平均季節指數 = 1.4650 × (4/3.9975) = 1.4659
3. 秋季平均季節指數 = 0.9175 × (4/3.9975) = 0.9181
4. 冬季平均季節指數 = 0.0575 × (4/3.9975) = 0.5578

最後，將以最小平均法所求 108 年銷售量預測值 335 台平均分攤至各季（除以 4），再乘以各季的平均季節指數，即可求明德電器行在 108 年春、夏、秋、冬四季冷氣機之銷售量預測值，結果如下：

1.108 年春季銷售量 = (335/4) × 1.0582 = 88.62 (台)
2.108 年夏季銷售量 = (335/4) × 1.4659 = 123.07 (台)
3.108 年秋季銷售量 = (335/4) × 0.9181 = 76.89 (台)
4.108 年冬季銷售量 = (335/4) × 0.5578 = 46.72 (台)

2.6 預測準確度的衡量

企業預測的對象乃是未來的事件或情況，如市場需求量、新產品與新製程的開發、原物料與產品價格、成本的變動、市場競爭狀況及政治、經濟與社會的變遷情勢。預測乃是經營管理的首要工作，若預測值準確度太低，則各項的企業營運政策、目標及計畫勢將無法精準訂定，或在執行時造成方向偏離與資源的浪費，將使企業蒙受重大損失。

現代企業面對內外部環境的變遷與複雜性，造成各類預測技術皆無法達到百分之百的準確度，必然會有誤差值產生。故企業在進行預測活動的過程中，除要妥善規劃預測時間水平及蒐集完整資料外，亦須進行有效的環境監督與誤差值修正，藉以掌控並提高預測的準確度，確保各項管理計畫的執行成效。

在實務上，預測準確度係以預測結果的誤差值（Error）來做衡量，**就一個別的第 t 期而言，誤差值爲該期實際值與預測值二者的差額**，計算公式如下：

$$e_t = A_t - F_t \quad \cdots\cdots \quad (2.15)$$

在實務上，**一般常用於衡量預測準確度的指標，主要包含平均絕對差（Mean Absolute Deviation, MAD）、平均平方誤（Mean Square Error, MSE）及平均絕對百分誤（Mean Absolute Percept Error, MAPE）**三種。茲將三者的基本概念及計算公式介紹如下：

1. **平均絕對差（MAD）**

   平均絕對差爲全部歷史資料預測誤差絕對值的平均值，即平均每期預測的絕對誤差值，計算公式如下：

$$MAD = \frac{\sum_{t=1}^{n} |e_t|}{n} \quad \cdots\cdots \quad (2.16)$$

基本上，採用 MAD 指標的重要前提是過去各期資料的權數（重要性）完全相同，而取絕對值目的在於避免各期的誤差值正負相抵，期以客觀衡量預測的實際準確度。

2. 平均平方誤（MSE）

平均平方誤爲全部歷史資料預測誤差平方值的平均值，即平均每期預測誤差的平方值，計算公式如下：

$$MSE = \frac{\sum_{t=1}^{n}(e_t)^2}{n-1} \quad \cdots\cdots\cdots\cdots \quad (2.17)$$

同 MAD 的概念相同，MSE 也設定過去各期資料的重要性都相同，同時取誤差平方值目的係爲避免各期的誤差值正負相抵，但須注意的是（2.17）式的分母爲 (n – 1)，此乃源自於推測統計不偏估計量的概念。

3. 平均絕對百分誤（MAPE）

平均絕對百分誤乃爲歷史資料各期預測誤差的絕對值，相對於該期實際值百分比的平均值，計算公式如下：

$$MAPE = \frac{\sum_{t=1}^{n}\frac{|e_t| \times 100}{A_t}}{n} \quad \cdots\cdots\cdots\cdots \quad (2.18)$$

相較於 MAD 與 MSE 二個指標，MAPE 的計算係考量過去各期歷史資料的相對重要性，各期所設定的權數爲該期實際值的倒數。雖然一般 MAPE 的實際計算較爲複雜，相對卻能較客觀的衡量預測準確度。

例題 2.10

嘉雄自行車公司過去九年之銷售量預測值與實際值，如下表所示。試計算 MAD、MSE、MAPE。

單位：千輛

年度	1	2	3	4	5	6	7	8	9
預測值	210	215	226	224	238	240	246	242	252
實際值	205	216	230	228	236	244	240	245	252

解答

首先，將計算預測準確度 MAD、MSE、MAPE 所使用的數據，彙整如下表所示：

年度	1	2	3	4	5	6	7	8	9	合計
預測值	210	215	226	224	238	240	246	242	252	—
實際值	205	216	230	228	236	244	240	245	252	—
e	5	1	4	4	2	4	6	3	0	—
|e|	5	1	4	4	2	4	6	3	0	29
e^2	25	1	16	16	4	16	36	9	0	123
$[\|e\|/A_t]\times 100$	2.43	0.46	1.74	1.75	0.85	1.64	2.50	1.22	0	12.59

接著，將上表數據分別帶入（2.16）、（2.17）、（2.18）三式，計算結果如下：

MAD = 29/9 = 3.22

MSE = 123/8 = 15.38

MAPE = 12.59/9 = 1.40 (%)

在實務上，雖可選用 MAD、MSE、MAPE 來衡量預測的準確度，然而三者相較之下，MAD 的計算顯然較為簡易，企業可以優先使用之。更進一步，**可利用三個指標的計算值來進行各種預測方案的比較，進而評量及選擇最適的預測方法**，參閱以下例題。

例題 2.11

嘉雄自行車公司利用甲、乙二種方法預測過去九年銷售量，相關資訊如下表所示。試計算二種預測方法之 MAD，並從中選擇最適的預測方法。

單位：千輛

年度	1	2	3	4	5	6	7	8	9
實際值	205	216	230	228	236	244	240	245	252
甲：預測值	212	214	232	230	240	243	238	246	250
乙：預測值	208	210	228	234	232	248	243	244	256

解答

首先，將計算甲、乙二種預測方法的 MAD 相關資料，彙整如下表：

1. 甲預測方法

年度	1	2	3	4	5	6	7	8	9	合計
甲：預測值	212	214	232	230	240	243	238	246	250	—
實際值	205	216	230	228	236	244	240	245	252	—
e	7	2	2	2	4	1	2	1	2	—
|e|	7	2	2	2	4	1	2	1	2	23

MAD = 23/9 = 2.56

2. 乙預測方法

年度	1	2	3	4	5	6	7	8	9	合計
乙：預測值	208	210	228	234	232	248	243	244	256	—
實際值	205	216	230	228	236	244	244	245	252	—
e	3	6	2	6	4	4	1	1	4	—
|e|	3	6	2	6	4	4	1	1	4	31

MAD = 31/9 = 3.44

藉由二者 MAD 的比較，可知甲方法的 MAD 較乙方法爲低，表示其預測準確度較高，故結論爲選用甲方法來進行預測。

2.7 物料預算管理

前面提及，物料成本佔產品成本的比例最重，幾達百分之五十以上。企業從事物料管理活動必須投入許多資金，如何藉由良好的物料預算管理來規劃與籌措資金，提升資金週轉速度，並有效提高整體的管理成效，實爲一項相當重要的課題。本節內容，將介紹預算管理的概念及物料預算的內容。

一、預算管理的概念

預算（Budget）乃是以金錢收支所表現的一種計畫，目的爲用以整合組織內各部門與人員的努力，將人力與物質資源做最佳的運用和調配。在實務上，爲提升組織經營管理的成效，包含政府及公民營機構皆有編訂年度預算；尤以，為有效推動政府的預算管理，我國各級政府更設有省、縣、市議會及立法院等機構，負責各級政府預算之監督及審查。

一般說來，推動預算管理的目的在於履行管理功能活動。本書第一章談及，管理包含規劃、組織、領導及控制四個功能，企業欲有效推動預算管理，首先於年度之初，各部門須先行擬妥各項活動之現金收支計畫，藉以將資源做適當的規劃與分配；接著，在預算年度內，各部門依據編訂預算展開執行活動；最後，年度結束時，藉由預定及實際收支的比較，進行績效衡量評估，並採取檢討與改善之活動。

若依照時間、性質、功用或不同的基準來區分，預算可分成不同的類別，茲說明如下：

1. 依時間基準區分

(1) **年度預算**：實務上最為普遍，用以顯示整個年度的各項收支計畫。

(2) **季別預算**：適用於產銷有季節變動，用以顯示整季的各項收支計畫。

(3) **月別預算**：顯示整個年度內每月的各項收支計畫。

(4) **專案預算**：針對特定的專案所編列的收支計畫，因為專案的工期較長，故專案預算常橫跨幾個年度編列。

2. 依功能區分

(1) **銷售預算**：即營業收入預算，用以顯示整個營業期間所欲達成之銷售量、價格及收入之計畫。

(2) **生產預算**：用以顯示生產期間所欲支出的直接原料成本、直接人工成本及製造費用之計畫。

(3) **用料預算**：用以顯示整個生產期間所欲投入的物料種類、數量、價格及金額之計畫。

(4) **採購預算**：用以顯示整個生產期間所需對外訂購的物料種類、數量、價格及金額之計畫。

3. 依支出性質區分

(1) **資本支出預算**：用以增加企業資產，如購買機器設備、營建工程用料及設備更新用料等之計畫。

(2) **營業支出預算**：企業產銷活動所須投入的直接與間接物料成本、人工成本、利息及各項費用之計畫。

二、物料預算管理

物料預算管理乃是各項相關的物料管理計畫之能否有效實現，以及提升整體物料管理績效之成敗關鍵。前面談及，整體物料管理系統係從物料預測開始，經由營業、製成品庫存、生產及物料需求等計畫的研訂，一直到實際推動存量管制、採購、驗收、倉儲、領發料、盤點及呆廢料等管理活動，涵蓋層面相當的廣泛。然而，特別要強調的是，上述各項物料管理活動皆須仰賴物料預算管理的支援與配合，期能有效地做好資金調度、資源整合及組織的溝通協調工作。

歸納之，物料預算管理的功用包含下列 8 項：

1. 權衡組織擁有資源及部門實際需求，將資源做有效與公平的調配。
2. 配合財務部門，將企業資金做有效的調度及提升週轉速度。
3. 有效的支援營業、生產、研發及組織內各項管理計畫的實現。
4. 降低存貨數量，減少資金的積壓。
5. 事前規劃產銷活動所需物料的種類、數量與時間，避免待料停工。
6. 促使採購、領發料及盤點等各項活動的有效執行，降低物料成本。
7. 促使各部門易於溝通協調，推動分工及分層負責，提升作業效率。
8. 有助於物料管理績效之評量，進而採取有效的改善行動。

就實務而言，企業於編訂物料預算時，必須周詳地考量物料需求、資金需求與調度、產銷配合、供應鏈、新替代物料、年度收支目標及中長程發展計畫等因素。下面特將企業編訂物料預算管理的完整程序加以說明：

1. 編訂銷售計畫及預算

此為編訂物料預算之首要工作，主要依據銷售預測所編製的年度及季節預測值來編訂銷售計畫，內容含銷售產品的種類、時間、價格及數量等，並依此銷售計畫來編訂銷售預算。

2. 編訂製成品存貨計畫

受到季節變動的影響，為促使產銷能夠配合，企業常於年度之初編訂製成品存貨計畫，以妥善規劃各季及月份之庫存數量。

3. 編訂生產計畫（MPS）及預算

依據前述銷售計畫及製成品存貨計畫，即可進行生產計畫及生產預算之編訂工作，內容含年度欲生產產品之種類、時間與產量，以及直接原料、直接人工及製造費用等生產成本之估算與編訂。

4. 編訂物料需求計畫

依據生產計畫（MPS）、生產預算、庫存狀況、材料總表（BOM）、前置時間、已發訂單及物料檔案等資訊，進行物料需求展開與計算，並編訂物料需求計畫，內容含年度需求之物料種類、時間及產量。

5. 編訂物料預算

各部門依據所編訂的物料需求計畫，考量各物料項目之市場供需價格，進而編訂整個年度及各季（或月份）之物料預算；同時，再將各部門之物料預算彙總，即可編訂出全公司之整個年度及各季（或月份）整體物料預算。

6. 編訂購料預算

據前述編訂的物料預算，並考量各物料項目之前置時間、庫存狀況、已購未入量、安全存量、中長程發展計畫及原物料市場之供需價格等因素，即可編訂出整個年度及各季（或月份）之購料預算。

7. 物料及購料預算的執行與修正

配合整個年度及各季（或月份）之產銷經營活動，依據物料及購料預算推動物料之請購、採購、倉儲及領發料等活動，並考量企業內外部環境之變化，隨時進行物料及購料預算之監督與修正。

8. 物料及購料預算的控制

物料預算管理之最後步驟即爲預算控制工作，控制程序爲定期衡量實際支出金額，拿實際支出金額與預算標準做比較，並針對支出差異進行差異原因分析，最後並採取適當行動以改善支出差異。

上述八個步驟，乃爲推動物料預算管理之完整程序。事實上，從上述物料預算管理程序的介紹，可知其已履行計畫、執行、考核及行動之管理功能，並將各個物料管理功能活動作系統整合。因之，企業若能依上述步驟推動物料預算管理，必能提升整體物料管理的成效。

2.8 結論

預測乃是企業組織針對未來的事件或情況，於事前加以敘述或說明之過程，其目的爲瞭解與掌握未來所面臨之不確定情況，事前擬訂各種因應的計畫，期以降低行動過程中所可能會遭遇到的風險。完整的預測活動過程共含決定預測項目、建立預測目的、規劃預測時間水平、選擇預測技術、收集與分析資料、編製預測值及驗證與修正等七個步驟。

若以涵蓋時間做爲區分基準，預測可分成長期（一年以上）、中期（二個月至一年之間）及短期（二個月以內）三種層次。一般說來，預測準確度與其涵蓋時間成反比，亦即短期預測的準確度最高，長期預測準確度最低，而中期預測的準確度介於兩者之間。

預測技術分成定性分析法、時間數列分析法及因果模式三大類；在實務上，若從經濟效益的觀點進行決策分析，預測技術的選擇，必須權衡預測成本及誤差成本。其中，定性分析法的預測成本最低、誤差成本最高；因果模式的預測成本最高、誤差成本最低；時間數列分析法相關的預測成本則介於兩者之間。

企業常用的時間數列分析法，包含天眞的方法、簡單與加權移動平均法、指數平滑法及古典分解法四種。時間數列是由長期趨勢（T）、季節變動（S）、循環變動（C）及殘餘變動（R）四個因素組成，而這四個時間數列因素的組合模式，共有加法模式與乘法模式二類，一般在實務上較常始用乘法模式。

最小平方法是適用於長期趨勢預測的一種方法，在實務上使用相當普遍，其概念乃是首先繪製時間數列上實際值資料之散佈圖，根據散佈圖導引一條通過散佈點的趨勢線，建立此趨勢線之方程式，將時間帶進方程式即可求得預測值。

因受季節因素的影響，造成許多產品的銷售常會有季節變動，如冷氣機、汽車、飲料、成衣、電腦等產品。因之，企業必須做好季節變動的預測，期以研訂企業中期計畫及產銷配合策略，促使產銷能夠配合與提高生產力。就企業實務而言，常用的季節變動預測方法，包含簡單平均法及移動平均法二種。

企業面對內外部環境的變遷與複雜性，各類預測技術皆無法達到百分之百的準確度，因之如何編製準確的預測值，並於預測過程中有效進行準確度的衡量和控制，實爲一項相當重要課題。實務上，用來衡量預測準確度的指標包含平均絕對差（MAD）、平均平方誤（MSE）及平均絕對百分誤（MAPE）三種。

物料預算管理乃是各項相關的物料管理計畫之能否有效實現，以及提升整體物料管理績效之成敗關鍵。企業於編訂物料預算時，必須周詳地考量其物料需求、資金需求與調度、產銷配合、供應鏈、新替代物料、年度收支目標及中長程發展計畫等因素。

企業進行物料預算管理的完整程序，包括編訂銷售計畫與預算、編訂製成品存貨計畫、編訂生產計畫與預算、編訂物料需求計畫、編訂物料預算、編訂購料預算、物料與購料預算的執行與修正及物料與購料預算的控制八個步驟。

參考文獻

1. 白滌清譯（民 102 年 6 月），生產與作業管理，初版，台北：歐亞書局，頁 369-385。
2. 何應欽譯（民 99 年 1 月），作業管理，四版，台北：華泰文化事業公司，頁 398-453。
3. 林清和（民 83 年 5 月），物料管理－實務、理論與資訊化之探討，初版再印，台北：華泰書局，頁 63-79。
4. 洪振創、湯玲郎、李泰琳（民 105 年 1 月），物料與倉儲管理，初版，台北：高立圖書，頁 65-90。
5. 高孔廉（民 80 年 1 月），臺灣企業管理個案：管理智慧之結晶－第五輯，初版，台北：華泰書局，頁 305-327。
6. 許士軍（民 84 年 5 月），管理學，十版（八刷），台北：東華書局，頁 151-164。
7. 賴士葆（民 80 年 9 月），生產／作業管理－理論與實務，初版，台北：華泰書局，頁 63-101。
8. 葉忠（民 81 年 1 月），最新物料管理－電腦化，再版，台中：滄海書局，頁 15-37。
9. Fogarty, D.W., J.H Blacestone, and T.R. Hoffmann (1991), Production & Inventory Management, Second Edition, Cincinnati: South-Western Publishing Co., pp. 30-115.
10. Jacobs, F.R. and R.B.Chase (2017), Operations and Supply Chain Management: The Core, Fourth Edition, McGraw-Hill International Edition, New York: McGraw- Hill Education, pp. 44-74.
11. Russell, R.S. and B.W. Taylor (2014), Operations and Supply Chain Management, Eighth Edition, International Student Edition, Singapore: John Wiley & Sons Singapore Pte. Ltd., pp. 3-25.
12. Stevenson, William J. (1992), Production/Operations Management, Fourth Edition, Homewood: Richard D. Irwin Inc., pp. 122-187.

自我評量

一、解釋名詞：

1. 預測（Forecasting）
2. 專家意見法（Experts Opinions Method）
3. 預測成本（Forecast Cost）
4. 加權移動平均法（Weighted Moving Average Method）
5. 初級資料及次級資料（Primary Data & Secondary Data）
6. 指數平滑法（Exponential Smoothing Method）
7. 最小平方法（Least Square Method）
8. 因果模式（Causal Model）

二、選擇題

(　　) 1. 質化預測（qualitative forecast）技術的敘述如下：(a) 質化預測技術一般是基於專家知識，需要較多的人爲判斷；(b) 質化預測技術適合用於新產品或是缺乏銷售經驗之新市場的預測；(c) 常見的質化預測技術包括群體意見法與德菲法（Delphi method）；(d) 德菲法需要採用記名的方式進行，以了解每位專家的意見或看法。以上描述正確的選項總共有哪些？ (A) a、b、c 與 d (B) b、c 與 d (C) a、b 與 c (D) a 與 c。

【108 年第一次工業工程師－生產與作業管理】

(　　) 2. 定量需求預測方法可分爲時間序列模式與因果分析法，請問下列何者是屬於因果分析法 (A) 迴歸分析 (B) 移動平均法 (C) 節性預測法 (D) 趨勢性指數平滑法。【108 年第二次工業工程師證照考試生產與作業管理試題】

(　　) 3. 對於預測方法，以下描述何者正確 (A) 對於移動平均法，所使用的期數愈多時，平均數愈敏感，會產生較大的波動 (B) 對於指數平滑法，若平滑係數等於 1，表示完全不考慮預測誤差 (C) 第 i 期季節指數的算法等於第 i 期實際需求量除以第 i 期預測需求量 (D) 對於加權移動平均法，近期資料影響預測較大，則可將近期設較高的權重。

【108 年第二次工業工程師－生產與作業管理】

(　　) 4. 針對預測方法的敘述，下列描述何者不正確？ (A) 定性法（qualitative）的預測是主觀的，乃採用個人的判斷和意見進行預測 (B) 因果關係法（causal）的預測是假設需求預測與環境中的某些特定因子具有高度相關

(C) 時間序列（time series）的預測是透過歷史需求資料進行預測　(D) 指數平滑法（exponential smoothing）屬於因果關係法中的一種預測法。

【107 年第一次工業工程師－生產與作業管理】

(　　) 5. 勤學公司是以平滑係數 0.3 的指數平滑法預測每一季辦公椅的需求量。若上一季辦公椅的需求預測值爲 5,000 張，而實際銷售量爲 4,200 張，則本季需求量的預測值應爲多少張？　(A) 4,240　(B) 4,440　(C) 4,760　(D) 4,860。

【107 年第一次工業工程師－生產與作業管理】

(　　) 6. 時間序列資料的分析，需要分析者確認資料的基本成份（或稱行爲）。而移動平均法常用於短期預測，由於預測期間較短，故該預測方法大多在處理時間序列資料的哪一項成份？　(A) 循環變動　(B) 隨機變動　(C) 季節變動　(D) 長期趨勢。　【107 年第二次工業工程師－生產與作業管理】

(　　) 7. 關於移動平均法的特性，下列焗述何者不正確？　(A) 增加移動平均期數 n 的值，也無法消弭預測值波動　(B) 預測值與實際值之間有時間落差　(C) 移動平均法使用的是平均值　(D) 權重的選擇沒有一定的公式，可視實際狀況主觀來設定。　【107 年第二次工業工程師－生產與作業管理】

(　　) 8. 某鋼鐵公司過去五年的鋼鐵需求量依序爲 25、20、15、20、19 萬噸，若以三期的移動平均法預測，則第六年度的鋼鐵需求預測爲多少？　(A) 16 萬噸　(B) 17 萬噸　(C) 18 萬噸　(D) 19 萬噸。

【106 年第一次工業工程師－生產與作業管理】

(　　) 9. 當觀測值數量不到 10 個時，以下哪方法較不適用？　(A) 指數平滑法　(B) 趨勢模型　(C) 天眞法　(D) 移動平均法。

【106 年第一次工業工程師－生產與作業管理】

(　　) 10. 指數平滑法較適用於下列何種時間範圍之預測？　(A) 短期預測　(B) 中期預測　(C) 長期預測　(D) 中、長期預測。

【106 年第二次工業工程師－生產與作業管理】

(　　) 11. 甲公司使用指數平滑法（平滑常數爲 0.6）預測每年的產品銷售量，假設 2016 年的產品銷售量預測值爲 100 萬台，而實際銷售量爲 102 萬台，則 2017 年的銷售量預測值應爲多少？　(A) 100.8 萬台　(B) 101.2 萬台　(C) 103.6 萬台　(D) 104.2 萬台。

【106 年第二次工業工程師－生產與作業管理】

(　　) 12. 下列哪一種預測方法使用於新產品上市前的預測？ (A) 移動平均法（moving average method） (B) 指數平滑法（exponential smoothing method） (C) 迴歸分析法（regression analysis） (D) 市場研究法（market research）。 【105 年第一次工業工程師－生產與作業管理】

(　　) 13. 下列有關德菲法（Delphi method）的說明何者正確？ (A) 屬於定量法 (B) 問卷結果是以眾數（mode）作爲預測數字 (C) 由英國蘭德（Rand）公司發展出來 (D) 以專家會議方式進行預測。

【105 年第二次工業工程師－生產與作業管理】

(　　) 14. 某公司民國 103 年的平均季銷售額爲 1,400 萬元。根據過去經驗顯示，該公司的平均季銷售額每年成長百分之二十。若第一季的季節指數爲 0.85，則該公司民國 105 年第一季的銷售預測應爲（請選擇最接近的銷售額） (A) 1190 萬元 (B) 1428 萬元 (C) 1714 萬元 (D) 2016 萬元。

【104 年第一次工業工程師－生產與作業管理】

(　　) 15. 下列哪一種方法不屬於時間序列的預測方法？ (A) 平滑法（smoothing） (B) 趨勢法（trend projection） (C) 因果關係法（causal relationship） (D) 季節修正趨勢法（trend projection adjusted for seasonal influence）。

【104 年第二次工業工程師－生產與作業管理】

(　　) 16. 由一群專家成立小組，成員分開互不知曉對方，被要求回答一系列問卷。第一次問卷的回答經過整理後，作爲第二次問卷修改的基礎。而第二次問卷中包括前次問卷的資訊及意見，每個成員必須要考慮他們前次的意見回應，這種以系列問卷方式直到專家意見達到某種程度的一致性爲止。請問上述爲何種預測方法？ (A) 德菲法（Delphi method） (B) 主觀或直覺法（subjective or intuitive approach） (C) 劇情描述法（scenario writing） (D) 迴歸分析（regression analysis）。

【104 年第二次工業工程師－生產與作業管理】

(　　) 17. 某公司採指數平滑法進行銷售預測，假如平滑係數 α 爲 0.3。該公司前一期銷售預測值爲 50 萬元，而實際銷售預測值爲 60 萬元，則本期銷售預測值應爲多少萬元？ (A) 57 萬元 (B) 53 萬元 (C) 50 萬元 (D) 47 萬元。

【103 年第一次工業工程師－生產與作業管理】

(　　) 18. 新產品或服務推行時，較適合用哪一種方法作預測？ (A) 天真法 (B) 移動平均法 (C) 焦點預測 (D) 散佈模型。

【103 年第二次工業工程師－生產與作業管理】

(　　) 19. 有關預測法中之指數平滑法的平滑係數（α），下列何者敘述爲非？ (A) 平滑係數（α）越大時，預測值的穩定性愈低，對觀測值變化的反應愈靈敏 (B) 平滑係數（α）越小時，預測值的穩定性愈低，對觀測值變化的反應愈靈敏 (C) 平滑係數（α）等於 1 時，指數平滑法就是天真法 (D) 平滑係數（α）等於 0 時，每一期的預測值都等於第一期預測值。

【103 年第二次工業工程師－生產與作業管理】

(　　) 20. 當觀測值數量不到 10 個時，以下哪個方法較不適用？ (A) 趨勢模型 (B) 指數平滑法 (C) 天真法 (D) 移動平均法。

【103 年第二次工業工程師－生產與作業管理】

(　　) 21. 小鋼公司統計過去三年鋼鐵人公仔銷售量，發現每一年每一季之銷售量並無明顯的變化，且第一、二、三、四季之平均銷量分別爲 2,500、3,200、2,800、4,000 隻。請問以簡單平均法算出第三季的季節指數爲何？ (A) 1.224 (B) 0.224 (C) 1.776 (D) 0.776。

【102 年第二次工業工程師－生產與作業管理】

(　　) 22. 依據預測技術的適用情境而言，移動平均法（moving average method）最適合使用於產品生命週期的哪一個階段？ (A) 導入期 (B) 成長期 (C) 成熟期 (D) 衰退期。【102 年第一次工業工程師－生產與作業管理】

(　　) 23. 甲公司歷年來是以平滑係數 α 爲 0.3 的指數平滑法，預測每季書桌的需求量。若上一季書桌需求的預測值爲 2,000 張，而實際銷售量爲 1,500 張，則本季需求量的預測值應爲多少張？ (A) 1,650 (B) 1,850 (C) 2,150 (D) 2,350。【102 年第一次工業工程師－生產與作業管理】

(　　) 24. 下列哪一種預測技術是匿名方式進行的群體意見法。經過多次反覆徵詢、歸納與修改，最後彙整成專家們一致的看法，作爲預測的結果。 (A) 主管意見法（executive opinion） (B) 歷史類比法（historical analogy） (C) 行銷研究（market research） (D) 德菲法（Delphi method）。

【102 年第一次工業工程師－生產與作業管理】

(　　) 25. 時間序列資料分析中，移動平均法是假設當資料僅有下列哪一種行爲存在，或其他行爲影響不大時，經常採用的短期預測？ (A) 趨勢（trend） (B) 季節性（seasonality） (C) 循環（cycle） (D) 隨機變異（random variations）。 【101 年第一次工業工程師－生產與作業管理】

(　　) 26. 對於沒有相關產品經驗或資訊之新產品的銷售預測而言，下列哪一種預測技術最不適合？ (A) 移動平均法 (B) 市場研究法 (C) 專家意見法 (D) 德爾菲法。 【101 年第一次工業工程師－生產與作業管理】

(　　) 27. 在指數平滑法中，若將平滑常數（α）由 0.1 改爲 0.5，會使得 (A) α 值超出定義範圍 (B) 下一期預測值受到本期實際值的影響程度更大 (C) 下一期預測值受到本期預測值的影響程度更大 (D) 下一期預測值完全不受到影響。 【101 年第二次工業工程師－生產與作業管理】

(　　) 28. 已知某公司利用過去三年的冷氣機銷售資料，得知前三季的季平均銷售量分別爲 2,000 台、5,000 台及 3,500 台，且估計出第四季的季節指數（seasonal relative）爲 0.25，試問第四季的平均銷售量應爲何？ (A) 500 以下 (B) 500~999 (C) 1,000~1,499 (D) 1,500~2,000。

【100 年第二次工業工程師－生產與作業管理】

(　　) 29. 面對不確定需求的預測，下列何者敘述有誤？ (A) 無論使用何種預測技術，總會存在預測誤差 (B) 天眞法太過簡單，因此不值得採用 (C) 短期的預測比長期預測來的準確 (D) 於新產品的需求預測，以判斷與意見爲基礎的預測法較爲適合。 【100 年第二次工業工程師－生產與作業管理】

(　　) 30. 使用指數平滑法預測時，若將平滑指數（α）從 0.1 改爲 0.5，則將產生何種影響？ (A) 預測值更加反應前一期的實際值 (B) 預測誤差調整的速度愈慢（愈平滑） (C) 預測愈準確 (D) 沒有任何改變。

【100 年第二次工業工程師－生產與作業管理】

(　　) 31. 下列何者不是時間序列（time series）的預測技術？ (A) 德菲法（Delphi method） (B) 天眞法（naive method） (C) 移動平均法（moving average method） (D) 線性趨勢法（linear trend method）。

【99 年第一次工業工程師－生產與作業管理】

(　　) 32. 某冷氣機公司銷售部門統計出 98 年 1~7 月銷售量如下所示，利用下列各種方式預測 8 月份的預測銷售量，何者正確？ (A) 天眞法預測值爲 22 (B) 以三個月的移動平均法預測值爲 21 (C) 以四個月的移動平均法預測值爲 20.5 (D) 加權平均法（近三個月權重爲：0.6, 0.3, 0.1）預測值爲 20.4。

月份	1	2	3	4	5	6	7
銷售量	19	18	15	20	18	22	20

【99 年第二次工業工程師－生產與作業管理】

(　　) 33. 在預測模型需考量預測值之諸多行爲，倘若遇到地震走山或工潮罷工應屬於下列哪一種行爲？ (A) 趨勢 (B) 季節 (C) 循環 (D) 不規則變動。

【99 年第二次工業工程師－生產與作業管理】

(　　) 34. 下列有關生產預測之敘述，何者不正確？ (A) 生產預測之預測值應以有意義之單位來表示 (B) 在進行生產預測時須考量時間性 (C) 利用個別項目資訊之預測較利用群體項目資訊之預測更爲準確 (D) 預測資訊應書面化。

【99 年第二次工業工程師－生產與作業管理】

(　　) 35. 在銷售預測中可以採用定性方法（qualitative method）進行預測，下列何種方法不屬於定性方法？ (A) 德非法（Delphi method） (B) 專家判斷（expert judgment） (C) 指數平滑法（exponential smoothing method） (D) 主觀判斷（subjective approach）。 【98 年第二次工業工程師－生產與作業管理】

(　　) 36. 在銷售預測的定量方法（quantitative method）當中包括採用因果（causal）與時間序列（time series）方式進行預測。下列何種方法屬於因果方法？ (A) 移動平均法（moving averages） (B) 加權移動平均（weighted moving averages） (C) 指數平滑法 (D) 迴歸分析法（regression analysis）。

【98 年第二次工業工程師－生產與作業管理】

三、問答題

1. 預測的程序爲何？請說明之。並請你任舉六個企業預測的項目。
2. 預測是爲企業管理的前奏，現請你以製程設計爲例，說明預測與選擇生產方法的關係，並闡述預測之重要性。
3. 若以時間爲區分基準，預測可分爲哪三個層次？試說明之。又請你製表比較這三個預測層次之內涵。

4. 預測技術可分成哪三大類？試說明之。若依經濟效益的觀點考量，預測技術的選擇必須權衡哪些成本？試繪圖分析之。
5. 時間數列包含哪四個因素？試說明之。又這四個因素的組成可用哪兩個模式？在實務上，常用的組合模式爲何？試說明其理由。
6. 何謂德菲技術法（Delphi Technique Method）？優點爲何？試說明之。
7. 簡單移動平均法與加權移動平均法的差異爲何？何種方法預測結果較爲準確？試比較之。
8. 爲何稱指數平滑法爲加權移動平均法的一種？理由爲何？試說明之。
9. 簡單移動平均法與加權移動平均法何者較爲準確？試說明之。
10. 依你個人的經驗或相關資料，舉一實例說明物料預算管理的程序。
11. 嘉祥電器公司過去十月電視機之銷售量統計如下：

單位：台

年度	1	2	3	4	5	6	7	8	9	10
銷售量	15	18	22	26	30	28	34	36	40	45

試以下列方法預測 11 月電視機之銷售量：

(1) 天眞的方法。

(2) 五期移動平均法。

(3) 加權移動平均法，若設權數爲 1, 2, 3, 4, 5。

(4) 指數平滑法，若設平滑常數 $\alpha = 0.3$。

(5) 最小平方法。

12. 台中企業過去六年各季的銷售實績如下表所示：

年度	春季	夏季	秋季	冬季
1	78	64	55	68
2	80	68	58	72
3	84	70	60	74
4	88	72	64	72
5	96	72	66	80
6	100	76	70	84

試求：

(1) 用最小平方法預測該企業下一年度之銷售額。

(2) 下一年度各季之預測銷售額。

13. 興大文具行過去七個月 2B 自動軟心鉛筆之銷售量彙總如下：

單位：打

月份	1	2	3	4	5	6	7
銷售量	50	56	60	56	54	70	82

試求：

(1) 繪製時間數列之散佈圖，並建立長期趨勢線方程式。

(2) 利用此長期趨勢線方程式預測 8 月份自動鉛筆之銷售量。

14. 復興貨運過去十二年之承載貨物重量如下表所示：

年度	重量（千噸）	年度	重量（千噸）
1	300	7	442
2	320	8	450
3	350	9	454
4	382	10	480
5	390	11	500
6	423	12	524

試求：

(1)依上表時間數列資料，建立一條線性趨勢線方程式。

(2)利用此線性趨勢線方程式，預測第 13 年至第 15 年承載貨物重量。

15. 實務上，企業用於預測準確度包含哪三個指標？試問各個衡量指標的主要特性爲何？又實務上常用的衡量指標爲何？試說明之。

16. 大里科技過去 10 年 CNC 車床之銷售量預測值與實際值，如下表所示。試計算 MAD、MSE、MAPE。

單位：台

年度	1	2	3	4	5	6	7	8	9	10
預測值	30	35	36	44	42	48	50	52	58	60
實際值	28	34	39	42	46	50	48	55	59	64

17. 嘉雄自行車公司利用 A、B 二種方法預測過去 10 年銷售量，相關資訊如下表所示。試計算二種預測方法之 MAD，並從中選擇最佳方法。

單位：台

年度	1	2	3	4	5	6	7	8	9	10
實際值	28	34	39	42	46	50	48	55	59	64
A 預測值	30	35	36	44	42	48	50	52	58	60
B 預測值	26	36	42	40	45	52	50	58	62	66

18. 試任舉一家企業，先分析與瞭解其現有預測方法，並進行問題點分析、提出改善對策及做效益評估。假若個案企業現仍未進行預測活動，試幫其導入適當的預測方法，並建立相關的預測制度。

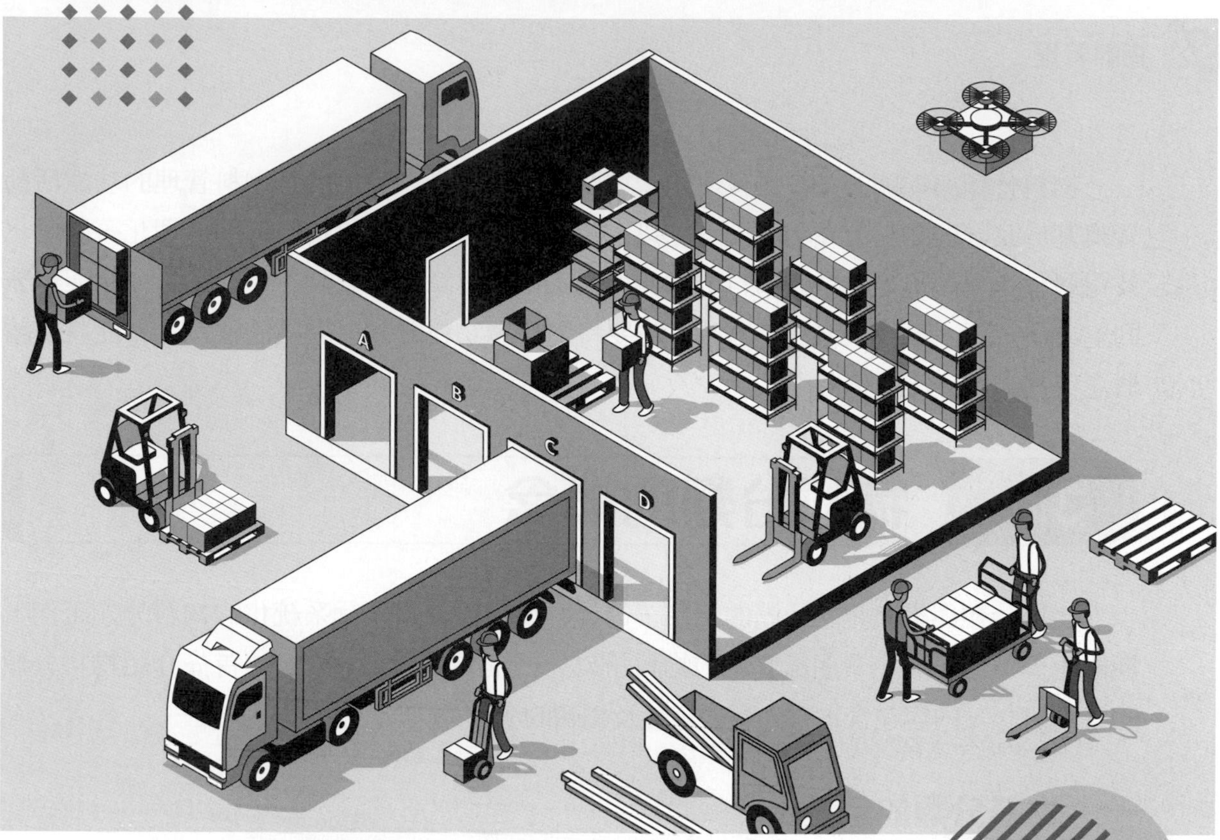

Chapter 3

物料分類與編號

▷ 內容大綱

物料分類與編號乃是物料管理相當重要的基礎工作，因爲所有物料管理的功能活動皆奠基於良好的物料分類與編號；尤以，企業若欲有效推動物料管理的合理化、制度化及電腦化工作，更是非做好物料分類與編號不可。本章內容重點，包含物料分類與編號的定義、功用、原則及方法，同時，也要特別介紹物料分類與編號的實例，希能將理論概念與實務做最佳的整合。

3.1 物料分類的概念

物料分類與編號是爲一體的工作，欲提升成效，首須進行系統化的物料分類工作，期能化繁爲簡，將企業組織繁多的物料予以分門別類。在本章開始，首先介紹物料分類的基本概念，內容包含物料分類的定義及相關的分類原則。

一、物料分類的定義

物料分類（Material Classification）乃是將企業組織從事產銷活動所須投入的各項原物料、零配件、組件、次裝配、製成品及消耗性物料，依一定的標準予以分門別類，再作有系統的排列之一種程序。在實務上，任何企業組織所使用物料的種類及數量均極爲繁多，若未確實做好物料分類工作，勢必無法有效地推動各項物料管理的功能活動，並將會嚴重的影響企業整體經營管理的成效。

舉例來說，依照統計，國內規模最大的台塑關係企業，其物料項目就達十萬項以上；台灣電力公司的物料項目亦達十二萬項以上。在第一章，談及裝配一輛汽車約需一萬二千個零配件，若再包含間接物料，則裕隆、福特等汽車公司之物料項目應至少有二萬項以上；或是裝配一台電視機約需三千項零配件，故聲寶、大同等家電業者的物料項目至少有五千項以上。

這裡面出現一個問題，即那麼多的物料種類與數量，要如何做有效地管理呢？這是一項值得深思與關切的問題。事實上，最有效的解決之道，乃是先做好物料分類的工作，期能易於識別物料及提升管理效率。

同時，**物料分類亦是企業推動合理化、制度化及電腦化的重要基礎工作**。若無物料分類作爲基礎，則所有企業內部之合理化與制度化活動勢必無法有效地進行，更別奢談管理電腦化或自動化了。舉例來說，我國現行金融機構（含郵局）的客戶存借款作業、戶政管理、監理車輛管理及學校行政業務管理皆已全面推動電腦化了，也發揮了良好的成效，深獲民眾（學生）的好評。然而，所有這些電腦化作業皆完全是以人員與事物的分類和編號爲基礎，若無事先做好分類和編號工作，則電腦化的效果勢將會大打折扣。

再者，**物料分類是爲物料編號的基本前提工作，兩者必須前後一致配合，才能發揮最大的成效**。假若未事先做好物料分類工作，則物料編號勢必相當的混亂或不夠周延，非但失去其功用，而且將會波及整體物料管理的成效。

最後，**特別要談及一重要的概念：進行物料分類的前提是須先做好物料規格標準化與產品簡單化工作**。藉由物料規格的標準化，可以增進物料分類的效果，並進而獲致提升零配件的互換性、擴大零配件的用途、便於採購、價格低廉、降低安全存量、方便領發料、減少呆廢料、節省倉儲位置、增進物料週轉速度及提高產銷服務水準。同時，實施產品簡單化或採用模組設計（Modular Design）的概念設計產品，可以減少物料的種類數量及其它變化，促使物料分類工作更加單純，並能獲致製程簡化、節省製造成本、提升工作效率、降低存貨數量、減少利息資金積壓及創造規模經濟之效益。

二、物料分類的原則

物料分類的原則乃是進行物料分類之遵循方針，爲求提升物料分類的成效，避免因中途變更或不切實際，而付出更高的成本代價，特別提出下列六項分類原則：

1. **完整性（Completeness）**

   即物料分類系統能夠涵括全部物料，即企業內部所有的物料均能依照一定的分類標準予以歸到某一類別，不會遺漏。

2. **一致性（Consistency）**

   即分類標準須前後維持一致，合乎固定的邏輯原則，自大分類、中分類至小分類，或更細的節目等，所有物料皆須遵循固定的分類標準區分，中途不可變更。

3. **互斥性（Exclusiveness）**

   即一項物料僅能歸到一類物料，不可重複。也就是說，凡是已歸於某一類之物料，絕不可再歸到他類，各類物料是相互排斥關係。

4. **層次性（Hierarchy）**

   即物料分類系統層次應相當分明，自大分類、中分類、以至小分類，能夠做有系統地展開，節理分明，一切井然有序。

5. **實用性（Practice）**

   即物料分類系統必須確切實用，完全能夠配合企業環境及本身產銷活動的實際需要，切不可陳義太高，與實務脫節。

6. **彈性（Flexibility）**

即物料分類系統必須具有伸縮彈性，配合企業的研究與發展活動及未來中長程發展需要，所開發的新物料皆能夠有效地予以分類，而不必變更現有的物料分類系統。

三、物料分類的程序

依照前面的定義，物料分類是爲將企業所用的物料依一定標準加以分門別類的一種程序，物料分類的程序共包含八個步驟，茲介紹如下：

1. **設立物料分類專案小組**

因爲物料分類牽涉到企業相關的部門，爲講求時效及任務導向起見，企業應設立專案小組來擔負物料分類工作。專案小組應由高階主管，如總經理或廠長擔任召集人，物料部門主管擔任執行秘書，成員含設計、製造、資訊、行銷、財務、研發及相關代表。

2. **研訂物料分類工作計畫**

物料分類爲一相當繁複的工程，須投入較多的人力及物力，爲求周延起見，首須進行周詳的前置作業規劃，工作計畫的內容含背景說明、目的、時間進度及人力與經費分配。

3. **蒐集及分析資料**

爲瞭解實務現況，專案小組應蒐集企業過去及現在使用過的物料之名稱、規格尺寸與用途，以及同業間現有的物料分類系統資料。同時，根據此等資料進行分析研判與同業分類系統之優缺點比較，期能選擇最有利的方案。

4. **擬定及選取物料分類系統**

藉由資料分析及瞭解同業做法後，專案小組根據企業實際需求，擬定出各項可行的物料分類系統方案，並做經濟效益及無形因素的比較分析，據以決定最適的物料分類系統。

5. **擬定及選取物料編號系統**

物料分類與編號工作須相互配合，故在確定物料分類系統後，接著須擬定出各項可行的物料編號系統方案，並作比較分析，以選取最適的物料編號系統。

6. **實際執行物料分類與編號工作**

即依據前述物料分類與編號系統，遵照各項物料分類與編號的原則、標準及方法，實際執行物料分類與編號工作。

7. **編印物料分類與編號手冊**

在最適物料分類與編號系統方案經呈核最高當局核准後，即應編印物料分類與編號手冊，提供各部門遵循與參考依據。同時，配合企業推動電腦化，應建置物料分類與編號資訊系統。

8. 更新與修正

配合新物料及企業發展需求，並依據內外部環境的變化情勢，隨時更新與修正物料分類與編號手冊內容。

3.2 物料分類的方法

前面談及，任何企業的產銷活動所須投入的物料少則百項以上，多則達上萬項之多。因爲物料相當的繁多，爲了簡化及周延的涵蓋全部物料起見，在實務上，企業所採用的物料分類系統具有層次性，每個層次依不同的標準，依序將物料區分爲大分類、中分類、小分類或位階更低的節目等，如此可使整體物料分類系統層次分明，井然有序，圖 3.1 爲一典型物料分類系統的例子。主要依材質標準，將物料區分成大、中、小三個層次類別。一般來說，因企業的全部物項數目大皆固定，故每一個類別所涵蓋的物項數量與分類層次數成反比。

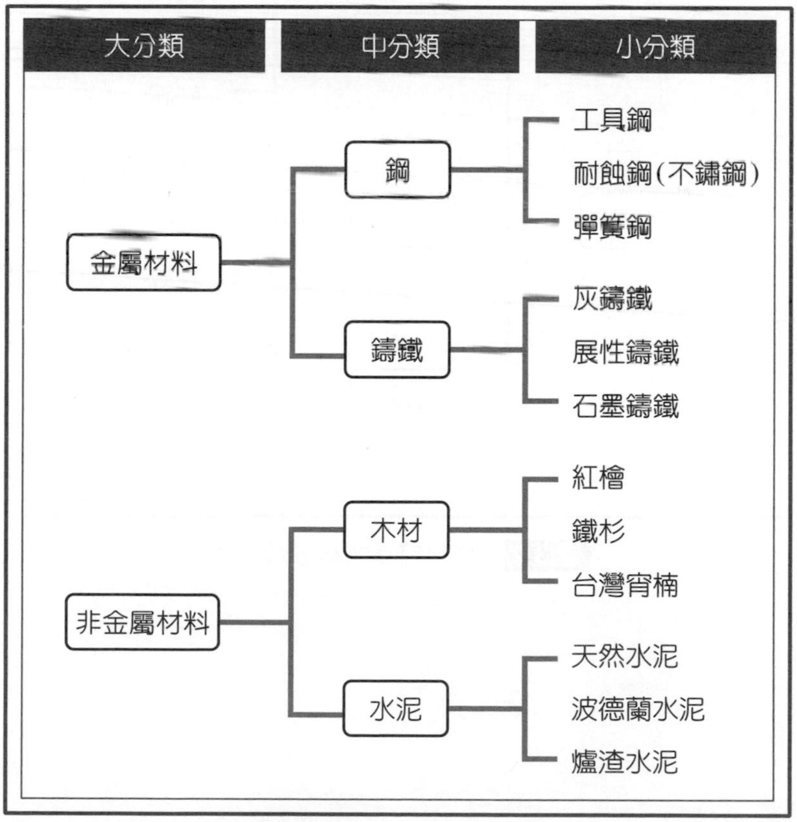

圖 3.1 物料分類的層次性

在實務上，企業所採用物料分類的方法不一，各有其優點特色。在本書內容，將物料分類方法分成一般性及管制用兩大類。

一、一般性物料分類方法

一般性物料分類方法主要是依物料本身的特性，如材質、用途、取得來源及使用部門等，作為進行物料分類的標準，茲說明如下：

1. 依材質分類

此種方法在實務上相當普遍，圖 3.2 即為一例。在圖 3.2 中，自大分類、中分類至小分類，皆依物料之材質為分類標準。

2. 依物料用途分類

即依物料的使用目的作為物料分類的標準，可分為原料、消耗性物料、半成品、製成品及雜項物料五類。圖 3.3 為塑膠製品業 PVC 膠布加工廠之物料分類實例，在大、中、小三個分類層次皆依物料的用途為分類標準。

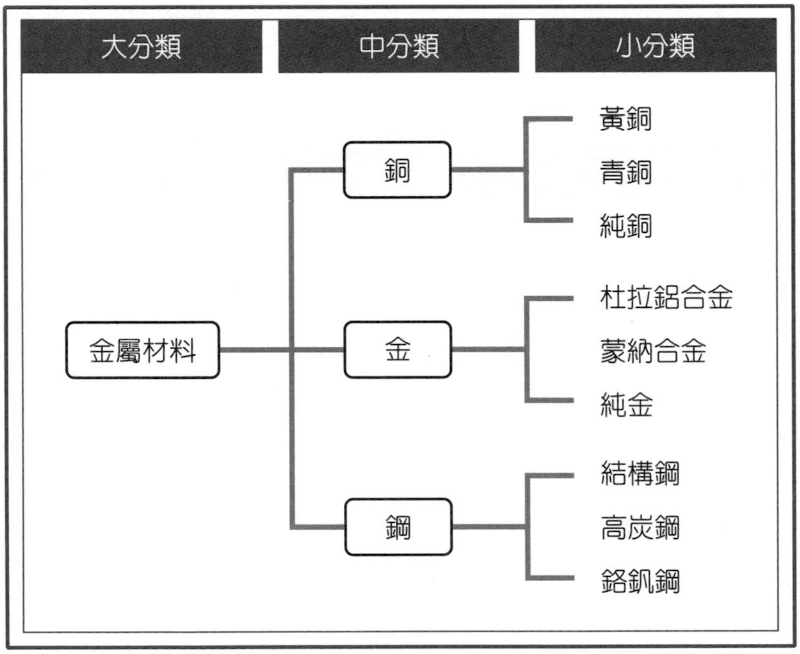

圖 3.2 依材質為物料分類標準

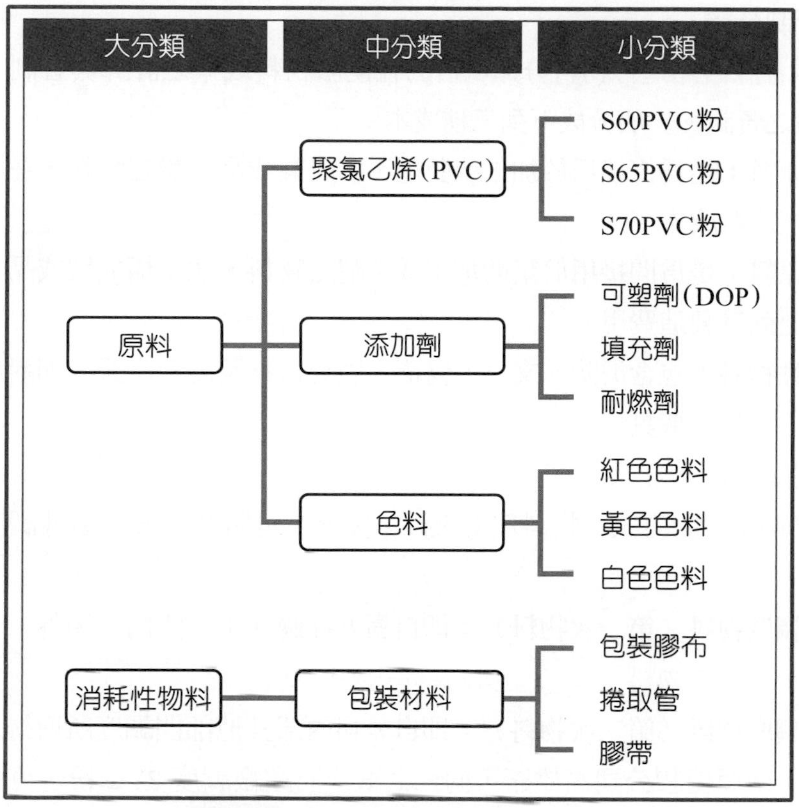

圖 3.3 依物料用途為物料分類標準

3. **依物料取得來源分配**

本方法係依供應商或取得地區作爲分類標準，目的在於有效降低物料的取得成本及掌握時效。舉例來說，中國鋼鐵公司可將煉鋼所用的鐵礦砂，依取得來源分爲澳洲鐵礦砂、美洲鐵礦砂及歐洲鐵礦砂三類；遠東紡織可將紡紗棉花分爲亞洲化纖人造棉、北美洲天然棉、南非天然棉及中國大陸天然棉四類。

4. **依使用部門分類**

目的爲便利使用部門管掌握物料來源。舉例來說，南亞塑膠可將聚氯乙烯（PVC 粉）原料依工廠別，分爲高雄廠用 PVC 粉、仁武廠用 PVC 粉、林口廠用 PVC 粉及美國德州廠用 PVC 粉四類。

二、管制用物料分類方法

除了前述四種一般性物料分類方法之外，另外在實務上，企業界常由物料管制觀點來進行物料分類，共計含成本、物料調度、物料儲備及物料金額價值四種管制用之分類方法。其中，第四種依物料金額價值之分類方法（即 ABC 分類），將於本章 3.3 節另行介紹之。

1. **依成本管制分類**

即依成本會計觀點進行物料分類，目的在便於物料成本之計算與管制，提供管理者適當決策之資訊。一般分成下列三種成本：

(1) **直接原料：**是爲直接用於加工或裝配、構成製成品主體之物料，在成本會計上列爲直接原料成本。

(2) **間接原料：**是爲間接用於幫助加工或裝配之物料，並不構成製成品主體，在成本會計上列爲製造費用。

(3) **消耗性物料：**包含消防、文具、醫療、體育器材及非資產類（即耐用年限未滿一年）之消耗性機具。

2. **依物料調度方式分類**

若依照物料調度的方式（物料取得來源）區分，可將物料分成廠外調度與廠內調度二類：

(1) **廠外調度物料（第一次物料）：**即自對外採購（不分國內、國外）、外包或協力廠商所取得之物料。

(2) **廠內調度物料（第二次物料）：**即自公司內部其他部門調度所取得之物料。舉例來說，南亞塑膠公司高雄廠可向仁武廠或前鎮廠調度 PVC 粉、可塑劑、色料或其他原物料使用，因這三個工廠同屬於南亞塑膠事業部。

3. **依物料準備方式分類**

此法主要是依照物料之使用頻率，即從物料是否須經常儲備之觀點來區分，可分成常備物料與非常備物料二類，茲說明如下：

(1) **常備物料：**即不分季節性、經常要儲備使用、而且使用數量較龐大之物料。常備物料通常可依過去實際需求資料來預測未來需求量，爲求管制存貨以獲得較低的總存貨成本，一般常用適當的存量管制模式來求取最佳的經濟批量。

(2) **非常備物料：**即指一些有特別用途、使用量不確定或顧客訂單特殊需求的物料，例如在訂單或專案生產型態工廠，常會因產品種類與製程殊異，無法於事前預知與掌握之一些物料需求量，只能採用現用現購或臨時儲備方式來取得物料。

4. **依物料的加工製程分類**

此即群組技術（Group Technology, GT）所使用之物料分類的方法，其概念爲將製程相近之原物料予以歸爲同類，每一類物料稱爲零件族（Part Family），並對同類物料利用產品佈置（Product Layout）方式之機器群（Machine Group）進行加工，以使小批多樣生產亦能獲得連續生產之好處。群組分類方法包括目視法及分類系統法兩類，其中分類系統法又含德國 Opitz、美國 CODE 與 SAGT、日本 KC 與 KK 及英國 Brish 等系統。

3.3 物料 ABC 分類

物料 ABC 分類，主要是源自於柏拉圖分析（Pareto Analysis）或重點管理的概念。在介紹物料 ABC 分類方法以前，將先行敘述柏拉圖分析的概念。柏拉圖分析是義大利經濟學家柏拉圖 （Pareto）於 1987 年所提，當時柏拉圖進行整個義大利社會所得曲線之實證研究，並將研究結果繪製成一條所得曲線（Income Curve），此一曲線亦被稱之爲柏拉圖曲線，如圖 3.4 所示。

由圖 3.4 可以看出，在當時整個義大利社會之財富所得之分配情形，大致可分成下列三種現象：

1. **約 10% 的義大利人口（富有階級）擁有 70% 的社會財富。**
2. **約 20% 的義大利人口（中產階級）擁有 20% 的社會財富。**
3. **約 70% 的義大利人口（貧窮階級）擁有 10% 的社會財富。**

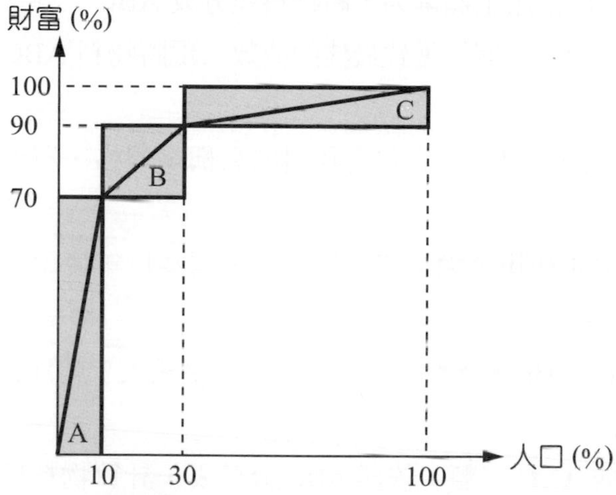

圖 3.4　柏拉圖曲線（所得曲線）

根據上述所得分配現象，特別提出一個問題來思考：假設你是當時義大利的總統，若你欲平均社會財富，最有效的管制對象爲何？答案應是：先從 10% 富有階級著手，因其人數比例最少，但所擁有的財富卻是最多。因此，**柏拉圖分析主要的論點是：少數人擁有社會大部分的財富，只要控制這些少數的富有階級，即可以有效地平均社會財富。**

後來，企業管理學者與實務界人士將柏拉圖分析概念導入企業界，此即有名的重點管理的概念，其**論點爲：在企業組織內部之人、事、物的價值與重要性並非相等，一般常可區分成下列三種類別：**

1. **A類：**數量約佔10%，但其價值或重要性卻佔70%，若優先予以關注將產生最佳效果之對象，稱之爲**重要的少數（Importance Fews）**。
2. **B類：**數量約佔20%，其價值或重要性亦佔20%，關注程度爲第二順位（中等）。
3. **C類：**數量約佔70%，但其價值或重要性最低，僅佔10%，此即若組織資源不夠，到最後才予以關注之對象，稱之爲**不重要的多數（Trivial Many）**。

在實務上，重點管理概念在管理的應用相當普遍，茲舉例說明之：

1. **行銷管理：**約有10%大客戶，其訂購金額佔公司總營業額的70%；但有70%小客戶，其訂購金額僅佔總營業額的10%。
2. **品質管理：**約有10%品質異常項目，其退貨損失佔總金額的70%；但約有70%品質異常項目，退貨損失金額僅佔總金額的10%。
3. **政府預算管理：**約有10%預算項目，約佔總預算的70%（重大建設）；但約有70%預算項目，金額僅佔總預算的10%（基層建設）。

在瞭解ABC分析的概念後，以下將介紹ABC分析在物料管理的應用。物料ABC分類係依照各項物料的年度使用金額排列，將物料區分成ABC三類，並針對每類物料採用適當的管理方式與努力程度，期能獲致最佳的成效。現將物料ABC分類的實施步驟介紹如下：

1. **蒐集各個物料項目的資料：**內容包含物料的名稱、規格、單位、單位用量、單價、年使用量及使用金額等。
2. **計算各物料項目之年使用金額：**將各物料之單價乘以年使用量，即可求其年使用金額。
3. **製作ABC分析表：**將全部物料項目依其年使用金額大小順序排列，並依序將資料轉填至ABC分析表。
4. **將全部物料區分成ABC三類：**依據ABC分析表，計算物料項目及其對應的年使用金額之累積百分比，並將物料區分成ABC三類，各類的比例標準如表3.1所示。

表3.1 物料ABC分類之比例標準

物料類別	物料項目累積百分比	年使用金額累積百分比
A	約10%	約70%
B	約20%	約20%
C	約70%	約10%

5. **繪製ABC分析圖：**依據各類物料項目之實際比例來繪製，圖形的橫座標表物項之累積百分比，縱坐標表年使用金額累積百分比。

實例介紹

本實例為一自行車零件生產工廠，廠址位於台中大甲幼獅工業區，創立於民國七十二年，員工人數有八十人，主要產品為自行車煞車裝置。該工廠全部物料項目共含有六十三項，現將各物料項目之編號、單價、年使用量及年使用金額等資料，依序製作成 ABC 分析表。物料 ABC 分析表如表 3.2 所示。

表 3.2 ABC 分析表

物料項目		單價	年使用量	年使用金額及累積百分比			類別
序號	%			年使用金額	累積金額	累積 %	
01	1.6	500	5,000	2,500,000	2,500,000		
02	3.2	480	3,680	1,766,400	4,266,400		
03	4.8	250	4,000	1,000,000	5,266,400		
04	6.3	100	8,000	800,000	6,066,400		A
05	7.9	50	14,500	725,000	6,791,400		
06	9.5	60	8,000	480,000	7,271,400	69.38	
07	11.1	80	5,000	400,000	7,671,400		
08	12.7	35	7,000	245,000	7,916,400		
09	14.3	50	3,500	175,000	8,091,400		
10	15.9	45	3,000	135,000	8,226,400		B
18	28.6	90	1,200	108,000	9,337,200		
19	30.2	150	600	90,000	9,427,200	89.95	
20	31.7	100	850	85,000	9,512,200		
21	33.3	80	1,000	80,000	9,592,200		
22	34.9	30	2,200	66,000	9,658,200		
23	36.5	80	750	60,000	9,718,200		
24	38.1	15	3,000	45,000	9,763,200		
25	39.7	22	1,900	41,800	9,805,000		C
60	95.2	30	150	4,500	10,467,950		
61	96.8	45	80	4,400	10,472,450		
62	98.4	50	75	3,750	10,476,850		
63	100	8	400	3,200	10,480,600	100.00	

由表 3.2 可知，實例工廠年使用金額 480,000 元以上之物料項目歸為 A 類物料；年使用金額介於 90,000 元至 400,000 元之間者，歸為 B 類物料；年使用金額介於 3,200 元至 85,000 元之間者，歸為 C 類物料。物料 ABC 分類之實際比例標準如表 3.3 所示。

表 3.3 物料 ABC 分類之比例標準

物料類別	物料項目累積百分比	年使用金額累積百分比
A	9.5%	69.38%
B	30.2%	89.95%
C	100.0%	100.00%

最後，再根據表 3.2 及表 3.3 資料，將本實例工廠之物料 ABC 分類結果，繪製其 ABC 分析圖，如圖 3.5 所示。

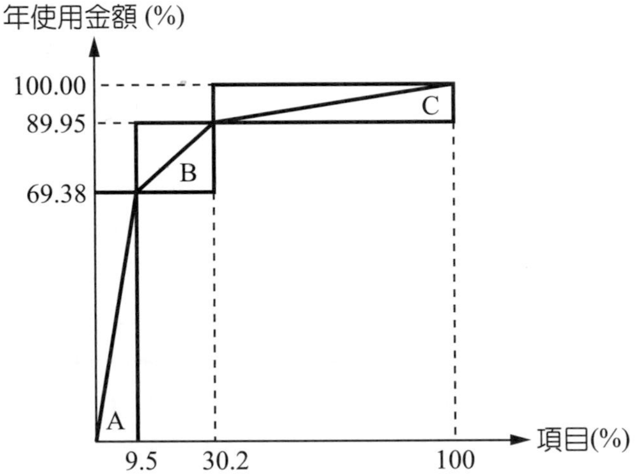

圖 3.5 物料分類 ABC 分析圖

柏拉圖分析乃是一種重點管理的技術，實施物料 ABC 分類的主要目的在於找出應優先關注的少數物料項目（即重要的少數），期能以最少的資源投入獲致最大的成效。因之，在介紹完個案實例後，最後將說明各類物料之管理方式如下：

1. A 類物料

這類物料的項目數最少，但其使用金額相當大，乃是最值得物料管理人員優先關注與努力的重點，其管理方式如下：

(1) 嚴格的存量管制，盡量降低庫存數量，減少資金積壓。
(2) 增加訂貨次數，提高物料週轉速度。
(3) 務實做好盤點工作，料帳一致。
(4) 緊控交貨期，需用時供應商準時到貨。
(5) 減少安全存量及在製品庫存數量。

2. **B 類物料**

這類物料所含物料項目數及使用金額均約占百分之二十左右，介於 A 類與 C 類物料之間。其管理方式如下：

(1) 須做好存量管制，適當控制存貨數量。
(2) 以經濟訂購量模式（EOQ）決定最適批次訂購量。
(3) 管理嚴格程度介於 A 類與 C 類物料之間。
(4) 以訂購點作爲展開訂購活動之數量基準，以防物料短缺情事發生。

3. **C 類物料**

這類物料所含物料數最多，但其使用金額卻最少，即爲不重要的多數，其管理方式如下：

(1) 管理程度可較爲鬆弛，唯仍須防止缺料。
(2) 採用二堆制方法來控制庫存數量，以降低倉儲管理費用。
(3) 爲防止物料短缺，可增加安全存量。
(4) 爲降低訂購成本，可增加每次訂購數量，以減少每年訂購次數。
(5) 爲節省管理費用，有時可免做庫存紀錄，只統計年使用量，以做爲編列物料預算之依據。

3.4 物料編號的概念

前已談及，物料分類的主要目的之一，乃是進而作爲物料編號工作的張本；換句話說，物料的分類與編號工作必須依序進行，才能同時達成兩者之目的。因之，在介紹完物料分類的概念與方法後，本節將介紹物料編號的定義、功用及相關原則等基本概念。

一、物料編號的定義

物料編號（Materials Symbolization）乃是依照物料分類的內容，以適當的符號（含文字、阿拉伯數字、或其他符號）來代表物料項目的一種過程，其目的爲避免物料中文

名稱的冗長繁述，期以提升管理成效。在實務上，任何企業組織欲從事其「產、銷、人、發、財」等業務功能活動，均須投入許多的物料（包含原料、在製品、製成品及消耗物料），並以物料流程作為串連這些業務功能互動活動之介面。因之，為求提升企業之整體營運績效，最重要者為必須建立一套適當的物料編號系統，期能全面提升物料及資訊流程之效率。

物料編號的功用與前面所談物料分類相同，茲列舉敘述如下：

1. **提升管理作業效率**

   因為企業所用物料項目非常多，而且企業之產銷活動及各項物料管理作業，如物料需求規劃（MRP）、存量管制、請購、採購、倉儲、盤點及領發料活動等作業均相當繁複，發生錯誤的機率相對較高，故一般皆以物料編號來取代複雜中英文名稱與規格，不但便於查核管制，並可提升資料處理的正確性與效率。

2. **便於合理化、制度化及電腦化的推動**

   物料分類與編號乃為企業推動合理化、制度化及電腦化的重要基石；尤以，企業可據以進行物料系統的分析與設計，建置完整的物料資訊系統（Material Information System, MIS），將所有物料相關的作業、資料儲存及管理決策均納入物料資訊系統。

3. **便於整體供應鏈（Supply Chain）之資訊傳遞**

   藉由企業完整的編號系統，進而可建立完整的企業供應鏈體系，期使供應商、企業本身及其配銷系統間的資訊傳遞更加快速、正確與有效地配合。

4. **預防機密外洩及循私舞弊情事發生**

   因各項物料管理作業皆依物料編號進行與處理，可以有效預防原物料的配方、製程技術及相關機密資訊外洩；同時，配合物料資訊系統（MIS）的推動，使得料帳紀錄更為正確一致，更能預防人員循私舞弊之情事發生。

二、物料編號的原則

物料編號的方法含有不同的類別，每類編號方法皆有其各自特色。在實務上，為力求完整與周延起見，除前述已介紹的物料分類之完整性、一致性、互斥性、層次性、實用性及彈性六項原則外，特別再列舉下列五項原則，俾供進行編號工作之遵循方針：

1. **簡易性（Simplification）**

   盡量應用簡易的文字、數字及相關符號，期能有效地發揮化繁為簡、便於記憶聯想、以及容易處理之物料編號之功用。

2. **唯一性（Unity）**

   即一項料號僅能代表一項物料，不可重複，即使名稱相同、但規格性質不同的物料，亦須以不同的料號表之。

3. **系統性（Systematization）**

   配合物料分類內容，以系統化方法進行物料編號作業；如此，不但可以提升物料管理作業效率，並可迅速查知物料相關資料。

4. **適應性（Availability）**

   物料編號系統能適應企業現況及未來發展的需要，亦即企業應考量中長期發展計畫及外部環境之變遷趨勢，以建立其物料編號系統。

5. **電腦化（Computerization）**

   電腦化乃係企業提升競爭力之利器，目前國內企業無不全力在推動，而物料編號系統正是管理電腦化之重要基石；因之，企業須建立一完整的物料編號系統，期以配合物料資訊系統（MIS）的建置。

3.5 物料編號的方法

編號方法乃是整體物料編號工作之成敗關鍵，從事物料編號工作必須要明瞭各種編號方法的特色、適用場合及使用上之限制。在本節內容，將介紹數字、字母及展延式與非展延式三種編號方法。

一、數字編號法

數字編號法（Numerical Symbolization Method）係以阿拉伯數字來代表物料項目之一種物料標號的方法。數字編號法非常的簡單明瞭，適合物料管理電腦化，在實務上使用很普遍。表 3.4 為一含四種階層屬性之六角帶帽螺栓之數字編號法例子。

表 3.4 含四種階層之數字編號法之例

物料類型	形狀	直徑	長度	涵意
078				六角螺栓
	02			帶帽
		08		3/4"
			010	1"

表 3.4 乃是配合物料之階層性分類，依每一階層類別所含物料的順序來編定各項物料之編號，其優點是能符合完整性與伸縮性之編號原則，尤其是可依實際需求來設定物料項目之料號位數，相當具有彈性，任何新物料均可插入原先所屬物料類別之編號系統內。在實務上，此種編號方式使用相當普遍，目前國內許多中大型的公民營企業及政府機構，如台塑、中鋼、裕隆、統一超商及國家圖書館等皆採用之。

表 3.5 爲自行車公司採用數字編號法之例，其主要概念是將一輛自行車劃分成傳動、煞車、方向、輪胎、支撐及照明等六個子系統，針對每一個子系統設定一號碼區域，以做爲其所含同一類別物料的編號範圍。

此種編號方式的優點是同一子系統物料之號碼可集中在同一區域；同時，每一區域皆保有剩餘備用號碼，用以預留未來新物料編號用，較具彈性與伸縮性。但其缺失則是料號與物料的規格、性質等屬性無關，較不具暗示性與聯想性；此外，因部份號碼爲空號，會增加管理作業之困擾。

表 3.5 自行車採數字編號法之例

類別	物料項數	號碼區域	備用號碼
傳動系統	38	001~060	22
煞車系統	30	061~110	20
方向系統	26	111~150	24
輪胎系統	32	151~200	18
支撐系統	40	201~260	20
照明系統	37	261~320	23
消耗系統	50	321~400	30

表 3.6 是爲行政院主計處所規劃之標準產業分類（Standard Industry Classification, SIC）之例。此種十進位分類及編號方式係 1895 年由國際圖書館協會所制定，其概念爲十進位方式，將物料分成十個大類、十個中類及十個小類等，每類物料再分別以 0~9 之數字表之。

表 3.6 我國標準產業分類（SIC）之例

產業類別	編號
稻作栽培業	0111
成衣製造業	1210
罐頭食品製造業	2013
紙漿及造紙業	2611
金屬手工具製造業	3401
自行車製造業	3705
本國銀行業	8108
學術、文化、體育團體	9391

二、字母編號法

字母編號法（Word Symbolization Method）乃是以適當的語言字母做為物料編號工具之一種編號的方法。在實務上，以英文字母作爲物料編號工具可說是非常普遍。表 3.7 爲一字母編號法之例。

表 3.7 字母編號法之例。

大分類	中分類	小分類
A = 金屬材料	AA = 鋼金屬	AAA = 工具鋼
		AAB = 不銹鋼
	AB = 鑄鐵金屬	ABA = 灰鑄鐵
		ABB = 展性鑄鐵
B = 非金屬材料	BA = 木材	BAA = 紅檜
		BAB = 鐵杉
	BB = 水泥	BBA = 天然水泥
		BBA = 爐渣水泥

一般說來，字母編號法最大的優點是具有暗示、易記及聯想作用，可以取物料英文全銜之簡稱代號作爲其編號；舉例來說，以 BY 代表自行車，PLC 代表可程式化控制器，PC 代表個人電腦。然而，其缺點則是因企業所用物料種類及項目相當多，物料料號一般常含有六位數以上，若一項物料之編號全是英文字母，將會產生非常的複雜、冗長之現象，更不易電腦化的處理。因之，在實務上，字母編號法常須配合數字編號法一起使用，才會產生較佳的成效。

此種混和編號方式融合了數字及字母二種方法的優點，在實務上使用最爲普遍。常先以英文字母代表一項物料項目之類別，其後再配合使用阿拉伯數字，代表物料之規格尺寸或其他重要屬性與特徵。表 3.8 爲一電器經銷商對電視機採混合編號法之應用實例。

表 3.8 電視機採混合編號法之應用實例

項目	顏色	規格	製造商
TV	CO	029	01

編號說明：TV：電視機

CO：彩色

029：29 英吋

001：製造商名稱

表 3.9 不鏽鋼板採混合編號法之應用實例

物料編號	物料項目
M	金屬材料
MS	金屬鋼板
MSS	不鏽金屬鋼板
MSS-100	長 100m/m 不鏽金屬鋼板
MSS-100-050	長 100m/m x 寬 50m/m 不鏽金屬鋼板
MSS-100-050-02	長 100m/m x 寬 50m/m x 厚 2m/m 不鏽金屬鋼板

三、展延式與非展延式編號法

在介紹完各種物料編號的方法以後，最後，將探討一項在實務上常會面臨之問題，即料號欄位數是否固定一致的問題。此即展延式與非展延式編號法問題的探討。

展延式編號法（Extensive Symbolization Method）乃係未對物料分類的層級數加以限制，以及料號欄位數並未固定一致，可視實際需要展延的一種物料編號的方法。此法最主要的優點是符合彈性及伸縮性之編號原則，新物料及同性質物料均可納入同一層級之料號系統內，而其缺點則是料號排列上難以整齊一致，也較易產生作業錯誤之情事發生，前述十進位分類編號法即屬展延式編號法。表 3.10 爲中華民國商品分類（China Commodity Classification, CCC Code）之例。

表 3.10 中華民國商品分類之例

章	節	目
39 塑膠及其製品	3922 塑膠製衛浴設備 3923 塑膠容器 3924 塑膠製餐具、廚具及盥洗用具 3925 塑膠製建築用具 3926 其他塑膠製品	392310 箱子、盒子、籃子 392321 乙烯聚合物 392329 其他塑膠製品 392330 大瓶、瓶子、細頸瓶及類似品 392340 線軸、錐形管、紗管及類似品 392350 瓶塞、蓋子及其他栓塞品

非展延式編號法（Non-Extensive Symbolization Method）乃係對任一物料項目料號之欄位數予以固定，即對於物料分類層級及其所用阿拉伯數字號碼均加以限制，不可任意展延之一種物料編號的方法。此法的優點是料號之欄位數維持同一格式，作業較爲簡單容易；而其缺點則是缺乏彈性與伸縮性，較難配合新物料或同屬性物料實際增減的需要。在實務上，爲提升資料處理的正確性與效率起見，企業大皆採非展延式編號法。表 3.11 爲一家公司採用非展延式編號法之實例。

表 3.11 非展延式編號法之應用實例

大類	中類	小類	節目
10 （燃料）	03 （液體燃料）	02 （汽油）	95 （95 無鉛汽油）
50 （繫結配件）	07 （六角帶帽螺栓）	10 （長度 100m/m）	40 （外徑 40m/m）

3.6 結論

物料分類與編號是物料管理之相當重要的基礎工作，所有物料管理的活動皆奠基於良好的物料分類與編號。物料分類乃是將企業從事產銷活動所須投入的各項原物料、零配件、組件、次裝配、製成品及消耗性物料，依一定的標準予以分門別類，並作有系統的排列之一種程序。

在實務上，進行物料分類的原則，共有完整性、一致性、互斥性、層次性、實用性及彈性六項。物料分類的程序包含設立專案小組、研訂工作計畫、蒐集資料、選取分類系統、選取編號系統、執行分類與編號工作、編印手冊及更新與修正八個步驟。

一般性物料分類方法，包含依材質、依用途、依物料取得來源及依使用部門等五個基準。管制用物料分類方法，包含依成本管制、依物料調度方式及依加工製程等四個基準。物料 ABC 分類主要係依照各項物料的年度使用金額排列，將物料區分成 ABC 三類，並針對每類物料採用適當的管理方式與努力程度，期能獲致最佳的成效。

物料編號乃是依照物料分類的內容，以適當的符號（含文字、阿拉伯數字或其他符號）來代表物料項目的一種過程，其目的爲避免物料中文名稱的冗長繁述，期以提升管理成效。在實務上，物料編號的原則除了含物料分類之六項原則外，上含有簡易性、唯一性、系統性、適應性及電腦化五項原則。

物料編號的方法，包含數字編號法、字母編號碼及展延式與非展延式編號法三類。每一類編號方法皆有其各自的特色與優、缺點，在實務應用時須慎重選擇之。

參考文獻

1. 林清和（民 83 年 5 月），物料管理－實務、理論與資訊化之探討，初版再印，台北：華泰書局，頁 33-61。
2. 洪振創、湯玲郎、李泰琳（民 105 年 1 月），物料與倉儲管理，初版，台北：高立圖書，頁 65-90。
3. 葉忠（民 81 年 1 月），最新物料管理－電腦化，再版，台中：滄海書局，頁 57-90。
4. 傅和彥（民 85 年 1 月），物料管理，增訂 21 版，台北：前程企業管理公司，頁 47-68。
5. 潘文章（民 77 年 8 月），物料管理－計劃、分析、控制，修訂版，台北：三民書局，頁 109-139。
6. Krazewski, L.J. and L.P.Ritzman (1987), Operations Management, First Edition, Reading, Massachusetts: Addison-Wesley Publishing Company, pp. 476-477.
7. Schroeder, G.R. (1993), Operations Management: Decision Making in the Operations Management, Fourth Edition, Singapore: McGraw-Hill , pp. 609-610.
8. Stevenson, William J. (1992), Production/Operations Management, Fourth Edition, Homewood: Richard D. Irwin Inc., pp. 592-593.

自我評量

一、解釋名詞

1. 物料分類（Material Classification）
2. 完整性（Completeness）
3. 互斥性（Exclusiveness）
4. 柏拉圖分析（Pareto Analysis）
5. 物料編號（Materials Symbolization）
6. 數字編號法（Numerical Symbolization Method）
7. 展延式編號法（Extensive Symbolization Method）
8. 非展延式編號法（Non-Extensive Symbolization Method）

一、選擇題

(　　) 1. 針對存貨的 ABC 分析，下面敘述何者不正確？ (A) A 類型的存貨需要經常檢視，以降低平均批量並確保供應商的定期傳送 (B) ABC 分析的主要目的在於專注於管理高價值的項目 (C) B 類型的存貨需要中度的控制 (D) C 類型的存貨適用於較 A 類型存貨更嚴格的控制。

【108 年第一次工業工程師－生產與作業管理】

(　　) 2. 下列行動中何者較適合於 C 類存貨所採取的行動？ (A) 較高的安全存量 (B) 時常盤點 (C) 嚴密控制 (D) 需求預測盡可能正確。

【101 年第二次工業工程師－生產與作業管理】

(　　) 3. 物料編碼是實施物料需求規劃（MRP）前的重要工作，每一物料均有其獨有的料號編碼，是遵照以下何種編碼原則進行？ (A) 簡單性 (B) 互斥性 (C) 完整性 (D) 易記性。 【100 年第二次工業工程師－生產與作業管理】

(　　) 4. 回顧 ABC 存貨管理模式，下列何者非 A 類物料的管理原則？ (A) 需維持較高之安全存貨 (B) 需做嚴密的控制，保持精確的存貨紀錄 (C) 持續監控存貨水準，注意訂購數量與訂購頻率 (D) 提昇預測的準確性，縮短前置時間。 【95 年第二次工業工程師－生產與作業管理】

(　　) 5. 物料分類系統能夠涵括全部物料，即企業內部所有的物料均能依照一定的分類標準予以歸到某一類別，不會遺漏。這種分類的原則稱為 (A) 一致性 (B) 互斥性 (C) 完整性 (D) 層次性。

( ) 6. 一項物料僅能歸類到一類物料，不可以重覆，也就是凡是已歸於某一類之物料，絕不可再歸到他類，各類物料是相互排斥關係。這種分類的原則稱爲 (A) 一致性 (B) 互斥性 (C) 完整性 (D) 層次性。

( ) 7. 就物料分類的原則而言，一個物料分類系統必須具有伸縮彈性，配合企業的研究與發展活動及未來中長程發展需要，所開發的新物料皆能夠有效地予以分類，而不必變更現有的物料分類系統，稱爲 (A) 一致性 (B) 互斥性 (C) 實用性 (D) 彈性。

( ) 8. 物料分類標準須前後維持一致，合乎固定的邏輯原則，自大分類、中分類至小分類，或更細的節目等，所有物料皆須遵循固定的分類標準區分，中途不可變更。這種分類的原則稱爲 (A) 一致性 (B) 互斥性 (C) 實用性 (D) 彈性。

( ) 9. 中國鋼鐵公司將煉鋼所用的鐵礦砂，依取得來源分爲澳洲鐵礦砂、美洲鐵礦砂及歐洲鐵礦砂三類，這種物料分類的方法稱爲 (A) 依材質分類 (B) 依物料用途分類 (C) 依使用部門分類 (D) 依物料取得來源分類。

( ) 10. 南亞塑膠可將聚氯乙烯（PVC 粉）原料依工廠別，分爲高雄廠用 PVC 粉、仁武廠用 PVC 粉、林口廠用 PVC 粉及美國德州廠用 PVC 粉四類，這種物料分類的方法稱爲 (A) 依材質分類 (B) 依物料用途分類 (C) 依使用部門分類 (D) 依物料取得來源分類。

( ) 11. 將製程相近之原物料予以歸爲同類，每一類物料皆以固定製造程序之機器群（machine group）進行加工，目的在使小批多樣生產亦能獲得連續生產之好處，這種群組技術（group technology）所採用的物料分類方法係爲 (A) 依物料的加工製程分類 (B) 依物料準備方式分類 (C) 依物料調度方式分類 (D) 依成本管制分類。

( ) 12. 儘量應用簡易的文字、數字、及相關符號，期能有效地發揮化繁爲簡、便於記憶聯想、以及容易處理之物料編號之功用。這種物料編號的原則稱爲 (A) 唯一性 (B) 簡易性 (C) 系統性 (D) 適應性。

( ) 13. 物料編號系統能適應企業現況及未來發展的需要，亦即企業應考量中長期發展計畫及外部環境之變遷趨勢，以建立其物料編號系統。這種物料編號的原則稱爲 (A) 唯一性 (B) 簡易性 (C) 系統性 (D) 適應性。

(　　) 14. 下列哪一種物料編號的方法，最能符合完整性與伸縮性之編號原則，尤其是可依實際需求來設定物料項目之料號位數，任何新物料均可插入原先所屬物料類別之編號系統內　(A) 數字編號法　(B) 字母編號法　(C) 非延展式編號法　(D) 以上皆是。

(　　) 15. 下列關於展延式與非展延式物料編號方法的敘述，何者不正確？　(A) 展延式編號法的優點是符合彈性及伸縮性之編號原則　(B) 非展延式編號法的優點是料號之欄位數維持同一格式，作業較簡單容易　(C) 展延式編號法的缺點是較難配合新物料或同屬性物料實際增減的需要　(D) 以上皆是。

(　　) 16. 下列關於物料 ABC 分類之敘述，何者不正確？　(A) C 類物項數所佔比率最高　(B) A 類年使用金額所佔比率最高　(C) B 類物項數及年使用金額所佔比率皆介於 A 類與 C 類之間　(D) A 類物料存量管制適宜採用複倉制管制系統。

(　　) 17. 在物料 ABC 分類中，適用於 C 類物料之存量管制系統為　(A) 定量管制系統　(B) 定期管制系統　(C) S-s 管制系統　(D) 複倉制管制系統。

(　　) 18. 關於物料 ABC 分類之比例標準，何者不正確？　(A) A 類物料數量約佔 70%，價值或重要性卻佔 10%　(B) B 類物料數量約佔 20%，價值或重要性亦佔 20%　(C) C 類物料數量約佔 70%，但價值或重要性僅佔 10%　(D) A 類物料數量約佔 10%，價值或重要性卻佔 70%。

三、問答題

1. 試問為何進行物料分類的重要前提，是先做好物料規格標準化及產品簡單化工作？試說明之。
2. 物料分類的原則為何？ 試說明之。
3. 試說明物料分類的程序。請你舉一家個案公司為例，從實務觀點敘述整體物料分類的程序中，每個步驟的工作內涵。
4. 一般常用的物料分類的標準有哪些？請詳述之。
5. 以第 3 題你所舉個案公司為例，敘述其現行物料分類的方法，並依本章所介紹的各種物料分類之學理，比較與分析本個案公司現行物料分類的優缺失，最後並提出具體的改善方案。
6. 試述物料 ABC 分類的程序，並說明 ABC 各類物料的管理方式。

7. 以第 3 題你所舉個案公司爲例，試進行物料 ABC 分類。
8. 物料編號與物料分類有何關聯？兩者的重要性及功用爲何？其又有哪些共通的原則？試詳述之。
9. 物料編號的原則爲何？試說明之。
10. 數字編號法的概念及優缺點爲何？ 試說明之。
11. 何謂混合編號法？爲何其在實務上使用最爲普遍？試說明之。並請舉一實例說明混合編號法在實務上之應用。
12. 有關物料編號之欄位數問題，在實務上共有展延式（料號欄位數不固定）及非展延式（料號欄位數固定）兩類，試述此兩類編號方法之優缺點比較，並各舉一實例說明其實務應用。
13. 請你以第 3 題之個案公司爲例，敘述其現行物料編號的方法，並分析個案公司現行物料編號方式的優缺失，同時提出具體的改善方案。
14. 大專院校的校（總）圖書館及科系圖書室內，均藏有許多的中外文圖書、期刊、光碟、報章及相關資料，請你就所讀學校的校或科系圖書館爲例，規劃與建立整套的圖書分類及編號系統。
15. 依前題之圖書分類及編號系統爲例，請你進一步建構其資訊系統，期以提升圖書館借閱、保管、儲存及各項管理作業之效率。

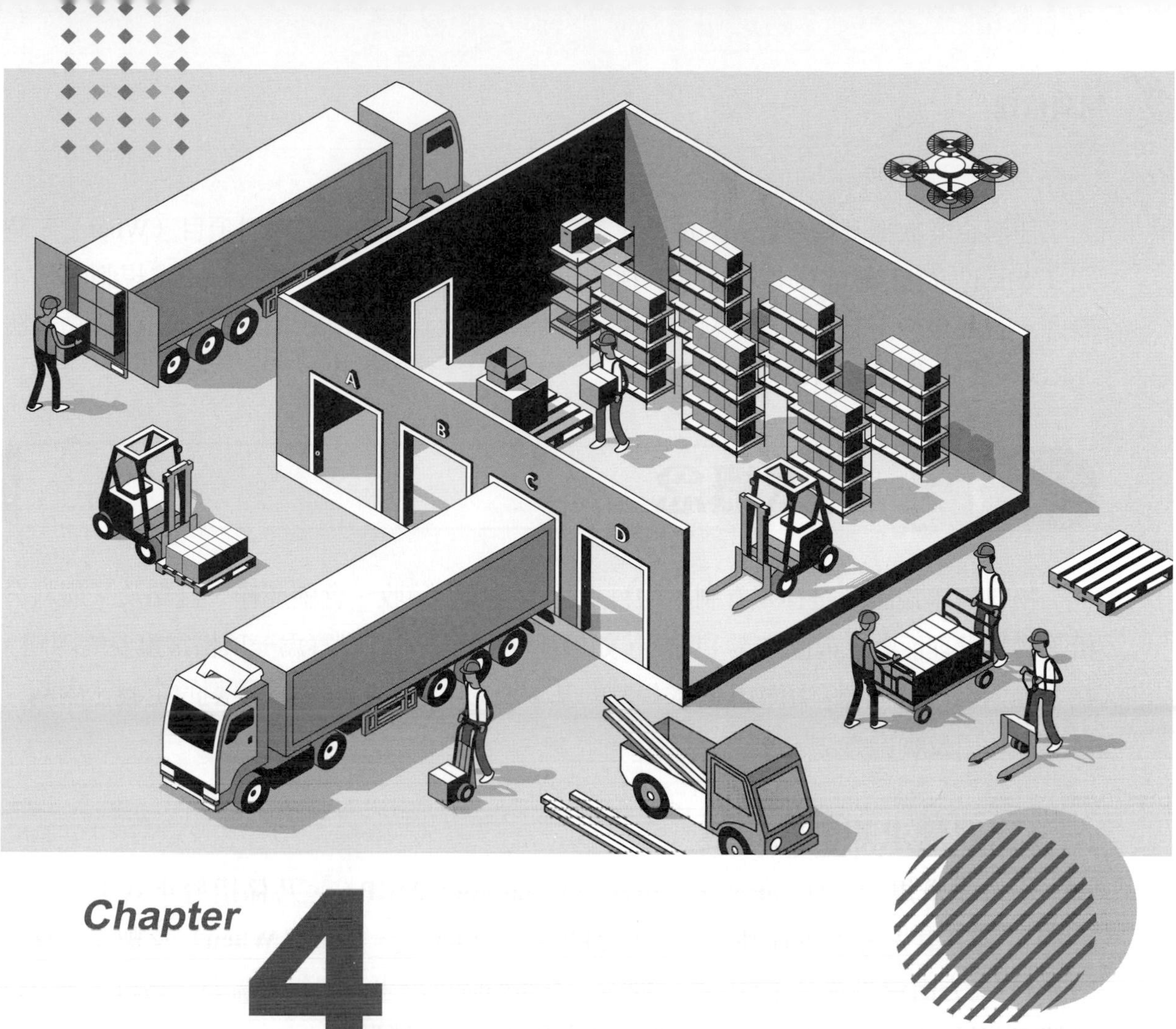

Chapter 4

物料需求規劃

▷ 內容大綱

任何企業欲提升物料管理的成效，最重要者乃爲有效地掌控物料項目（What）、時間（When）及數量（How Much）三種資訊，在本章內容，將介紹物料需求規劃的基本概念、各種產銷配合的策略、MRP I 的定義與實施效益、MRP I 相關名詞、訂購點方法（ROP）的缺失及與 MRP I 的比較。

4.1 基本概念

物料需求規劃乃是存量管制、物料請購、採購、驗收、倉儲運輸、盤點及呆廢料分析等物料管理活動之前置作業；因之，如何進行物料需求規劃實爲一項相當重要的課題。在本節內容，首先要介紹物料需求規劃的基本概念，包括物料需求規劃的定義、內涵、目標、功用及實施方法。

一、物料需求規劃的定義

物料需求規劃（Material Requirement Planning, MRP），乃係指於正式生產活動展開以前，事先針對生產所需要之物料項目（What）、時間（When）及數量（How Much）三方面資訊做周詳的規劃，期能一方面準時供應生產現場所需要之物料，避免待料停工；另一方面卻能降低存貨數量，減少利息資金的積壓。

依上述定義可知，進行物料需求規劃時最主要乃爲有效安排及提供下列三種資訊：

1. **物料項目（What）**：爲產銷過程中，各項投入、製程及產出活動所需的物料項目，含原物料、零配件、組件、次裝配及製成品。
2. **時間（When）**：是爲物項的需求時間，時間資訊的有效掌握對穩定生產及降低存貨數量助益最大，一般可藉由前置時間、總生產日程計畫（MPS）及物料清單（BOM）等資訊予以妥善規劃。
3. **數量（How Much）**：爲各物項的需求數量，一般可利用物料清單（BOM）、總生產日程計畫（MPS）及現有庫存量（ISS）等資訊予以正確計算之。

整體來說，**物料需求規劃的目標有二：一爲準時供應製造現場所需物料，使各項產銷活動得以順利進行，避免產生待料停工、人員設備閒置之現象；另一目標則爲降低存貨數量，以減少資金積壓之損失。**事實上，這兩個目標是相互對立矛盾的，因爲如果要避免製造現場待料停工，存貨數量是越多越好；然而，存貨如果過多，將會造成更多資金利息的積壓。因之，實有賴於良善的物料需求規劃來權衡相關決策因素之利弊得失，藉以尋求最適當的存貨數量。

生產及作業管理的目標，乃爲提升產品的品質水準、降低生產成本及準時交貨三方面；然而從實務的觀點來看，欲有效地達成這三方面目標，必須倚靠物料需求規劃之配合和支援方能有效達成，這個概念如圖 4.1 所示。

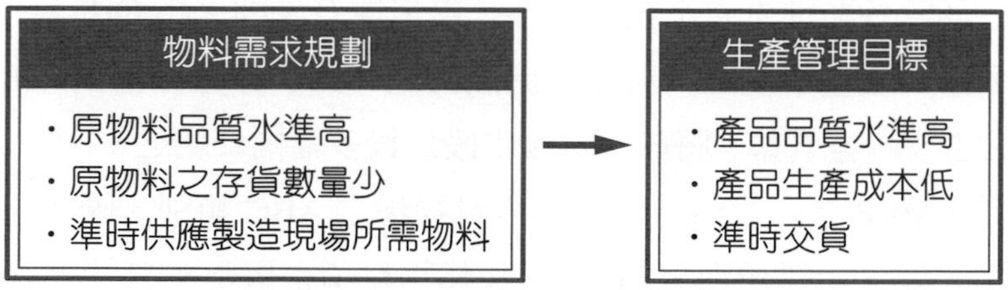

圖 4.1 MRP 與生產管理目標之達成

最後，特別要談及物料需求規劃的功用。物料需求規劃乃是一項相當重要的物料管理功能，其對整體企業產銷活動的進行及經營成效的影響最爲重大。除前述生產管理目標之達成外，就財務活動而言，財務部門主要依據物料需求規劃資訊來編列物料預算，並據以進行資金籌措及調度活動。

其次，就採購活動而言，物料需求規劃得以讓採購部門選擇最有利的採購數量、價格、時機及供應商，以取得價廉物美的物料。存量管制部門依據物料需求規劃來訂定及控制適當的存貨數量期能穩定產銷活動及降低庫存。

此外，物料需求規劃也是產能需求規劃（Capacity Requirement Planning, CRP）、物料流程及搬運系統設計、品質檢驗系統設計、自製外購決策及保養維修計畫之訂定依據。綜合前述，特將物料需求規劃的功用及其與各項經營管理活動之關係，彙總如圖 4.2 所示。

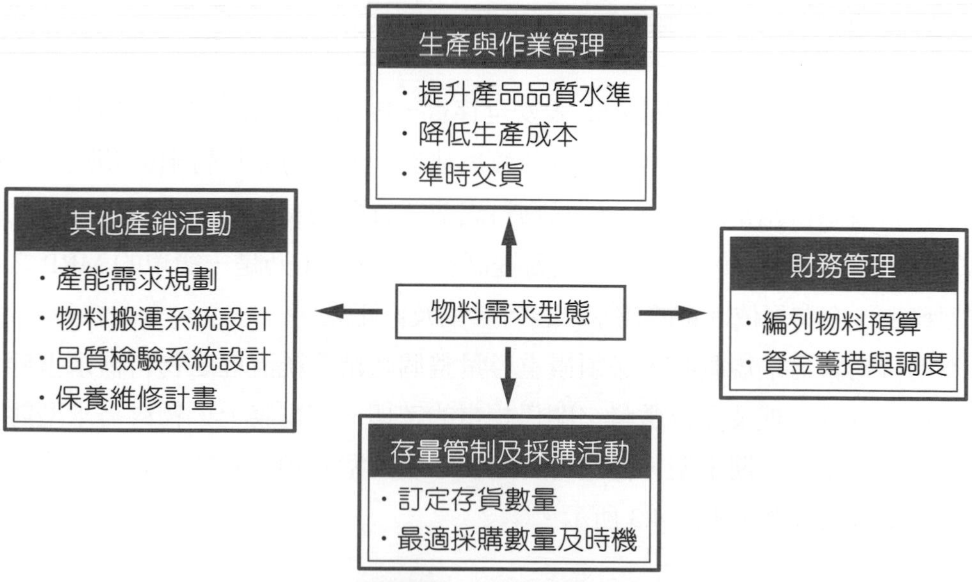

圖 4.2 MRP 之功用

二、物料需求規劃的方法

為便於區隔，**本書將物料需求規劃（MRP）的方法分成一般性及專業性二類方法**。其中，一般性方法係指我國企業界現行常使用的作法，較為合乎實務性及經濟邏輯，適用範圍較廣泛，涵蓋各類別生產系統；另外，專業性方法則係指 Orlicky 博士於 1965 年所提，適用於多層次生產系統之物料需求展開方法，此法亦被簡稱為 MRP I。MRP I 係為本章所介紹之主要內容重點，將於本章後半段以較多篇幅介紹之。

就實務而言，MRP 之一般性方法必須考量物項之 ABC 類別、國內外訂購及需求型態等因素。其中，就各物料類別來講，A、B 類物料項目因具有耗用金額較高、項目較少的特性，為嚴格控制存貨數量，必須綜合考量前置時間、生產計畫、物料清單（或零件表）、現有庫存量、安全存量及料帳是否一致等因素；而 C 類物料項目因耗用金額較低，故其需求規劃方式相當簡單，一般常採用兩堆制方式，關於兩堆制的概念請參閱本書第六章內容。表 4.1 為物料需求計畫表之基本格式。

表 4.1 物料需求計畫表之基本格式

數量 \ 時間 物項	一期	二期	三期	…	備註
甲	80	90	98	…	LT： SS： IS：
乙	120	100	128	…	LT： SS： IS：
⋮	⋮	⋮	⋮	⋮	⋮

在表 4.1 中，LT 表前置時間，SS 表安全存量，IS 表現有庫存量。一般說來，因台灣地區係屬海島型經濟型態，工業原料資源較為缺乏，大部份原料皆須仰賴國外進口，故國外採購物料就顯得相當的重要。外購物料之前置時間較長，相關採購及貿易之前置作業較為繁複，故安全存量較內購物料相對提高許多。表 4.1 乃是一簡單的 MRP 之基本格式，在實務上，企業可依其實際需求，自行參酌及修正之。

另外進行物料需求規劃時，必須慎重考量整個產銷系統流程之物料需求型態，因其與物料項目之進貨時機及需求數量之關係相當的密切。在實務上，**物料需求型態一般可分成期初型、期中型、期末型、穩定均勻型及不規則型五類**，有關這五類物料需求型態之概念及適用產業實例，如圖 4.3 所示。

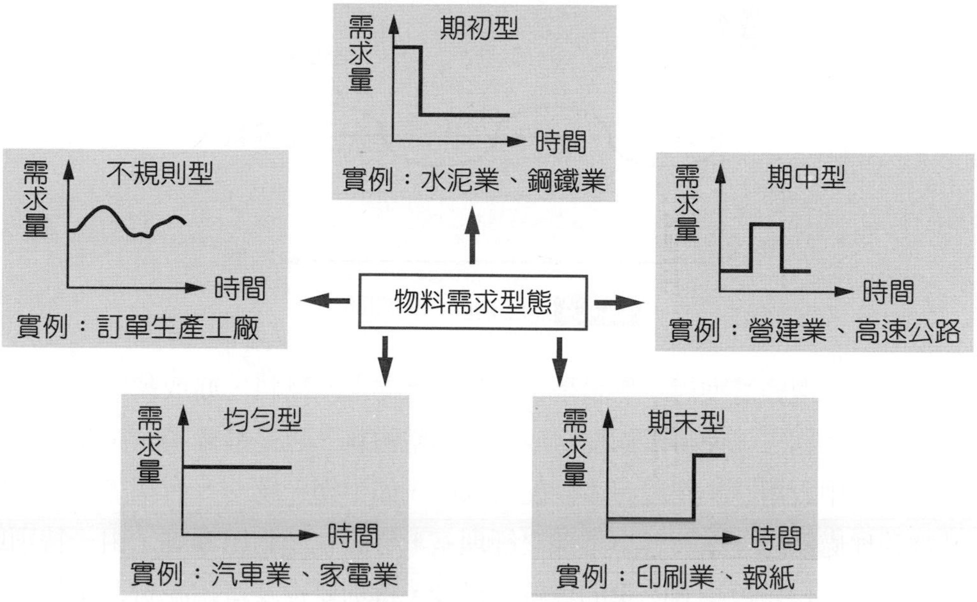

圖 4.3 物料需求型態

4.2 產銷配合的策略

在經營實務上，產銷配合乃是許多企業常會面臨之一項相當重要的課題，其成敗攸關 MRP 及企業整體的營運績效甚鉅。因之，本節內容特要介紹產銷配合問題的產生背景及其因應策略，包括存量、人力、多角化、外包及欠撥量等。

一、產銷配合問題

在實務上，許多企業常會面臨產銷配合的問題，此項問題的根源可以分從兩個角度來敘述。首先，從行銷的角度來看，一般產品的銷售因受到季節因素或外部環境的影響，常會產生淡旺季之分的季節變動現象；然而，若從生產管理的角度來看，若欲實質提升生產績效及降低生產成本，則欲企求生產率（Production Rate，意為單位時間的生產量）能夠維持穩定一致，期以有效地進行生產規劃與管制。為此，造成行銷與生產兩個部門人員的努力產生了衝突與矛盾現象，也就是實務界所稱之產銷不能配合問題，此種現象如圖 4.4 所示。

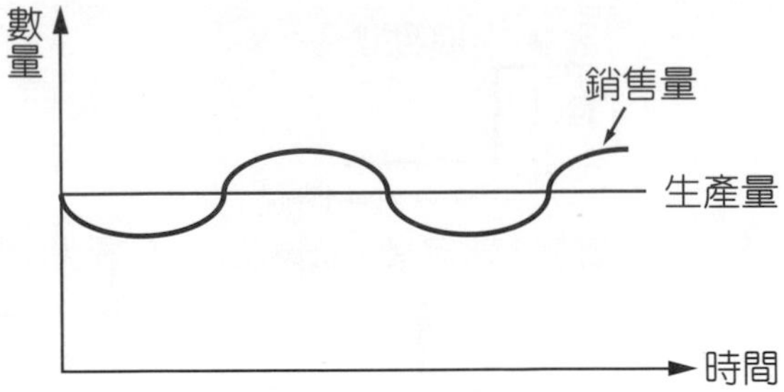

圖 4.4 產銷配合的問題

台灣屬於海島型經濟型態，無論是工業生產所需之原物料，亦或製成品的銷售，皆須仰賴國際貿易；因之，使得產銷配合成爲一相當複雜、也是最值得企業重視之問題。目前，國內許多中大型企業皆設有產銷配合部門，如中鋼、統一、台塑等。以台塑企業爲例，其總管理處總經理室及各事業部之經理室，皆設有產銷組編制，由一特別助理或高級專員領軍，是一角色相當吃重的單位。最後，特別要提及產銷配合乃是物料管理之重要的前置作業，企業進行物料需求規劃時，必須精細的考量實際所採行之產銷配合策略，方能獲致良好成效。

二、產銷配合的策略

在實務做法，產銷配合的策略共包含存量、人力、多角化、外包及欠撥量五種。在生產與作業管理領域，常將這五種策略稱爲整體規劃（Aggregate Planning），亦叫中期規劃（Intermediate Planning），目的爲藉由產銷配合來提升企業之年度營運生產力，並作爲短期作業規劃（Short -Range Planning）之基準。

1. 存量策略（Inventory Stategy）

此種策略實務使用最爲普遍，其概念是藉由存量調整來促使產銷配合。表 4.2 乃是電器公司冷氣機的產銷配合之例。由第二欄可知，就冷氣機之銷售而言，每年一、四兩季爲淡季，二、三兩季是旺季；因此，此家公司利用第四欄之庫存量來調整，促使第三欄之生產量維持在 160 至 180 單位之穩定水準。如此一來，透過淡季之剩餘產量（即累積存量）來彌補旺季之短缺產量，既能配合銷售季節變動而準時交貨，亦能促使每月的生產量一致，達成產銷雙贏之局面。圖 4.5 用以顯示存量策略之概念。由圖上可看出，在 t_1 時點銷售量屬淡季，但因生產量維持水平線水準，故多餘產量成爲存貨；而在 t_3 時點則剛好相反，銷售量爲旺季，但因生產量繼續維持水平線水準，缺額產量剛好由 t_1 時點之存量來彌補。圖 4.5 上面積 A 表庫存量，面積 B 則表產量短缺量，因兩者之面積相等，亦表產銷能夠配合之意。

表 4.2 存量策略：以冷氣機的產銷配合之例

月別	銷售量	生產量	當月存量	累積存量
1	100	175	75	75
2	105	175	70	145
3	150	175	25	170
4	165	175	10	180
5	180	175	-5	175
6	200	175	-25	150
7	250	175	-75	75
8	230	180	-50	25
9	195	170	-25	0
10	120	160	40	40
11	105	160	55	95
12	95	160	65	160

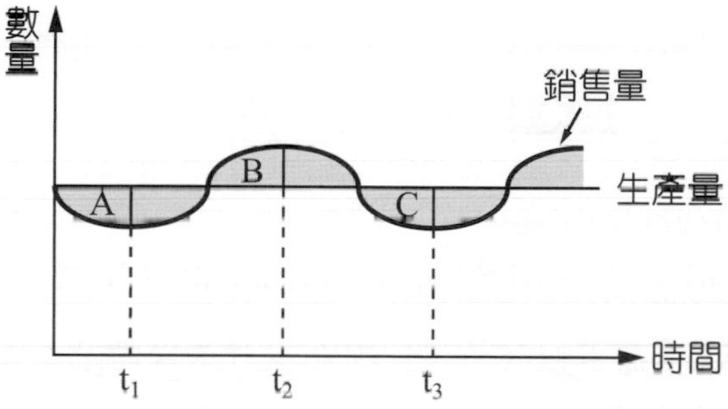

圖 4.5 產銷配合之存量策略

2. 人力策略（Employment Strategy）

此種策略主要是將生產率（正常產量）設定在淡季最低產量水準，而在旺季市場需求較高時，則利用加班或人力調撥方式來製造所不足之生產數量，如圖 4.6 所示。圖中水平實線表示正常產量，面積 A 表示旺季之不足產量，則利用加班及人力調配方式予以克服之。不過，此種策略之缺失則是會增加人工成本。

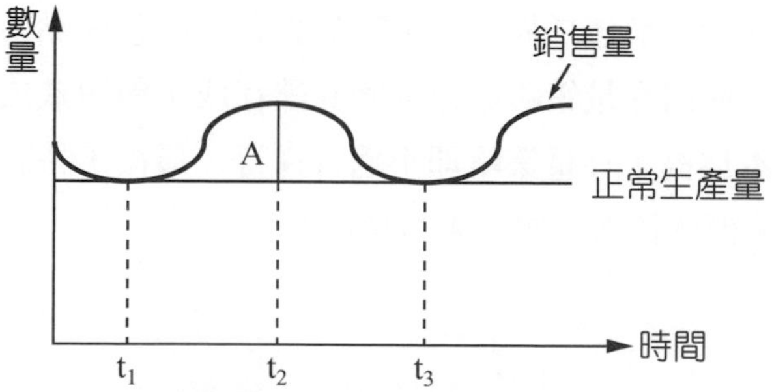

圖 4.6 產銷配合之人力策略

3. **多角化策略（Diversification Strategy）**

也叫產出量調配策略，主要概念是混和生產製程相近、但流行季節不同之產品來促成產銷配合。舉例來說，國內一家電工廠之產銷配合策略即是一例，此工廠在每年10月至3月生產冷氣機，其他4月至9月則是生產電冰箱；因此，促使生產線在年度內之各個月份，均能充分運轉，累積（或平均）生產量亦能夠維持穩定一致的水準，如圖4.7所示。由圖上可知，兩條曲線分別代表甲、乙兩種產品因受季節因素影響之生產量（銷售量），若將其平均或累積之，如水平實線（或虛線）所示，即表生產率能夠維持一定水準。

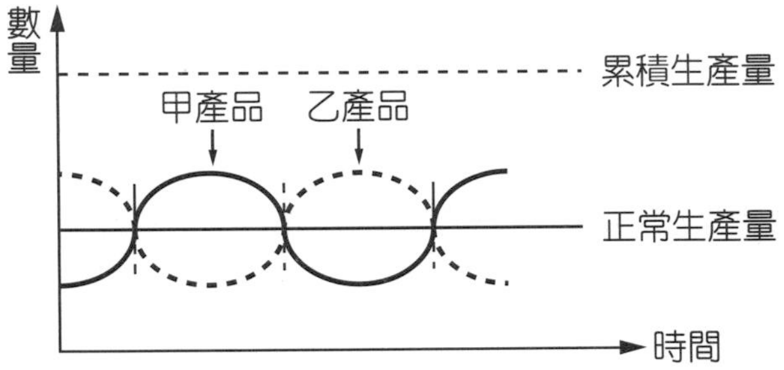

圖 4.7　產銷配合之多角化策略

4. **外包策略（Subcontract Strategy）**

外包策略的概念類似於人力調整策略，如圖4.6所示，將正常生產量設定在淡季最低產量水準，但在旺季需求較高時，利用外包方式來製造不足之產量，在圖4.6上，面積A即表採外包之產量。

5. **欠撥量策略（Backorder Strategy）**

此種策略乃以事前積欠、事後補撥方式來處理旺季不足之產量。請看圖4.5，針對面積B旺季不足之產量，可於事先與顧客協商，允許利用下一期淡季之剩餘產量，即面積C予以補撥，如此將可促使生產率維持於穩定一致的水準，亦能夠達成產銷配合之目標。

在談完產銷配合的策略後，讀者對於產銷配合的問題背景及相關概念應已有一完整的認識。不過特別要強調，前述任何一種策略除具有其特色優點外，亦有其使用上的限制與缺失；舉例來說，**使用存量策略必須權衡其儲存成本與短缺成本之高低，假若產品之儲存成本較短缺成本爲高，存量策略即不適合採行**。最後，特將前述產銷配合策略之特色與使用限制予以彙總比較之，如表4.3所示。

表 4.3 五種產銷配合策略之比較

策略	特色	使用限制
1. 存量調配	正常生產量設定於平均產量水準，以淡季多餘產量（存貨）來彌補旺季不足產量。	儲存成本小於短缺成本
2. 人力調配	正常生產量設定於淡季最低產量水準，不足產量以加班方式彌補。	人工及製造費用低於短缺成本
3. 多角化	混合生產兩種或多種流行季節相異之產品，使得平均或累積生產量維持穩定水準。	各種產品之製成相似及人力技術水準一致
4. 外包	正常生產量設定於淡季最低產量水準，不足產量以外包方式彌補。	外包成本、品質水準及技術能力的配合
5. 欠撥量	正常生產量設定於平均產量水準，事後以淡季多餘產量（存貨）來撥補旺季積欠顧客產量。	取得顧客允諾及產品流行季節的考量

4.3 物料需求規劃的專業性方法

在前節，已初步介紹物料需求規劃之基本概念及各類產銷配合的策略。自本節起，包括第五章內容將深入介紹物料需求規劃之專業性方法：MRP I。在本節內容，首先要談 MRP I 的歷史沿革、定義及具體的實施效益。

一、MRP I 的歷史沿革

在傳統上，產業界常以訂購點方法（ROP）解決相關物料管理之物料項目物料項目（What）、時間（When）及數量（How Much）三個問題；然而，ROP 方法因有較多的假設及限制，在實務應用時常會造成存貨太多或欠料短缺之情事發生（詳見 4.5 節，ROP 與 MRP I 的比較）。**在 1965 年，美國 IBM 公司 Orilcky 博士正式提出獨立需求及相依需求的重要觀念，不但解決了前述 ROP 所衍生之存量管制問題。隨著 MRP I 技術的發展，也開啓了一項物料及生產管理技術領域之新紀元。**

獨立需求（Independent Demand）乃指一物料項目之需求與別的物料項目的需求無關，如最終製成品及服務性之零配件皆屬之。一般來說，總生產日程計畫（MPS）上所列之物料項目皆爲獨立需求項目，其需求量係依據預測（存貨生產方式）及訂單（訂貨生產方式）而來。

相依需求（Dependent Demand）則是指一物料項目的需求是基於最終製成品、或較高層次之物料項目而產生，如零配件、原物料及次裝配皆屬之。相依需求物項可利用 MPS、物料清單（ROM）、現有庫存狀況（ISS）及相關資訊，經由展開與計算而求出其正確的需求量。

舉例來說，裝配一輛汽車約需一萬二千個物料項目，就裕隆、福特六和等汽車裝配工廠而言，其中只有最終成車及部份保養維修用零配件屬於獨立需求，而除了最終成車項目以外，其餘所有的物料項目，包括各類零配件、輪胎、座椅、煞車裝置、後視鏡、方向盤、引擎、鈑金、音響及空調裝置等皆屬相依需求。

獨立需求與相依需求的觀念，促使物料需求規劃的技術獲致重大的突破與發展，也解決了 1960 年代以前，傳統 ROP 方法針對所有物料項目皆依據預測值來進行存量管制，以致於產生存貨過多、物料短缺及無法掌握時效之重大缺失。事實上，依照獨立需求與相依需求的觀念，僅需預測獨立需求物料項目之需求量即可，而針對相依需求的物料項目，可藉由系統化的物料需求展開程序，正確地計算出其實際需求量，並能掌握適當的時間資訊。

在 1970 年，Orlicky、Plossl 及 Wight 三位學者正式提出 MRP I 系統之邏輯架構。自 1971 年起，透過 MRP I 推廣十字軍之大力宣導，MRP I 技術廣受美國產業及世界各國所採用。尤以，配合現代電腦軟硬體科技的快速發展，MRP I 技術已與 PC 及網際網路結合，更能大幅提升其實施效益，而成爲一項重要的生產管理技術。

在 1981 年，Wight 將 MRP I 涵蓋物料及生產系統之領域予以擴大，提出製造資源規劃（Manufacturing Resource Planning, MRP II）的架構，將生產、行銷、人事、財務及研究發展等企業功能，與規劃、組織、領導及控制管理功能結合成一完整的資源系統，亦即將 MRP I 系統僅含物料及生產管理活動範圍，擴大至企業各層面之功能活動，期以有效利用企業整體的資源，全面提升企業之整體經營績效。

綜合上述，在 MRP I 技術之發展過程中，大致可以分成五個階段，茲彙總如表 4.4 所示。

表 4.4 MRP 發展階段

階段	年代	技術	主要觀念
一	1960 前	訂購點方法	一次補足存貨及以過去需求為基礎。
二	1965	MRP I 雛形	Orlicky 提出獨立及相依需求觀念。
三	1970	MRP I 架構	建立 MRP I 系統之基本邏輯架構。
四	1971	推廣十字軍	美國產業界大力推動 MRP I 技術。
五	1981	MRP II	結合各項企業功能及管理功能活動，成為一完整企業資源系統。

二、MRP I 的定義

依照 APICS 的定義：**MRP I 乃是一種物料及生產管理技術，其主要是依據總生產日程計畫（MPS）、物料清單（BOM）、現有庫存狀況（ISS）、已購未交訂單及物料主**

檔資訊，正確地展開與計算出各項相依需求物項之需求數量及時間，並進而輸出新的訂購單（Purchase Order）、製造命令單（Shop Order）、修正已購未交訂單或是各種例外報表及相關管理文件。

由上述定義可知，MRP I 技術乃是一種電腦化生產管理資訊系統，目的爲提供各相依需求物項之最佳訂購時機（When）及數量（How Much）二種資訊。關於 MRP I 系統之投入產出概念，如圖 4.8 所示。

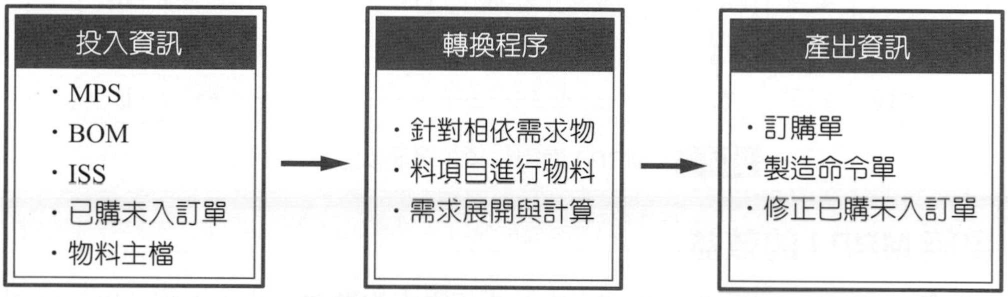

圖 4.8 MRP I 系統之投入產出概念

除上述 APICS 的定義之外，另有學者 Smith、小島光輝及森正勝給 MRP I 做如下的定義：**MRP I 係針對有關多層次生產系統（Multilevel Production System）之所有各階段生產活動的物料流程、包括從原料投入開始至最後製成品的產出，藉由正確的資訊指示，將如何（How）及何時（When）應採行具體有效地行動等資訊，加以有效整合的一種生產規劃與管制的技術。**

上述定義特別提到：**MRP I 適用的對象爲多層次生產系統，如汽車、機車、照相機、電視機、電腦、鐘錶、電子計算機、工具機及其它各類加工裝配工廠。**在此特要說明，MRP I 技術具有良好的實施效益，但並不適合單一層次生產系統，如 PVC 膠布、化妝品、製藥、飲料及石化與紡織工廠。

以 PVC 塑膠布之加工爲例，製程僅需一道加工程序，即使用攪拌器一次將 PVC 粉、DOP 可塑劑、塡充劑、色餅及耐燃劑等原料混合攪拌，再經由膠布機加熱、過濾、滾壓及捲取加工，即製成 PVC 塑膠布，此種製程便屬於單一層次生產系統，並不適用 MRP I 技術。

圖 4.9 是書桌之產品結構樹，爲一涵蓋三個層次之加工系統，其中，層次 0 爲最終製成品，惟一屬於獨立需求之物料項目；層次 I 至層次 III 所列各物料項目，則是屬於相依需求之物料項目，這些物料即可藉由 MRP I 系統來進行需求展開，計算淨需求量，並進而輸出相關的訂購單、製造命令單、修正已購未入訂單及各類管理報表資訊。

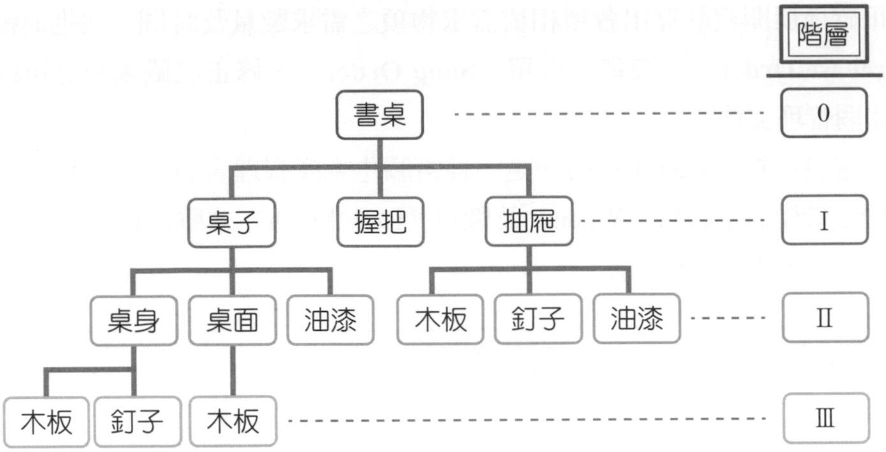

圖 4.9 MRP I 適用對象：多層次生產系統

三、實施 MRP I 的效益

自 1965 年 Orlicky 博士提出獨立需求及相依需求的概念以來，歷經 APICS 及相關專家學者的努力推廣，MRP I 技術已廣受產業界的使用與歡迎，並獲致良好的實施效益。自實務觀點論之，企業實施 MRP I 技術可以獲得下列具體的效益：

1. 正確的掌握物料項目（What）、時間（When）及數量（How Much）三種資訊。
2. 增進企業生產、人事、行銷、財務及各部門的溝通協調與配合。
3. 增進企業整體經營目標之有效達成。
4. 有效降低原物料、在製品、製成品及相關供應料之存貨成本。
5. 可以有效地降低物料短缺成本。
6. 可以增進生產績效及提高機器設備動用率。
7. 進行產能需求規劃（CRP）之依據。

依據國內外專家學者的實證統計，特將實施 MRP I 技術之具體效益，彙總如表 4.5 所示。

表 4.5 實施 MRP I 技術的效益

項目	實施效益
1. 降低存貨成本	· 降低原物料存貨成本約 30%。 · 降低原在製品存貨成本約 20%。 · 降低製成品存貨成本約 5%。
2. 提高顧客服務水準	· 提高顧客服務水準約 40%。 · 降低物料短缺成本約 50%。
3. 提高生產效率	· 減少直接人工約 5%、間接人工約 20%。 · 提高生產效率約 20%。

資料來源：本書彙整。

4.4 MRP I 相關名詞的介紹

本章前面內容，已介紹 MRP I 相關的基本概念，包含 MRP I 的定義、歷史沿革及實施效益。本章後半段內容，將深入介紹 MRP I 技術的內涵，包含 MRP I 相關名詞的概念、邏輯架構、物料需求展開釋例及與豐田及時化生產系統（JIT）的比較。在本節內容，首先定義 MRP I 相關的六個名詞，讀者若能具備這些名詞的概念，對整體 MRP I 技術的瞭解將會大有助益。

一、總生產日程計畫

就 MRP I 資訊系統之各類投入資訊而言，總生產日程計畫（Master Production Schedule, MPS）乃是一項最爲重要的投入資訊及檔案。在本書第二章介紹企業預測的重要時，即已談及所有的工廠管理活動，包含製程設計、生產排程、物料需求規劃、品質計畫、保養維修計畫、工業安全與衛生計畫及成本計畫等，皆依據 MPS 資訊來研訂與展開，此概念請參閱圖 2.1。

MPS 乃是用以表示在生產規劃期間內，有關最終產品生產之生產項目（What）、何時生產（When）及生產數量（How Much）三種資訊之一種計畫。

由上述定義來看，MPS 適用的對象乃是最終製成品（Finished Goods），若就生產管理的功能活動而言，依據 MPS 資訊，可進而展開製程規劃、生產排程、發布製造命令及生產管制（含品質、成本、進度及數量之管制）等活動。

但是，若拿 MPS 與營業計畫及 MRP 比較，固然這三種計畫皆須提供項目（What）、時間（When）及數量（How Much）三種資訊，但適用的對象並不相同，營業計畫係針對欲銷售製成品，MPS 適用欲生產之製成品，而 MRP 適用對象則爲裝配最終製成品所需投入之各相依需求物項，含原料、零配件、組件及次裝配等，有關營業計畫、MPS 及 MRP 三者適用對象之相互順序關係，如圖 4.10 所示。

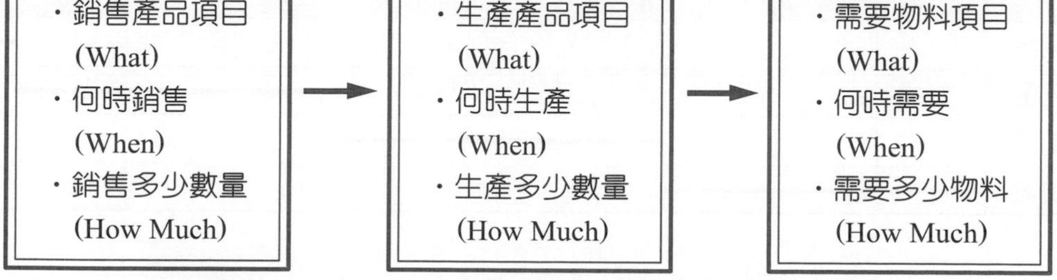

圖 4.10 營業計畫、MPS 及 MRP 之訂定順序及適用對象

再者，可依據前述 MPS 必須提供之 What、When 及 How Much 三種資訊來設計其表格，如表 4.6 所示。在此，特別要強調的是無論製造業或是服務業，不同企業體的 MPS 格式可能會有殊異；然而，最重要者是無論 MPS 格式如何變化，所設計的 MPS 格式必須要提供 What、When 及 How Much 三種資訊。

表 4.6 MPS 之基本格式

數量＼產品 時間	一期	二期	三期	…
甲	80	90	98	…
乙	120	100	128	…
丙	60	75	65	…
⋮	⋮	⋮	⋮	⋮

由表 4.6 可知，第一欄爲產品別（What），包含甲、乙、丙……。第一列表時間別（When），時間單位可爲週、月或其他單位，本表格的主體則是表示生產數量（How Much）。以甲產品爲例，第一期的生產數量爲 80 單位，第二期爲 90 單位，第三週爲 98 單位。

從實務觀點來看，規劃 MPS 之涵蓋時間水平（Planning Horizon）必須至少大於產品製造之總前置時間（Cumulative Lead Time），此項概念如表 4.7 所示。以表 4.7 中所舉例子而言，因其製造總前置時間涵蓋十週，包含生產規劃三週、零件加工三週、成品裝配三週及檢驗測試一週，故 MPS 之規劃時間水平必須大於或等於十週，方足因應實際生產的需要。

以本例來講，將 MPS 規畫時間水平設定爲十週。現假若 MPS 規畫時間設定爲八週，則前置作業時間必須往前遞推二週，即自 MPS 規畫時程之前二週便須進行生產規劃活動；但是，假若依照 MPS 排定時程，準時即自第一週起進行生產規畫活動，結果將會造成生產之總製程時間超過原排定時程二週之延遲問題。

表 4.7 MPS 之規劃時間水平

週別＼作業	一	二	三	四	五	六	七	八	九	十
檢驗測試										━━
成品裝配							━━	━━	━━	
零件加工				━━	━━	━━				
生產規劃	━━	━━	━━							

最後，再就 MPS 一些重要的基本概念加以彙總敘述之，務使讀者對 MPS 的概念能有較完整地認識：

1. **MPS 規劃對象：**為最終製成品及服務用零配件（Spare Parts），一般皆屬獨立需求之物料項目。
2. **規劃 MPS 之依據：**存貨生產工廠爲企業預測與營業計劃；訂單生產工廠爲客戶訂單、產能及物料與人力供應狀況。
3. MPS 乃是整體企業管理資訊系統之最重要的投入檔案，包括 MRP、人力資源發展計畫、CRP、品質計畫、資金籌措計畫、工安衛計畫等，皆以 MPS 爲研訂基礎。
4. 規劃 MPS 所涵蓋之時間水平，至少要大於製造之總前置時間。
5. 在實務上，規劃 MPS 的頻率常與中期年度預測之頻率一致，期能促進產銷配合，並有效提升資源之使用效率及企業生產力。

二、物料清單

物料清單（Bill of Materials, BOM）也叫產品結構樹（Product Structure Trees）、或稱爲用在何處表（Where-Used Lists），乃是用以顯示要裝配最終製成品，所必須投入之各種物料項目（包含原料、零件、組件及次裝配等）、其結構組合關係及單位用量（Usage Rate，也叫耗用率）的一種清單。

每一最終製成品必定有其特屬的物料清單，如前所言，BOM 檔案係爲整體 MRP I 資訊系統之重要的投入資訊，其正確性攸關著 MRP I 系統之實施成效。由上述定義可知，一完整的 BOM 檔案必須能夠提供下列三種資訊：

1. **物料項目（What）：**含各種原料、零件、組件、次裝配及最終製成品。
2. **裝配順序（Sequence）：**以物料的結構組合及所屬的階層表之。
3. **單位用量（How Much）：**即裝配一單位母件（Parents，上階層項目）所須投入的每一子件（Children，下階層項目）之數量。

在瞭解 BOM 的定義後，接著將介紹 BOM 的型態。在實務上，較常用的 BOM 的型態主要包含產品結構樹、齊平式 BOM、鋸齒式 BOM 及單階式 BOM 四種型態。茲說明如下：

1. **產品結構樹（Product Structure Trees）**

   在實務上使用最爲普遍，主要是以樹形圖（Trees Diagram）來顯示物項、結構組合及單位用量三種資訊，如圖 4.11 所示。

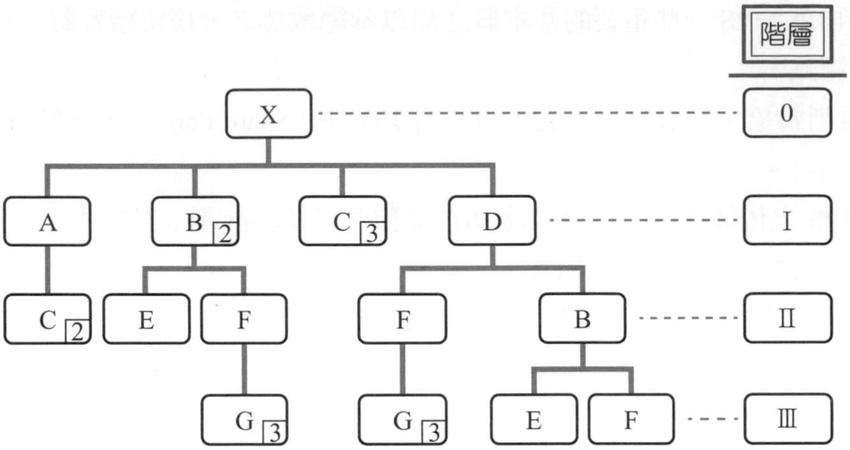

圖 4.11 產品結構樹

圖 4.11 乃為製成品 X 之產品結構樹，圖上顯示出裝配製成品 X 所必須投入之物料，包含 A、B、C、……、G，共有七個項目；這其中，僅有 X 項目屬獨立需求，其餘七個項目則屬相依需求。此外，圖上亦顯示出結構組合及單位用量二種資訊，結構組合可由樹形圖之裝配順序及物料所屬階層號碼（Level Code）看出，比如說，階層 0 製成品 X 係由階層 I 四個項目 A、B、C、D 組合而成，階層 II 項目 F 則由項目 G 加工製成。同時，圖上每個物項右下角數字表單位用量，如製成品 X 係由 1 單位 A、2 單位 B、3 單位 C、以及 1 單位 D 組成，未註明者表單位用量為 1 單位。除了上述三種資訊外，在實務上，可在樹形圖上顯示各物項之編號、規格或前置時間等資訊，惟將使樹形圖更為複雜。

2. **齊平式 BOM（Summarized BOM）**

此為表格化的一種 BOM 型態，主要將製成品及各相依需求物項之名稱、單位用量、階層號碼、物料編號規格等資訊以表格型態彙總之，表 4.8 為圖 4.11 產品結構樹之齊平式 BOM 的型態。齊平式 BOM 屬於多階式 BOM 的一種；不過，由表 4.8 可以看出，齊平式 BOM 有一重大缺失乃是未能顯示出各相依需求物項之結構組合與裝配順序關係；因之，在實務上較不普遍。

表 4.8 齊平式 BOM 型態

階層	物料編號	物料項目	規格	衡量單位	單位用量	前置時間
0		X			—	
I		A			1	
I		B			2	
I		C			3	
I		D			1	
II		C			2	
II		E			1	
II		F			2	
II		B			1	
III		G			6	
III		E			1	
III		F			1	

3. 鋸齒式 BOM（Indented BOM）

表 4.9 鋸齒式 BOM 型態

階層	物料編號	物料項目				規格	衡量單位	單位用量	前置時間
0		X						—	
I			A					1	
II				C				2	
I			B					2	
II				E				1	
II				F				1	
III					G			2	
I			C					3	
I			D					1	
II				F				1	
III					G			3	
II				B				1	
III					E			1	
III					F			1	

也是多階式 BOM 的一種型態，除了顯示出物料項目及單位用量的資訊之外，相較於前述齊平式 BOM 的缺失，鋸齒式 BOM 特以鋸齒凹凸形狀來顯示各物料項目的結構組合與配裝順序關係，表 4.9 爲與圖 4.11 產品結構樹同一製成品 X 之鋸齒式 BOM 型態。相較於前述齊平式 BOM，鋸齒式 BOM 之主要優點，乃是能夠顯示出各物料項目的結構組合與配裝順序關係，此由表 4.9 第三欄中各物料項目之鋸齒凹凸形狀可以看出；因之在實務上，鋸齒式 BOM 普遍廣爲企業界採用。

4. **單階式 BOM（Single Level BOM）**

乃是僅用於顯示出上下二個階層中母項目（Parent Item）與子項目（Children Item）之結構組合關係、單位用量、前置時間、物料編號及其他與物料相關資訊之一種清單。舉例來說，可將其轉換成單階式 BOM 表示之，如表 4.10 至表 4.14 所示。

表 4.10 單階式 BOM 型態之一

階層	物料編號	物料項目			規格	衡量單位	單位用量	前置時間
0		X					—	
I			A				1	
I			B				2	
I			C				3	
I			D				1	

表 4.11 單階式 BOM 型態之二

階層	物料編號	物料項目			規格	衡量單位	單位用量	前置時間
I		B					—	
II			E				1	
II			F				1	

表 4.12 單階式 BOM 型態之三

階層	物料編號	物料項目			規格	衡量單位	單位用量	前置時間
I		A					—	
II			C				2	

表 4.13 單階式 BOM 型態之四

階層	物料編號	物料項目			規格	衡量單位	單位用量	前置時間
I		D					—	
II			E				1	
II			B				1	

表 4.14 單階式 BOM 型態之五

階層	物料編號	物料項目			規格	衡量單位	單位用量	前置時間
I		F					—	
II			G				3	

一般說來，單階式 BOM 之優點為可顯示出母項目與其各子項目之相關物料資訊；然而，其最大缺失則是無法窺視最終製成品或終項（End Item）的整體資訊之全貌，形成見樹不見林之缺陷。

除了上述四種 BOM 型態之外，就實務而言，企業內部各類製成品中常會有一些共同的零配件或原物料項目，在此情形下，即可考量使用幻象式 BOM 型態（Phantom BOM），期以簡化這些製成品之整體 BOM 的結構。

幻象式 BOM 的概念類似模組設計（Modular Design）或是子系統（Subgroup），其特別是將共同的零配件、或原物料項目之組成以一基本的物料項目（Basic Product）表示之，可獲得產品設計標準化及簡化 BOM 型態之效益。

幻象式 BOM 的概念如圖 4.12、圖 4.13 所示。在圖 4.13，物料項目 P 即為幻象式 BOM，係由製成品 I、II 所共有的項目 B、F、G 組成，圖 4.13 幻象式 BOM 較圖 4.12 非幻象式 BOM 簡化許多。

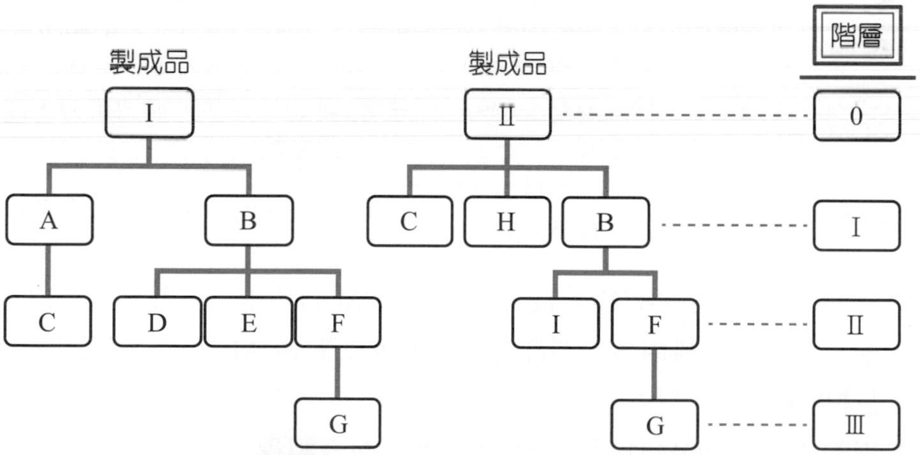

圖 4.12 二種製成品之非幻象式 BOM

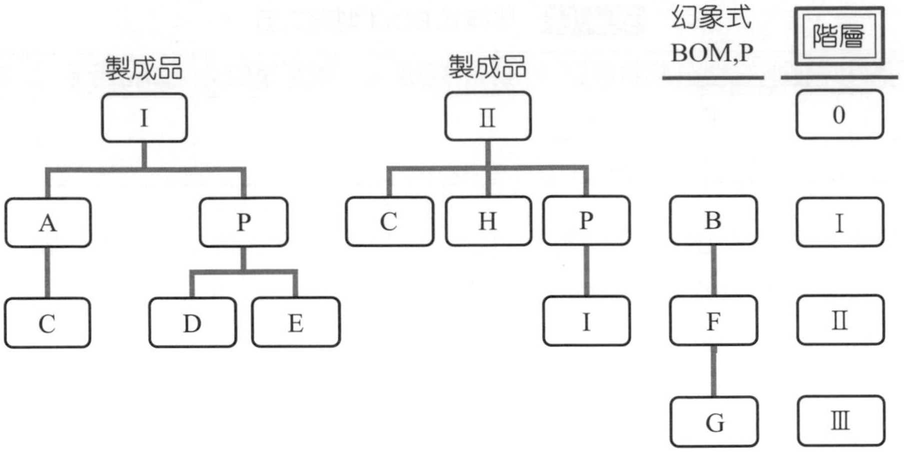

圖 4.13 二種製成品之幻象式 BOM

由以上的介紹可知，各類 BOM 的型態皆有其各自的特色，也有一些缺失存在，下面特將各類 BOM 型態彙總比較之，如表 4.15 所示，期以供作實務上選擇及設計 BOM 之參考。

表 4.15 各類 BOM 型態的比較

BOM 型態	特色	缺失
1. 產品結構樹	以樹形圖顯示相關物料資訊，具體顯示裝配順序及結構組合資訊。	未顯示物料編號、前置時間及規格等資訊，且樹形圖較為複雜。
2. 齊平式 BOM	將製成品所含全部物料項目之相關資訊以表格型式彙總之。	無法顯示各物料項目之結構組合與裝配順序的關係。
3. 鋸齒式 BOM	以鋸齒凹凸顯示裝配順序及結構組合資訊，克服彙總式 BOM 缺失。	因係表格型式，裝配順序資訊無法像產品結構樹之樹形圖那麼具體。
4. 單階式 BOM	顯示上下二個階層間，母項目與子項目關係之物料資訊。	見樹不見林，無法窺視整體 BOM 資訊全貌。
5. 幻象式 BOM	以模組化型式表示各種製成品之共有物料項目，簡化 BOM 型態。	並不適用於階層 0 製成品或終項。

在談完各類 BOM 的型態以後，接下來介紹 BOM 的功用。一般說來，BOM 的功用相當廣泛，幾乎與企業組織內各部門都有關聯，可以說 BOM 資訊乃是許多企業決策之重要依據，茲說明如下：

1. **生產管理部門**：以 BOM 作爲進行生產規劃（包含製程規劃、自製與外購決策、生產排程及發佈製造命令等活動）之依據。
2. **製造部門**：以 BOM 作爲加工、裝配及包裝之依據。
3. **物料部門**：以 BOM 作爲物料需求展開與計算之依據。

4. **行銷部門：**以 BOM 作為產品介紹、促銷及訂價之依據。
5. **財務部門：**以 BOM 作為計算產品成本及資金籌措之依據。
6. **研發部門：**以 BOM 作為新產品研發、經濟效益評估、現有產品改善及價值分析之依據。

BOM 除了具有上述企業內部的功用之外，對公司外部的顧客及經銷商而言，BOM 資訊亦能提供顧客及經銷商進行產品組合、裝配、操作及保養維修之依據。舉例來說，就塑膠衣櫥、電器用品、折疊式自行車及兒童玩具等產品來講，顧客主要是依產品所附 BOM 來進行裝配與組合工作，並進行產品操作與測試之依據。整體來講，上述各種 BOM 的功用可以彙總如圖 4.14 所示。

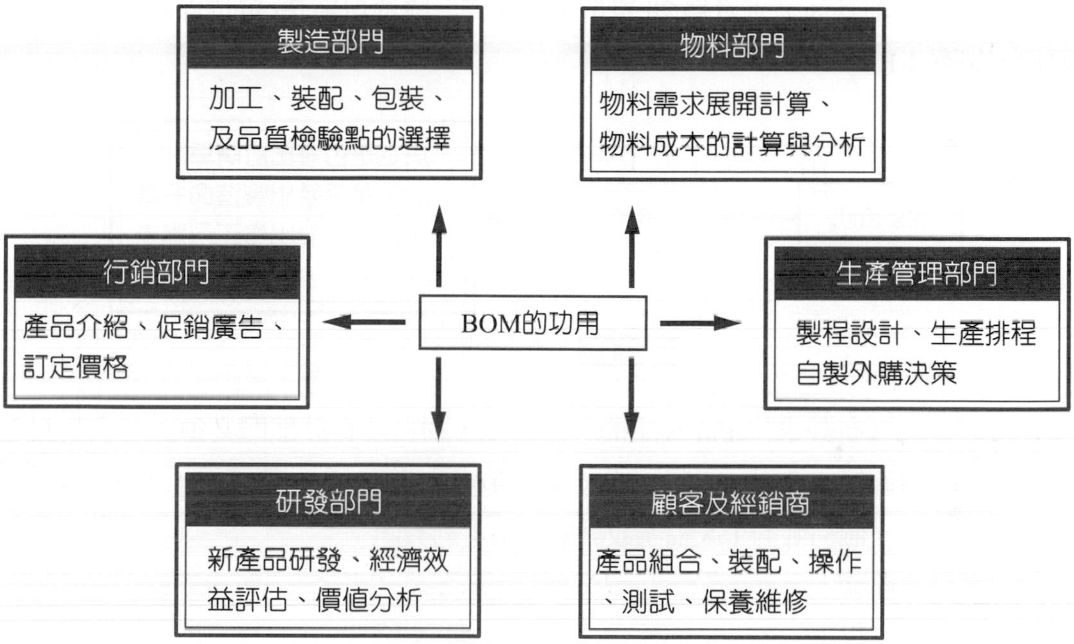

圖 4.14 BOM 的功用

最後介紹 BOM 的設計。如前所述，BOM 的功用涵括了企業內部各功能部門及外部顧客，因此就實務而言，如何設計一完整的 BOM 以提供正確的資訊，並適合各功能部門及顧客的需要，實為一相當重要的課題。在實務上，有一部分的企業常存有多種 BOM，各部門皆有其各自的 BOM，因而造成資訊混淆、影響決策正確性之嚴重缺失。因此，**特別提出單一 BOM 制（Monobomism）的論點：企業內部應設立一專案小組組織，專責 BOM 的統一設計與製作工作**。此一專案小組由產品設計部門主導，小組成員應該涵括生管、物料、製造、行銷、財務、研發及相關部門之代表，期以設計出一完整、通用的 BOM，並能達成單一 BOM 制之目標。

三、現有庫存狀況

現有庫存狀況（Inventory Stock Status, ISS），也叫現有庫存餘額（On-Hand Balances），乃是用以表示企業內部各個物料項目之現有庫存數量的一種記錄。就實務而言，ISS 爲整體 MRP I 資訊系統之重要投入資訊檔案，爲求建立正確的 ISS 資訊，物料倉儲管理部門須與會計部門相互配合，並確實做好物料盤點工作，期使料帳能夠一致。須注意，一般 ISS 資訊是以有效庫存及良品爲主，不包含呆廢料。

在 MRP I 系統，進行物料需求展開與計算時，必須考量 ISS 資訊，並將其從毛需求量中予以扣除，才能求算正確的淨需求量，並據以決定是否輸出對外訂購單、對外製造命令單及修正已購未交訂單等資訊。舉例來說，若一物料項目之毛需求量爲 100 單位，ISS 爲 30 單位，則其淨需求量爲 70 單位，故僅需訂購或自製 70 單位即可。關於 ISS 的重要性，如圖 4.15 所示。

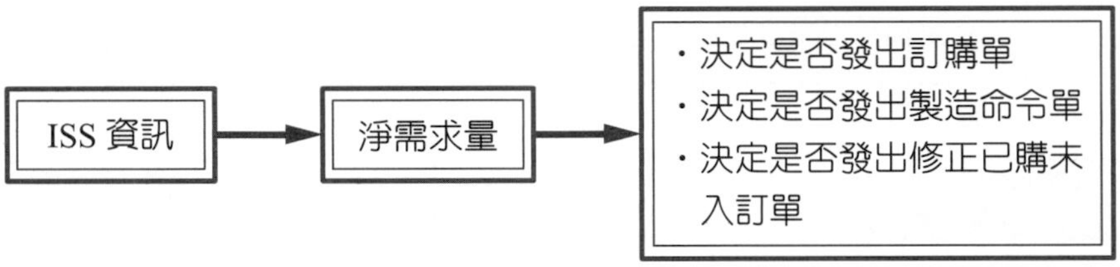

圖 4.15　ISS 的重要性

在實務上，爲有效求得 ISS 檔案的正確資訊，物料及會計部門必須於每次物料項目進行交易時，如領料、發料、入庫、報廢及呆廢料處理等活動，隨時更新 ISS 檔案資訊。一般在實務上，一個周延的 ISS 檔案設計應包括下列資訊：

1. 物料名稱及編號。
2. 供應商（二家以上）。
3. 現有有效庫存數量。
4. 已購未交之數量。
5. 自製或外購之前置時間。
6. 物料成本資料。
7. 其他資訊：如進料檢驗方式、安全存量及經濟購買批量。

四、已購未交訂單

已購未交訂單（Open Order），乃用以顯示現已發出，但供應商尚未交貨（外購）或製造現場尚未製妥（自製）的一種記錄。一般說來，已購未交訂單可分成已購未交訂購單（Open Purchase Order）及已購未交製造命令單（Open Shop Order）兩種類別。

由上述定義可知，**完整的已購未交訂單檔案必須要提供：何種物料項目（What）、何時交貨或製妥（When）及外購或自製之數量（How Much）三種資訊**。因此，針對前述兩種已購未交訂單類別，可分從下列二方面來解說其功用：

1. **已購未交訂購單（Open Purchase Order）**

   對外得以知道現已訂購之物料，供應商將於何時交貨、將運交多少數量至接收部門，期以達成生產排程及物料計畫之需求。

2. **已購未交製造命令單（Open Shop Order）**

   對內得以知道現已發佈製令之物料，製造現場將於何時製妥、完成多少數量，期以供應下一製程或更高階層物項進行裝配之需求。

同 ISS 資訊的概念，MRP I 資訊系統進行物料需求展開時，必須同時考量 ISS 及已購未交訂單資訊，並從毛需求量中予以扣除，方能求得正確的淨需求量。舉例來說，若一項物料之毛需求量爲 100 單位，但是 ISS 爲 30 單位，已購未交訂單爲 25 單位，則其淨需求量爲 45 單位，故僅須再訂購或自製 45 單位即能符合需求。有關已購未交訂單資訊的重要性，如圖 4.16 所示。

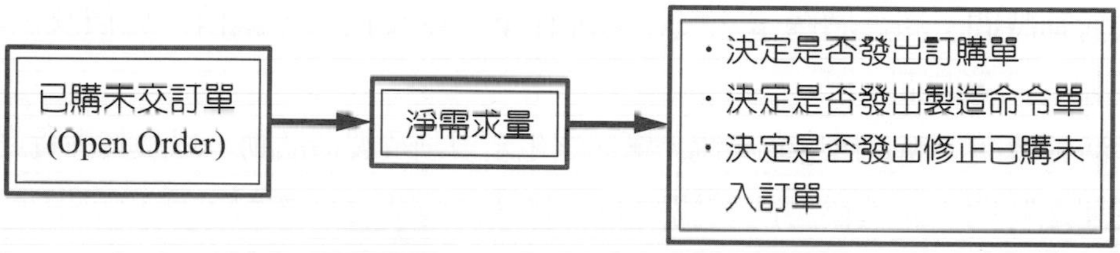

圖 4.16 已購未交訂單的重要性

一般實務上做法，爲確保已購未交訂單能夠準時交貨（外購）或製妥（自製），並建立完整與正確的已購未交訂單檔案記錄，採購、生管、會計及相關部門必須密切的配合，負責跟催供應商及現場製造單位，期能隨時更新已購未交訂單檔案資訊。

五、前置時間

前置時間（Lead Time），乃是指爲取得原物料以供應企業內部所需，於事前從事各項前置作業及準備活動所經過的時間。如同前述，如何掌控正確的時間資訊（When）乃是影響物料管理及物料需求規劃績效的重要因素。因之，在整體 MRP I 資訊系統內有一重要的課題，即必須建立及掌握正確的前置時間資訊，希望達成不會延遲、亦不會提早（Not too Late；and not too Early）供應企業各單位的物料需求之目標。

就實務而言，企業從事產銷活動所需原物料的取得管道，主要來自外購（Buy）及自製（Make）兩方面。其中，**就外購物料而言，前置時間乃指從發起請購物料開始，一直到此項物料入庫備妥爲止所經過的時間**。如圖 4.17 所示。

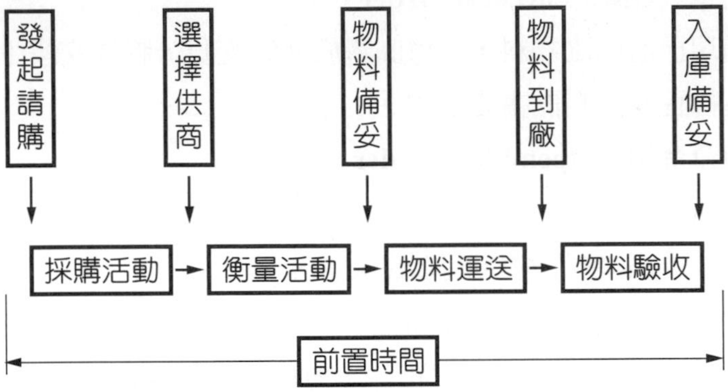

圖 4.17 外購物料之前置時間

由圖 4.17 可知，外購物料之前置時間主要包含訂單處理、製造備貨、運送交貨及檢驗收料四項時間，茲說明如下：

1. **採購活動時間：**涵蓋請購單之文書處理作業，以及招標、議價、比價及供應商選擇等採 購作業等時間。
2. **備貨活動時間：**涵蓋供應商或協力廠商之生產規劃及製造活動，以及其備貨之時間。
3. **物料運送時間：**涵蓋供應商或協力廠商將其已製造完成物料，運交至指定交貨地點所經過的時間。
4. **物料驗收時間：**涵蓋進料檢驗、搬運入庫、記帳及至收妥備發爲止所經過之時間。

再者，**就自製物料而言，其前置時間乃是指從進行生產規劃開始，一直到此項物料已製造完成，可供應下一製程或更高階物料之加工裝配爲止所經過的時間**。依此定義，特將自製物料之前置時間的概念，繪製如圖 4.18 所示。

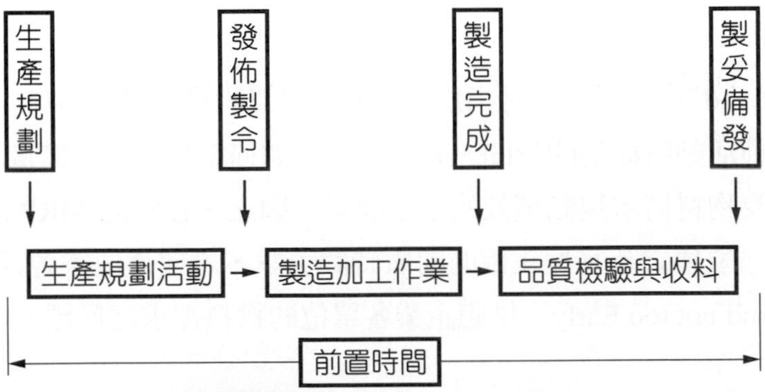

圖 4.18 自製物料之前置時間

由圖 4.18 可知，自製物料之前置時間主要包含生產規劃活動、製造加工作業及品質檢驗與收料等三項時間，茲說明如下：

1. **生產規劃活動時間：**涵蓋製程設計、生產排程、發佈製造命令單及備料所需的時間。
2. **製造加工作業時間：**涵蓋裝設模具、刀具與夾具、加工作業、物料搬運及閒置等待之時間。
3. **品質檢驗與收料時間：**涵蓋製程與成品檢驗、搬運入庫至收妥備發，可供下一製程或更高階物料之加工裝配爲止所經過的時間。

在 MRP I 資訊系統，前置時間乃是用以決定釋出計畫訂單發出量（Planned Order Releases）的一項重要時間基準。舉例來說，設某項物料在第四週的計畫訂單接收量（Planned Order Receipts，即等於淨需求量）爲 100 單位，且其外購之前置時間爲 2 週，則此項物料的計畫訂單發出量應爲第二週 100 單位，亦即將計畫訂單接收量以前置作業往前遞推（Offset），便可求得計畫訂單發出量之釋出時間。在 MRP I 資訊系統，與前置時間相關之物料需求展開與計算的邏輯概念，將於本書第五章詳細介紹之。

最後，爲使讀者能建立清晰的觀念，特別再針對前置時間的重要性及一些重點概念，加以彙總說明如下：

1. 前置時間乃係影響整體企業系統的生產管理、物料管理及 MRP 績效之重要因素，須予以有效掌控。
2. 就實務而言，前置時間應是越短越好，其值越穩定越好。
3. 若前置時間太長或不穩定，將會增加物料的儲存及短缺成本。
4. 前置時間長短會影響到訂購量及安全存量。
5. MRP I 系統須能提供正確的前置時間（When）資訊，希能有效達成及時化供應物料之目標。

六、物料主檔

物料主檔（Item Master）乃是用以儲存各物料項目相關的各種必要資訊的一種記錄，建立物料主檔的目的爲便於 MRP I 資訊系統之運算與展開。前已談及，一般企業組織所投入的物料項目，動輒百項、千項、甚至達萬項以上，因之，應如何建立完整的物料資訊系統，以構建這些書量龐大的物料資訊檔案，提供物料管理部門及相關企業功能活動之資訊需求，期能有效地提升企業營運之成效，實是一項重要的課題。

就實務而言，一般物料主檔的設計必須考量企業本身的實際需求，以及整體物料資訊系統的特性而定，並無固定的記錄格式；通常，一完整的物料主檔所儲存的資訊如表 4.16 所示。

表 4.16 物料主檔所儲存的資訊

項次	資訊項目	項次	資訊項目
01	物料名稱	13	製造成本
02	物料分類與編號	14	標準物料收率
03	工程圖號	15	進料檢驗規範
04	工程變更資訊	16	安全存量
05	需求型態（獨立或相依）	17	ABC 類別
06	取得來源（自製或外購）	18	替代物品名稱與編號
07	供應商（二家以上）	19	盤點紀錄
08	採購價格	20	詢價及採購資訊
09	前置時間	21	經濟批量
10	BOM 階層號碼	22	儲存位置
11	單位用量（耗用率）	23	驗收及領發料紀錄
12	現有庫存狀況（ISS）	24	其他

4.5 訂購點方法與 MRP I 的比較

前已提過，在 1960 年代以前，傳統上企業皆使用訂購點方法（ROP）方法來進行存量管制，並處理數量（How Much）及時間（When）二個問題。然而，自 1960 年代獨立需求及相依需求的觀念被 Orlicky 博士提出以後，MRP I 技術已逐漸取代 ROP 方法，廣爲企業界採用。在本節內容，將介紹 ROP 的概念、ROP 的缺失及 MRP I 技術與 ROP 的綜合比較。

一、ROP 的概念

訂購點方法（Reorder Point, ROP）的概念可以分成兩方面來解說，首先，先探討關於**物料訂購時間（When）問題：在 ROP 方法，是以設定訂購點來做爲發起訂購前置作業之時間基準**。訂購點乃是一個存量水準，當倉庫存貨數量下降到訂購點時，即應發起請購與採購活動，期能確保物料供應不會短缺。其次，再來探討**訂購數量（How Much）的問題：在 ROP 方法，主要是以補足存貨的概念來解決這個問題，即每次的訂購數量皆以補足至最高存量爲準**。因 ROP 方法假設需求率（Demand Rate）及前置時間維持在穩定水準，故每次訂購數量與經濟訂購量（EOQ）相等，亦等於最高存量水準。

依照上述，可將 ROP 的概念繪製如圖 4.19 所示。由圖 4.19 可以看出，**訂購點乃是前置時間內耗用物料的數量與安全存量（SS）之總和；其中，前置時間內耗用物料的數量則是需求率與前置時間之乘積**。因之，可建立訂購點數量 Q_{rop} 的公式如下：

$$Q_{rop} = LT \cdot d + SS \quad \cdots\cdots\cdots\cdots\cdots\cdots \quad (4.1)$$

在 4.1 式中，數學符號的定義如下：

Q_{rop} = 訂購點，SS = 安全存量

LT = 前置時間，d = 需求率

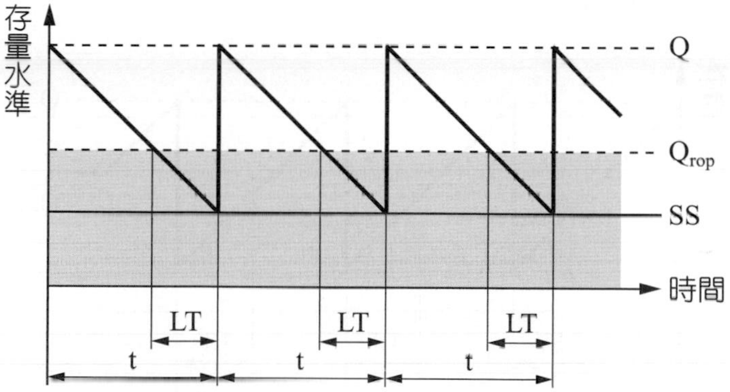

圖 4.19　ROP 的概念（含安全存量）

在圖 4.19 中，符號 t 表示訂購週期，係為相鄰兩次訂購之間隔時間，符號 Q 表示最高存量。有關訂購點的計算，舉例來說，設一物料之外購前置時間為 7 天，需求率為每天 100 件，安全存量為 100 件，則由 4.1 式計算可得訂購點為 800 件，也就是說，當此物料庫存量剩下 800 件時，即應開始展開訂購之前置作業活動，因為這 800 件數量剛好可以供應 7 天前置時間及安全存量之需求。

事實上，企業實務狀況相當複雜，圖 4.19 所顯示之 ROP 概念已較實務狀況簡化許多，因為 ROP 隱含著下列假設條件：

1. 決策期間之需求量已知（一般以一年為決策時間幅度）。
2. 需求率維持在穩定一致水準。
3. 不允許短缺情事發生，即存貨總成本不含短缺成本。
4. 訂購物料，供應商一次同時交貨完畢。
5. 物料訂購價格皆維持固定一致，沒有數量折扣。
6. 因各物料之決策參數不同，故每次決策僅對一項物料。

再者，由圖 4.19 或公式 4.1 可知，安全存量（SS）的功用係爲預防需求率（d）或前置時間（LT）產生變化，造成物料供應不繼、製料現場待料停工所多儲存之數量。然而，依上述 EOQ 方法假設條件，若需求率及前置時間皆維持在固定一致水準，則 Q_{rop} 不必再考慮安全存量，即安全存量爲 0 水準，可將 4.1 式簡化如下：

$$Q_{rop} = LT \cdot d \quad \cdots\cdots\cdots\cdots\cdots\cdots \quad (4.2)$$

再舉上例說明，若物料外購前置時間爲 7 天，需求率每天 100 件，因需求率及前置時間皆能維持穩定水準，安全存量爲 0 件，由 4.2 式計算得訂購點數量爲 700 件。此項 ROP 的概念，如圖 4.20 所示。

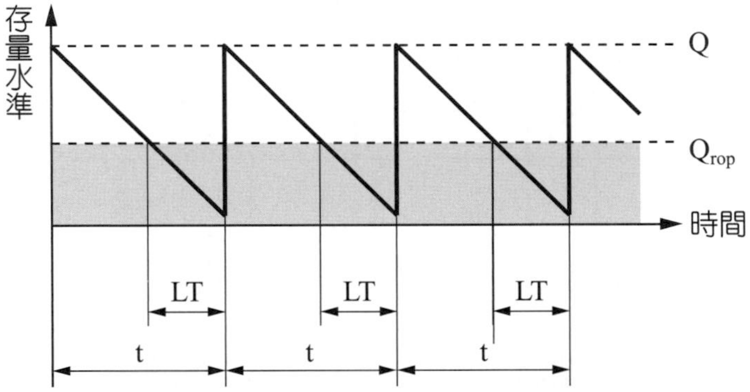

圖 4.20 ROP 的概念（不含安全存量）

二、ROP 的缺失

依照前述，ROP 係採補足存貨之觀念，即每批次之訂購數量均以補滿至最高存量爲原則，如此將會造成存量過多、呆廢料增加及積壓過多的資金之缺失。實際上，ROP 因係設定各物料屬於獨立需求，需求率維持於連續及穩定水準，結果造成了存量過高之缺失；然而，MRP I 提出相依需求的概念，其設定物料需求率是間斷及不穩定的，因能符合實務情況而可大幅降低存量，如圖 4.21 所示。

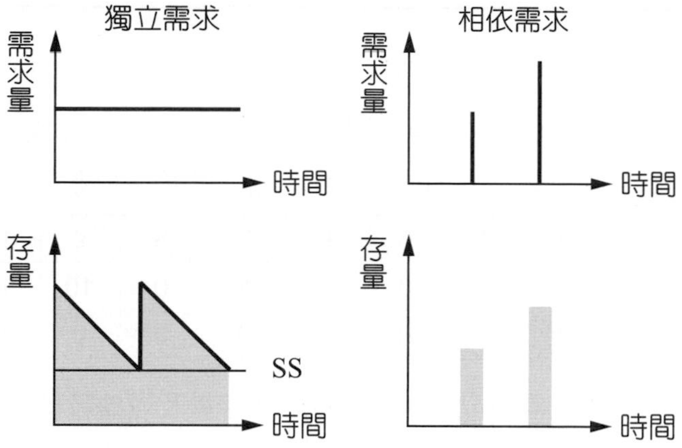

資料來源：Stevenson, 1992。

圖 4.21 ROP 與 MRP I 之需求量及存量的比較

同時，ROP 共列舉了七點假設條件，幾個相關的決策參數，比如需求率、前置時間、訂購價格、訂購成本及儲存成本等皆設定為維持穩定一致水準，使得 ROP 模式簡化許多。然而，若仔細思考，這些假設條件的存在，雖然便利了整個 ROP 模式的建立與分析，卻造成了與實務嚴重不符之缺失。

舉個簡單例子，以物料需求率來講，實務上製造現場因不良品、機器故障、物料供應不繼、趕工加班或一些人為與意外事故之情事發生，產生生產線停頓、待料停工之問題，更使得物料需求率難以維持固定水準。其他像購價、前置時間及訂購與儲存成本等決策參數，現實情況也不可能持續維持在固定水準。

針對上述缺失， MRP I 排除前述 ROP 之假設條件，全依現實情況來進行物料需求展開與計算，故其提供之物項（What）、需求時機（When）及數量（How Much）三種資訊，能夠符合企業之所需。現舉一例分析之。

例題 4.1

設一物料之年需求量 D 為 100 個，此項物料係以外購方式取得，每次之訂購成本 C_o 為 60 元，物料的單位儲存成本 C_h 為每年 4.8 元，設前置時間及需求率維持一定。

關於不允許缺貨情況下之經濟訂購量（EOQ）模式，其目標在於獲得最低的總存貨成本（為訂購成本與儲存成本之累積和），將於第七章介紹之，現摘列 EOQ 公式如下：

$$EOQ = \sqrt{\frac{2DC_o}{C_h}} \quad \cdots\cdots\cdots\cdots \quad (4.3)$$

解答

以 4.3 式計算可得：EOQ = 50 個，訂購週期 t = 6 月（意爲每隔 6 個月訂購此物料一次）。設此物項在未來一年之內，各月之實際需求分配情況，如下表所示：

情況	1	2	3	4	5	6	7	8	9	10	11	12
一	30	10	0	0	0	0	30	0	10	10	10	0
二	30	40	0	0	0	0	0	0	0	0	0	30

試針對上述兩種實際供需情況，列出各月份之存量及短缺數量，並分析 ROP 之缺失。

情況一

此物項的實際供需分配如下表：

情況	1	2	3	4	5	6	7	8	9	10	11	12
供給	50	0	0	0	0	0	50	0	0	0	0	0
需求	30	10	0	0	0	0	30	0	10	10	10	0
存量	20	10	10	10	10	10	30	30	20	10	0	0

分析

由上表可知，ROP 的缺失爲前 10 個月至少有 10 單位的存量，甚至在 7、8 月之存量高達 30 單位，故儲存成本太高。

情況二

此物項的實際供需分配如下表：

情況	1	2	3	4	5	6	7	8	9	10	11	12
供給	50	0	0	0	0	0	50	0	0	0	0	0
需求	30	40	0	0	0	0	0	0	0	0	0	30
存量	20	-20	-20	-20	-20	-20	30	30	30	30	30	0

分析

由上表可知，ROP 明顯的存在物料短缺及存量過高之現象，問題更爲嚴重。在本例中，2 月份將缺貨 20 單位，且一直持續至 7 月份，造成短缺成本過高情事發生；同時，在 7 月至 11 月份之存量皆爲 30 單位，儲存成本過高。

由上述例題之分析可知，ROP 因存在七點假設條件，而且是以過去的平均需求爲計算基礎，即設定各物料項目之需求均屬穩定需求，故造成存量過多、甚或物料短缺之缺失現象。就實務而言，除最終製成品及保養維修零配件以外，其餘大多數物項均是相依需求，亦稱爲間斷或塊狀需求（Discrete or Lumpy Demand）之物料項目，如圖 4.21 所示。相對於 ROP 的這些嚴重缺失，因 MRP I 係依物料的未來實際需求進行運算，故可以完全避免上述缺失的產生。

再者，是關於安全存量的問題。在本書 1.6 節內容，曾談及安全存量之正、負面之功用，正面的功用乃是避免物料供應不繼，可以減少人員與機器設備閒置之缺失；負面的功用是會造成資金利息的積壓，且會使物料成爲呆廢料之虞。然而，安全存量應是愈低愈佳，因若從經濟效益的角度來看，安全存量將會增加物料之儲存成本。

一般說來，加工或裝配最終製成品所需投入之物料項目相當的多，以汽車裝配爲例，就需投入約一萬二千個零配件，若每項物料均設有安全存量，則其累積之安全存量相當的龐大，形成可觀的資金利息之積壓與資源浪費現象，非常不具經濟效益。

前已談及，安全存量的存在係受到前置時間及需求率的影響，因 ROP 係以過去需求爲計算基礎，故無法掌握這二個變數的正確資訊，故需要設定安全存量以預防物料短缺；然而，在 MRP I 資訊系統因已建立了完整的物料主檔，並正確地掌握住各項物料的未來實際需求時機（When）及數量（How Much）資訊，故可促使安全存量大爲降低，甚至不再需要，進而節省物料的儲存成本。

ROP 的另一缺失是依零件表（Part List）來進行物料需求運算，與現實情況不符。在傳統上，製造工廠皆依零件表來獲得加工所需物項（What）及單位用量（How Much）資訊；然而，零件表卻未能夠提供最終製成品之結構組成與裝配順序（Sequence）資訊；尤其是，零件表未顯示各物料項目投入製造現場進行加工裝配之層次性（Hierarchy），造成無法展開與計算各物料淨需求量之缺失。

爲克服上述缺失，MRP I 特以 BOM 來取代零件表，以提供完整的物項裝配順序（Sequence）、時間（When）及單位用量（How Much）三種資訊，除便利於各項物料淨需求量的展開與計算外，更能提供生產管理人員瞭解製造工廠相關的製造管理資訊。因之，配合運用 MRP I 資訊系統，須將零件表轉換成 BOM，圖 4.22 爲書桌的加工與裝配之例。

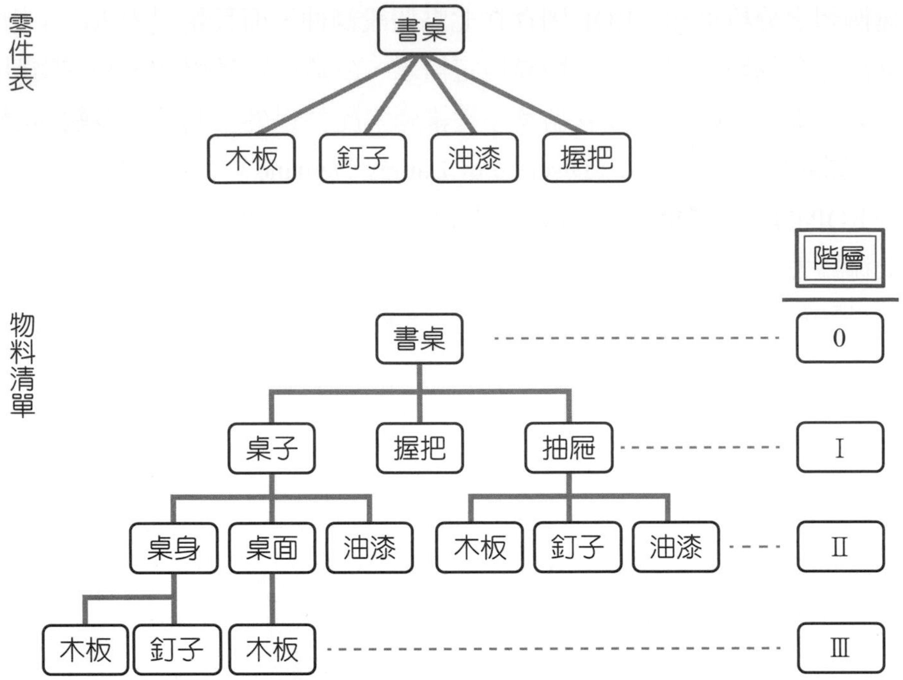

圖 4.22 將零件表轉換成 BOM

三、ROP 與 MRP I 的比較

依照上述的探討與分析，讀者對於 ROP 的基本概念及其重大缺失，以及 MRP I 的正確觀念與優勢，應已有較爲深入的瞭解；最後，將前述介紹內容再作一彙總比較，如表 4.17 所示。

表 4.17 ROP 與 MRP I 的比較

比較項目	訂購點方法（ROP）	MRP I
1. 物料需求	屬獨立需求；屬穩定狀態；以過去平均需求作為計算基礎。	屬相依需求；屬間斷或塊狀狀態；以未來實際需求作為展開與計算淨需求量基礎。
2. 存貨數量	較高，儲存成本高。	較低，儲存成本低。
3. 安全存量	有。	較低，甚或不需要。
4. 模式建立	建立七點假設以簡化決策，與現實不符。	依未來實際需求及物料主檔作決策，能符合現實情況。
5. 服務水準	較低。	較高。
6. 短缺成本	較高。	較低。
7. 管制分類	物料 ABC 分類，重視 A、B 兩類物料，較忽略 C 類物料。	建立完整資訊系統。同等重視全部的物料項目。
8. 產品組成	依照零件表，未提供裝配順序資訊。	依照物料清單（BOM），提供、單位用量、時間及裝配順序資訊。

4.6 結論

物料需求規劃（MRP）最重要者乃為在產銷活動過程中，正確地提供所需求之物料項目（What）、時間（When）及數量（How Much）三種資訊。就實務而言，MRP 與企業之生產、行銷、財務、存量與採購活動、產能需求規劃（CRP）及其他產銷活動之成效有相當密切的關係。

受銷售季節變動的影響，許多企業常會面臨產銷不能配合之問題。一般在實務上，經常使用的產銷配合策略共有存量、人力、多角化（混合生產不同產品）、外包及欠撥量等五種。這其中，每種策略皆有其特色與使用上的限制。

1965 年，Orlicky 博士提出獨立需求及相依需求兩個重要的觀念，開啓了 MRP I 技術之新紀元。MRP I 乃是一種物料及生產管理技術，其利用總生產日程計畫（MPS）、材料清單（BOM）、現有庫存狀況（ISS）、已購未交訂單（Open Order）及物料主檔（Item Master）等資訊，進行展開與計算各相依需求之物項、數量及時間三種資訊，並輸出外購訂單、製造命令單及例外報表。

在 1960 年代以前，企業皆使用訂購點方法（ROP）來進行存量管制，並解決數量（How Much）及時間（When）之問題。不過，ROP 會產生存量偏高、無法掌握未來的需求時機、假設條件與實務情況脫節、設定安全存量及因依零件表展開物料需求，而無法獲知各物項之裝配順序等重大缺失。

相較之下，MRP I 系統可以克服 ROP 之種種缺失，能夠完全符合實務之現實情況，依照學者之實證研究顯示，企業建置 MRP I 系統可獲得許多具體的效益，包括降低儲存及短缺成本，提升生產效率，並顯著地提高顧客服務水準。

參考文獻

1. 白滌清譯（民 102 年 6 月），生產與作業管理，初版，台北：歐亞書局，頁 422-444。
2. 洪振創、湯玲郎、李泰琳（民 105 年 1 月），物料與倉儲管理，初版，台北：高立圖書，頁 306-332。
3. 林清和（民 83 年 5 月），物料管理－實務、理論與資訊化之探討，初版再印，台北：華泰書局，頁 383-408。
4. 許獻佳、林晉寬（民 82 年 2 月），物料管理，再版，台北：天一圖書公司，頁 150-157。
5. 賴士葆（民 80 年 9 月），生產／作業管理－理論與實務，初版，台北：華泰書局，頁 249-271。
6. 楊金福（民 83 年 5 月），材料系統－計劃、分析與管制，初版，台北：永大書局，頁 93-98。
7. 傅和彥（民 85 年 1 月），物料管理，增訂 21 版，台北：前程企業管理公司，頁 98-121。
8. 葉忠（民 81 年 1 月），最新物料管理－電腦化，再版，台中：滄海書局，頁 91-126。
9. Fogarty, D.W., J.H. Blacestone (1991), and T.R. Hoffmann, Production & Inventory Management, Second Edition, Cincinnati: South-Western Publishing Co., pp. 333-366.
10. Krazewski, L.J. and L.P. Ritzman (1987), Operations Management, First Edition, Reading, Massachusetts: Addison-Wesley Publishing Company, pp. 525-568.
11. Jacobs, F.R. and R.B. Chase (2017), Operations and Supply Chain Management: The Core, Fourth Edition, McGraw-Hill International Edition, New York: McGraw- Hill Education, pp. 268-296.
12. Orlicky, J. (1994), Material Requirements Planning, Second Edition, Singapore: McGraw Hill Education, pp. 67-138。
13. Russell, R.S. and B.W. Taylor (2014), Operations and Supply Chain Management, Eighth Edition, International Student Edition, Singapore: John Wiley & Sons Singapore Pte. Ltd., pp. 490-521.
14. Schroeder, G.R. (1993), Operations Management: Decision Making in the Operations Management, Fourth Edition, Singapore: McGraw-Hill, pp. 624-691.
15. Stevenson, W.J. (1992), Production/Operations Management, Fourth Edition, Homewood: Richard D. Irwin Inc., pp. 648-716.
16. Vollmann, T.E., W.L Berry, and D.C. Whybark, (1992), Manufacturing Planning and Control Systems, Third Edition, Homewood: Richard D. Irwin Inc., pp.14-119.

自我評量

一、解釋名詞

1. 幻象式 BOM（Phantom BOM）
2. 產品結構樹（Product Structure Trees）
3. 單一 BOM 制（Monobomism）
4. 間斷或塊狀需求（Discrete or Lumpy Demand）
5. 零件表（Part List）
6. 整體規劃（Aggregate Planning）
7. 獨立需求（Independent Demand）
8. 相依需求（Dependent Demand）

二、選擇題

(　　) 1. 對於物料需求規劃 (MRP)，下列何者描述不正確？ (A) 規劃出需要什麼物料、需要多少、何時需要等資訊 (B) 物料清單常使用低階編碼方式 (C) 可整合供應鏈與生產程序 (D) 可產生採購單與製令工單。

【108 年第二次工業工程師－生產與作業管理】

(　　) 2. 管理者對於物料需求規劃（MRP）的了解，除了投入、產出與程序的主要細節外，也必須對於批量大小非常重視。下面對於批量的敘述何者不正確？ (A) 若耗用率很均勻，則採用經濟訂購量可以將總成本降至最低 (B) 逐批訂購的缺點在於：若需求的起伏大，供給與需求錯誤配合會導致剩餘存貨 (C) 針對獨立需求項目，管理者通常採用經濟訂購量和經濟生產量的批量技術 (D) 理論上，相依需求的存貨系統應該不需要保存低於最終項目水準的安全存量。

【106 年第一次工業工程師－生產與作業管理】

(　　) 3. 下列對於物料需求規劃（material requirements planning, MRP）的敘述不正確？ (A) MRP 可以運用在連續性和重複性生產，不過主要還是被設計用於批量式生產 (B) MRP 有三種的資料輸入，包括主生產排程、產品組成檔案（product structure file）或稱物料清單（bill of materials），以及物料庫檔案（item master file） (C) MRP 特別適用於結構簡單的產品，以規劃生產流程與監控存貨水準 (D) MRP 可以確保組裝時所需的各種零組件都能夠及時的供應。

【106 年第一次工業工程師－生產與作業管理】

(　　) 4. 下列何者不是 MRP 在實施後能爲企業帶來最直接的效益？ (A) 能有效降低採購金額 (B) 能有效地安排生產計畫 (C) 可降低相依需求的存貨量 (D) 可縮短交期與提高交貨準確率。

【106 年第二次工業工程師－生產與作業管理】

(　　) 5. 以下對 MRP 系統的敘述，何者不正確？ (A) MRP 無法於高度客製化的產業中使用 (B) MRP 可以運用於複雜的製造環境且不確定的狀態 (C) MRP 可以運用於連續性和重複性生產 (D) MRP 主要用於批量式生產。

【105 年第一次工業工程師－生產與作業管理】

(　　) 6. 下列有關物料需求規劃（material requirement planning）中獨立需求的說明何者正確？ (A) 獨立需求包括來自顧客對於最終產品的需求量 (B) 獨立需求不包括服務用零件 (C) 獨立需求的數量可由物料清單（bill of material）精確算出 (D) 獨立需求又稱塊狀需求（lumpy demand）。

【104 年第二次工業工程師－生產與作業管理】

(　　) 7. 下列敘述何者錯誤？ (A) 總生產日程計畫（MPS）適用對象是所有的物料（原料、半成品、最終製成品等） (B) 物料需求規劃（MRP）是依據 MPS 物料需求展開 (C) 現有庫存餘額以良品爲主，不包含呆廢料 (D) 物料清單（bill of material, BOM）功能之一，可作爲產品定價。

【103 年第一次工業工程師－生產與作業管理】

(　　) 8. 以下何者不是用來補償服務業產能上的限制以達到供需平衡的策略？ (A) 促銷 (B) 訂價 (C) 存貨 (D) 折扣。

【103 年第二次工業工程師－生產與作業管理】

(　　) 9. 下列有關物料需求規劃（material requirements planning, MRP）的相關敘述何者不正確？ (A) 是一種日程安排方法 (B) 是一種存量管制方法 (C) 利用最終項目需求量來產生低層零件需求量 (D) 用來處理獨立性物項的訂購決策過程。【100 年第二次工業工程師－生產與作業管理】

(　　) 10. 在決定訂購點（reorder point, ROP）的大小時，以下哪一項可以不用考慮？ (A) 前置時間（lead time） (B) 需求率（demand rate）和需求的變異性（variability of demand） (C) 經濟訂購量（economic order quantity, EOQ） (D) 安全存量（safety stock）。

【98 年第一次工業工程師－生產與作業管理】

(　　) 11. 下列何者不是物料需求規劃（MRP）必須提供之基本核心資訊？ (A) 需要什麼物料（what） (B) 何時需要（when） (C) 需要多少數量（how much） (D) 何地需要（where）。

(　　) 12. 實務上，企業進行物料需求規劃時，必須慎重考量整個產銷流程之物料需求型態。試問水泥業、鋼鐵業的物料需求型態是屬於 (A) 期初型 (B) 期中型 (C) 期末型 (D) 穩定均勻型。

(　　) 13. 透過淡季之剩餘產量來彌補旺季之短缺產量，既能配合銷售季節變動而準時交貨，亦能促使每月的生產量一致，達成產銷雙贏之局面。這種產銷配合的策略稱爲 (A) 存量策略 (B) 人力策略 (C) 多角化策略 (D) 欠撥量策略。

(　　) 14. 國內一家電工廠在每年十月至隔年三月生產冷氣機，其他四月至九月則是生產電冰箱，促使生產線的累積（或平均）生產量維持穩定水準。這種產銷配合的策略稱爲 (A) 存量策略 (B) 人力策略 (C) 多角化策略 (D) 欠撥量策略。

(　　) 15. 下列關於物料相依需求（dependent demand）之敘述，何者正確？ (A) 需求量係依預測而得 (B) 是爲最終製成品或服務性零配件的需求 (C) 是基於最終製成品或較高層次物項之需求而產生 (D) 需求率始終維持於連續與穩定水準狀態。

(　　) 16. 裝配一輛汽車約需一萬二千個物料項目，其中各類的零組件及次裝配，包括輪胎、座椅、煞車裝置等的需求是屬於 (A) 相依需求 (B) 獨立需求 (C) 半獨立需求 (D) 混合需求。

(　　) 17. 物料需求規劃（MRP I）適用對象爲多層次生產系統，下列何種產業不適合使用？ (A) 汽車業 (B) 照相機業 (C) 化妝品業 (D) 工具機業。

(　　) 18. 完整的物料清單（bill of materials）必須正確地提供哪三種資訊？ (A) 物料項目、裝配順序及單位用量 (B) 物料項目、前置時間及需求率 (C) 物料項目、單位用量及採購成本 (D) 需求率、服務水準及裝配順序。

三、問答題

1. 何謂物料需求規劃（MRP）？ MRP 之目標爲何？ MRP 必須提供哪三種資訊？試說明之。

2. 試從企業管理功能活動的角度，繪圖說明 MRP 的功用。
3. 試說明 MRP 之一般性方法的概念，並依你個人的經驗設計一張物料需求計畫表之格式。
4. 物料需求型態共有哪些類別？試就國內產業舉例說明之。
5. 產銷不能配合的緣由爲何？爲何在實務上，產銷配合的問題會特別的重要？試舉一國內產業說明之。
6. 就實務而言，促使產銷配合的策略共有哪些？試繪圖說明之，並比較這些策略的特色與使用限制。
7. 試舉一實際產品分析，就其全部的物料項目進行獨立需求與相依需求之歸類。
8. 試簡要說明物料需求規劃之專業性方法（MRP I）之發展階段。
9. 試繪圖說明 MRP I 資訊系統在投入、轉換程序及產出三個階段必須提供之資訊。
10. MRP I 適用的對象爲哪些產業？試舉例說明之。
11. 企業實施 MRP I 系統可帶來哪些效益？試說明之。
12. 何謂總生產日程計畫（MPS）？其重要性爲何？必須提供哪些資訊？試說明之。
13. 試依你個人的實務或觀點，繪製 MPS 的基本格式。
14. 何謂材料清單（BOM）？其必須提供哪些資訊？試說明之。
15. 試從企業功能活動的觀點來說明 BOM 的功用。
16. 試依你個人的實務經驗，任舉一項產品爲例，設計其產品結構樹及鋸齒式 BOM。
17. BOM 應如何設計？由哪一個部門負責？試就你個人的實務經驗舉例說明之。
18. 何謂現有庫存狀況（ISS）？其功用爲何？又一完整的 ISS 檔案必須提供哪些資訊？試說明之。
19. 何謂已購未交訂單（Open Order）？包含哪些類別？其重要性爲何？試說明之。
20. 試分別繪圖說明外購及自製物料之前置時間的概念。
21. 試依你個人的實務經驗及觀點，詳述前置時間的重要性。
22. 何謂物料主檔（Item Master）？其必須提供哪些資訊？試說明之。
23. 何謂訂購點（Reorder Point）？其公式爲何？ 試說明之。
24. 傳統訂購點方法（ROP）如何決定其發起訂購之時機（When）與訂購數量（How Much）？試繪圖說明之。
25. 企業爲何需要安全存量（Safety Stock）？是受到哪兩個變數的影響？試說明之。

26. 爲何訂購點方法（ROP）會造成存量偏高的現象？試繪圖說明之，並與 MRP I 進行存量比較。

27. 試說明以零件表進行物料需求展開之缺失？而 MRP I 系統如何解決此項缺失？試說明之。

28. 試就物料需求、存量水準、安全存量、模式建立、服務水準、管制分類及產品組成七個層面，進行 ROP 與 MRP I 之比較。

29. 巨人精機公司生產中心加工機，最近 8 週傳動齒輪之需求量如下：

期別	1 週	2 週	3 週	4 週	5 週	6 週	7 週	8 週	總計
需求量	20	30	40	0	35	30	40	15	210

此傳動齒輪係以外購方式取得，年需求量爲 1,500 單位，一年總期數爲 52 週，每批訂購成本爲 150 元，單位儲存成本爲每年 1.5 元，前置時間爲一週，不考量安全存量。試求：

(1)經濟訂購量（EOQ）

(2)訂購點（ROP）

(3)訂購週期（t）

(4)試就所算出之 EOQ 進行各週實際存量情況分析（會產生哪些缺失）

NOTE

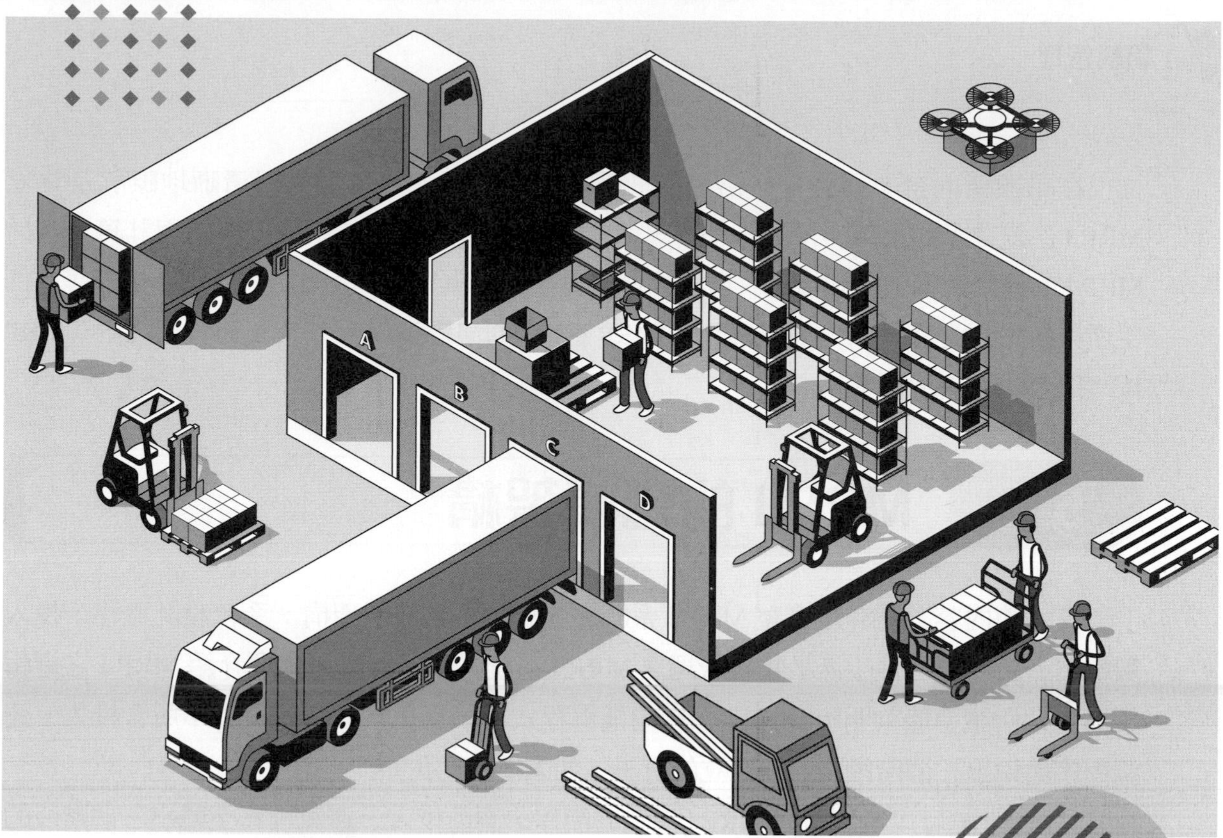

Chapter 5

MRP I 的展開與計算

▷ 內容大綱

在第四章內容，已詳細介紹 MRP I 系統的基本概念，讀者應已清晰地瞭解及奠立 MRP I 系統之學習基礎。更進一步，本章內容，將介紹 MRP I 系統的展開與計算，包括 MRP I 的邏輯架構、計算流程、展開釋例及各類批量調整模式；此外，亦將 MRP I 與 JIT 生產系統進行比較分析，並詳細介紹 MRP I 系統的演變過程，以及製造資源規劃（MRP II）系統的完整概念。

5.1 MRP I 的邏輯架構

在本節內容，將介紹完整 MRP I 系統之內涵，包括邏輯架構、系統設計流程、投入與輸出資訊及整合性生產／物料管理之 MRP I 系統架構。首先，先要介紹 MRP I 之邏輯架構，期使讀者能夠明瞭 MRP I 系統的運算程式，以及在整個系統流程中所含投入、運算程序與輸出三個階段之必要建立的資訊，如圖 5.1 所示。

在圖 5.1，可以看出整體 MRP I 系統的流程，涵蓋投入、運算程序至輸出三個階段的必要資訊及其所包含各項元素，茲具體的說明如下：

1. 投入資訊（Input Information）

(1) 總生產日程計畫（MPS）：提供欲生產製成品（What）、時間（When）及生產數量（How Much）三種資訊。

(2) 物料清單（BOM）：提供物料項目（What）、單位用量（How Much）及加工裝配順序（Sequence）三種資訊。

(3) 現有存貨狀況（ISS）：提供現有的儲存物料項目（What）及其有效庫存數量（How Much）二種資訊。

(4) 已購未交訂單（Open Order）：提供現已發出訂購，但尚未交貨或製妥之物料項目（What）、交貨時間（When）及交貨數量（How Much）三種資訊。

2. 運算程序（Transformation Process）

(1) 利用投入資訊進行物料需求展開，計算毛需求量、可供使用數量及淨需求量。

(2) 遞推前置時間，求出計畫訂單發出數量及時間。

(3) 進行批量調整（Lot Sizing），以獲得最大經濟效益。

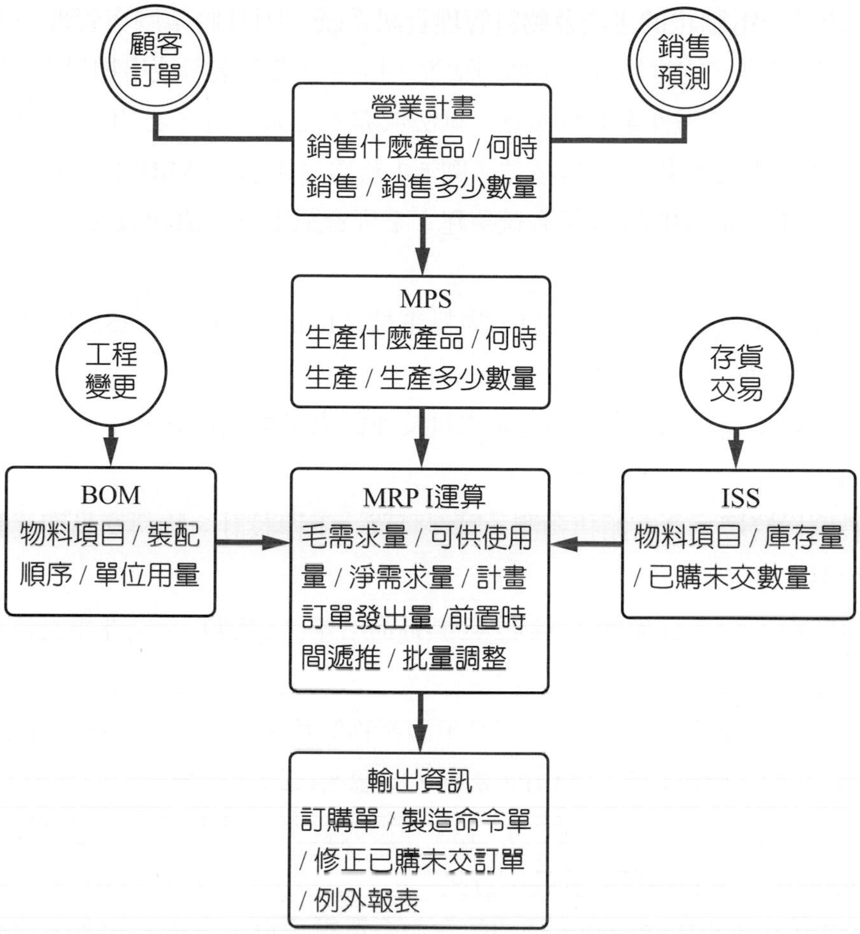

資料來源：Hendrick.and Moore, 1985。

圖 5.1 MRP I 的邏輯架構

3. 輸出資訊（Output Information）

(1) 外購訂購單（Purchase Order）：提供對外訂購之物料項目（What）、交貨時間（When）及訂購數量（How Much）三種資訊。

(2) 製造命令單（Shop Order）：提供對內自製之物料項目（What）、交貨時間（When）及訂購數量（How Much）三種資訊。

(3) 例外報表（Exception Reports）及相關的管理資訊。

除了上述資訊以外，在此，特別要提出一項重要的觀念：**資訊的正確性乃是整體 MRP I 系統實施成敗之關鍵**。為此，除建立物料主檔（Item Master）以儲存完整的物料資訊外，更必須要隨時更新各個資訊檔案之資料。由圖 5.1 可以看出，若工程設計資料如有變更時，即應隨時更新 BOM 檔案資訊；或者是存貨數量有交易或異動情形時，亦應即刻更新 ISS 檔案資訊。

MRP I 乃是一電腦化的生產及物料管理資訊系統。因其將電腦與管理技術做有效地整合，故能創造了良好的實施效益；換句話說，目前一般企業所使用物料項目均達百項、千項以上，整體物料管理作業非常複雜，無法依靠人工來進行，必須要建立電腦化 MRP I 資訊系統，才能實質地提升管理績效。圖 5.2 乃為一電腦化 MRP I 資訊系統之設計流程，圖上顯示一完整的 MRP I 資訊系統須建立下列資訊檔案、表單及文件：

1. **資訊檔案**
   (1) **投入部份**：含有 MPS、BOM、物料主檔（Item Master）、ISS 及已購未交訂單（Open Order）五個檔案。
   (2) **需求展開及運算部份**：含有毛需求量及淨需求量兩個檔案。
2. **表單與文件**
   (1) **一般例行管理**：含有銷售預測、顧客訂單、工程設計、物料交易與異動及相關的表單與文件。
   (2) **輸出部份**：含有訂購單（外購）、製造命令單（自製）、例外報表及相關的管理表單與文件。

在實務上，**一個完整的 MRP I 系統必須涵蓋物料及生產管理的相關功能活動**。圖 5.3 為一整合性的生產 / 物料管理之 MRP I 系統，整個系統的結構分成四個部分：

1. **MRP I 基本結構**：含 MPS、BOM、ISS 等投入資訊，需求展開及運算程序及外購訂單、製造命令單及例外報表等輸出資訊。
2. **生產規劃與管制的功能活動**：依照製造命令單來進行，含產能規劃、生產排程、機器負荷及發佈製令等活動。
3. **物料管理的功能活動**：依照外購訂單來進行，含物料驗收、倉儲管理及領發料等活動。
4. **產銷活動程序**：自供應商提供原物料開始、經加工裝配、製成品產出至產品銷售等活動。

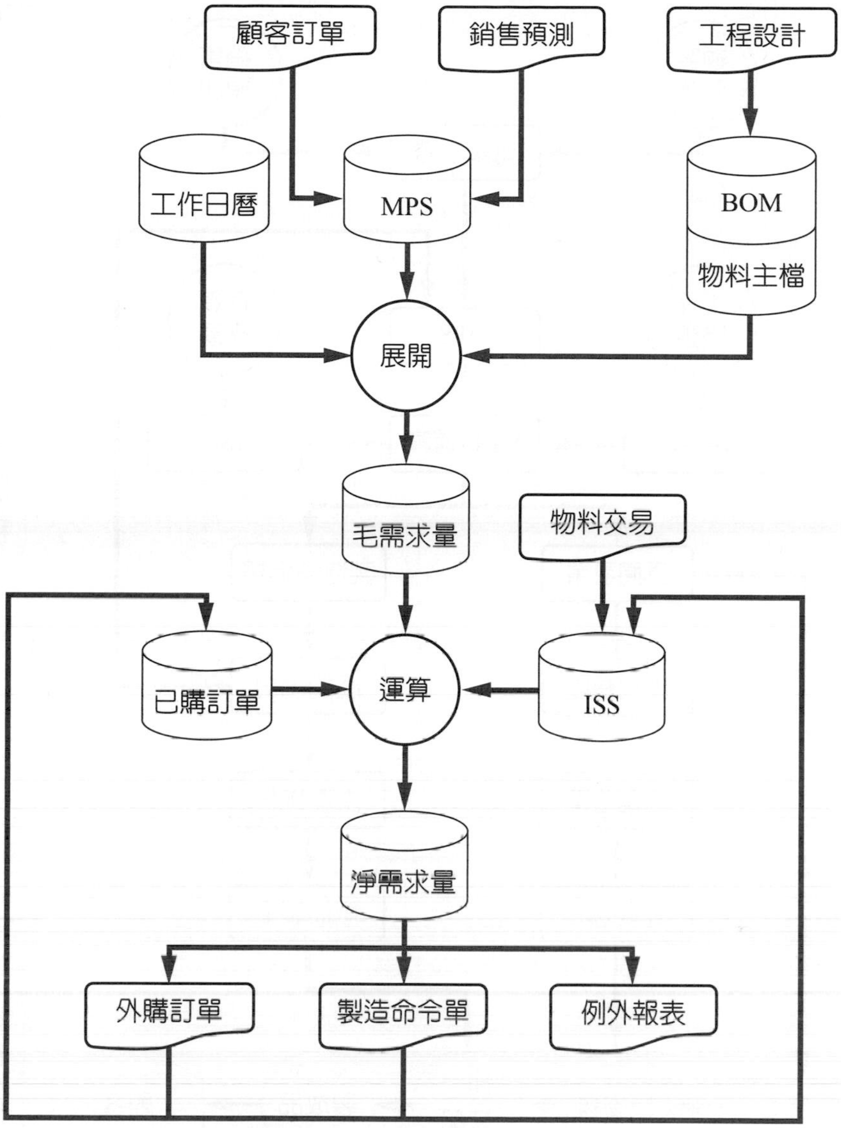

圖 5.2 MRP I 資訊系統設計流程

最後要介紹一項重要的觀念，在圖 5.3 中，**整合性 MRP I 系統分成資訊流程（Information Flow）及物料流程（Material Flow）兩部分**。資訊流程涵蓋 MRP I 系統的基本結構、生產規劃及物料管理相關的功能活動；物料流程則指在產銷活動程序中實體物料的流動，包含原物料、在製品至製成品。

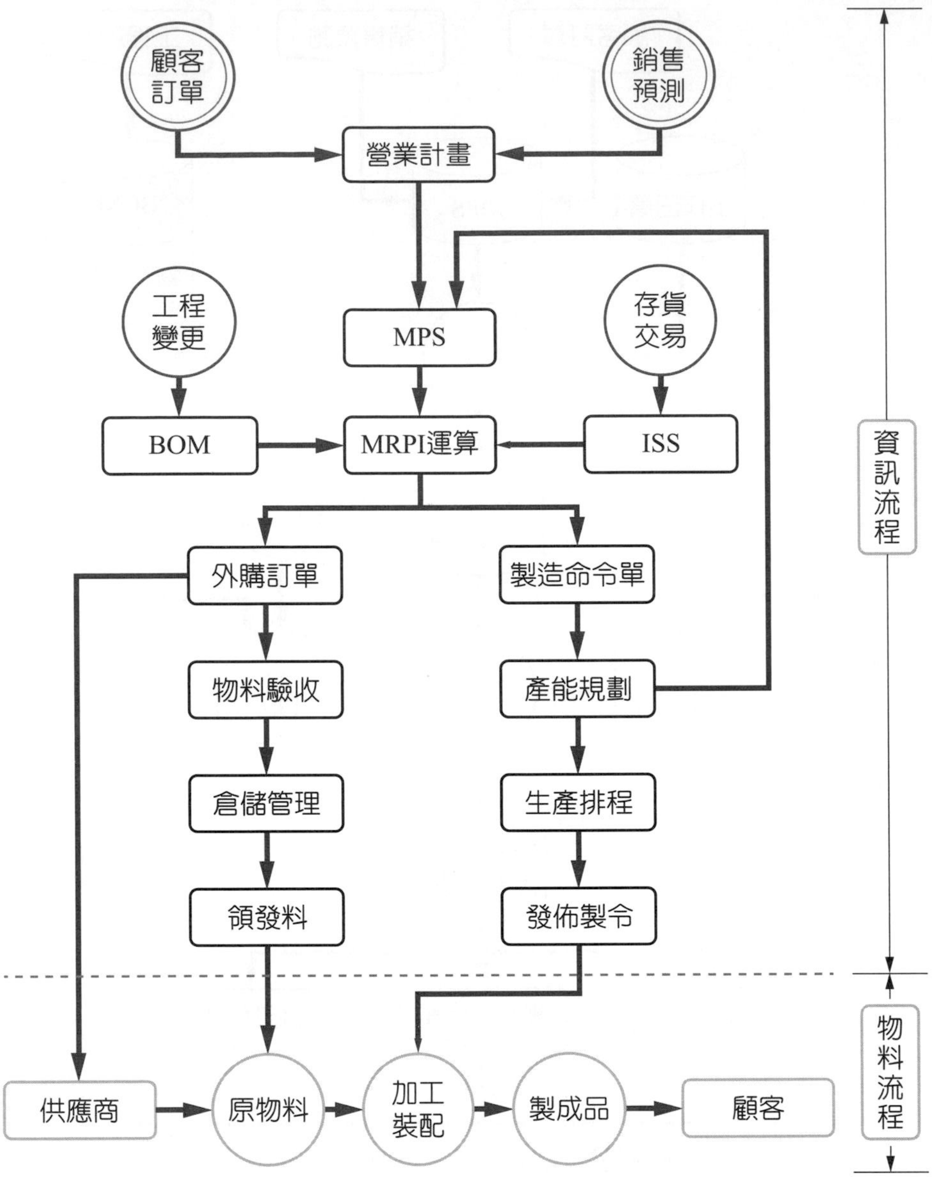

圖 5.3　整合性生產／物料管理功能之 MRP I 系統

5.2 MRP I 的計算步驟與展開釋例

本節內容，將實際介紹 MRP I 系統有關物料需求展開與運算的概念，包含計算步驟、流程圖、批量調整及輸出報表格式設計等；同時將舉一展開釋例來說明，希能引導讀者對 MRP I 系統的計算步驟及邏輯程序有全盤的瞭解。

一、MRP I 的計算步驟

歸納起來，整體 MRP I 系統的計算共含有決定毛需求量、決定可使用量、計算淨需求量、批量調整及決定計畫訂單發出量五個步驟。茲說明如下：

步驟一 決定毛需求量

毛需求量（Gross Requirements）乃爲一物料項目在生產規劃期間內之總共的需求數量，主要是依 MPS 及 BOM 來求算。對於獨立需求物項，最終製成品可直接由 MPS 來決定其毛需求量，關於服務性零配件之需求量亦可由 MPS 取得；另外，針對相依需求物項，則是配合物項在 BOM 所屬層次依序展開及累計而得。有關毛需求量的計算，如圖 5.4 所示。

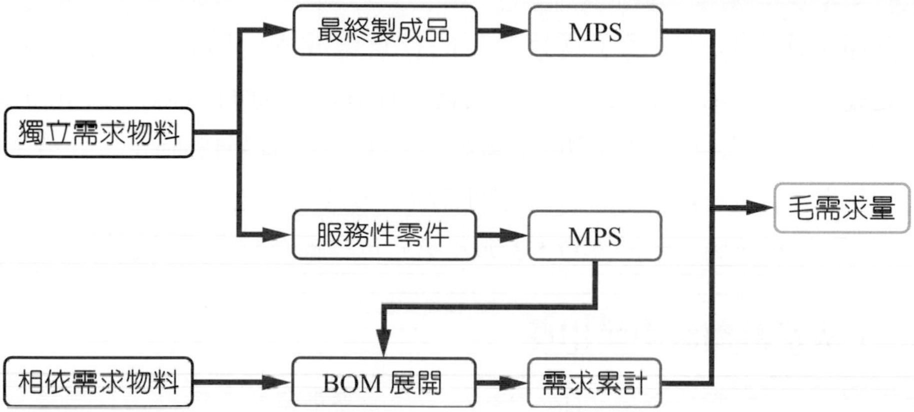

圖 5.4 毛需求量的計算程序

步驟二 決定可用數量

可用數量（Units Available）乃指企業現有並可以直接供應製造現場使用的物料數量。實務上，可用數量的計算必須考量 ISS、已購未交訂單、安全存量及相關策略性存貨等資訊，計算公式如下：

可用數量 = 現有庫存數量 − 安全存量 + 已購未交數量 ………（5.1）

舉例來說，設一項物料在倉庫現有庫存 100 單位，安全存量爲 10 單位，另有已購未交訂單數量 30 單位，則利用公式 5.1 計算可求出其可用數量爲 120 單位。

步驟三 計算淨需求量

淨需求量（Net Requirements）乃指企業內部可用物料數量不足、必須要即行展開訂購之數量，一般可以藉由外購（發出外購訂單）或自製（發出製造命令單）兩種途徑來取得。淨需求量可由毛需求量與可用數量的差額計算而得，計算公式如下：

$$淨需求量 = 毛需求量 - 可用數量 \quad (5.2)$$

舉例來說，若一項物料之毛需求量爲 150 單位，現有可用數量爲 120 單位，則其淨需求量依 5.2 式計算求得爲 30 單位。

步驟四 批量調整

在求算淨需求量以後，爲了獲致最低的存貨總成本（爲訂購成本、儲存成本及短缺成本之總和），期以創作最佳經濟效益，往往必須進行實際訂購批量調整（Lot Sizing）。在 MRP I 系統，一般常用的批量調整方法，包括經濟訂購量、經濟生產批量、定量訂購、定期訂購量、批對批訂購、分期訂購、最低單位成本、最低總成本及 Wagner-Whitin 演算法則九種，將分別於本章 5.3 節及第七章詳細介紹之。

步驟五 決定計畫訂單發出量

到此爲止，已求得數量資訊（How Much，含淨需求量及每批最適訂購量），最後一個步驟，需要決定計畫發出訂購單的適當時機 （When）。**實務上，MRP I 是依淨需求量產生時點（亦稱爲計畫訂單接收量，Planned Order Receipts）爲基準，將前置時間往前遞推（Offset），即可求得計畫訂單發出量 （Planned Order Releases）**。舉例來說，若一項物料在第四週淨需求量爲 100 單位，前置時間爲 2 週，則其計畫訂單發出量時間應是往前遞推 2 週，即在第二週發出訂購單，數量爲 100 單位。

在介紹完 MRP I 的計算步驟以後，接著說明關於 MRP I 運算報表格式的設計問題。由前述內容可知，MRP I 報表應該提供毛需求量、已購未交數量、可用數量、淨需求量、計畫訂單發出量、物料項目名稱、安全存量、前置時間、現有庫存數量及物料相關的資訊等。在此，特別設計出一簡單的報表格式以供讀者參考，如表 5.1 所示。

表 5.1 MRP I 運算報表之基本格式

物項	LT	IS	SS	運算項目	1 週	2 週	3 週	4 週	5 週	6 週	7 週	8 週
				毛需求量								
				已購未交數量								
				可用數量								
				淨需求量								
				計畫訂購數量								

表 5.1 亦為本章所介紹 MRP I 展開釋例之運算報表格式，此表已涵蓋進行 MRP I 系統運算之所需的全部資訊，其 MPS 規劃時間水平為 8 週。其中所列 LT 欄為前置時間，IS 欄為現有庫存數量，SS 欄為安全存量。

二、MRP I 計算流程圖

經由上述說明，相信讀者已明瞭 MRP I 系統的計算步驟；不過，在正式介紹 MRP I 展開釋例以前，將再說明 MRP I 的計算流程，希使讀者對 MRP I 系統的展開與運算過程及其資訊系統的設計，能夠建立完整的概念。圖 5.5 為 MRP I 之計算流程圖。

由圖 5.5 可以看出，完整 MRP I 系統的展開與運算流程，應依序包含下列作業：

1. 建立完整的基本資訊，內容包含 MPS、BOM、ISS、已購未交數量及物料主檔。
2. 計算程式 0 物項之毛需求量、可用數量及淨需求量。
3. 進行批量調整，並將前置時間往前逆推，以求層次 0 物項之計畫訂單發出量。
4. 參閱 BOM，並依層次 0 物項之計畫訂單發出量展開及累計，以計算層次 I 物項之毛需求量。
5. 研判層次 I 物項是否仍有更高層次，若有，將現有層次號碼加 1，並回到上述步驟，繼續進行展開與計算；若無，則依計畫訂單發出量排定時間發出外購及自製訂購單。
6. 發出第一週的訂購單以後，將 MPS 排訂之現有生產規劃各期期數減 1，如第二期變為第一期，第三期變為第二期，以下類推。
7. 最後，則依實際運作狀況，隨時更新基本及相關的資訊。

在此提示一項重要觀念：**在 MRP I 系統運算循環過程中，直至物料項目之最低層次號碼（Low Level Code, LLC），才需計算此物項之淨需求量，而前段的循環過程僅是在累計其毛需求量。**

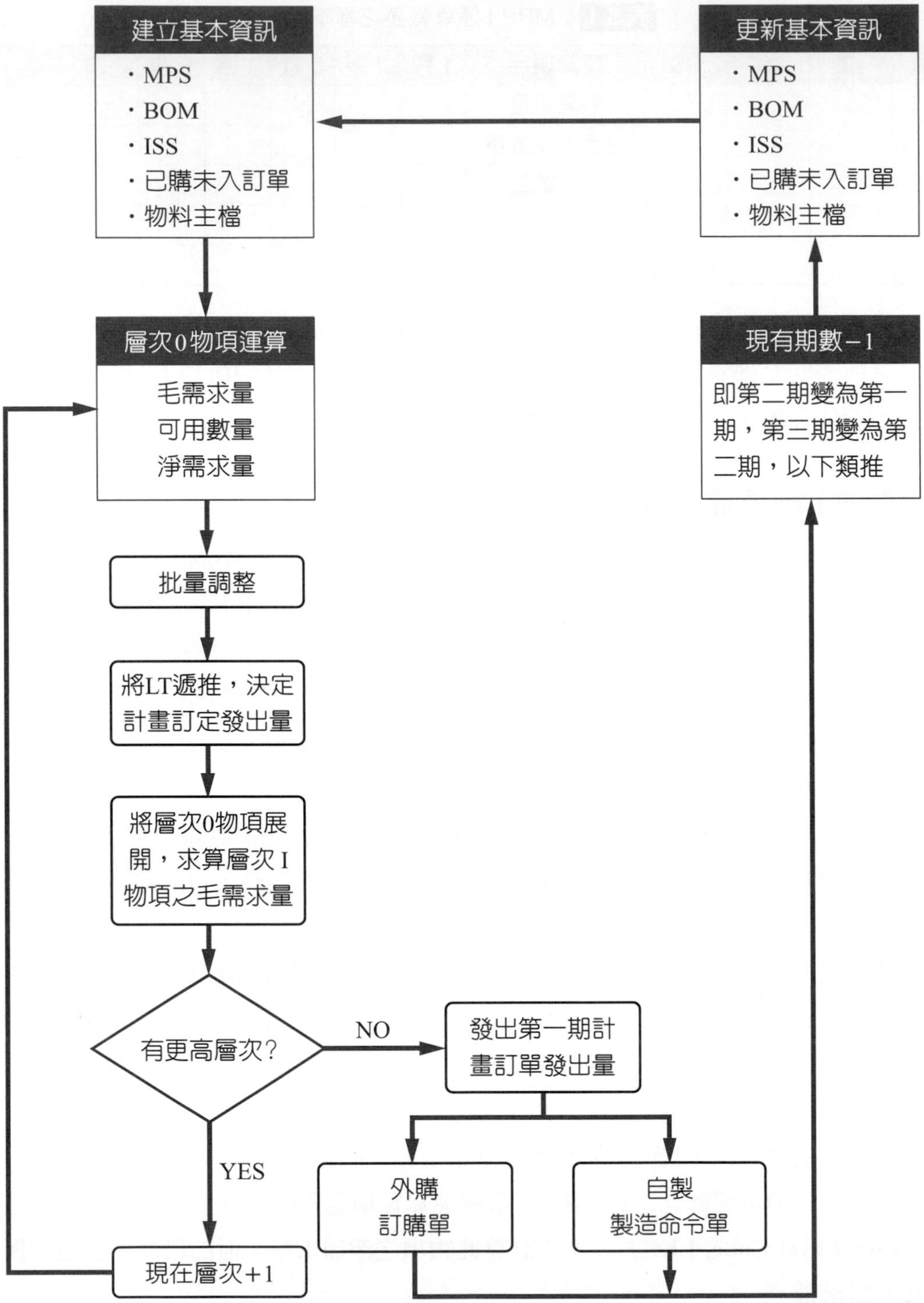

資料來源：Hendrick.and Moore, 1985。

圖 5.5 MRP I 計算流程圖

三、MRP I 的展開釋例

本節前面內容，已完整的介紹 MRP I 系統的展開與運算之相關概念；在最後，特別要舉一個釋例，以說明及引導讀者體會 MRP I 實際展開與運算之過程。本釋例分成基本資訊及需求展開報表兩部份來介紹，首先，先列出此一釋例之基本資訊，包含物料清單（BOM）、總生產日程計畫（MPS）及物項最低層次號碼（LLC）等資訊。

【釋例之基本資訊】

1. **物料清單（BOM）**

   產品結構樹如圖 5.6 所示，共含有六個物料項目；其中，層次 0 之物項 X 爲最終製成品，屬於獨立需求物項，其餘 I、II、III 三個層次含有五個物項 A、B、C、D 及 E，係爲相依需求之物項。除此以外，圖 5.6 另含有單位用量（以各物項方格內右下角數字表之）、裝配順序及各物項層次號碼三種資訊。

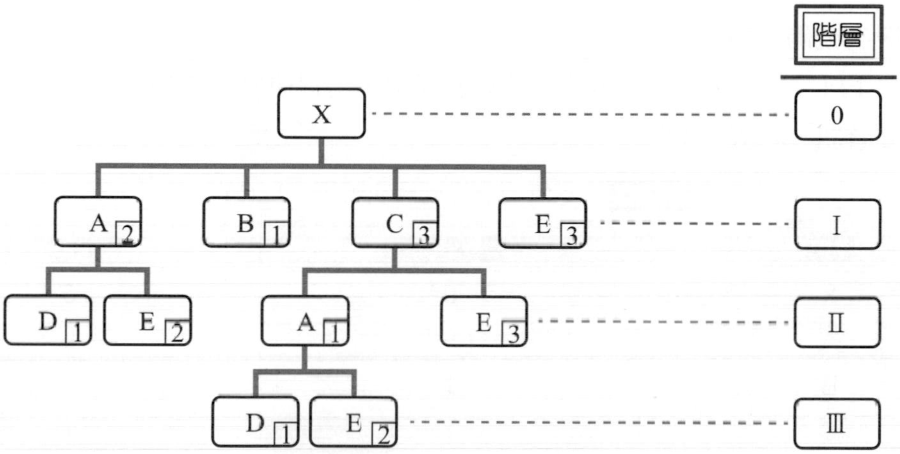

圖 5.6 釋例之產品結構樹

2. **總生產日程計畫（MPS）**

本釋例 MPS 除提供製成品 X 及服務性物項 D 之需求數量外，還包括各物項之前置時間 LT、現有庫存量 IS、安全存量 SS 及已購未交數量 SR（含物項 C 在第 1 週 60 單位，物項 D 在第 2 週 50 單位）資訊，如表 5.2 所示。

表 5.2 釋例之總生產日程計畫（MPS）

物項	LT	IS	SS	SR	1 週	2 週	3 週	4 週	5 週	6 週	7 週	8 週
X	2	0	0	0					20		10	10
A	1	10	5	0								
B	1	5	5	0								
C	1	15	5	60_1								
D	2	20	5	50_2	2	2	2	2	2	2	2	2
E	1	10	5	0								

3. **最低層次號碼（LLC）**

物項之 LLC 乃是在 MRP I 系統之運算過程中，用以研判是否應該進行淨需求量計算之重要資訊，如表 5.3 所示。

表 5.3 各物項之最低層次號碼（LLC）

物項	層次號碼	LLC
X	0	0
A	I，II	II
B	I	I
C	I	I
D	II，III	III
E	I，II，III	III

【需求展開報表】

現在依據前述 BOM、MPS 及 LLC 三方面的基本資訊，開始實際進行本釋例之物料需求展開與運算，整個過程彙總如表 5.4、表 5.5 及表 5.6 所示，茲依序解說如下：

【表 5.4 說明】

步驟一

將表 5.2 之 MPS 上所提供之各項名稱、前置時間（LT）、現有庫存數量（IS）、安全存量（SS）及已購未交數量（SR）及獨立需求物項 X 和 D 之需求數量等基本資訊，列於表 5.4 上。

步驟二

進行層次 0 製成品 X 之需求展開（因其最低層次號碼為層次 0），因可用數量為 0 單位，計算得淨需求量為 20 單位（5 週）、10 單位（7 週）及 10 單位（8 週）。

步驟三

將步驟二所求製成品 X 之淨需求量，逆推 2 週（前置時間 2 週），可得其計畫訂單發出量分別為 20 單位（3 週）、10 單位（5 週）及 10 單位（6 週）。

步驟四

依圖 5.6 產品結構樹上層次 0 和層次 I 之結構組成與單位用量資訊，將步驟三所求製成品 X 之計畫訂單發出量展開，可得其子物項 A、B、C 及 E（層次 I）之毛需求量（其目的為滿足其層次 0 母物項 X 之計畫訂單發出量需求）。以物項 A 為例，因單位用量為 2 單位，故展開後之毛需求量分別為 40 單位（3 週）、20 單位（5 週）及 20 單位（6 週）。

【表 5.5 說明】

步驟一

由表 5.3 可知，物項 B 和 C 之 LLC 為層次 I，故必須予以進行展開及計算。首先，針對物項 B，因其可用數量為 0 單位（現有庫存量 5 單位 - 安全存量 5 單位），故淨需求量分別為 20 單位（3 週）、10 單位（5 週）及 10 單位（6 週）；再者，物項 B 前置時間 1 週，故逆推 1 週，即可求得其計畫訂單發出量分別為 20 單位（2 週）、10 單位（4 週）及 10 單位（5 週）。

步驟二

物項C計算的方式與物項B相同，但須注意，因其第1週之可用數量為70單位（現有庫存量15單位－安全存量5單位＋已購未交數量60單位），故在第3週結束時可用數量仍剩10單位。

步驟三

層次I運算結束後，再針對層次I物項C和層次II物項A和E之關係，利用其母、子物項之結構組成與單位用量資訊，展開後可求得物項A和E之累計毛需求量。以物項A為例，至層次II為止，其累計毛需求量分別為40單位（3週）、20單位（4週）、50單位（5週）及20單位（6週）。

【表5.6說明】

步驟一

尋找須在層次II須予以進行計算之物項，由表5.3可知為物項A（因其LLC為層次II）。物項A的淨需求量及計畫訂單發出量之計算方式跟前面物項相同，其計畫訂單發出量結果為35單位（2週）、20單位（3週）、50單位（4週）及20單位（5週）。

步驟二

在針對層次II物項A和層次III物項D和E的關係，展開後可求得物項D和E之累計毛需求量。以物項E為例，至層次III為止，其累計毛需求量分別為70單位（2週）、100單位（3週）、160單位（4週）、160單位（5週）及30單位（6週）。

步驟三

最後，在完成LLC為層次III之物項D、E之淨需求量及計畫訂單發出量之計算後，本釋例之物料需求展開工作即告結束。

表 5.4 MRP I 釋例需求展開報表之一

物項	LT	IS	SS	運算項目	1 週	2 週	3 週	4 週	5 週	6 週	7 週	8 週
X	2 週	0	0	毛需求量					20		10	10
				已購未交數量								
				可用數量								
				淨需求量					20		10	10
				計畫訂單數量			20		10	10		
A	1 週	10	5	毛需求量			40		20	20		
				已購未交數量								
				可用數量								
				淨需求量								
				計畫訂單數量								
B	1 週	5	5	毛需求量			20		10	10		
				已購未交數量								
				可用數量								
				淨需求量								
				計畫訂單數量								
C	1 週	15	5	毛需求量			60		30	30		
				已購未交數量	60							
				可用數量								
				淨需求量								
				計畫訂單數量								
D	2 週	20	5	毛需求量	2	2	2	2	2	2	2	2
				已購未交數量		50						
				可用數量								
				淨需求量								
				計畫訂單數量								
E	1 週	10	5	毛需求量			60		30	30		
				已購未交數量								
				可用數量								
				淨需求量								
				計畫訂單數量								

表 5.5 MRP I 釋例需求展開報表之二

物項	LT	IS	SS	運算項目	1 週	2 週	3 週	4 週	5 週	6 週	7 週	8 週
X	2 週	0	0	毛需求量					20		10	10
				已購未交數量								
				可用數量								
				淨需求量					20		10	10
				計畫訂單數量			20		10	10		
A	1 週	10	5	毛需求量			40	20	50	20		
				已購未交數量								
				可用數量								
				淨需求量								
				計畫訂單數量								
B	1 週	5	5	毛需求量			20		10	10		
				已購未交數量								
				可用數量								
				淨需求量			20		10	10		
				計畫訂單數量		20		10	10			
C	1 週	15	5	毛需求量			60		30	30		
				已購未交數量	60							
				可用數量	70	70	70	10	10			
				淨需求量					20	30		
				計畫訂單數量				20	30			
D	2 週	20	5	毛需求量	2	2	2	2	2	2	2	2
				已購未交數量		50						
				可用數量								
				淨需求量								
				計畫訂單數量								
E	1 週	10	5	毛需求量			60	60	120	30		
				已購未交數量								
				可用數量								
				淨需求量								
				計畫訂單數量								

表 5.6 MRP I 釋例需求展開報表之三

物項	LT	IS	SS	運算項目	1 週	2 週	3 週	4 週	5 週	6 週	7 週	8 週
X	2 週	0	0	毛需求量					20		10	10
				已購未交數量								
				可用數量								
				淨需求量					20		10	10
				計畫訂單數量			20		10	10		
A	1 週	10	5	毛需求量			40	20	50	20		
				已購未交數量								
				可用數量	5	5	5					
				淨需求量			35	20	50	20		
				計畫訂單數量		35	20	50	20			
B	1 週	5	5	毛需求量			20		10	10		
				已購未交數量								
				可用數量								
				淨需求量			20		10	10		
				計畫訂單數量		20		10	10			
C	1 週	15	5	毛需求量			60		30	30		
				已購未交數量	60							
				可用數量	70	70	70	10	10			
				淨需求量					20	30		
				計畫訂單數量				20	30			
D	2 週	20	5	毛需求量	2	37	22	52	22	2	2	2
				已購未交數量		50						
				可用數量	15	36	26	4				
				淨需求量				48	22	2	2	2
				計畫訂單數量		48	22	2	2	2		
E	1 週	10	5	毛需求量		70	100	160	160	30		
				已購未交數量								
				可用數量	5	5						
				淨需求量		65	100	160	160	30		
				計畫訂單數量	65	100	160	160	30			

5.3 批量調整模式

在明瞭 MRP I 系統的展開與計算的程序後，本節內容將介紹各種批量調整的數學模式。前面曾談過，物料管理的目的在於適時（Right Time）、適量（Right Quantity）、適質（Right Quality）及適價（Right Price）的取得與供應企業產銷活動所需之物料，希能有效地提升企業生產力，創造最大的經濟效益。

因之，就 MRP I 系統之實務而言，在完成物料需求展開與計算工作以後，即應考量各物項之成本、需求與相關特性以及企業的性質，據以進行訂購批量（計畫訂單發出量）調整，尋求最適的批次訂購量決策。**批量調整（Lot Sizing）決策意為以適當的模式來訂定最佳批次訂購數量，期能獲致最低的存貨總成本。**

一般而言，存貨總成本可以區分成訂購成本（Ordering Cost）、儲存成本（Holding Cost）、短缺成本（Shortage Cost）及物項成本（Item Cost）四類。前面內容，一直強調 MRP I 系統能夠有效地提供企業所需之物料項目 （What）、需求時間（When）及數量（How Much）三種資訊；然而，除了這三種資訊以外，MRP I 系統亦應提供相關存貨成本及批量決策的資訊，期能供作進行批量調整之決策分析使用。在此，特別將上述批量調整的重要概念，以圖 5.7 表示之。

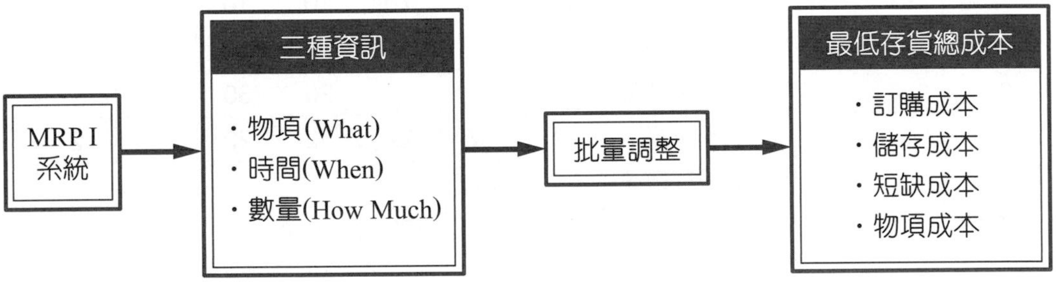

圖 5.7 批量調整的概念

就相依需求物項來講，因其需求一般係屬間斷或塊狀（Lumpy）之不穩定狀態（參閱圖 4.21），故批量調整作業相對的較為複雜與困難。在實務上，MRP I 系統所使用的批量調整模式，共含經濟訂購量（EOQ）、經濟生產批量（EPQ）、定量訂購（FOQ）、定期訂購量（FPR）、批對批訂購（LFL）、分期訂購量（POQ）、最低單位成本（LUC）、最低總成本（LTC）及 Wagner - Whitin 演算法則（W - W）九種。其中，EOQ、EPQ 二種模式將於本書第七章再行介紹，其餘模式以下將依序介紹之。

一、定量訂購模式

定量訂購模式（Fixed Order Quantity, FOQ）乃是每批次的訂單數量，即計畫訂單發出量均爲固定一致。FOQ 的概念，請參閱表 5.7，在 8 週生產規劃期間內，淨需求量總計爲 150 單位，採用 FOQ 模式每批次訂購數量固定爲 40 單位，累計存貨數量爲 10 單位。

表 5.7 定量訂購模式（FOQ）

期別	1 週	2 週	3 週	4 週	5 週	6 週	7 週	8 週	總計
淨需求量	20	50	0	10	0	30	15	25	150
每批次訂購量	40	40	0	0	0	40	40	0	160

一般說來，FOQ 模式通常適用於訂購成本較高之物料項目，其每批次訂購數量的決定，係考量需求特性、產品性質、企業限制及相關的經驗而定，比如市場最低交易量、產品包裝、倉儲容量限制或工具壽命等因素，並無固定的遵循規則。

二、定期訂購模式

定期訂購模式（Fixed Period Requirements, FPR）乃是每隔固定的期間即予進行訂購作業，而每批次訂購數量並不一定會相同。有關 FPR 的概念，如表 5.8 所示。

表 5.8 定期訂購模式（FPR）

期別	1 週	2 週	3 週	4 週	5 週	6 週	7 週	8 週	總計
淨需求量	20	50	0	10	0	30	15	25	150
每批次訂購量	70	0	0	10	0	45	0	25	150

由表 5.8 可知，在生產規劃 8 週期間內，每固定間隔 2 週即予進行訂購作業，淨需求量總計爲 150 單位，全部累計訂購量亦爲 150 單位，須注意，因第 3 週之淨需求量爲 0 單位，故跳過去不予考慮。在 FPR 模式，一般常將每批次之訂購量設定爲涵蓋固定間隔期間之累計淨需求量；但是，有關間隔期間的設定，則可採用隨意、參酌歷史資料或依決策者個人的經驗判斷來決定。

三、批對批訂購模式

批對批訂購模式（Lot for Lot, LFL）乃是設定每批次的訂購量即等於其淨需求量。LFL 爲一相當簡單的批量調整模式，如表 5.9 所示。

表 5.9 批對批訂購模式（LFL）

期別	1 週	2 週	3 週	4 週	5 週	6 週	7 週	8 週	總計
淨需求量	20	50	0	10	0	30	15	25	150
每批次訂購量	20	50	0	10	0	30	15	25	150

比較起來，**LFL 模式實是一種最能符合 MRP I 系統原意（未來實際需求多少數量，即予訂購多少數量）的批量調整模式**。前面 5.2 節所舉的 MRP I 釋例即是採用 LFL 模式，其淨需求量等於計畫訂單發出量。就實務而言，企業若採用 LFL 模式，則其訂購次數會較多，故適用於訂購成本較低、物料價值較爲貴重之物料項目，也就是說，LFL 模式可以大幅降低儲存成本。

四、分期訂購量模式

分期訂購量模式（Period Order Quantity, POQ）乃是一種將經濟訂購量（EOQ）模式加以修正的批量調整模式。由本書 4.5 節的介紹可知，傳統上 EOQ 模式係依過去的平均需求量來訂定其最佳的批次訂購量，故與現實情況不符；因之，POQ 模式特別修正此項缺失，針對物項未來實際之不穩定需求狀態來設定其最適當的批次訂購量。

POQ 模式的概念是先計算 EOQ，再依 EOQ 值求算訂購週期 t，此訂購週期 t 即爲每批次之間隔時間。現以表 5.10 爲例，若假設：每次訂購成本 $C_o = 50$ 元，每單位之年儲存成本 $C_h = 10$ 元，年需求量 $D = 1,000$ 單位，一年總期數 = 52 週。計算結果爲 EOQ = 100 單位，每年訂購 10 次（年需求量／EOQ），訂購週期 $t = 5.2$ 週。故最適訂購批量爲第 1 週訂購 80 單位，第 6 週訂購 70 單位。

表 5.10 分期訂購量模式（POQ）

期別	1 週	2 週	3 週	4 週	5 週	6 週	7 週	8 週	總計
淨需求量	20	50	0	10	0	30	15	25	150
每批次訂購量	80	0	0		0	70	0		150

由表 5.10 可知，POQ 模式之每批次訂購數量須涵蓋訂購週期內之實際累計淨需求量。在實務上，POQ 模式使用最爲普遍，因其能夠通盤地考量訂購成本及儲存成本，以達成最低存貨總成本之目標，並符合現實上物料之不穩定需求狀態。關於 EOQ 模式的具體概念，請參閱第七章存量管制模式內容。

五、最低單位成本模式

最低單位成本模式（Least Unit Cost, LUC）乃是依最低的單位存貨成本來設定訂購批量，而單位存貨成本為單位訂購成本與單位儲存成本之和。有關 LUC 模式的概念，現舉一例說明之，如表 5.11 所示。

表 5.11 最低單位成本模式（LUC）

期別	1 週	2 週	3 週	4 週	5 週	6 週	7 週	8 週	總計
淨需求量	20	50	0	10	0	30	15	25	150

依表 5.11 例子，現設此物項之每批次訂購成本 $C_o = 100$ 元，每週單位儲存成本 $C_h = 1$ 元。現將各預定訂購批量方案之單位訂購成本、單位儲存成本及單位存貨成本的計算與分析，彙總如表 5.12 及表 5.13 所示，茲分別說明如下：

【表 5.12 說明】

1. 第四列預定訂購量乃是第 1 週預定訂購的數量，由表 5.11 可知，共有 20、70、80、110、125 及 150 六個可行方案。
2. 相對於第四列預定訂購量，第三列儲存週數為依第 1 週購進物項之儲存期數，舉例來說，若第 1 週之預定訂購批量設為 80 單位，則第 2 週 50 單位之儲存週數為 1 週，第 4 週 10 單位之儲存週數為 3 週。
3. 第五列單位訂購成本的計算，乃是將每批訂購成本 100 元除以預定訂購批量。

表 5.12 低單位成本計算表之一

期別	1 週	2 週	3 週	4 週	5 週	6 週	7 週	8 週
淨需求量	20	50	0	10	0	30	15	25
儲存週數	0	1	2	3	4	5	6	7
預定訂購批量	20	70	70	80	80	110	125	150
單位訂購成本	5.00	1.43	1.43	1.25	1.25	0.91	0.80	0.67
累計儲存成本	0	50	—	80	80	230	320	495
單位儲存成本	0	0.71	—	1.00	1.00	2.09	2.56	3.30
單位存貨成本	5.00	2.14	—	2.25	2.25	3.00	3.36	3.97
最適批次訂量	70	0	0	—	—	—	—	—

表 5.13 最低單位成本計算表之二

期別	1 週	2 週	3 週	4 週	5 週	6 週	7 週	8 週
淨需求量	20	50	0	10	0	30	15	25
儲存週數	—	—	—	0	1	2	3	4
預定訂購批量	—	—	—	10	10	40	55	80
單位訂購成本	—	—	—	10.00	10.00	2.50	1.82	1.25
累計儲存成本	—	—	—	0	—	60	105	205
單位儲存成本	—	—	—	0	—	1.50	1.91	2.56
單位存貨成本	5.00	2.14	—	10.00	—	4.00	3.73	3.81
最適批次訂量	70	0	0	55	0	0	0	25

4. 第六列累計儲存成本的計算，乃爲在預定訂購批量的前提下，先前各週之淨需求量乘以其儲存週數之累積和。舉例來說，第 4 週累計儲存成本 = 50×1+ 10×3 = 80（元）。
5. 將各週之累計儲存成本除以其預定訂購批量，即可求得其單位儲存成本。舉例來說，第 4 週單位儲存成本 = 80÷80 = 1.00（元）。
6. 各週單位存貨成本爲其單位訂購成本與單位儲存成本之累積。舉例來說，第 4 週單位存貨成本 = 1.25+1.00 = 2.25（元）。
7. 比較表中第八列各週之單位存貨成本來，可知最低值爲第 2 週之 2.14 元，可得最適之訂購批量爲 70 單位，如第九列所示，至此第一循環之計算即告結束。

【表 5.13 說明】

1. 本表爲本例第二循環之計算與分析彙總表格，因在第一循環計算之最適訂購批量 70 單位已涵蓋第 1、2 週之淨需求量，故第二循環係從第 4 週開始（注意：第 3 週淨需求量爲 0 單位，故予以跳過），期間涵蓋第 4 週至第 8 週。
2. 本表所列各數據之計算方式，與表 5.12 完全相同，故說明省略。
3. 計算結果及比較之下，最低單位存貨成本爲第 7 週之 3.73 元，所以第二循環之最適訂購批量爲第 4 週 55 單位，涵蓋第 4、5、6、7 四週之淨需求量。
4. 最後，因整個生產規劃期間僅剩第 8 週之淨需求量 25 單位，故第三循環不必進行，直接設定第 8 週之訂購批量爲 25 單位。
5. **計算至此全部結束，最適訂購批量如表 5.11 及表 5.13 所示，爲第 1 週 70 單位，第 4 週 55 單位，第 8 週 25 單位。**

六、最低總成本模式

最低總成本模式（Least Total Cost, LTC），也稱零件期訂購模式（Part Period Model），乃是依最低存貨總成本（爲訂購成本與儲存成本之累積）來決定最適的訂購批量。使用 LTC 模式，須先計算物項之經濟零件期因子（Economic Part Period Factor, EPP），並拿之與此物項之零件期比較衡量，再據以決定最適的訂購批量。

在此所謂零件期（Part Period），係指物項在一段期間內之累積存量而言。舉例來說，若一物項有 50 單位連續儲存 2 週，則其零件期應爲 100 單位（50×2）。**經濟零件期因子 EPP 爲訂購成本與單位儲存成本之比值，公式如下：**

$$EPP = \frac{C_o}{C_h} = \frac{C_o}{P \cdot i} \quad \cdots\cdots\cdots\cdots\cdots\cdots \quad (5.3)$$

式中，C_o = 每批訂購成本，C_h = 每單位每期之儲存成本，P = 訂購價格，i = 儲存費率。

現舉例說明之，設一物項之訂購成本 C_o = 100 元，每單位每期之儲存成本 C_h = 1 元，則帶公式 5.3 計算可得 EPP = 100。因之，若所假設的預定訂購批量之零件期較接近 100 時，則此預定訂購批量即爲最適的訂購批量。關於本例題之各項計算與分析資料，如表 5.14、表 5.15 及表 5.16 所示。

表 5.14 最低總成本模式（LTC）

期別	1 週	2 週	3 週	4 週	5 週	6 週	7 週	8 週	總計
淨需求量	20	50	0	10	0	30	15	25	150

表 5.15 最低總成本計算表之一

期別	1 週	2 週	3 週	4 週	5 週	6 週	7 週	8 週
淨需求量	20	50	0	10	0	30	15	25
儲存週數	0	1	2	3	4	5	6	7
預定訂購批量	20	70	70	80	80	110	125	150
零件期	0	50	—	80	—	230	320	495
最適批次訂量	80	0	0	0	—	—	—	—

表 5.16 最低總成本計算表之二

期別	1 週	2 週	3 週	4 週	5 週	6 週	7 週	8 週
淨需求量	20	50	0	10	0	30	15	25
儲存週數	—	—	—	—	—	0	1	2
預定訂購批量	—	—	—	—	—	30	45	70
零件期	—	—	—	—	—	0	15	65
最適批次訂量	80	0	0	0	0	70	0	0

事實上，LTC 模式之計算與前述 LUC 模式相類似，LTC 模式之零件期即等於 LUC 模式之累計儲存成本，茲將表 5.15 及表 5.16 說明如下：

【表 5.15 說明】

1. 本表爲第一循環之計算，其中，儲存週期及預定訂購批量的概念，與前述 LUC 模式例子表 5.12 相同。
2. 本表第五例零件期的計算亦與表 5.12 累計儲存成本相同，乃是先前各週之儲存週數乘以其淨需求量後之累積和。舉例來說，第 2 週零件期 = 20×0 + 50×1 = 50，第 4 週零件期 = 20×0 + 50×1 + 10×3 = 80。
3. 比較 EPP 與各週零件期，本例 EPP = 100，因第 4 週零件期 80 最接近 EPP，故選擇其預定訂購數量 80 單位爲最適批次訂購量。
4. 第一循環計算結束，如表中第六列所示，最後設定第 1 週之最適批次訂購量爲 80 單位，期間涵蓋第 1 週至第 4 週之需求。

【表 5.16 說明】

1. 本表是第二循環之計算，涵蓋期間爲 6、7、8 三週，而第 5 週因淨需求量爲 0 單位，故予以直接跳過。
2. 關於本表各週之儲存週數、預定訂購批量及零件期的計算，與第一循環相同，故說明省略。
3. 比較第六期各週之零件期可知，第 8 週零件期 65 最接近 EPP（100），所以選擇第 8 週預定訂購量 70 單位爲最適批次訂購量。
4. 至此，本例題之計算全部結束，**每批次之最適訂購量爲第 1 週 80 單位，第 6 週 70 單位，如表 5.16 第六列及表 5.14 所示。**

5.4 MRP I 與 JIT 生產系統的比較

豐田及時化生產系統（Just-in-Time System, JIT）乃是自 1972 年石油危機以來，廣為日本及世界上許多企業採用之一種生產管理技術，也是日本能夠創造經濟奇蹟之重要因素。本節內容，首先介紹 JIT 的一些基本概念，同時，並就 JIT 與 MRP I 之異同點進行比較與分析。

一、JIT 的基本概念

在 1950 年代初期，日本製產品因品質不佳，在國際貿易市場上獲得東洋貨的不雅外號。為此，日本政府結合產業界和金融界力量，全力提升產業競爭力，改善產品的品質水準，現在，日本經濟發展相當成功，已然成為世界舞台上之經濟巨人。

日本經濟發展成功的因素很多，最主要者為重視與強化生產管理技術，以防資源浪費並提升生產力；尤以，企業推動豐田及時化生產系統（JIT），更是成功的關鍵因素之一。

豐田 JIT 生產系統是由日本豐田汽車公司社長大野耐一所創，主要目的在於消除企業內部各種資源的浪費，有效降低生產成本與提升產品品質，期能增進企業之生產力和投資報酬率。整體來說，**豐田 JIT 生產系統的內涵，主要包含生產方法與看板系統（Kanban System）兩個領域**。關於 JIT 之完整理論架構，如圖 5.8 所示。

就實務而言，JIT 生產系統的主要企求是以適時（Right Time）、適地（Right Place）、適量（Right Quantity）及適質（Right Quality）方式，來提供製造現場所需之物料。由圖 5.8 可知，**在生產方法領域，JIT 採生產平準化與小批量混合生產方式（Leveled/Mixed Production），即生產線透過高頻率之交叉混合、小批量方式來生產不同類別的物項，不再採大批量生產方式，如此將可大幅降低原物料與再製品之存量**。同時，配合生產平準化與小批量混合生產方式，JIT 以快速換模（Single Minute Exchange of Dies，SMED，亦稱一分鐘換模術）及適當方法來縮短裝設時間，藉由減少生產批量來降低存量、提升設備動用率及維持生產線之彈性，以應付市場需求及環境的變化。

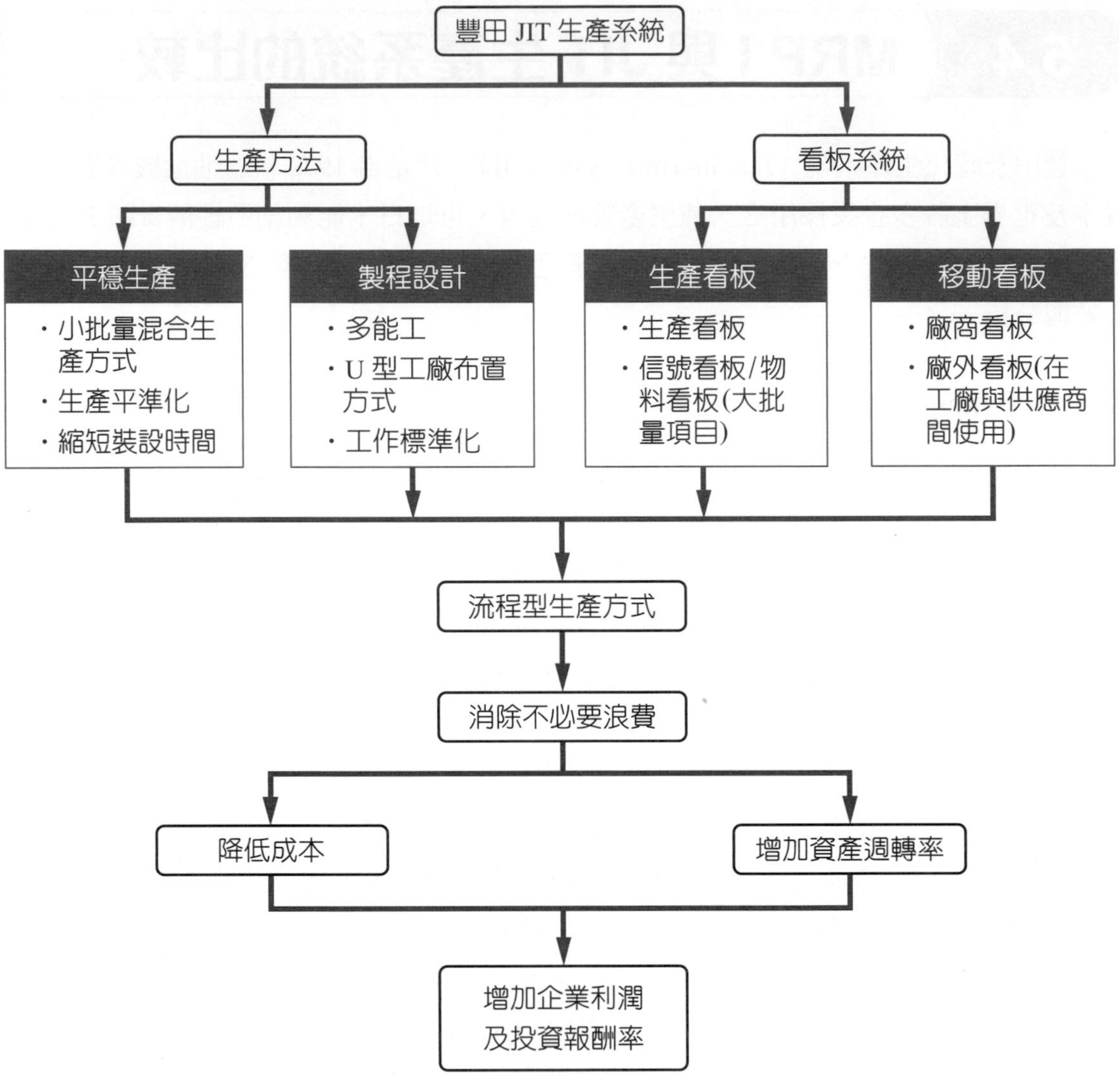

圖 5.8 豐田 JIT 生產系統的架構

另一方面，**在製程設計部份，JIT 利用 U 型機器佈置方式及具備多元專長之多能工（Multifunctional Worker），以達成及時化、省人化及製程彈性化之目標。**U 型機器佈置是將整條生產線的出入口擺在同一方向，其主要優點是當製成品種類及生產量變動時，可藉由現場作業員工的調整，以繼續維持生產量與產速於一致水準。關於 U 型機器佈置方式的概念，如圖 5.9 所示。

由圖 5.9 可以看出，相對於傳統直線型佈置一人操作一部機器方式，U 型機器佈置則採一人操作多部機器，如此可以節省員工數、降低存貨與不良率，並能增進製造工廠空間之有效利用。不過，要發揮 U 型機器佈置之最大成效，必須以工作輪調及教育訓練方式來培養員工，使其成爲一具多元專長與全方位之多能工。

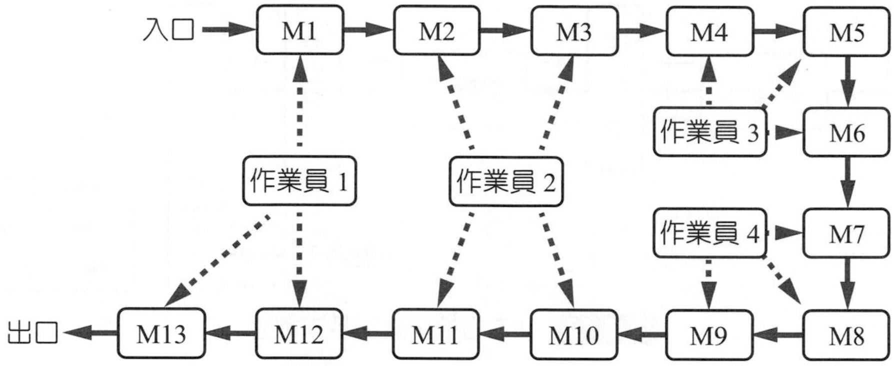

圖 5.9　U 型機器佈置方式

豐田 JIT 生產系統的另一個領域是看板系統，其概念爲利用看板來傳送生產資訊，是由生產線最後一道製程開始，相鄰兩製程間以逆回方式，依序向傳送生產及物料搬運資訊之一種拉式生產系統（Pull System）。相對之下，傳統生產管理則是一種推式生產系統（Push System），主要是依 MPS 所提供資訊，由前製程依序對後製程提供零配件及原物料，其缺失爲當需求變動或生產現異常時，無法作立即迅速之反應與處理。

在此，特別要強調看板管理乃是整體 JIT 生產系統能否達成及時化目標之成敗關鍵，看板能夠同時提供生產作業指示、物流數量及有效掌控存量之功能。**一般說來，看板可依實際需要與用途區分成生產看板（Production Kanban）與移動看板（Move Kanban）兩類**，每類看板可依其批量與使用場所再進一步細分，詳細如表 5.17 所示。

表 5.17　看板的類別

看板類別		功用及適用對象
生產看板	生產看板	適用小批量且生產及裝設時間較短之製程
	信號看板	適用大批量且生產及裝設時間較長之製程
	物料看板	適用領取物料且大批量之製程
移動看板	廠內看板	適用工廠內生產線各製程間在製品之運送
	供應商看板	適用工廠與供應商間物料之運送

JIT 看板系統主要是先由後製程利用廠內移動看板，適時向前製程領取必要數量的零配件；然後，前製程再依生產看板指示之作業條件及製造資訊，適時生產後製程所需數量之零配件。因之，JIT 透過看板所形成之拉式生產系統，在配合固定容量裝貨方式下，將更能有效地整合物料流程與資訊流程，促使物料流程更爲順暢，並能縮短資訊流程。關於 JIT 看板系統的基本觀念，請參閱圖 5.10。

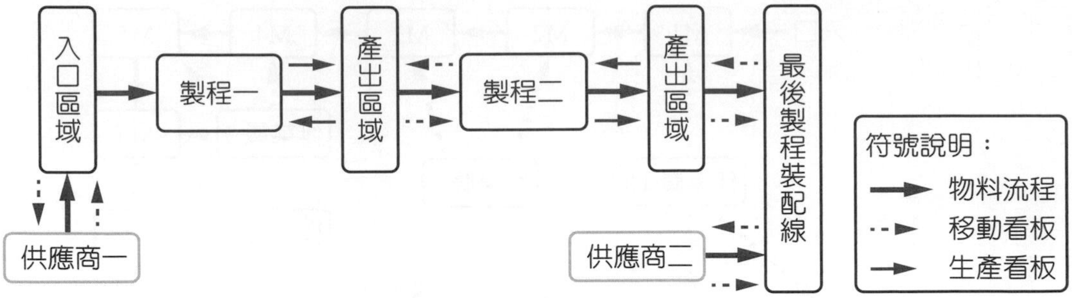

圖 5.10 JIT 看板系統的基本觀念

依上所述，JIT 看板系統優點乃爲生產線之彈性與動態性，即可依市場需求的變化，隨時彈性調整與製訂看板內容，俾能傳遞新的生產及物流資訊而達成生產線自動的微調作用。在實務上，推動看板系統必須遵照下列六點原則：

1. 製程合理化及工作標準化。
2. 後製程須遵照移動看板之指示，適時向前製程領取所需數量之物料。
3. 各製程應依生產看板之指示，適時製造所需數量之物料。
4. 確保各製程百分之百良品率。
5. 力求減少看板數量，以持續不斷改善製程。
6. 除了正在製造或搬運過程之外，看板應置放在容器內。

再回到圖 5.8，由圖上可以看出，JIT 生產系統藉由小批量生產平準化與混合生產方式、U 型機器佈置與多能工及傳遞資訊之各種生產與移動看板，將可促使小批量多樣化生產轉換成爲流程型之連續生產方式，並消除各種不必要之浪費（尤其是存貨）。

更進一步分析，因爲存量降低，將可減少資金利息積壓與營運成本，也可減少流動資產（存貨屬於流動資產）以提升資產週轉率（營業收入 / 總資產），最終將可達成增加利潤及投資報酬率（總利潤 / 總資產）之目標。

綜合上述，最後特別將企業實施 JIT 生產系統可獲得的具體利益，加以彙總說明如下：

1. 因採小批量混合生產方式，故可降低原物料及在製品之平均存量水準，並進而降低儲存成本，減低資金利息積壓。
2. 採 U 型機器佈置及 SMED，可大幅縮短裝設時間。
3. 採 U 型機器佈置，可以節省空間需求，並增進工廠空間之有效利用。
4. 可以維持生產線之彈性，以有效應付市場需求變動及環境的變化。
5. 當生產線發生異常時，可做立即迅速之反應及處理。
6. 可以提升機器設備之利用率，減少閒置及等待時間。

7. 藉由多能工一人操作多部機器方式，可節省員工數及降低不良率。
8. 採工作輪調及教育訓練方式，培養員工成為一具多元專長與全方位之多能工。
9. 採人性化管理，讓員工參與問題解決。
10. 可以有效整合物料流程及資訊流程，促使物料流程更為順暢，並能縮短資訊流程。

二、MRP I 與 JIT 生產系統的比較

整體 JIT 生產系統之最核心的概念乃是力求降低存量水準；換句話說， JIT 生產系統所涵括之小批量混合生產、生產平準化、U 型機器佈置、多能工、工作與製程標準化、縮短前置與裝設時間、自動控制裝置及各類看板管理等作法，目的皆為降低存量及排除其他各種資源的浪費。

從物料管理的角度來看，JIT 生產系統一直設定以零存貨（Zero Inventory）為理想目標。事實上，高存量有如冰山一角，背面隱藏著許多的問題與缺失，包含品質不良、機器故障、生產線不平衡、供應生交貨延遲、排程不佳、人員缺席、溝通不良、裝設時間太長等。因此，企業若能有效降低存量水準，則這些問題與缺失便可迎刃而解，必能實質增進企業利潤及競爭力。

比較之下，美國式生產管理與 JIT 生產系統有一重大的差異，美國式生產管理多採大批量生產以降低裝設成本，而日本式 JIT 生產系統除了強調縮短時間之外，更是重視採用小批量生產以降低存貨儲存成本。

前已談過，JIT 生產系統因採用小批量交叉混合生產方式，故能大幅降低原物料和在製品之存量水準。圖 5.11 顯示出美國式大批量生產與日式 JIT 小批量混合生產之概念，及兩者存量水準的比較，圖中設定生產率與需求率維持一定，而且生產率大於需求率。

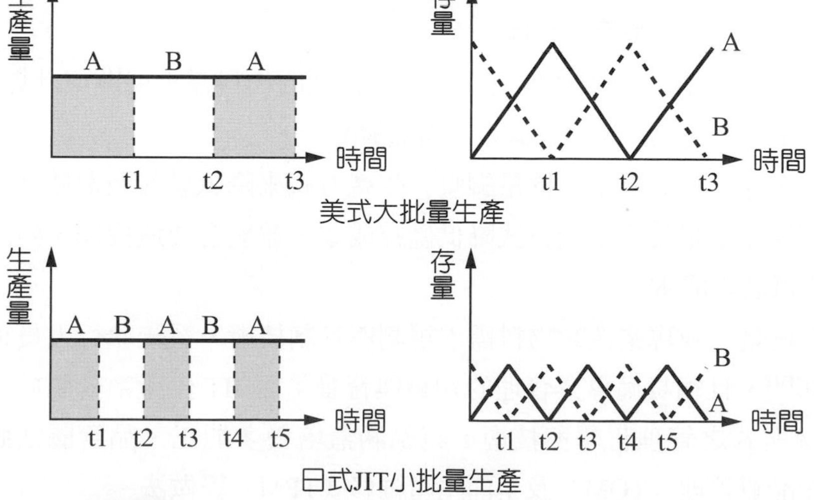

圖 5.11 JIT 小批量混合生產與美式大批量生產之比較

再者，JIT 生產系統除了採小批量生產來降低存量水準，以減少物料儲存成本以外；同時，JIT 也致力於減低裝設成本及訂購成本。在自製零配件方面，主要是採取快速換模（SMED）、內部與外部整備、平行作業、環境改善及作業消除簡化等系列方法，用以縮短裝設時間並降低裝設成本。

另外，對於外購原料及零配件，爲求有效降低訂購成本，JIT 生產系統則是採用建立中心衛星工廠體系、選擇少數合格優良供應商、輔導供應商實施 JIT 生產系統、長期合約訂購及供應商就近設廠，以能及時供應物料與節省運輸成本等方式。

基本上，MRP I 與 JIT 之相似點式兩者皆爲一種拉式生產系統，基本目標皆爲降低存量、增進生產力與投資報酬率及提升顧客服務水準。前面談到，JIT 生產系統利用各類生產與移動看板，有效結合了物料流程及資訊流程，由生產線之最後製程開始，以逆回方式依序向前製程領取所需的零配件，而前製程也依看板指示來製造所需數量之零配件，此爲需要多少數量，就領用與製造多少數量，不多也不少的觀念。

另一方面，MRP I 系統則是由 MPS 所提供最終製成品資訊開始，整合 BOM、ISS、已購未交訂單、物料主檔等資訊，也是利用逆回方式，依序展開與計算出各原料、零配件、組件及次裝配等各相依需求物項之毛需求量、淨需求量、計畫訂單接收與發出量，**其核心觀念是：及時供應製造現場所需之物料數量，不會延遲、亦不會提早（Not too Late；and not too Early），此與 JIT 生產系統相似。**

比較起來，雖然 MRP I 與 JIT 的基本目標相同，但是兩者的執行方式卻存有相當大的差異，茲說明如下：

1. MRP I 是一種電腦化的資訊系統，由 MPS、BOM、ISS 及物料主檔等投入資訊，經過各物項淨需求量展開與計算，以至訂購單等輸出報表之列印過程，皆完全利用資訊網路來執行；相對的，JIT 生產系統則是一種手動系統，主要以看板及目視管理來管制由投入至產出之整體的製程。
2. MRP I 系統的優點是針對 MPS 資訊，進行快速的物料需求展開與計算；JIT 生產系統的優點是簡單明瞭，現場人員容易溝通與配合。
3. MRP I 系統採用較大批量（批量調整）生產方式來降低裝設及訂購成本；而 JIT 生產系統則採小批量混合生產方式降低儲存成本，並配合快速換模、內部與外部裝設等方法降低裝設成本。
4. MRP I 系統是一種專業性的物料需求規劃與管制技術，系統執行人員來自生產及物料管理部門，且須具備專業管理的知識與背景；而 JIT 生產系統屬於一種人性化、全員式參與式之管理哲學與技術，範圍涵蓋培養多能工、品管圈活動（QCC）、5S、全面品質管理（TQM）及全面生產維修（TPM）等做法。

MRP I 及 JIT 生產系統已成為近二、三十年來，我國、歐美及亞洲各國產業界廣為重用與流行之生產管理技術。事實上，兩者各有其優點，而其差異主要肇因於歷史文化、民族特性、產業環境及管理哲學等因素。最後，特將上述內容再加以彙總比較，如表 5.18 所示。

表 5.18 MRP I 及 JIT 之比較

項目	MRP I	JIT
1. 生產批量	大批量生產方式	小批量混合生產方式
2. 產出率	依 MPS 需求，變動較大	生產平準化、維持穩定
3. 物料需求	依 MPS、BOM、ISS 展開	由 MPS 及看板提供資訊
4. 系統作業方式	電腦化資訊系統	手動、目視及人工作業
5. 存貨成本	利用批量調整來降低	利用小批量、縮短裝設時間及建立中衛體系來降低
6. 系統執行人員	專業生產與物料管理人員	全員參與及培養多能工
7. 資訊回饋	訂購單、管理及例外報表	燈光號誌及自動控制裝置

5.5 製造資源規劃（MRP II）

由前面介紹可知，基本上，MRP I 系統屬於生產及物料管理之一種技術，其所關注的重心是如何有效的規劃在生產過程中，各製程所需的物料項目（What）、需求時間（When）及數量（How Much）三種資訊，目的為克服傳統 ROP 方法所造成存量太高、無法掌握時效及和現實情況脫節之缺失。然而，整體企業經營系統範圍相當的廣闊，除了生產及物料管理層面以外，更是涵蓋行銷、人事、財務及研發等功能活動，欲求提升整體營運績效，必須將這些功能活動作有效地整合方能奏效。

因之，**自 1980 年代初期起，專家學者進一步將 MRP I 系統之涵蓋範圍擴充，提出製造資源規劃（Manufacturing Resource Planning, MRP II）系統，將企業全部資源（即工程、生產、行銷、人事、財務及研發功能活動）皆納入系統內，希能實質提升企業之整體經營效益。**

由 MRP I 演變為 MRP II 之過程中，大致可以分成下列四個階段：

階段一 MRP I 系統

即為 1965 年 Orlicky 所提 MRP I 系統，乃是用以克服 ROP 之缺失，有效提供物料需求之 What、When 及 How Much 資訊，期使生產活動更為順暢。

階段二 優先次序規劃系統

發展出優先次序規劃系統（Priority Planning System），藉由預警系統以處理 MPS 資訊誤差問題，比如排訂之產量超出工廠實際產能過多，或實際物料需求變動情況，而於事先採取適當因應措施。簡言之，優先次序規劃系統可解決生產規劃及排程問題，促使 MPS 更為合理。

階段三 封閉式 MRP I 系統

整合 MRP I 系統、生產規劃及細部的產能規劃（Detailed Capacity Planning）成為一個封閉式 MRP I 系統（Closed-Loop MRP I），用以明瞭產能是否能夠配合，即自動檢視工廠之實際產能是否足夠，並提供相關決策資訊以尋求適當因應對策，如存貨、加班、外包或欠撥等。

階段四 製造資源規劃（MRP II）

將 MRP I 系統擴充，整合企業功能（含生產、行銷、人事、財務及研發）與管理程序活動（規劃、執行及控制）以發揮企業之整體營運綜效與競爭力，此即為製造資源規劃（MRP II）。綜合上述，可知在整個四階段之演變過程中，乃是將 MRP I 系統不斷地予以修正與擴充，期使整體系統能發揮更大的績效。至於每個階段所含之核心觀念，特以圖 5.12 表示之。

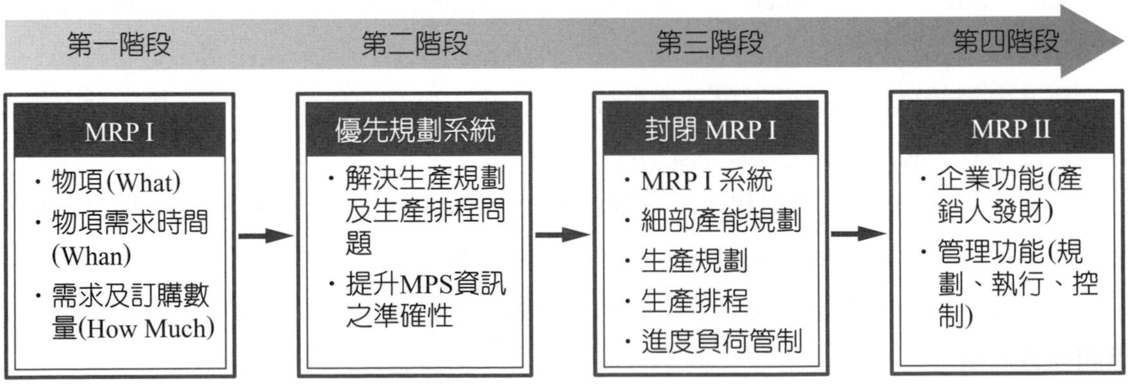

圖 5.12 MRP II 系統之演進階段

具體來說，MRP II 系統乃為一電腦化資訊系統，整體的運作程序可以分為規劃、執行及控制三個階段，其內涵主要是以 MRP I 為核心，將企業之生產、行銷、人事、財務、工程及研究發展各項功能活動加以整合，期能將企業之整體資源做最佳地調配，如圖 5.13 所示。

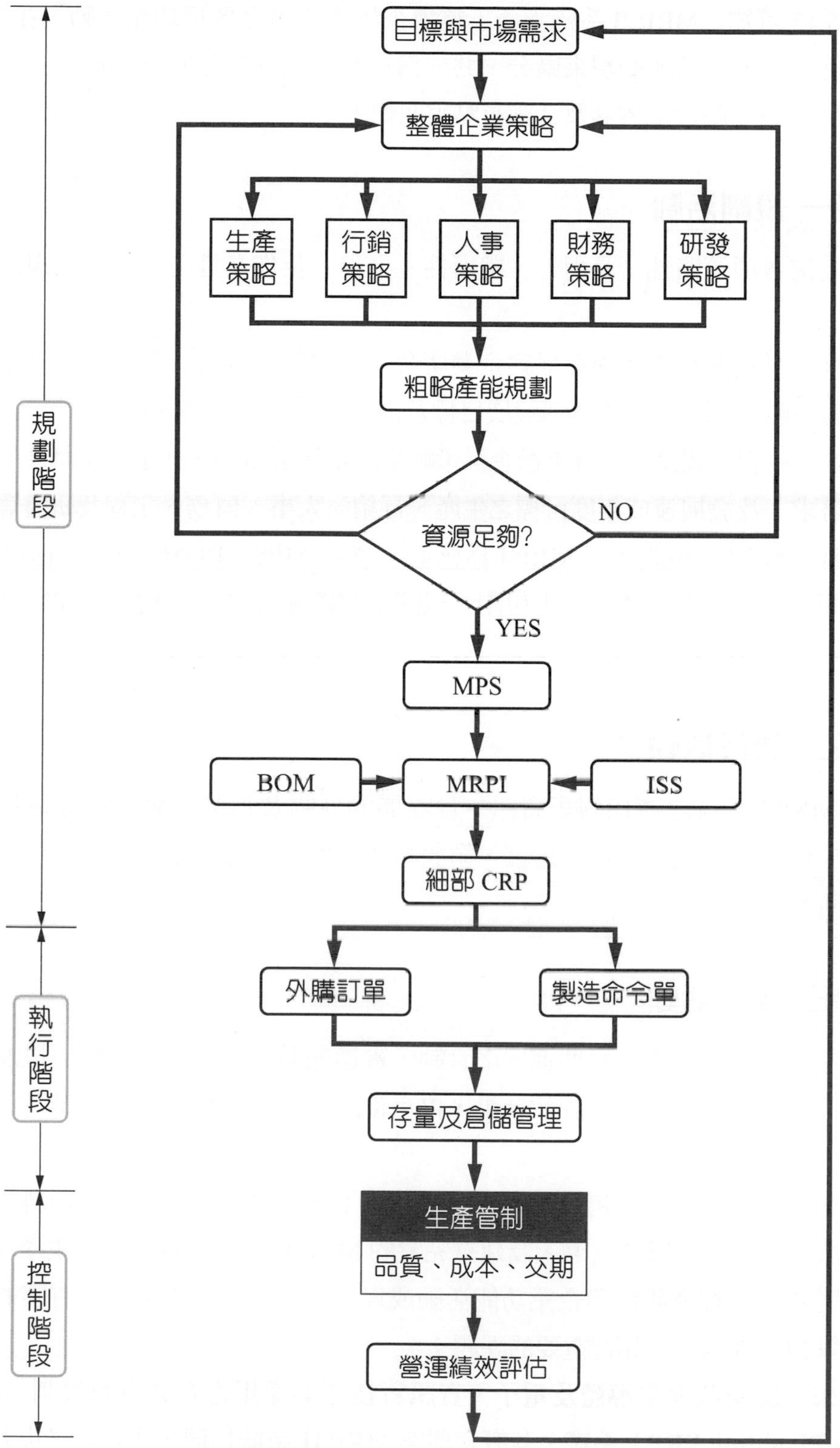

圖 5.13 MRP II 系統之運作程序

由圖 5.13 可知，MRP II 系統涵蓋了整體企業系統內之各項功能活動。在 MRP II 系統之運作過程中，依管理循環來區分，共分爲規劃、執行及控制三個階段。現在，將就圖 5.13 上所列每一階段之內涵及活動重點說明如下：

階段一 規劃活動

擬訂企業各項策略性（長程）、戰術性（中程）及作業性（短程）之規劃活動，茲依序說明：

1. **策略性（長程）規劃：**涵括界定企業使命、總體環境分析、預測市場需求量、瞭解競爭者策略、規劃中長期營運發展目標及擬定整體企業策略等活動。
2. **戰術性（中程）規劃：**依據整體企業策略來設定年度目標，並進行粗略產能規劃瞭解產能需求，及發展達成年度目標之生產、行銷、人事、財務、工程及研發等策略。
3. **作業性（短程）規劃：**以 MRP I 爲核心，整合 MPS、BOM、ISS 及物料主檔等資訊，同時進行細部的產能需求規劃，以瞭解實際產能是否足夠，並採行適當的因應方案。

階段二 執行活動

依據 MRP I 系統之產出報表資訊，實際展開外購及自製活動，進行存量管制、請購、採購、供應商管理、驗收、倉儲、領發料及呆廢料管理，以及自製物項之生產規劃與製造等活動。

階段三 控制活動

涵括進行品質、成本及交期進度之管制，實體配銷及物流管理活動，以及整體營運績效之評估。同時，依照績效評估結果，再行檢討與設定下個循環之企業營運目標及經營策略。

在面對整體國際貿易市場競爭日益激烈情況下，特別是台灣屬於原物料資源缺乏之海島型經濟型態，企業體如何導入及建立完整的 MRP II 系統，藉以整合生產、行銷、人力資源、財務、工程及研發等企業功能活動成爲一企業系統，期能善用有限的企業資源及提升競爭力，實爲一項相當重要的課題。

近年來，廣受我國半導體及電子、資訊科技產業採用之企業資源規劃（Enterprise Resources Planning, ERP）系統，其概念即與 MRP II 系統相同，皆是企業提升資源使用效率及競爭力之最佳利器。最後，特將 MRP II 系統所具有之特徵說明如下：

1. MRP II 系統乃是涵蓋規劃（含策略性、戰術性及作業性三種）、執行及控制三個階段活動之一整合性的企業資訊系統，舉凡企業體所含各項功能活動，如生產、行銷、人力資源、財務、工程、研發、存貨、排程及保養維修等，皆屬於 MRP II 系統之子系統及元素。
2. 在 MRP II 系統之整體運作程序中，主要以 MRP I 爲核心，用以有效地串聯和整合有關企業之營運目標、經營策略及各項執行管制和績效評估活動。
3. MRP II 是一完整的企業資訊系統，故其提供生產、行銷、財務等各個子系統使用之資訊必須正確一致。
4. 基本上，整體 MRP II 資訊系統具有決策支援之功能，故能預先模擬企業營運上所面對各種實際狀況與結果，提供各階層管理人員決策分析之依據。

5.6 結論

基本上，MRP I 乃是一個電腦化的生產及物料管理資訊系統，在本章內容，首先介紹 MRP I 的邏輯架構及系統設計流程，包括投入資訊：MPS、BOM、ISS、已購未交訂單及物料主檔；運算程序：毛需求量、可用數量、淨需求量的計算，以及將前置時間逆推以求計畫訂單發出量之時機；輸出資訊：外購訂單、製造命令單及各種例外與管理報表。

MRP I 的計算流程共含決定毛需求量、決定可用數量、計算淨需求量、批量調整及決定計畫訂單發出量五個步驟。存貨總成本包含訂購成本（外購）、裝設成本（自製）、儲存成本、短缺成本及物項成本四類，批量調整的目的乃是決定適量的批次訂購量，期能獲得最低的存貨總成本。

JIT 生產系統透過小批量混合生產、生產平準化、U 型機器佈置、多能工、工作標準化及生產與移動看板，降低存量水準及消除不必要的浪費。比較起來，JIT 生產系統與 MRP I 皆是一種拉式生產管理，目標是爲降低存量、增進生產力及顧客服務水準。

然而，兩者也存有差異點，MRP I 是電腦化資訊系統，採大批量生產方式，由專業生產及物料管理人員來執行；而 JIT 生產系統則屬一種手動系統，採小批量混合生產式，是一全員參與式的生產系統。

自 1980 年代起，專家學者進一步將 MRP I 系統涵蓋範圍擴充，提出製造資源規劃（MRP II）的技術，將企業內各種生產、行銷、人事、財務、工程及研發功能活動，以及規劃、執行及控制等管理功能加以整合，建立一完整的企業資訊系統，希能善用企業整體資源，實質提升生產力及營運績效。

參考文獻

1. 白滌清譯（民 102 年 6 月），生產與作業管理，初版，台北：歐亞書局，頁 422-444。
2. 洪振創、湯玲郎、李泰琳（民 105 年 1 月），物料與倉儲管理，初版，台北：高立圖書，頁 306-332。
3. 林清和（民 83 年 5 月），物料管理－實務、理論與資訊化之探討，初版再印，台北：華泰書局，頁 383-449。
4. 賴士葆（民 80 年 9 月），生產／作業管理　理論與實務，初版，台北：華泰書局，頁 249-355。
5. 許獻佳、林晉寬（民 82 年 2 月），物料管理，再版，台北：天一圖書公司，頁 150-157。
6. 傅和彥（民 85 年 1 月），物料管理，增訂 21 版，台北：前程企業管理公司，頁 135-137。
7. 葉忠（民 81 年 1 月），最新物料管理－電腦化，再版，台中：滄海書局，頁 91-126。
8. Fogarty, D.W., J.H.Blacestone (1991), and T.R Hoffmann, Production & Inventory Management, Second Edition, Cincinnati: South-Western Publishing Co., pp. 333-366.
9. Jacobs, F.R. and R.B. Chase (2017), Operations and Supply Chain Management: The Core, Fourth Edition, McGraw-Hill International Edition, New York: McGraw- Hill Education, pp. 268-296.
9. Orlicky, J. (1994), Material Requirements Planning, Second Edition Singapore: McGraw Hill Education, pp. 67-138。
10. Russell, R.S. and B.W. (2014) Taylor, Operations and Supply Chain Management, Eighth Edition, International Student Edition, Singapore: John Wiley & Sons Singapore Pte. Ltd., pp. 490-521.
11. Schroeder, G.R. (1993), Operations Management: Decision Making in the Operations Management, Fourth Edition, Singapore: McGraw-Hill, pp. 624-691.
12. Stevenson, William J. (1992), Production/Operations Management, Fourth Edition, Homewood: Richard D. Irwin Inc., pp. 648-716.

自我評量

一、解釋名詞

1. 可用數量（Units Available）
2. 淨需求量（Net Requirements）
3. 計畫訂單發出量（Planned Order Releases）
4. 最低層次號碼（Low Level Code）
5. 經濟零件期因子（Economic Part Period Factor, EPP）
6. 多能工（Multifunctional Worker）
7. 拉式生產系統（Pull Production System）
8. 封閉式 MRP I 系統（Closed-LoopMRP I）

二、選擇題

( ) 1. 下列何者是導入企業資源規劃（ERP）的利益 (A) 各部門資料整合，可獲得跨部門的即時資訊 (B) 企業導入一定可以提升利潤 (C) 系統簡單 (D) 不需改變公司既有流程增加效率。

【108 年第二次工業工程師－生產與作業管理】

( ) 2. 已知零件 A 為生產產品甲、產品乙之必要零件，若每生產 1 個產品甲需要 5 個零件 A，且每個產品甲出貨時，必須額外附上 2 個零件 A 作為服務件；每生產 1 個產品乙需要 4 個零件 A，且每個產品乙出貨時，必須額外附上 2 個零件 A 作為服務件。零件 A 的供應商出貨時，將 4 個零件 A 包裝在一起出貨且不可拆開單獨販售，今欲生產 3 個產品甲、4 個產品乙，在不考慮前置時間及安全庫存的情況下，應購買多少個零件 A？ (A) 40 (B) 44 (C) 48 (D) 52。

【108 年第一次工業工程師－生產與作業管理】

( ) 3. 零件 X 為產品 A 與 B 的主零件，生產一台產品 A 需要 3 個 X，生產一台產品 B 需要 5 個 X。每一台產品 A 出貨時，要附上 2 個 X 為服務件；每一台產品 B 出貨時，也要附上 1 個 X 為服務件。但零件 X 的供應商出貨是以 3 個為一包裝且不可拆包裝分售，請問本期 A 產品要出貨 2 台，B 產品要出貨 5 台，不考慮安全庫存及前置時間（lead time）前提下，應該要購買多少個零件 X？ (A) 39 (B) 42 (C) 45 (D) 48。

【107 年第一次、107 年第二次工業工程師－生產與作業管理】

(　　) 4. 下列何者是整合行銷、財務、人事、研發與工程等其他層面的系統？ (A) 物料需求規劃（MRP） (B) 製造資源規劃（MRPII） (C) 產能需求規劃（CRP） (D) 封閉式的物料需求規劃（closed-loop MRP）。

【106 年第二次工業工程師－生產與作業管理】

(　　) 5. 以下針對豐田式生產之敘述何者不正確？ (A) 持續改善，消除不必要的浪費 (B) 生產流程採用推式生產 (C) 當問題發生時，以現地現物了解與分析現場狀況 (D) 產線人員需參與品質的改善與提升。

【105 年第一次工業工程師－生產與作業管理】

(　　) 6. 更新 MRP 系統的記錄有再生式系統（regenerative system）與淨變式系統（net-change system）。針對其敘述何者不正確？ (A) 再生式系統採用定期更新 MRP 紀錄的方式 (B) 再生式系統的優點：在一定時間間隔內，所發生的變動最後可能會相互抵銷，因此可以避免反覆地修正計畫，故處理成本較低 (C) 淨變式系統適用於穩定系統 (D) 淨變式系統是採用持續更新 MRP 紀錄的方式。 【105 年第一次工業工程師－生產與作業管理】

(　　) 7. 公司接到產品 A 與 B 的訂單，A 產品需求 100 件；B 產品需求 50 件。每件 A 產品需要 2 個 C 零件；每件 B 產品需要 5 個 C 零件，該公司目前有 B 產品庫存 20 件，C 零件庫存 50 個，則 C 零件的淨需求爲多少？ (A) 300 個 (B) 350 個 (C) 400 個 (D) 450 個。

【105 年第二次工業工程師－生產與作業管理】

(　　) 8. 下列何者不是物料需求計畫的主要輸入？ (A) Advanced planning and scheduling (B) Master production schedule (C) Bill of materials (D) Inventory data。 【105 年第二次工業工程師－生產與作業管理】

(　　) 9. 下列何者不是物料需求計畫（material requirement planning, MRP）之主要輸入項目？ (A) 採購訂單 (B) 物料清單 (C) 存貨記錄 (D) 主生產排程計畫。 【104 年第一次工業工程師－生產與作業管理】

(　　) 10. 設 Y 物料的毛需求量爲 1000 個，庫存現有量爲 200 個，將收到量爲 300 個，安全存量爲 100 個，則其淨需求量爲多少？ (A) 300 個 (B) 400 個 (C) 500 個 (D) 600 個。 【104 年第二次工業工程師－生產與作業管理】

(　　) 11. 某公司接受 A 產品訂單 50 件及 B 產品訂單 60 件，每件 A 產品需要 2 個 C 零件，每件 B 產品需要 5 個 C 零件，該公司目前有 B 產品庫存 25 件，C 零件庫存 160 個，則 C 零件的淨需求爲多少？ (A) 100 個 (B) 115 個 (C) 150 個 (D) 240 個。【104 年第二次工業工程師－生產與作業管理】

(　　) 12. 剛好及時（Just in Time, JIT）製造哲學由日本豐田汽車首創，豐田公司進一步仔細分析，綜合出工廠常見的七種浪費，請問下列何者不包含在七種浪費之中？ (A) 生產過多 (早) 的浪費 (B) 等待的浪費 (C) 動作的浪費 (D) 人力的浪費。【104 年第二次工業工程師－生產與作業管理】

(　　) 13. 下列哪一項不是物料需求規劃之輸出項目？ (A) 何時釋放出計畫訂單 (B) 產能負荷狀況 (C) 例外報告 (D) 績效管制評估

【103 年第一次工業工程師－生產與作業管理】

(　　) 14. 某公司必須完成一個需要生產 30 個產品 A 及 40 個產品 B 之主生產排程。假設生產一個產品 A 需要 3 個零件 C；生產一個產品 B 需要 4 個零件 C。目前，該公司擁有 20 個產品 B 及 60 個零件 C 的存貨。請問零件 C 的淨需求爲何？ (A) 90 (B)100 (C)110 (D) 120。

【103 年第一次工業工程師－生產與作業管理】

(　　) 15. 前置時間的逆推（lead-time offsetting）的正確說明以下列何者爲合適？ (A) 在需求計劃所定的日期之前提早將計劃的材料送達 (B) 增加一些安全前置時間以彌補一些無法預期的問題 (C) 在需要的日期之前依照前置時間的長短決定計劃訂單（planned order）應提前多久發出 (D) 彌補實際和計劃前置時間兩者之間的差異。【103 年第二次工業工程師－生產與作業管理】

(　　) 16. 相關批量法中，「設置成本」（setup cost）除以「每期單位存貨持有成本」（holding cost of one period）之值，稱爲 (A) 經濟生產量（economic production quantity） (B) 經濟訂購量（economic order quantity） (C) 經濟零件時期數（economic part period） (D) 經濟訂購時期（economic order period）。【102 年第一次工業工程師－生產與作業管理】

(　　) 17. 下列何者不是物料需求計畫的主要輸入？ (A) 主生產排程 (B) 物料清單 (C) 採購單 (D) 庫存資料。【102 年第一次工業工程師－生產與作業管理】

(　　) 18. 下列何者為 MRP（material requirements planning）的輸出項目？ (A) 存貨紀錄（inventory records） (B) 物料清單（bill of materials） (C) 計畫訂單排程（planned-order schedules） (D) 主排程（master schedule）。

【102 年第二次工業工程師－生產與作業管理】

(　　) 19. 對於 MRP 與及時系統（just in time, JIT）二種生產系統的觀念之敘述何者為非？ (A) 產品不良率近於零時應採取 JIT (B) MRP 為一拉式系統（pull system） (C) JIT 系統需要有快且低成本的轉換及設置作業 (D) JIT 使用安童（andon）設施來顯示作業或產品品質不正常。

【102 年第二次工業工程師－生產與作業管理】

(　　) 20. 使用零件期間訂購法（part period balancing）決定訂購批量，主要目的是為了 (A) 訂購成本最小化 (B) 存貨持有成本最小化 (C) 訂購成本與存貨持有成本的總和最小化 (D) 訂購次數最少化

【101 年第二次工業工程師－生產與作業管理】

(　　) 21. 下列何者不是物料需求規劃（MRP）的主要輸入？ (A) 產能 (B) 主生產排程 (C) 存貨記錄 (D) 物料清單。

【101 年第二次工業工程師－生產與作業管理】

(　　) 22. 在物料需求規劃（MRP）中，下列哪一項是依據物料清單（BOM）計算而得？ (A) 附屬需求物項 (B) 最終物項 (C) 完成品 (D) 服務性零件。

【101 年第二次工業工程師－生產與作業管理】

(　　) 23. 下列何者不是物料需求規劃（MRP）的輸入項目？ (A) BOM 表 (B) 存貨記錄資料 (C) 主生產日程計畫 (D) 計劃訂單開立量。

【101 年第一次工業工程師－生產與作業管理】

(　　) 24. 前置時間的逆推（lead-time offsetting）的正確說明以下列何者為合適？ (A) 在需求計劃所定的日期之前提早將計劃的材料送達 (B) 在需要的日期之前依照前置時間的長短決定計劃訂單（planned order）應提前多久發出 (C) 增加一些安全前置時間以彌補一些無法預期的問題 (D) 彌補實際和計劃前置時間兩者之間的差異。

【100 年第一次工業工程師－生產與作業管理】

(　　) 25. MRP 系統可提供廣泛的報告，下列何者不是 MRP 的主要報告？ (A) 計畫訂單（planned orders）：未來計畫中擬進行的請購單或工令單數量及時程 (B) 訂單開立（order releases）：授權執行計畫訂單 (C) 訂單變更（change notices）：對於已發出之採購單或工令單之變更建議，包括到期日、訂購數量或訂單取消的修正 (D) 供應商產能狀況：目前供應商之產能使用狀況及可能延誤交貨報告。【100 年第一次工業工程師－生產與作業管理】

(　　) 26. MRP 計算過程中，決定某物項訂購批量時，若其目標爲該物項的存貨持有成本最小化，則應採用下列何種批量訂購法？ (A) 定量訂購法（fixed-quantity ordering） (B) 定期訂購法（fixed-period ordering） (C) 批對批訂購法（lot-for-lot ordering） (D) 經濟訂購量模型（economic order quantity model）。【100 年第二次工業工程師－生產與作業管理】

(　　) 27. 就一般之生產規劃程序而論，產能需求規劃（capacity requirements planning, CRP）、物料需求規劃（MRP）及主生產排程（master production schedule, MPS）此三者之規劃先後次序應爲 (A)CRP → MRP → MPS (B) MRP → MPS → CRP (C) MPS → MRP → CRP (D) MRP → CRP → MPS。【100 年第二次工業工程師－生產與作業管理】

(　　) 28. 已知 X 零件 1-8 週的每週需求量如表 3。該零件每次之訂購成本（ordering cost）爲 $170，每週每件存貨持有成本（holding cost）爲 $2。若不考慮採購前置時間，使用經濟零件期間（economic part period, EPP）法計算訂購批量，則第一週訂購量應爲若干？ (A) 50 件 (B) 90 件 (C) 110 件 (D) 112 件。【100 年第二次工業工程師－生產與作業管理】

週次	1	2	3	4	5	6	7	8
需求(件)	50	40	20	2	30	40	10	50

(　　) 29. 在 MRP 系統中，關於前置時間（lead time）的使用，下列敘述何者正確？ (A) 從預定接收量（scheduled receipts）推算出毛需求量（gross requirements） (B) 從毛需求量推算出淨需求量（net requirements） (C) 從計畫訂單接收量（planned-order receipts）推算出計畫訂單發出量（planned-order releases） (D) 從預期現有庫存量（projected-on-hand inventory）推算出淨需求。【99 年第一次工業工程師－生產與作業管理】

(　　) 30. 下列哪一項不爲 MRP 系統的輸入？ (A) 主排程 (B) 物料清單 (C) 計劃訂單的排程 (D) 存貨紀錄。

【99 年第一次工業工程師－生產與作業管理】

(　　) 31. 如果使用批對批（lot-for-lot）的方式決定物料的訂購量，則訂購量是直接以下列何者決定？ (A) 毛需求（gross requirement） (B) 淨需求（net requirement） (C) 經濟訂購量（economic order quantity, EOQ） (D) 毛需求量 － 淨需求量。 【98 年第一次工業工程師－生產與作業管理】

(　　) 32. 下列決定物料訂購量的方法中，哪一個有嘗試平衡訂購成本及持有成本？ (A) 批對批（lot-for-lot） (B) 定期訂購（fixed-order interval） (C) 最小批量訂購（minimum order quantity） (D) 經濟訂購量（economic order quantity）。 【98 年第一次工業工程師－生產與作業管理】

(　　) 33. 物料需求規劃（material requirements planning, MRP）的計算邏輯爲何？ (A) 淨需求量＝毛需求量－現有庫存＋已訂未到量－安全庫存量 (B) 淨需求量＝毛需求量＋現有庫存－已訂未到量－安全庫存量 (C) 淨需求量＝毛需求量－現有庫存－已訂未到量＋安全庫存量 (D) 毛需求量＝淨需求量－現有庫存－已訂未到量＋安全庫存量。

【98 年第二次工業工程師－生產與作業管理】

(　　) 34. MRP II 是指下列何者？ (A) 時程化再訂單點（time-phased order point） (B) 物料需求計劃 (C) 製造資源規劃 (D) 迴路封閉之 MRP。

【97 年第二次工業工程師－生產與作業管理】

(　　) 35. 在 MRP 中，訂購量之多寡完全由淨需求決定，需求多少即依前置時間之要求訂購需求量，這是屬於何種批量政策？ (A) 逐批訂購法（lot for lot, LFL or L4L） (B) 再訂購點（reorder point, ROP） (C) 經濟訂購量（economic order quantity, EOQ） (D) 定量訂購法（fix order quantity, FOQ）。

【97 年第二次工業工程師－生產與作業管理】

(　　) 36. 經濟零件期數（economic part period, EPP）的主要用途是 (A) 決定採購（或設置）成本 (B) 決定採購（或設置）的最低操作成本 (C) 決定最低運輸成本 (D) 決定採購（或設置）批量大小。

【93 年第一次工業工程師－生產與作業管理】

三、問答題

1. 試繪製 MRP I 系統的邏輯架構圖，並具體說明整個系統流程中，在投入、運算程序及輸出三個階段的必要資訊與其所包含的元素。
2. 試繪製 MRP I 資訊系統的設計流程圖，並說明一完整的 MRP I 系統所須建立的資訊檔案及相關的表單文件。
3. 試繪製整合性生產 / 物料管理功能之 MRP I 系統圖，並說明此一整合系統結構之所涵括四個部分之內容。
4. 何謂毛需求量（Gross Requirements）？請說明毛需求量的計算程序。
5. 整體 MRP I 系統的計算流程共含哪五個步驟？試說明之。
6. 依你個人觀點與實務經驗，試設計一張 MRP I 運算報表格式。
7. 何謂批量調整（Lot Sizing）？其目的爲何？試說明之。
8. 在實務上，一般所使用的批量調整模式共有哪些類別？試簡要說明這些模式的概念。
9. 試繪圖說明豐田 JIT 生產系統的理論架構。並說明 JIT 生產系統所包含兩個領域之內容。
10. 爲了達到平準生產並降低存量水準，JIT 生產系統採用小批量混合生產方式及生產平準化。試繪圖說明 JIT 小批量混合生產方式與大批量生產之概念，並比較其存量水準。
11. U 型機器佈置之優點爲何？試繪圖說明之。
12. 試繪圖說明 JIT 看板系統（Kanban System）的概念。
13. JIT 看板有哪些類別？其功用爲何？又企業推動看板系統必須遵照哪些原則？試說明之。
14. 企業實施 JIT 生產系統可獲得那些利益？試說明之。
15. JIT 生產系統與 MRP I 系統的相似點爲何？兩者有何共同的目標？試說明之。
16. JIT 生產系統與 MRP I 系統的差異點爲何？試繪表說明之。
17. 何謂製造資源規劃（Manufacturing Resource Planning，MRP II）？其具有那些特徵？試說明之，並繪圖說明 MRP II 系統之運作程序。
18. 由 MRP I 演變成爲 MRP II 之過程中，共含哪四個階段？每個階段之概念與目的爲何？ 試說明之。

19. 試就下列資訊進行物料需求展開與計算：

(1)產品結構樹（BOM）

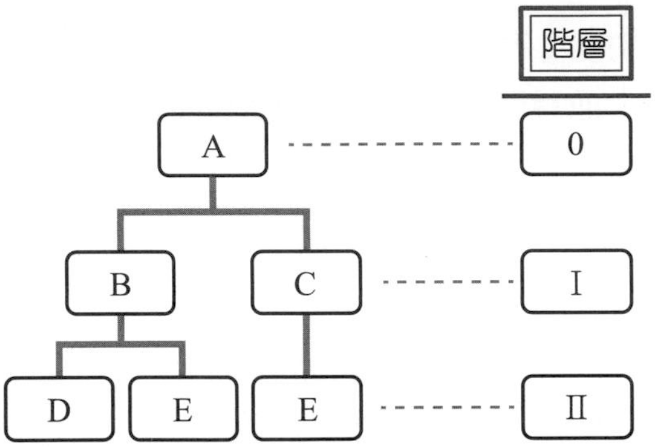

(2)總生產日程計畫（MPS）、現有庫存量（IS）、以及已購未交數量（SR）等資訊如下：

物項	IS	SR	1 週	2 週	3 週	4 週	5 週	6 週	7 週	8 週
A	20	0						200	100	300
B	80	50_2								
C	0	0								
D	20	0	10	10	10	10	10	10	10	10
E	100	0								

註：設每一物項之前置時間皆為 1 週，單位用量皆為 1 單位，安全存量皆為 0 單位；B 物項在第 2 週有已購未交數量 50 單位到貨。

20. 台中公司物料管理部門現正要進行物料需求規劃，相關資料如下：

(1)產品結構樹（BOM）

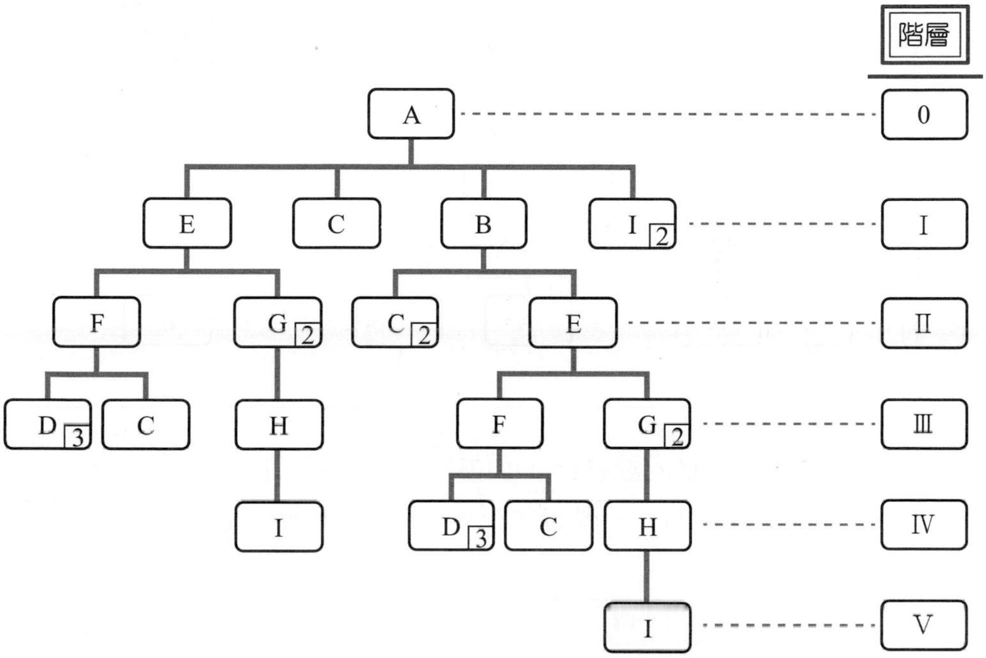

註：各物項左下角方格內數字表示單位用量，未註明者皆為 1 單位。

(2)總生產日程計畫（MPS）、現有庫存量（IS）及已購未交數量（SR）等資訊如下：

物項	IS	SR	1 週	2 週	3 週	4 週	5 週	6 週	7 週	8 週
A	50	0						80	50	0
B	20	50_2								
C	30	0			4	4	6	6	6	6
D	50	210_3			12	14	16	18	20	22
E	30	100_1								
F	50	0								
G	0	400_2								
H	0	0								
I	50	200_1			13	15	17	19	20	21

設各物項之前置時間皆為 1 週。試進行物料需求展開與計算（依照本書展開報表格式），決定各物項之計畫訂單發出量。

21. 台中公司物料管理部門現正要進行物料需求規劃，相關資訊如下：

(1)產品結構樹（BOM）

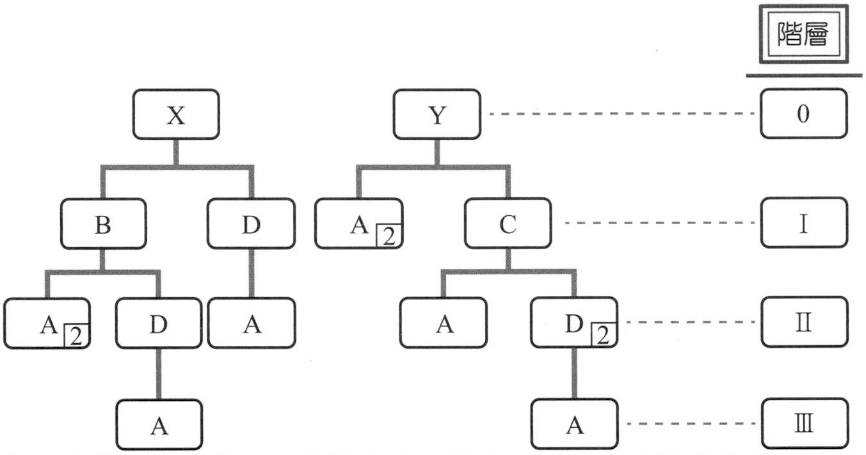

註：各物項左下角方格內數字表示單位用量，未註明者皆爲 1 單位。

(2)總生產日程計畫（MPS）、現有庫存量（IS）及已購未交數量（SR）等資訊如下：

物項	IS	SR	1 週	2 週	3 週	4 週	5 週	6 週	7 週	8 週
X	0	20_6						100		75
Y	0	20_4					30	100		50
A	50	10_1								
B	0	200_2							20	
C	10	0								
D	10	200_3	10	10		10	10	10		10

設各物項之前置時間皆爲 1 週。試進行物料需求展開與計算（依照本書展開報表格式），決定各物項之計畫訂單發出量。

22. 巨人精機公司生產 CNC 工具機，最近 8 週傳動齒輪之需求量如下：

期別	1 週	2 週	3 週	4 週	5 週	6 週	7 週	8 週	總計
淨需求量	20	30	40	0	35	30	40	15	210

傳動齒輪係以外購方式取得，年需求量爲 1,500 單位，一年總期數爲 52 週，每批訂購成本爲 150 元，單位儲存成本爲每年 1.5 元，試以下列批量調整模式求算最適每批次訂購量：

(1)定量訂購（FOQ）
(2)定期訂購（FPR）
(3)批對批訂購（LFL）
(4)分期訂購量（POQ）
(5)最低單位成本（LUC）
(6)最低總成本（LTC）

NOTE

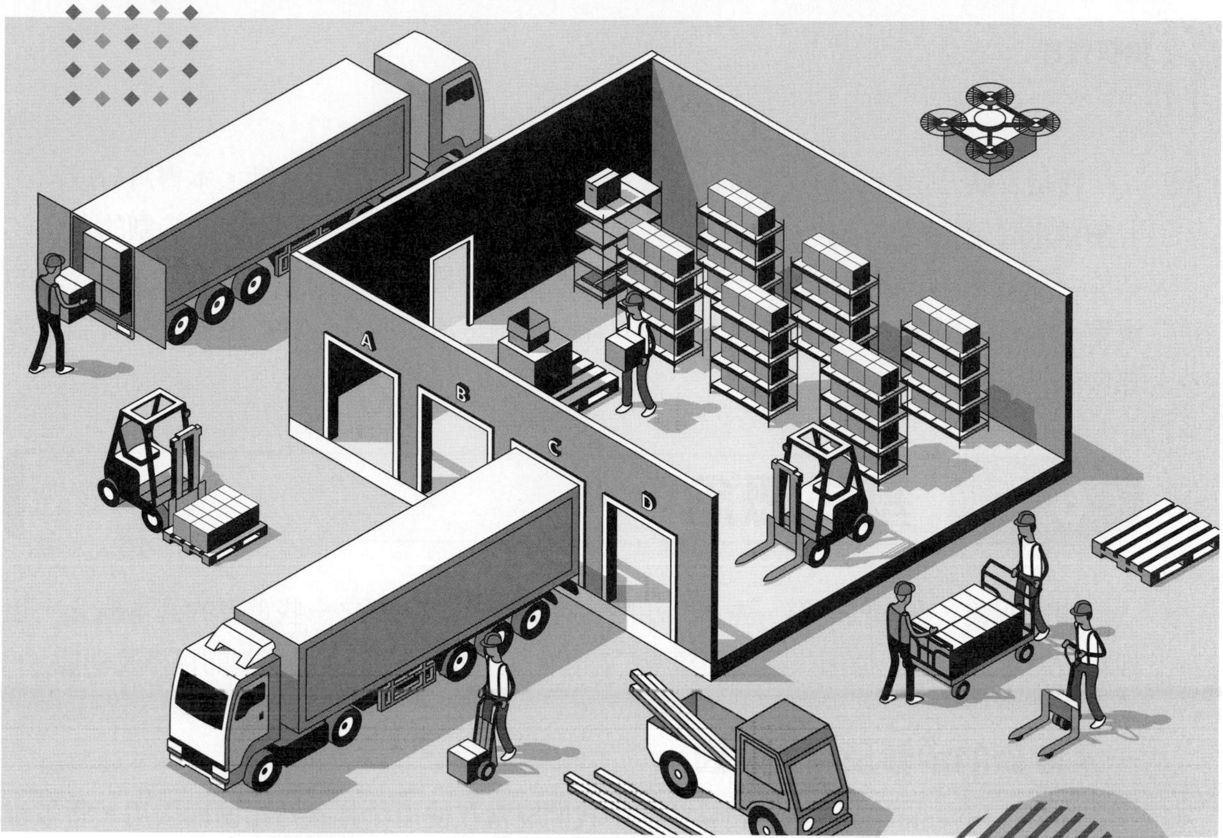

Chapter 6

存量管制概念

▷ 內容大綱

存量管制乃是影響整體物料管理績效之一項相當重要的功能活動，本書將分成六、七兩章來詳細介紹。在本章內容，首先要介紹存量管制的基本概念、存量管制的目標及功能、存量管制的環境面因素、存貨成本的類別、存量管制系統及訂購點與安全存量的決定。本章的學習，目的爲引導讀者建立存量管制之清晰概念，並能瞭解存量管制之實務做法。

6.1 基本概念

開宗明義，在本節內容，先要介紹關於存貨及存量管制之一些重要的基本概念，包括存貨的定義及產生原因、存貨的類型、存貨的正負面功能及存量管制的目標及功能。

一、存貨的定義及產生原因

存貨（Inventory）一詞，日常生活中我們經常在使用，其義乃指備而未用，暫被堆置、且具有一定經濟價值的閒置資源。從管理實務的角度來看，一般常將 Inventory 視爲存貨數量，但其意也可以表示爲存貨價值、存貨清單或是財產目錄（含規格尺寸、編號、名稱、價格、價值、數量或是其他詳細的記載）。本書內容依實務慣例，以 Inventory 表示存貨數量（存量）之意。

舉例來說，置於工廠內部且尚未使用的物料，包括原料、零配件、組件、次裝配、在製品、製成品、耗材及各種供應料等，皆可稱爲存貨。再就服務業而言，每家 7-11 統一超商料架上三千多項商品，各公民營加油站地下儲油槽所儲存的油品，置放於中友百貨專櫃之商品，或者是擺在誠品書店書架上之圖書期刊等，皆可稱之爲存貨。

由上述的定義可知，存貨的類別可以說是包羅萬象，與每個人的日常生活、尤其是經濟生活與生活品質可以說是息息相關，實有必要來認識與瞭解存貨的概念。在還未介紹存貨的正、負面功能以前，在此，先出一個問題以引導大家來思考，即爲何任一企業或機關團體（含家庭）皆會有存貨產生？其原因爲何？在說明以前，先舉一個簡單的水槽儲水例子，如圖 6.1 所示。

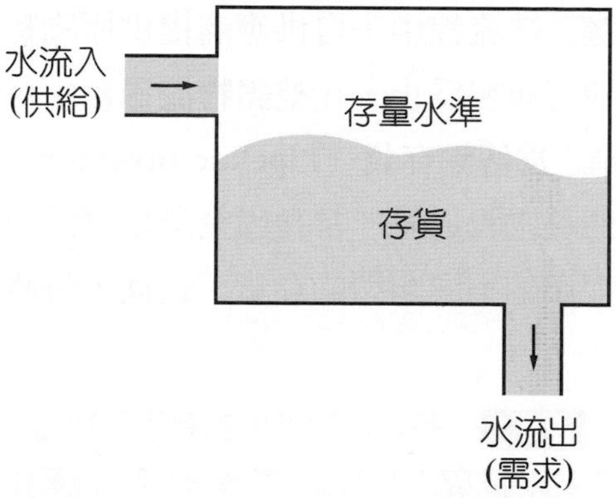

圖 6.1 存貨的產生（以水槽儲水為例）

由圖 6.1 可知，水槽中的儲水代表存貨，儲水的高度表示存量水準。而水槽之所以會有存貨產生，乃是因水流入水槽的供給率大於水流出之需求率之緣故，其供給率與需求率之差額，即表示存貨之儲存率。反之，假若供給率小於需求率，即會產生缺貨（水短缺）現象，其供給率與需求率之差額，即表示缺貨率。

在圖 6.1 所舉簡單的水槽儲水例子，亦可用來表示製造業存貨產生之概念。在工廠內部，無論是整個工廠或是任一工作站，只要其物料供給率大於需求率，就會有存貨產生；反之，若其物料供給率小於需求率，將會造成物料短缺的現象。由此，可以獲得一項重要的驗證與心得，即是若能有效的控制與調節物料的供給率及需求率，即便可將存量水準控制在適當的預期範圍之內。

就實務而言，存貨產生的原因很多，因企業性質及內外部環境等現實因素而定；不過，就一般製造業來講，存貨產生的原因主要可以歸諸於下列四點因素：

1. 若產品銷售具有季節變動的現象，如同本書第四章介紹的概念，爲了促使產銷能夠配合所採用的存貨策略，即維持生產率在正常穩定水準下，利用淡季多餘的產量（存貨）來彌補及供應旺季之不足產量。**這種因應旺季之需而於淡季所生產多餘的產量，可稱之爲預期存貨（Anticipation Inventory）**。
2. **爲了預防需求率增加及前置時間延長所產生的存貨**，目的爲避免造成物料供應不繼、製造生產線待料停工及交期延誤之現象，並節省人員及機器設備閒置損失。這種存貨，即爲在企業實務相當普遍之安全存貨（Safety Stock）。
3. 乃是經濟效益的考量，如同本書第六章所介紹 MRP Ⅰ批量調整的概念，存貨產生的原因主要是**爲求達到經濟生產規模以獲得最低生產成本，或是爲了獲致最低的存貨總成本，使得批次訂購量大於實際需求量，這種存貨稱之爲批量存貨（Lot-Size Inventory）**。

4. 在企業整體產銷供應鏈系統流程中，自供應商提供原物料開始，經過製造加工、配銷通路、一直到產品運交顧客爲止，**在整體物流過程中每一個階段因轉運儲存所產生之存貨，這種存貨稱之爲傳輸存貨（Pipeline Inventory）**。

在實務上，除了上述四種原因以外，常會因企業現實狀況，如投機囤積、預期價格上漲或心理層面等因素，而產生不同類型的存貨。在此，特將上述各種存貨產生原因加以彙總比較，如表 6.1 所示。

表 6.1 各類存貨產生的原因及效益

類別	產生原因	預期效果
1. 預期存貨	為克服產品銷售之季節變動，促使產銷能夠配合，在淡季所產生之多餘產量所形成之存貨。	可以降低生產成本，也可以準時交貨避免交貨延期，並節省加班、外包及產量變動成本。
2. 安全存貨	為避免需求率及前置時間發生變化，以防止物料供應不繼，降低人員及機器設備資源之閒置損失，所增加的存貨。	提高顧客服務水準，降低生產及短缺成本，並避免延期交貨損失、減少顧客抱怨與申訴成本。
3. 批量存貨	為獲致最大的經濟效益，如經濟生產規模或最低存貨總成本，每批次訂購量超過實際需求量，其數量差額所產生的存貨。	可獲得最低生產成本與存貨總成本，減少訂購成本及因數量折扣而降低物料採購成本。
4. 傳輸存貨	在企業整體產銷供應鏈系統流程中，由供應商、製造加工、配銷通路、以至市場顧客，每一個階段的物料流動，因轉運儲存需要所產生的存貨。	降低運輸成本，提高顧客服務水準，防止物料短缺及穩定生產，並提高存貨及資金週轉率。
5. 其他存貨	在企業現實環境下，因為投機囤積、物價上漲、預期心理及其他因素，所產生的存貨。	因企業及個人所追求之目標而定。

二、存貨的類型

在介紹完存貨的定義及其發生原因以後，接下來，將繼續介紹存貨的類型。在實務上，可依不同的基準來區分存貨的類型，其中，若依前述存貨發生的原因與目的來區分，可將存貨分爲預期存貨、安全存貨、批量存貨、傳輸存貨及其他存貨五種類型。

此外，一般在產業界常以物料的性質爲基準，將存貨分成原料與零配件、在製品、製成品及間接物料四類，茲說明如下：

1. **原料與零配件存貨（Raw Materials Parts Inventory）**

   指供應商已交貨或是現已堆積於企業內部，但尚未投入製造現場進行加工裝配之原料及零配件。一般可由採購資料、供應商發票與送貨清單及庫存記錄等資訊，來核算實際存貨數量與價值。

2. **在製品存貨（Work in Process Inventory）**

   指原料已投入製造現場加工或是在零配件進行裝配過程中，但仍未成為最終製成品之半成品（Partially Completed Goods）。在實務上，欲準確的計算在製品存貨較為複雜與困難，含分步成本法（Process Costing，適用於連續及大量生產工廠）及分批成本法（Job-Order Costing，適用於訂單及批量生產工廠）二種。

3. **製成品存貨（Finished-Goods Inventory）**

   指已在工廠內部全部加工裝配完成，但是尚未交貨，仍置放於倉庫或適當地點之最終製成品；若是零售批發業，則是指擺放在料架上或倉庫內之商品（Merchandise）。製成品存貨之數量與價值，一般可利用直接原料成本、直接人工成本、製造費用及生產資訊計算而得。

4. **間接物料存貨（Indirect Materials Inventory）**

   指堆置之保養維修用零配件、工具（含模具、夾具、刀具與輪具）及供應料（含潤滑油、機油、手套、醫療器材及各類耗材）。

   依上所述，特將四類存貨在生產流程予以定位，如圖 6.2 所示。

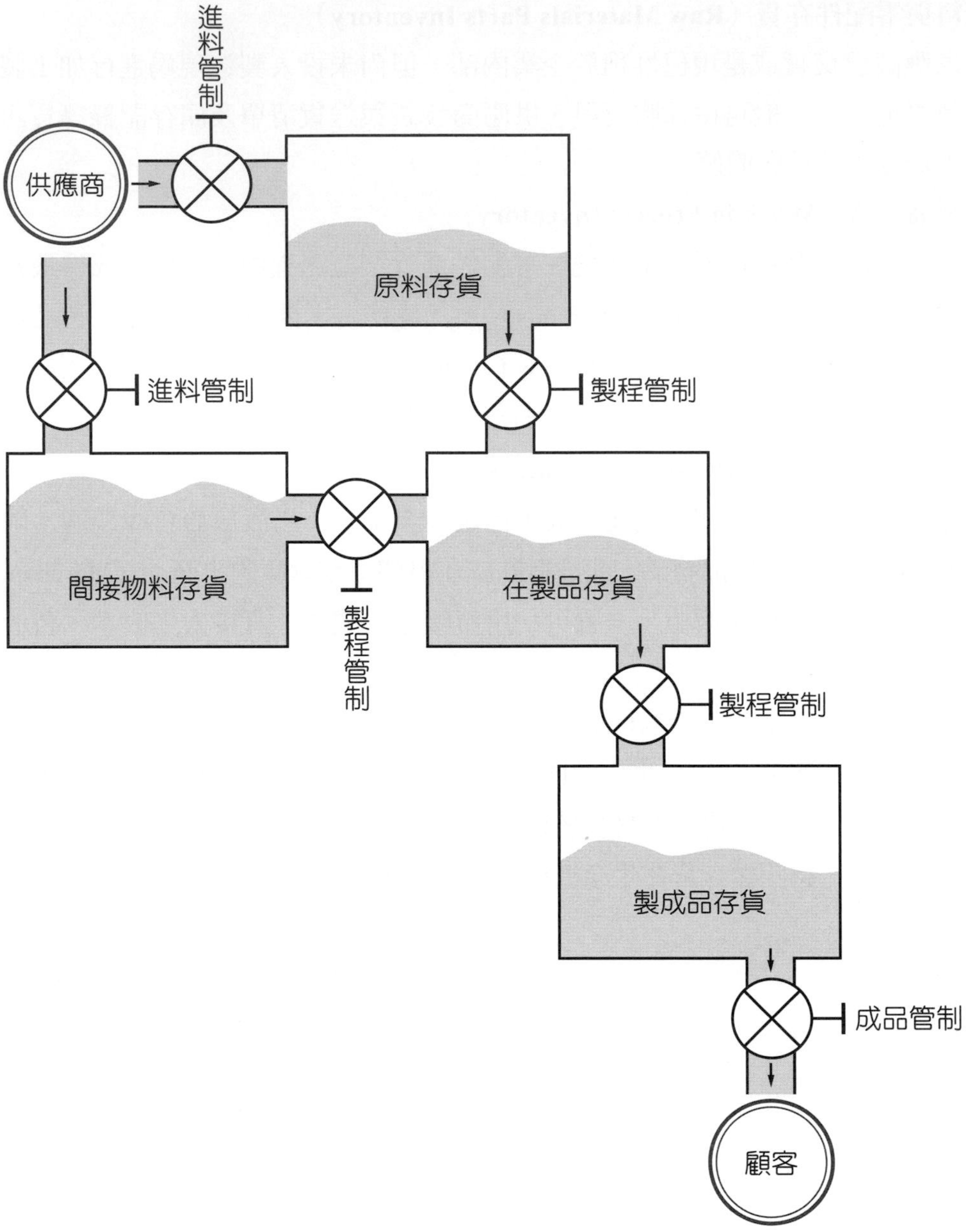

圖 6.2 各類存貨在生產系統流程中的定位

在談完存貨分類的概念後，最後特將上述內容再加以彙總，如表 6.2 所示。

表 6.2 存貨的分類

依存貨發生原因區分	依存貨性質區分
1. 預期存貨 2. 安全存貨 3. 批量存貨 4. 傳輸存貨 5. 其他存貨	1. 原料與零配件存貨 2. 在製品存貨 3. 製成品存貨 4. 間接物料存貨

三、存貨的功能

若依整體企業經營管理的角度來看，存貨可說是橫跨生產、行銷、人力資源、財務及研究發展等業務功能領域，一致共同關心的核心對象；因爲，存貨問題對於企業之營運成本、利潤追求、競爭力及整體的營運績效之影響甚巨。故就實務而言，應如何尋求最適當的存貨決策，期以發揮存貨之正面功能，實爲物料管理之一項相當重要的課題。

一般來說，存貨有其正面與負面的功能。首先，將存貨的正面功能彙總如下：

1. 克服銷售季節變動，促使產銷配合，藉由生產平準化以達成降低生產成本、提高產品品質水準之目標。
2. 預防原物料短缺情事發生，避免待料停工，減少資源閒置損失。
3. 準時交貨，避免延遲交貨損失，提高顧客服務水準。
4. 一次採購較大批量，以獲得經濟生產規模利益。
5. 藉由經濟批量，以獲得最低存貨總成本的利益。
6. 獲得數量折扣的利益，以降低物料採購成本。
7. 事前購進堆置，以預防原物料之價格上漲。
8. 儲存製成品，等待有滿意價格再行售出。
9. 配合並滿足市場顧客之預期或計畫需求。
10. 緩衝在企業產銷系統流程中作業的變動（Decouple Operations），如避免機器故障、品質異常所造成的生產線中斷。
11. 降低因政治、經濟、供應商、競爭者、罷工或其他因素存在，所造成的物料供應之不確定。
12. 可以穩定員工的就業，提升員工士氣。

上述十二點乃是存貨的正面功能，然而，從另一個角度看，存貨也有許多負面的功能，存貨過多最直接的是會造成資金利息的積壓，降低資金的週轉速度，形成營運週轉的困難；舉例來說，過去國內有一些企業就因存量太多而套牢資金，面臨重大的營運困境。具體來說，存貨過多將會產生下列負面的功能：

1. 積壓資金利息，增加產品成本，影響資金週轉速度及投資報酬率，形成營運週轉的困難。
2. 必須建造倉庫，增加土地及相關的營運成本。
3. 若存貨儲存太久，可能會因產品設計規格或者是顧客需求之變更，而變成呆料。
4. 可能會因倉儲管理不良而形成廢料。
5. 倉庫內部必須投資相關的軟硬體設施，增加折舊及營運成本。
6. 增聘倉儲管理人員，提高人工成本。
7. 增加文書作業、電腦化、庫存記錄等相關成本。
8. 其他如竊盜、品質變異、化學蒸發等因素所造成的損失。

綜上所述，特別強調任何企業的營運均無法避免存貨的存在，且其數量決策幾乎是攸關著企業整體營運績效之成敗關鍵；因此，企業相關的高階層經營者及物料管理人員均應深入明瞭存貨之正面與負面功能，做好存量管理工作，並藉以進行存貨決策分析，尋求最適當的存貨水準，期能獲得最大的經濟效益。

四、存量管制的目標及功能

在談完存貨的概念後，接著介紹存量管制的定義及目標。**存量管制（Inventory Control）乃是以適當的決策模式來訂定最佳的存貨數量，期能達成穩定生產、提高顧客服務水準及降低存貨成本之目標**。在實務上，存量管制是一項相當重要的決策，企業必須藉由存量管制來尋求最適存量水準，期以發揮其正面功能。

接下來思考分析存量水準所形成的好處與缺失。假若存量過多，好處是能夠隨時提供製造現場加工裝配所需的原物料，可以穩定生產及準時交貨，提高顧客服務水準；但是存量過高則會形成積壓資金及存貨成本過高之缺失。反面來講，若存量過低，好處是可以降低積壓資金及存貨成本，但其缺失是恐有物料供應不繼、製造現場待料停工之虞，並造成延遲交貨、人員及機器設備閒置之損失。

由上述分析可知，實際存貨水準過多或過少，皆有其好處及缺失；因之，必須存量管制來權衡各項利弊得失，希能取得平衡點以求得最適當的存量水準，有效地達成穩定生產、提高顧客服務水準及降低存貨成本之目標。關於存量管制的涵義與目標，如圖 6.3 所示。

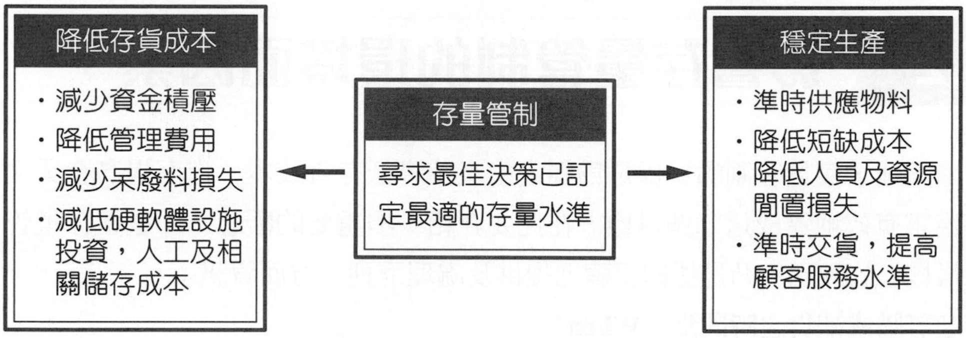

圖 6.3 存量管制的涵義與目標

由圖 6.3 可知，**存量管制二個目標乃是穩定生產及降低存貨成本**。前已談過，存量管制是一項相當重要的企業決策，其功能橫跨了各項企業業務功能之領域，實爲影響企業營運績效之關鍵因素。

在介紹存量管制的重要性以後，特別將存量管制的功能彙總如下：

1. 穩定生產，準時供應製造現場所需原料、零配件及間接物料，不會有待料停工之虞，降低生產成本。
2. 降低物料短缺及相關的存貨成本。
3. 力求資金的有效運用，增進資金週轉速度。
4. 減少資金及利息積壓，提高企業之投資報酬率。
5. 掌握最適存量水準，可以降低企業營運成本，增進利潤。
6. 建立正確的庫存記錄，能有效地掌握現有庫存狀況，進而採取適當的因應對策與措施。
7. 做好倉儲管理，預防呆廢料產生。
8. 提升物料搬運之效率，節省整體產銷物流系統之搬運成本。
9. 縮短訂單之流程時間（Flowtime），提升機器設備之利用率。
10. 準時交貨，提升顧客服務水準。
11. 有效利用工廠及倉庫空間。
12. 縮短訂購前置時間，並促使前置時間更爲穩定。
13. 提升物料收率，預防製造現場物料的浪費，節省物料成本。
14. 促使請購、採購、驗收、倉儲管理及領料活動得以順利進行，提升物料管理的成效。
15. 促使物料需求規劃（MRP）所提供需求物項（What）、時間 （When）及數量（How Much）三種資訊更爲正確合理。

6.2 影響存量管制的環境面因素

如前所述，存量管制的目標是爲穩定生產及降低存貨成本，進而提高企業之投資報酬率。爲求有效地達成這二個目標，在此要介紹一項重要的觀念：即整體存量管制決策模式之最核心的內涵，乃是能夠正確地提供及處理下列二方面資訊：

1. **發起訂購或補貨之時間點（When）**

   此項時間點資訊的掌握非常的重要，是整體存量管制決策之成敗關鍵，許多物料問題皆是因未能確實掌控訂購時機而衍生出來。一般而言，若訂購物料的時間點過早，將會因存量增加而提高存貨成本；反之，若是訂購物料的時間點太晚，則會有形成物料供應不繼、生產線待料停工之虞。實務上，一般皆以訂購點（Reorder Point）作爲發起訂購或補貨之時間點基準。

2. **每批次之訂購量（How Much）**

   乃是決定每一批次必要補充多少存貨，此批次訂購量和存貨成本，如訂購、儲存及短缺成本息息相關。若批次訂購量過多，將會提高儲存成本，形成利息的積壓；相反的，若批次訂購量過少，因訂購次數增加、存量減少，則會形成訂購及短缺成本增加之缺失。

簡言之，進行存量決策所面臨之最重要課題，乃是在於正確地決定與提供訂購點與批次訂購量二種資訊。不過在選擇最適存量模式以進行存量決策分析時，必須要愼重考量環境面的因素。歸納起來，影響存量管制決策之環境面因素，共有未來需求量、前置時間、訂購重覆性、物料取得方法、存量管制系統及存貨成本六項。

1. **未來需求量（Future Demand）**

   進行存量決策時必須要研判分析未來需求量之確定性程度，自決策理論（Decision Theory）的觀點來看，物料之未來需求量分爲下列三種情況：

   (1) 確定性（Certainty）：指決策者在事前已完全確知未來需求量。

   (2) 風險（Risk）：指決策者在事前無法完全確知未來需求量，但可以估算及建立其未來需求量之機率分配。

   (3) 不確定性（Uncertainty）：指決策者在事前完全不知道未來需求量，也無法估算及建立其機率分配。

2. **前置時間（Lead Time）**

   與物料之未來需求量相同，依照其確定性的程度，可以分成確定性、風險及不確定性三種情況。

3. 訂購重覆性（Repetitiveness）

乃是存量決策期間之訂購次數，可分成下列二種情況：

(1) 單期訂購（Single-Period Order）：爲一種靜態的訂購決策，在考量物品性質、品質、需求或其他因素下，其在存量決策期間僅訂購一次，比如書刊雜誌、或是豆漿與漢堡等品質易生變異的物品。本書第七章所介紹之機率性存量管制模式即屬之。

(2) 多期訂購（Multi-Period Order）：爲一種動態的訂購決策，其在存量決策期間可以重覆多次訂購，一般物料之訂購均屬此種模式，請讀者參閱本書第七章內容。

4. 物料取得方法（Supply Source）

在實務上，一般取得物料的管道主要有下列二種方式：

(1) 外購（Buy）：利用對外訂購、協力廠商、或長期合約（中心衛星工廠）方式來取得原物料。

(2) 自製（Make）：即利用企業本身自己製造加工方式，來提供生產線所需之零配件。

就實務而言，物料之外購與自製決策相當重要，其與生產成本、穩定物料來源、品質水準、員工士氣及其他相關因素皆有密切關係。因爲，一般企業所使用的物項幾達幾千項、萬項以上，根本不可能以有限的生產資源來生產全部物項，一定要進行外購與自製決策分析，期能獲得最大的經濟效益。爲此，特將外購與自製決策分析所須考量的因素加以彙總，如表 6.3 所示。

表 6.3 外購與自製決策之考量因素

計量分析（成本因素）	非計量分析（無形因素）
1. 自製成本 ・直接原料成本 ・直接人工成本 ・製造費用 2. 外購成本 ・採購金額 ・其他成本：含運費、關稅、進料檢驗、搬運入庫及料帳記錄等費用	1. 物料來源之穩定性 2. 品質水準 3. 銷售季節變動及物料需求變動 4. 員工就業與士氣 5. 專利權及相關法令規定 6. 員工的技術能力 7. 產品設計、規格材質、配方及技術之機密性 8. 其他因素：如環保、人際關係、採購政策、政治及經濟等

5. 存量管制系統（Inventory Control System）

(1) ABC 分類管制系統。

(2) 定量管制系統。

(3) 定期管制系統。

(4) S - s 管制系統。

(5) 兩堆管制系統。

(6) MRP I 系統。

上述因素，乃是進行存量管制決策分析所須考量的環境面因素；除此以外，一般在企業實際做法上，可能尚須考量物料需求型態、供給型態、物料價格及相關的存貨成本等因素。其中，物料需求型態共分成期初型、期中型、期末型、均勻型及不規則型五類，請參閱本書第四章 4.2 節內容。物料供給型態共有一次交貨（無限補充）、均勻交貨及分批交貨三種類型，如圖 6.4 所示。物料價格則是分成維持固定及數量折扣（Quantity Discount）二種情況。

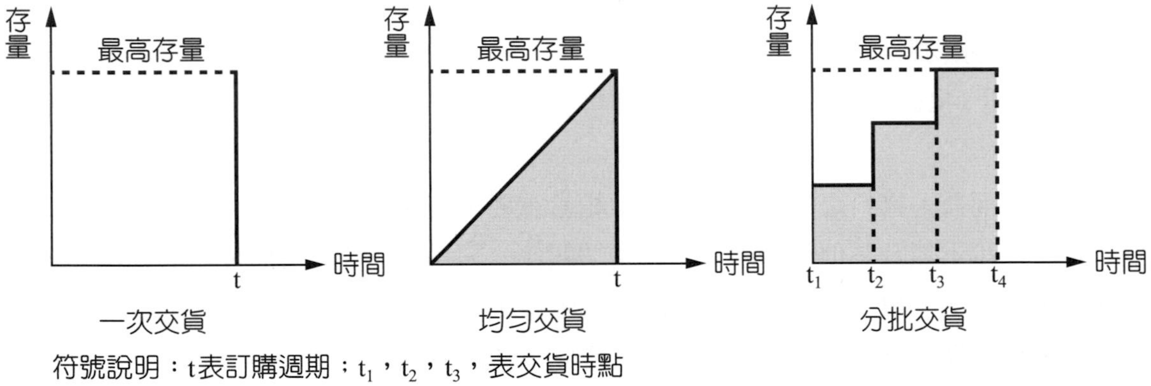

圖 6.4　三種物料供給型態

由上介紹可知，影響存貨管制決策的環境面因素相當多，若將這些因素甲乙排列組合，將會形成數百種以上存貨決策模式。在此，特舉一較爲單純的情況，若僅考量訂購重複性、物料取得方式、未來需求量及前置時間四項因素，在依序排列組合以後，其所形成的存貨決策模式共有 36 種，如表 6.4 所示。

表 6.4 存貨決策模式的類別

訂購重複性	物料取得方式	未來需求量	前置時間
單期訂購	外購	確定	確定性
			風險
			不確定性
		風險	確定性
			風險
			不確定性
		不確定性	確定性
			風險
			不確定性
	自製	確定性	確定性
			風險
			不確定性
		風險	確定性
			風險
			不確定性
		不確定性	確定性
			風險
			不確定性
重複訂購	外購	確定	確定性
			風險
			不確定性
		風險	確定性
			風險
			不確定性
		不確定性	確定性
			風險
			不確定性
	自製	確定性	確定性
			風險
			不確定性
		風險	確定性
			風險
			不確定性
		不確定性	確定性
			風險
			不確定性

6.3 存貨成本的類別

若從成本經濟效益的角度來看，存量管制最主要的目標乃是為求能獲致最低的存貨總成本；因之欲做好存量管制工作，首要課題即是必須瞭解存貨成本的類型及概念。一般實務上，將存貨成本共分為訂購成本、儲存成本、短缺成本、裝設成本及物項成本五種類型。下面將逐一介紹之。

一、訂購成本

存貨的發生，首先乃是肇因於物料的訂購與取得。簡言之，**訂購成本（Ordering Cost, C_0）乃是指每次對外訂購物料時，在前置時間內從事各項活動所支出的成本**。就實務而言，在取得物料的前置活動過程中，依序要展開請購、採購、驗收、搬運及入庫等作業，如圖 6.5 所示。

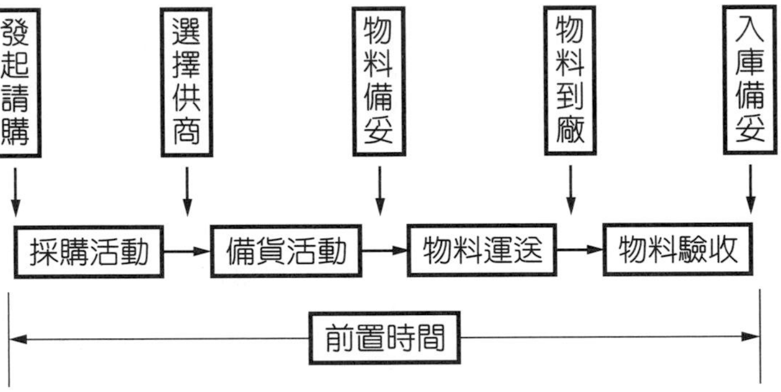

圖 6.5　外購物料之前置時間

由圖 6.5 可知，前置時間為自發起請購開始，一直到物料入庫備妥為止所經過的時間。在實務上，前置時間能否有效掌控，深深影響著整體物料管理的績效。前已談過，在物料需求規劃及存量管制活動所須提供的時間資訊（When），其正確性和前置時間有密切關連。相較之下，對照圖 6.5 所列活動，訂購成本共包含下列五項成本：

1. **請購成本：**含文書作業、人員薪水、溝通聯繫等費用。
2. **採購成本：**含招標、議價、比價、文書作業、人員薪水、軟硬體投資、溝通聯繫及跟催等費用。
3. **驗收成本：**含檢驗作業、人員薪水、軟硬體投資、儀器折舊及不合格批的處理等費用。

4. **搬運成本：**含人員薪水、軟硬體投資及搬運設備折舊等費用。
5. **入庫記帳成本：**含文書作業、人員薪水及軟硬體投資等費用。

在瞭解訂購成本的涵義及結構以後，進一步探討訂購成本與批次訂購量之關係。若**設在決策期間之總需求量維持固定水準，總訂購成本和批次訂購量將會形成反比例關係。**因為當批次訂購量增加時，則其訂購次數將會減少，促使總訂購成本會相對地降低；反之，當批次訂購量減少時，因訂購次數增加緣故，故總訂購成本將會相對地增加。此種概念，如圖 6.6 所示。

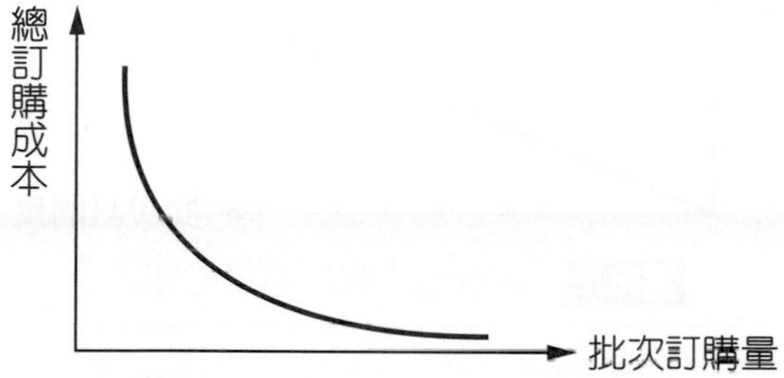

圖 6.6 訂購成本與訂購量的關係

二、儲存成本

無論是藉由自製或是外購方式，企業於前置時間取得物料以後，即應將這些物料置放於倉庫或適當的地點，並採行適當的保管措施。**儲存成本（Carrying Cost or Holding Cost, C_h），即是為妥善與有效地保管這些存貨支出的成本。**具體歸納起來，儲存成本共包含下列六項成本：

1. **資金積壓之利息費用。**
2. **建造倉庫成本：**含土地、營建及軟硬體投資等費用。
3. **管理費用：**含人員薪水、文書、保險、水電、稅金、租金、盤存及相關費用。
4. **折舊及保養費用：**含自動倉儲、各項軟硬體設施之保養維修、測試及折舊費用。
5. **損耗成本：**含竊盜、品質變異、化學蒸發及相關因保管不良所造成的損失。
6. **搬運及裝卸成本：**含搬運人員薪水、搬運設施投資及相關的成本。

依照統計，在整個儲存成本組成結構中，佔最大比例者乃是第一項資金積壓所產生的利息費用，約佔 80% 以上。此外，依照日本資財管理協會的問卷統計顯示，日本企業的平均儲存成本約為總庫存金額的 25% 左右，相當於每個月約為 2%。舉例來說，假若一家企業每年的庫存金額為 5,000 萬元，則其儲存成約需 100 萬元。由此可知，如何做好存量管制以求降低儲存成本，是提升營運績效之重要課題。

接下來，探討儲存成本與批次訂購量之關係。具體來講，**在決策期間之總儲存成本與批次訂購量形成正比例的關係**。亦即，當批次訂購量增加時，因存貨跟著增加的緣故，其資金積壓即保管費用會隨著遞增；反面來講，若批次訂購量減少，則因存貨較少關係，而促使儲存成本隨著降低，如圖 6.7 所示。在圖 6.7 中，因爲設定單位儲存成本維持固定一致，故總儲存成本線形成一條直線，其斜率是爲單位儲存成本。

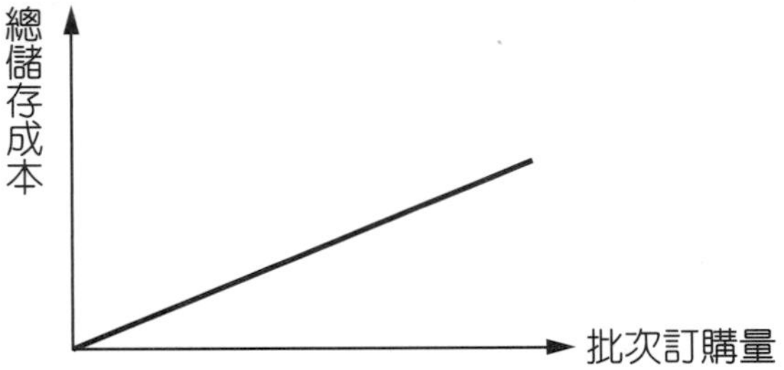

圖 6.7 儲存成本與訂購量的關係

三、短缺成本

在實務上，大多數企業常會面臨物料短缺的問題。**短缺成本（Shortage Cost，C_S）乃是因供應商未能依約準時交貨，致使物料供應不繼所產生的成本**。一般而言，物料短缺主要是肇因於需求率及前置時間發生變異，未能有效掌控所造成。爲此，企業常置有安全存量以防止物料短缺，並進而降低短缺成本。歸納起來，短缺成本共包含下列五項成本：

1. **閒置成本：**因物料短缺致使生產線停頓，所造成人員、機器、設施及各項生產資源閒置之損失。
2. **產量減產損失：**生產線停頓期間所減少生產量之損失。
3. **趕工成本：**爲求能再依約準時交貨，因趕工加班所投入之人工成本及製造費用。
4. **延遲交貨損失：**含賠償客戶金額、申訴與抱怨及相關的損失金額。
5. **商譽損失：**爲損害企業形象、長期失去現有及潛在客戶之一種無形損失。

關於訂定安全存量決策與短缺成本之關係，已於本書第一章介紹過；在此，特別探討短缺成本與批次訂購量之關係。一般說來，企業之所以會發生物料短缺現象，實歸因於實際存量較需求量爲少，**故總短缺成本與批次訂購量形成反比例之關係**。若批次訂購量增加，較不易形成短缺現象，故總短缺成本相對較低；反之，若批次訂購量較少，則因較易形成短缺現象，其總短缺成本相對較高。圖 6.8 顯示總短缺成本和批次訂購量之關係。

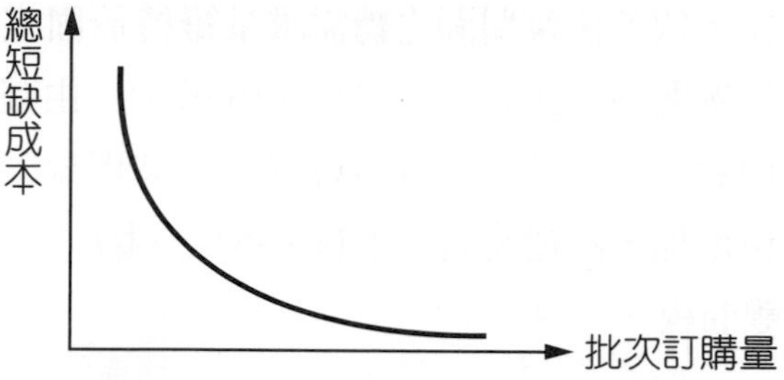

圖 6.8 短缺成本與批次訂購量的關係

四、裝設成本

裝設成本（Set-up Cost）乃是自製物料在製程進入穩定生產以前，進行各項裝設及準備活動所支出的成本。在一般製造加工實務上，常會因前後批次製品之規格尺寸、顏色、物理與化學性質、工具、製程、作業基準及相關的條件有差異的緣故，所以在前後批次製品銜接交換生產之際，必須要進行各項裝設活動。在此，特將一般製造加工常須進行之裝設活動及裝設時間的概念，以圖 6.9 表示之。

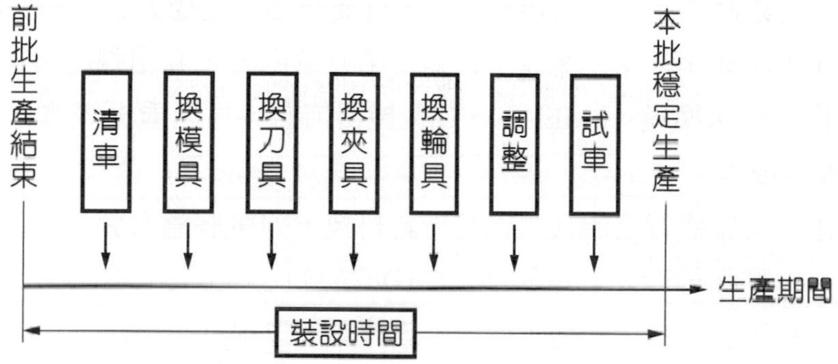

圖 6.9 裝設時間及裝設活動的內涵

由圖 6.9 可知，**裝設時間（Set-up Time）乃是自前批製品生產結束開始，一直到本批製品進入穩定生產爲止所經過的時間**。現將圖上各項裝設活動歸納起來，可得裝設成本之結構組成如下：

1. **閒置成本**：含人員、機器設備及各項生產設施之閒置損失。
2. **產量減少損失**：在裝設期間因生產線停頓，致使製品生產量減少、交貨延期或趕工之成本。
3. **人工成本**：爲了進行裝設活動所投入之各種直接與間接人力，所產生的人工成本。
4. **製造費用**：含間接物料、繼續維持製造條件及相關費用。

就一般自製物料而言，**假若決策期間之總需求量維持於固定水準，則總裝設成本與批次生產量將會形成反比例關係**，此概念圖如圖 6.10 所示。由圖上可知，若批次生產量增加，相對的裝設次數將會減少，總裝設成本會形成遞減現象；反過來講，若批次生產量較少，其裝設次數將會增加，故總裝設成本將會遞增。因之，在圖 6.10 上之總裝設成本曲線形成一條遞減的雙曲線。

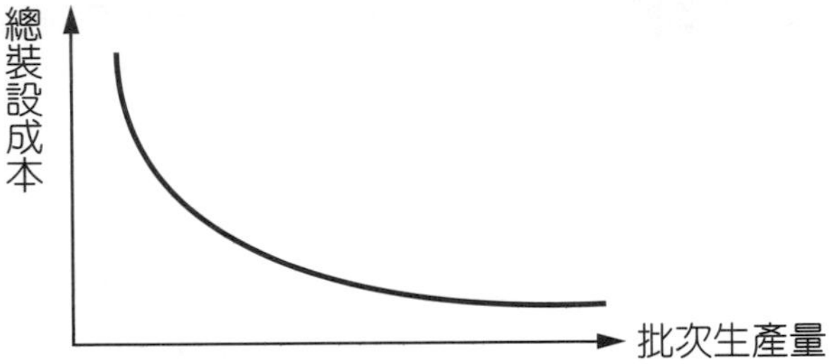

圖 6.10 裝設成本與批次生產量的關係

在此，**特別要說明一項很重要的觀念：裝設時間是影響生產管理績效之最關鍵因素。**因爲，從提升企業整體生產績效的角度來看，首要課題即是應力求縮短裝設時間，期能實質降低裝設和生產成本。舉例來說，在本書第五章內容，介紹豐田 JIT 生產系統所採用之生產平準化、快速換模（SMED）、U 型機器佈置、生產看板等方式，主要目標即在獲致最低的裝設成本。

近年來，在產業界盛行之現代生產管理新科技，如電腦整合製造（CIM）、彈性製造系統（FMS）、電腦輔助設計與製造（CAD/CAM）、群組技術（GT）、豐田 JIT 生產系統等技術，其核心目標皆在追求縮短裝設時間，以提升企業之競爭力。這項重要概念，如圖 6.11 所示。

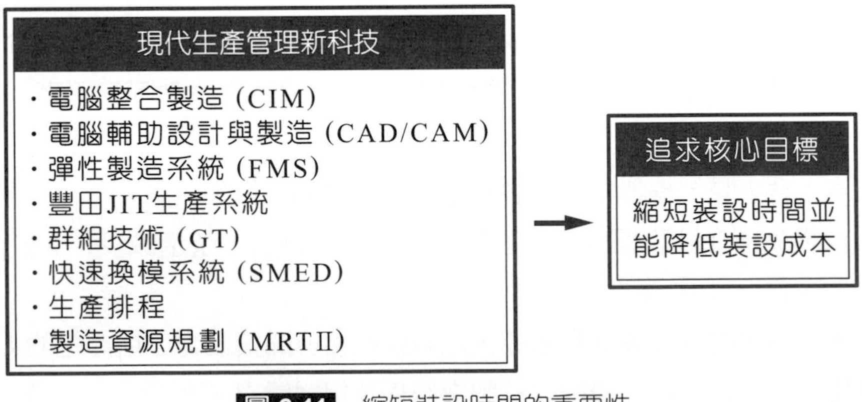

圖 6.11 縮短裝設時間的重要性

五、物項成本

物項成本（Item Costs）乃是實地進行採購（外購）或是製造生產（自製），由物料本身價值所產生的成本。比較起來，前面介紹之訂購、儲存、短缺及裝設四類存貨成本，皆是屬於物料行政管理層面之作業活動成本；但是，**物項成本則是源於物料本身價值而須支付的一種成本，故物項成本與物料採購價格（或自製成本）形成正比例關係**。

就實務而言，企業進行採購常有數量折扣（Quantity Discount）情形，亦即採購價格會因採購數量之增加而降低；即使是自製物料也會因生產量增加，達到了經濟生產規模而降低單位生產成本。現舉一例，設學校福利社向維他露公司採購舒跑飲料，數量折扣情形如表 6.5 所示。

表 6.5 採購之數量折扣

批次訂購量（Q）	價格（P）
Q ≦ 480	12 元
480 < Q ≦ 960	10 元
960 < Q	8 元

依照上表所列三種價格資訊，將總物項成本繪成圖 6.12。

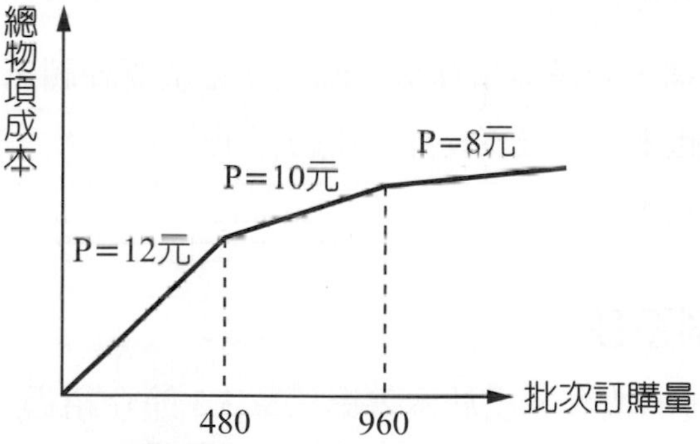

圖 6.12 數量折扣下之物項成本

在介紹完前面存貨相關成本以後，特將這五項成本加以彙總，分別列出外購與自製情況下，在決策期間之總存貨成本公式如下：

1. 外購情況

$$TC = TC_o + TC_h + TC_s + TC_i \quad \cdots\cdots (6.1)$$

上式中，TC 表總存貨成本，TC_o 表總訂購成本，TC_h 表總儲存成本，TC_s 表總短缺成本，TC_i 表總物項成本。

2. 自製情況

$$TC = TC_r + TC_h + TC_s + TC_i \quad \cdots\cdots\cdots\cdots (6.2)$$

上式中，TC_r 表總裝設成本，其餘符號意義與 6.1 式相同。

6.4 存量管制系統

在談完存貨、存量管制即存貨成本的基本概念後，在本節內容，要深入介紹各類存量管制系統；在此，特別要強調一個有效地存量管制系統必須要具備下列二個條件：

1. **能夠正確與適時地提供各物項之訂購時間（When）及訂購數量（How Much）二種資訊。**
2. **建立一個有效與持續地衡量存貨數量及價值之即時資訊回饋系統，促使管理人員能掌握最新的存貨狀況資訊。**

存量管制系統的選擇，乃是從事存量管制工作之重要課題，也是深深影響物料管理成效之關鍵因素。歸納起來，一般實務界常用的存量管制系統，主要涵括 ABC 分類、定量、定期、S - s 及兩堆五類。

一、ABC 分類管制系統

物料 ABC 分類系統的概念，已於本書第三章 3.3 節介紹過。基本上，物料 ABC 分類系統是一種重點管理的技術，其概念爲將企業所使用之全部物料項目，依物項與其使用金額之累積百分比爲基準，劃分成 ABC 三類，藉以衡量各類物項之重要性，如表 6.6 及圖 6.13 所示。

表 6.6 物料 ABC 分類之標準

物料類別	物料項目累積百分比	年使用金額累積百分比
A	約 10%	約 70%
B	約 20%	約 20%
C	約 70%	約 10%

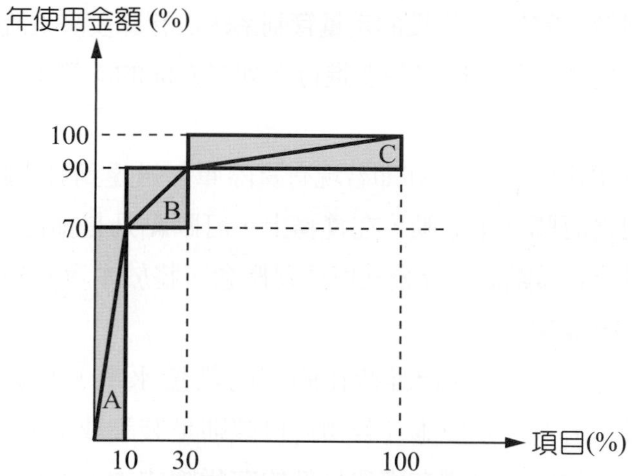

圖 6.13 物料 ABC 分類

由表 6.6 可知，若欲有效提升物料管理的成效，須優先關注 A 類物項之效果最好，故 A 類物項稱爲重要的少數（Importance Fews）；反面來講，C 類物項因項目百分比最高，但其年使用金額百分比卻是最低，故又被稱爲不重要的多數（Trivial Many）。嚴格來講，ABC 分類系統並不可單獨使用，必須再配合其它定量、定期、兩堆管制系統，才能產生實質的功效。此外，另有專家學者進一步將 ABC 分類系統簡化，提出 **80 - 20 規則的二分概念：企業內有 20% 物料佔年使用金額之 80%（重要的少數），其餘 80% 物料的年使用金額僅佔 20%（不重要多數）**。

關於 ABC 各類物項的管理方式及相關的概念，在本書 3.3 節內容已有詳細介紹，不再贅述。下面，將 ABC 分類之重要概念加以彙總比較，如表 6.7 所示。

表 6.7 ABC 類別的比較

類別	管制程度	批次訂購量	安全存量	盤點頻率	儲存成本
A	嚴	低	低	低	高
B	中	中	中	中	中
C	鬆	高	高	高	低

二、定量管制系統

定量管制系統（Fixed-Order Quantity Control System）又稱爲永續盤存系統（Continuous Review System）或稱永續存貨系統（Perpetual Inventory System）、或簡稱爲 Q- 系統，其主要的概念是配合存貨實際交易情況，隨時更新及掌握最新的存貨記錄及相關資訊，並設定訂購點及固定的批次訂購量二個基準，以有效地處理關於訂購的時機（When）及訂購數量（How Much）二方面的問題。

依照上述概念，特別設計出一簡要的定量管制系統之計算及決策流程，如圖 6.14 所示。由圖 6.14 可知，定量管制系統必須要進行下列二方面的決策：

1. **訂購時機（When）**

   以訂購點（Q_{rop}）爲決策基準，亦即若現有實際庫存量達到訂購點數量水準，即須進行外購或是自製之訂購作業活動。在實務上，訂購點乃是前置時間使用量和安全存量之累積和，關於訂購點的計算公式與重要概念。將於本章 6.5 節詳述之。

2. **批次訂購數量（How Much）**

   定量管制系統之批次訂購量皆維持在固定的數量水準，此數量即爲經濟訂購量（EOQ），一般須考量訂購成本（若物料自製則是裝設成本）、儲存成本及短缺成本三類存貨成本而決定，目標在獲致最低的存貨總成本。關於經濟訂購量的概念，將於本書第七章 7.1 節介紹之。

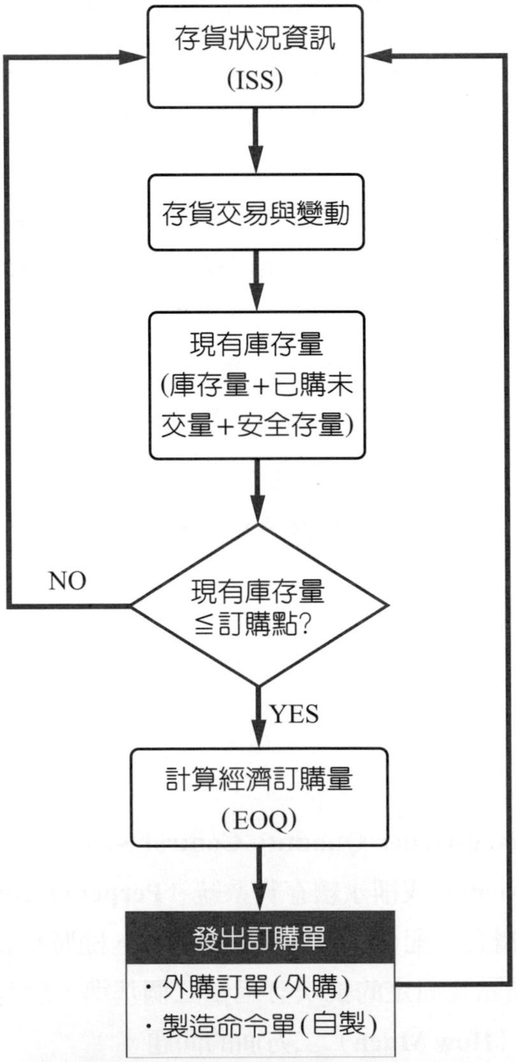

圖 6.14 定量管制系統之決策流程

顧名思義，依照上述說明可知，**定量管制系統中之定量概念，係指訂購點（Q_{rop}）及經濟訂購量（EOQ）二個數量而言**。下面，特別繪製定量管制系統之存量模式圖，用以說明存量水準在生產期間之實際變動狀況，如圖 6.15 所示。

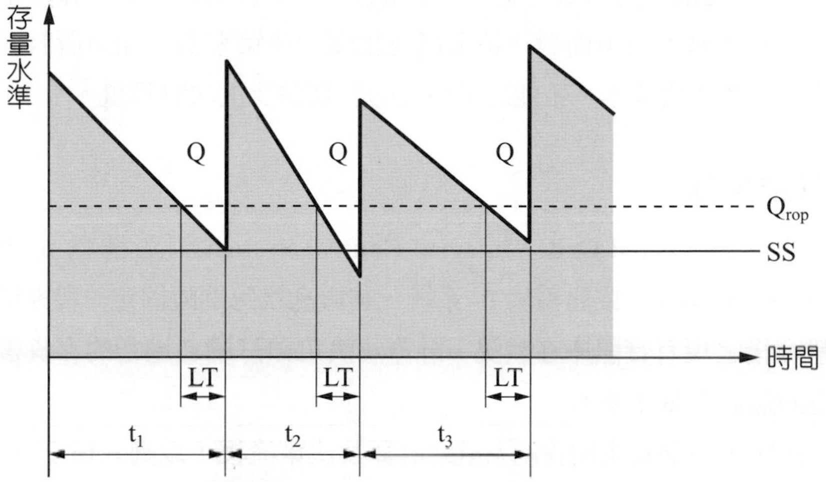

圖 6.15 定量管制系統之存量模式圖

在圖 6.15 中，符號 Q_{rop} 表訂購點，SS 表安全存量，LT 表前置時間，Q 表批次訂購量，t_1、t_2、t_3 表訂購週期。由上圖可知，定量管制系統之批次訂購量 Q 係維持在固定一致水準，相等於經濟訂購量（EOQ）；然而，其訂購週期並不會相同，由圖 6.15 上可以看出，三個訂購週期 t_1、t_2、t_3 皆有差異。最後，再將定量管制系統的重要概念彙整及敘述如下：

1. **由於定量管制系統可以嚴密地控制存量水準，適合於較為昂貴之 A 類物項，減少利息資金的積壓；尤其是，關鍵性零配件若採用定量管制系統，更能夠預防缺貨情況發生**。
2. 定量管制系統因須隨時盤存及更新庫存記錄，相對要投入較多的人力與物力，故其庫存管理費用較高。目前電腦化已相當的普及，企業可以藉由建立完整的電腦化資訊系統，來克服此項缺失，進而降低庫存管理費用。
3. 定量管制系統設有安全存量，優點是可以預防缺貨情事發生，提升顧客服務水準；缺點則是因資金積壓而增加儲存成本，若生產作業及相關業務活動皆正常推動，安全存量恐有變成呆廢料之虞。
4. 定量管制系統之批次訂購量（EOQ），係整體考量訂購、儲存及短缺三類存貨成本，以獲致最低存貨總成本為目標。

5. 因爲批次訂購量（EOQ）係依過去平均需求來訂定，且數量固定，故若物料之實際需求變動較大，或有較高季節變動時，常會發生旺季缺貨、淡季存貨過多之情事發生。
6. 訂購點（Q_{rop}）及批次訂購量乃是影響定量管制系統績效之二個決策變數，故於實務應用時，必須周延考量所面對決策環境及相關的決策參數，如前置時間、需求率、安全存量及各類存貨成本，希能訂定最適的訂購點及批次訂購量。

三、定期管制系統

定期管制系統（Fixed Order Interval Control System）又稱爲定期盤存系統（Periodic Review System）或簡稱爲 P- 系統，其概念爲每間隔固定一段期間即進行存貨盤存，再依盤存後之現有實際庫存狀況，計算及決定須訂購之適當的存貨數量，俾能補充到事前設定的最高存量水準。

依據上述說明，特別將定期管制系統之計算及決策流程，以圖 6.16 表示之。

由圖 6.16 可知，在整個定期管制系統之決策流程中，必須提供訂購時機（When）及批次訂購數量（How Much）二種資訊，茲說明如下：

1. 訂購時機（When）

定期管制系統主要依事先設定之訂購週期（t），作爲發起外購訂單（外購）或是製造命令單（自製）之時間基準，且訂購週期皆維持固定一致。

2. 批次訂購數量（How Much）

定期管制系統之批次訂購量的訂定，係以補充至事前設定之最高存量水準（Order-up-to-Level）爲原則。在此原則下，批次訂購量之計算公式如下：

批次訂購量（Q）＝最高存量（M）－庫存量（IS）
－已購未交量（SR）－安全存量（SS）　……（6.3）

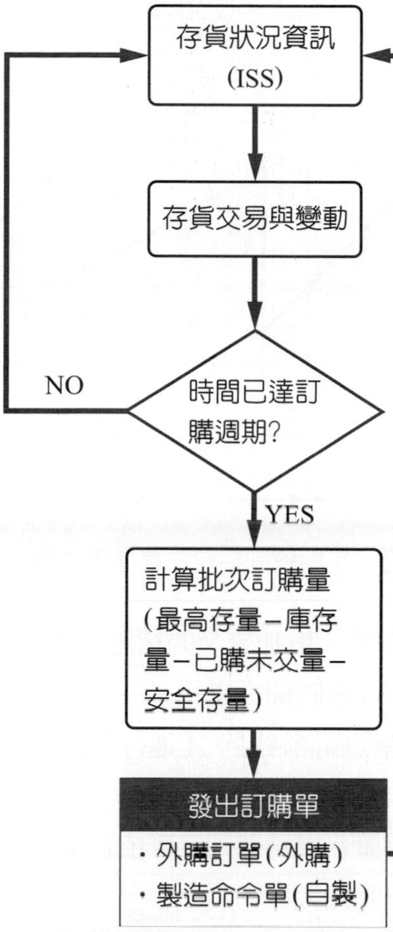

圖 6.16 定期管制系統之決策流程

在定期管制系統中，訂購週期（t）及批次訂購量（Q）係影響整個系統績效之決策變數。圖 6.17 爲定期管制系統存量模式圖。

在圖 6.17 中，符號 t 表訂購週期，Q 表批次訂購量，M 表最高存量。定量管制系統之訂購週期 t 維持固定一致，但批次訂購量 Q 則因實際需求狀況而變動。在此，將定期管制系統之重要概念彙整如下：

1. 定期管制系統乃是一由時間驅動之系統，亦即每隔固定的訂購週期，便進行存貨盤存及訂購活動。
2. **一般說來，定期管制系統之平均存量水準較定量管制系統爲高。故適合於價值較低物項，尤其是 B、C 兩項物料，以降低儲存成本。**

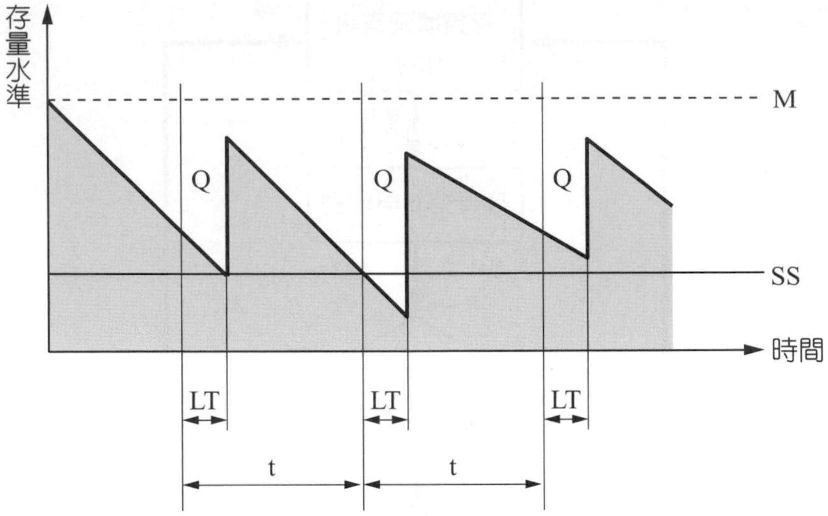

圖 6.17 定期管制系統之存量模式圖

3. 定期管制系統置有較高安全存量，增加資金的積壓，因其安全存量的設定除考量需求率外，尚須考量訂購週期及前置時間之變化。
4. 因爲定期管制系統僅於訂購週期屆滿時點，才進行存貨盤存活動，所投入人力較低，故可以降低庫存管理費用。
5. 因爲批次訂購量以補至最高存量水準爲原則，可依企業實際需求而調整，較有彈性，故適用於需求變動或是季節變動較大之物項。

最後依照前述概念，特將定期與定量兩個管制系統之加上彙整比較，如表 6.8 所示。

表 6.8 定期與定量管制系統之比較

比較項目	定量管制系統	定期管制系統
適合對象	A 類物料	B、C 類物料
批次訂購量	固定	變動
訂購時機	訂購點	訂購週期
平均存量水準	低	高
安全存量	低	高
盤存時機	隨時	訂購週期
庫存管理費用	高	低

四、S - s 管制系統

S - s 管制系統乃是綜合定量與定期兩個系統的一種存量管制方法，其概念是每達固定的訂購週期時點，即進行現有庫存盤存活動，當現有庫存量降至 s（存量下限基準）以

下時，須立即展開訂購行動，批次訂購量為 S（存量上限基準）與現有庫存量之差額；反之，盤存結果若現有庫存量仍大於存量下限基準 s 時，則不須進行訂購行動。

依據上述說明，特別將 S - s 管制系統之計算及決策流程概念，以圖 6.18 表示之。由圖上可知，在整個 S - s 管制系統之決策流程中，必須要進行下列二方面的決策：

1. **訂購時機（When）**

   S-s 管制系統與定期管制系統相同，是以事先設定之訂購週期（t）為基準，作為存貨盤存及發起外購訂單（外購）或是製造命令單（自製）之時間基準。但是，發出訂購單的前提是： 現有庫存量已低於存量下限基準 s；若現有庫存量仍高於 s，則毋須發出訂購單。

2. **批次訂購數量（How Much）**

   也與定期管制系統相同，係以補充至事前設定之存量上限 S 為原則。在此原則下，批次訂購量（Q）之計算公式如下：

> 批次訂購量（Q）＝存量上限（M）－庫存量（IS）
> －已購未交量（SR）－安全存量（SS） ……（6.4）

在 S - s 管制系統中，訂購週期 t、存量下限基準 s 及存量上限基準 S（即最高存量）乃是影響整個系統績效之三個決策參數。實務應用時必須慎重的考量公司產能與製程能力、物料需求率、供應商交貨期及配合度、銷售季節變動及相關內外部環境等因素，據以設定適當的參數值，進而尋求最佳的訂購時機及數量決策。圖 6.19 為 S - s 管制系統的存量模式圖，用以顯示其實際存量水準之變動狀況。

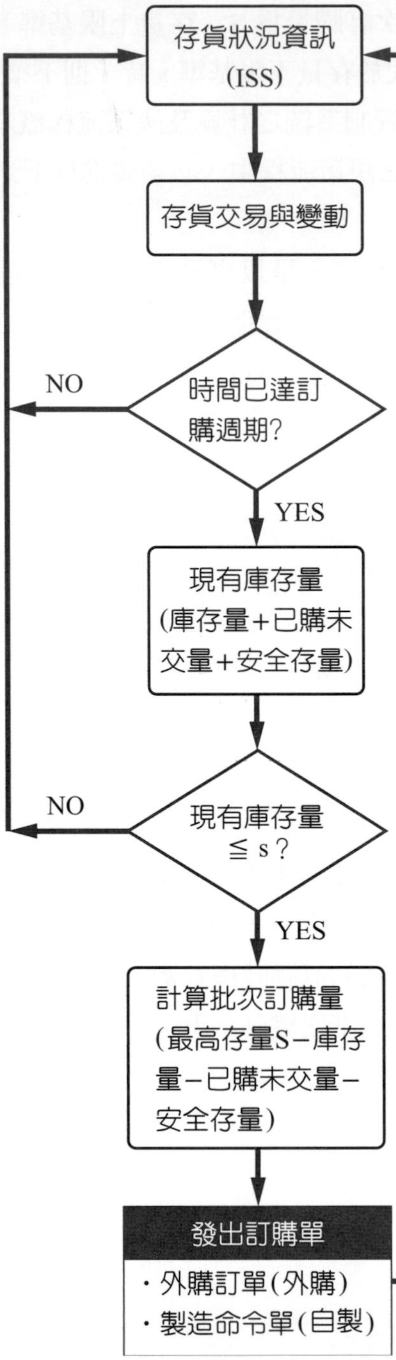

圖 6.18 S - s 管制系統之決策流程

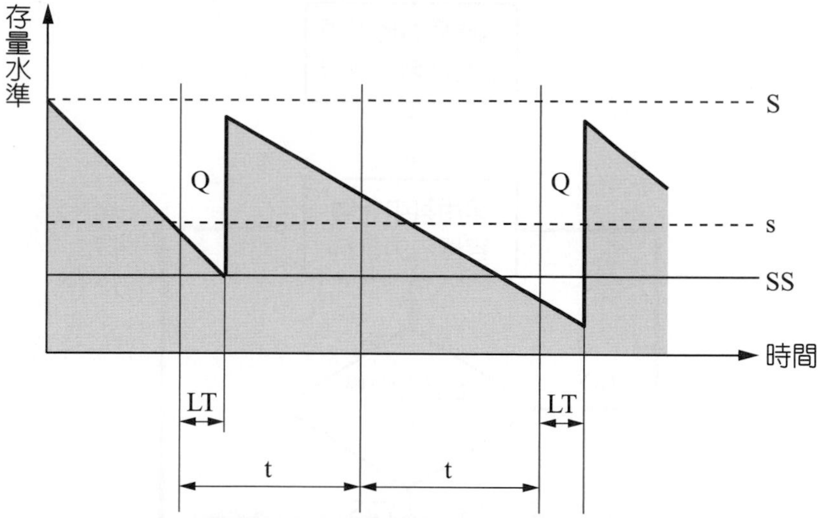

圖 6.19 S - s 管制系統之存量模式圖

圖 6.19 上所用符號之意義與前面相同。下面配合圖 6.19，特別再將 S-s 管制系統之重要概念彙整如下：

1. S - s 管制系統之訂購週期 t、存量下限基準 s 及存量上限基準 S 三者係維持固定一致，但其批次訂購量 Q 則會因實際需求狀況而變動。
2. 基本上，S - s 管制系統是定期管制系統的改進，只要現有庫存量降低至存量下限基準 s，即予發出訂購單，具有自動檢測之功能。
3. 相對於定期管制系統在訂購週期內可能發生物料短缺之缺失，S - s 管制系統因具有自動檢測之功能，故安全存量及平均存量水準較低，可以降低儲存及短缺成本。
4. 若與定量管制系統比較，S - s 管制系統僅於訂購週期屆滿時點，才進行存貨盤存活動，故庫存管理費用較低。
5. 綜上所述，**S - s 管制系統較適合於 A、B 兩類物料之存量管制**。

五、兩堆管制系統

兩堆管制系統（Two-Bin Control System），也叫複倉制，此法主要是將物料分成相同數量的兩部分，並置於適當的容器內（比如箱子、袋子、料區或倉庫等）。在使用時，先由第一個容器開始領用，用完後立即發出訂購單，訂購數量等於原有容器的數量，另繼續領用第二個容器物料，第二個容器的實施程序與第一個容器相同。如此反覆循環，一直以相同程序，利用兩個容器來進行存量管制。

依據上述兩堆管制系統的概念，繪製兩堆管制系統之決策流程，如圖 6.20 所示。

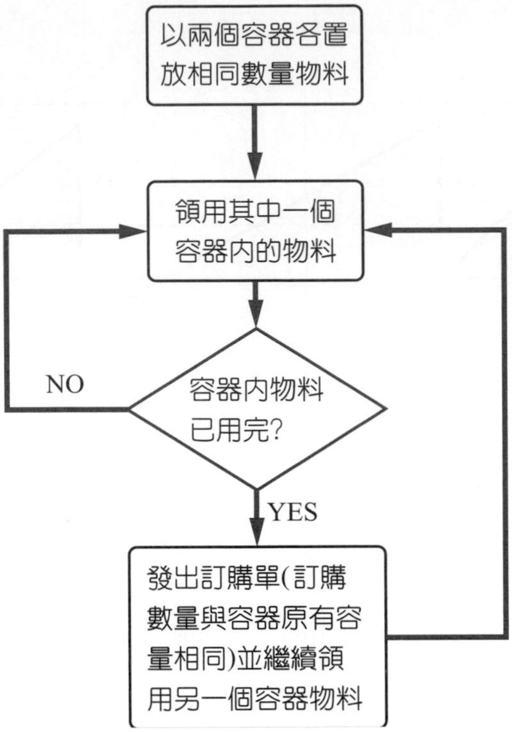

圖 6.20 兩堆管制系統之決策流程

整體來講，兩堆管制系統的概念相當的簡單，可以節省許多的人力與物力，適用於數量最多的 C 類物料之管制。下面，特將其在訂購時機及數量之二方面的決策說明如下：

1. 訂購時機（When）

兩堆管制系統設定每一容器內之存貨量爲發起訂購活動之時間基準（類似定量管制系統之訂購點），亦即當一個容器內存貨量被領用完畢時，必須即刻發出訂購單。

2. 批次訂購量（How Much）

可依實際的物料需求狀況及製程能力來設定之，不過在實務上，爲求獲致較佳的成本經濟效益，一般皆設定等於定量管制系統之經濟訂購量 EOQ。

由上面說明可知，兩堆管制系統與定量管制系統相類似，只是在管制程度上較爲鬆散。最後，將兩堆管制系統的重要概念說明如下：

1. **兩堆管制系統適用於 C 類物項，比如螺絲、鐵釘、文具及各類耗材等，因 C 類物項的價値較低，並不會形成較多的資金的積壓。**
2. 若現有倉儲人力不夠，可授權給製造現場人員自行領用與管制 C 類物項，以節省大量的儲存成本。

3. 在實務上，大多數 C 類物項之需求變動較小，故可適度增加批次訂購量，以收節省訂購成本及物項採購成本（數量折扣）之效。
4. 兩堆管制系統在於化繁為簡，藉由簡化存量管理方式，達到節省人力與物力之目標，JIT 之看板即為兩堆管制系統概念之應用。
5. 除了製造業以外，兩堆管制系統亦為許多服務業，如書店、服裝店、鞋店、食品店、唱片錄音帶及超級市場等所採用。

6.5 訂購點與安全存量的決定

由前節的介紹可知，訂購點（Q_{rop}）及安全存量（SS）乃是影響整體存量管制系統績效之關鍵決策參數；因之，在本節內容要深入探討訂購點及安全存量之設定問題。首先介紹訂購點的意義：**訂購點乃是一個存量水準，當庫存量下降到訂購點時，即應發起訂購活動，期能確保物料供應不會產生短缺現象**。

在定量管制系統，訂購點為發起訂購前置作業之數量（時間）基準，如圖 6.21 所示。由圖 6.21 可以看出，訂購點乃是前置時間內耗用物料的數量與安全存量（SS）之累積和；其中，前置時間內耗用物料的數量則是需求率（Demand Rate）與前置時間之乘積。

其次，再以圖 6.21 來闡述安全存量（SS）的意義。由圖 6.21 可知，安全存量乃是為預防在前置時間（LT）內，因需求率或前置時間產生變異，造成物料供應不繼，並使得製造現場待料停工所多儲存之庫存數量。關於安全存量的概念，特以圖 6.22 及 6.23 表示之。

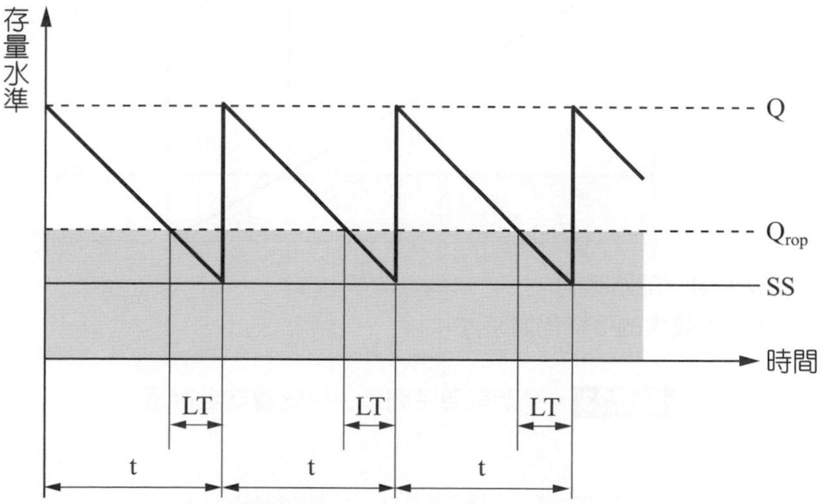

圖 6.21 訂購點（Q_{rop}）示意圖

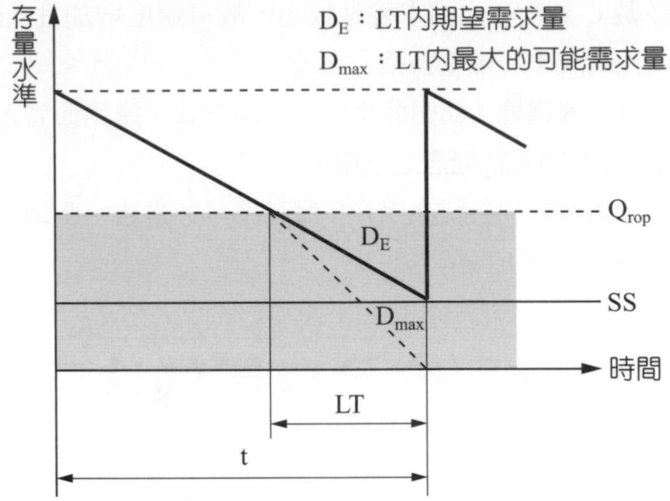

圖 6.22 預防需求率增加所設置安全存量

需求率與前置時間乃是影響安全存量之二個決策參數；其中，圖 6.22 顯示為預防因需求率增加所設置之安全存量，其值為前置時間內最大的可能需求量（D_{max}）與期望需求量（D_E）之差額；在圖 6.23，則顯示因前置時間較預定標準延長所設置之安全存量，係為最大的可能前置時間（LT_{max}）的需求量與期望前置時間（LT_E）的需求量之差額。

前已談過，就企業經營實務而言，安全存量的存在有其正、負面的功用。正面功用是可以降低製造現場待料停工的風險，期以減少人員、機器設備等生產資源之閒置損失；而安全存量的負面功用則是將會形成資金利息的積壓，且有使物料變成呆廢料之虞。

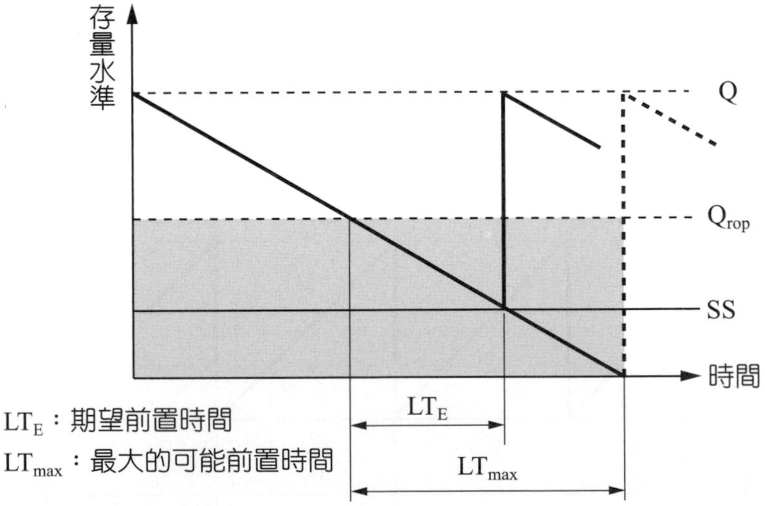

圖 6.23 預防前置時間延長所設置安全存量

下面將影響訂購點及安全存量之二個決策參數，即需求率及前置時間之四種可能的出現情況列出如下：

1. **需求率（d）固定、前置時間（LT）固定。**
2. **需求率（d）變化、前置時間（LT）固定。**
3. **需求率（d）固定、前置時間（LT）變化。**
4. **需求率（d）變化、前置時間（LT）變化。**

依據上述四種可能的出現情況，進而可建立四種訂購點模式，如圖 6.24 所示。

模式Ⅱ	模式Ⅰ
需求率(d)變化 前置時間(LT)固定	需求率(d)固定 前置時間(LT)固定
需求率(d)固定 前置時間(LT)變化	需求率(d)變化 前置時間(LT)變化
模式Ⅲ	模式Ⅳ

圖 6.24 四種訂購點模式

一、模式Ⅰ：需求率固定、前置時間固定

在前述四種訂購點模式中，模式Ⅰ是最爲單純的情況，其前提爲需求率（D）及前置時間（LT）二個決策參數，決策者皆於事前已完全確知之固定值（Constant）。因之，這種模式不需要安全存量，即安全存量設定爲零值水準，如圖 6.25 所示。

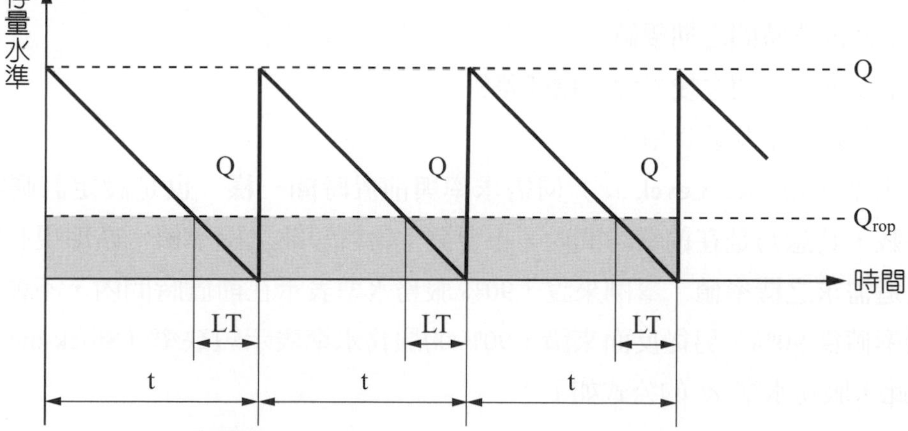

圖 6.25 訂購點模式Ⅰ（d、LT 皆為固定值）

現由圖 6.25 可知，模式 I 乃是前置時間（LT）與需求率（d）的乘積，其數學公式如下：

$$Q_{rop} = LT \cdot d \quad \cdots\cdots\cdots\cdots \quad (6.5)$$

關於模式 I 訂購點（Q_{rop}）的計算，請看例題 6.1 的說明。

例題 6.1

順大腳踏車製造公司每天需用座墊 500 個，此座墊向協力廠商訂購之前置時間為 5 天，試問順大公司採購部門發起座墊訂購活動之訂購點為何？

解答

由題意可知，需求率 d = 500 個，前置時間 LT = 5 天

現帶公式 6.5 計算可得訂購點如下：

$Q_{rop} = 5\,(500) = 2{,}500$（個）

故順大公司在座墊庫存剩餘 2,500 個時，即須發起訂購活動。

二、模式 II：需求率變化、前置時間固定

在模式 I，設定需求率及前置時間均爲已知固定值；事實上，就企業經營實務而言，需求率及前置時間常會因不確定之現實狀況而產生變異，故模式 II、III、IV 可說是較符合實務情況。一般說來，設定安全存量最主要須考量下列三個因素：

1. **需求率及前置時間之期望值。**
2. **需求率及前置時間之變異性（標準差）。**
3. **期望的服務水準及缺貨率。**

服務水準（Service Level, α）同需求率與前置時間一樣，也是設定訂購點之重要的決策參數，其意乃是在前置時間內，不會發生物料短缺之機率值，亦即現有庫存量能夠滿足製造需求之機率值。舉例來說，90% 服務水準表示在前置時間內，不會發生物料短缺的機率值爲 90%。另從反面來講，90% 的服務水準表示短缺率（Stock-out Risk）爲 10%。因此，服務水準 α 的公式如下：

$$\alpha = 1 - \text{缺貨率} \quad \cdots\cdots\cdots\cdots \quad (6.6)$$

模式II的前提是需求率變化、前置時間固定。現在，假設需求率 d （即每日需求量）的變化具有規則性，而且是服從常態分配（Normal Distribution），即 d~N（μ_d，σ^2_d），則依照常態分配的加法定理可知，在前置時間 LT 內之總需求量 D 亦爲常態分配，其期望值 μ_D 與標準差 σ_D 的公式如下：

$$\mu_D = \bar{d} \cdot LT$$
$$\sigma_D = \sqrt{LT} \cdot \sigma_d \quad \cdots\cdots (6.7)$$

上式中，$\bar{d}$ 表平均需求率，即等於需求率 d 之期望值 μ_d。關於需求率 d 及前置時間內總需求量 D 兩者之間常態分配關係，如圖 6.26 所示。

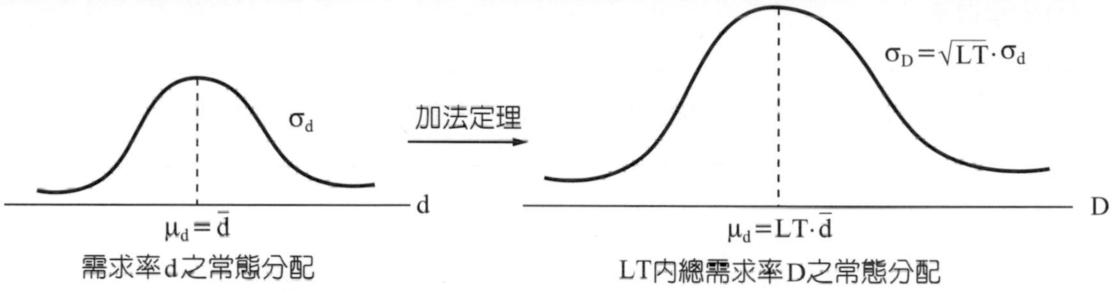

圖 6.26 μ需求率 d 及 LT 內總需求量 D 之常態分配

前已談過，服務水準 α 乃是指在前置時間之內，不會發生物料短缺之機率值；具體言之，即在 LT 內其總需求量 D 不會超過訂購點（Q_{rop}）的機率值，圖 6.27 用以表示在總需求量 D 爲常態分配下，其服務水準 α 與訂購點之關係。讀者須注意，圖 6.27 常態曲線，Q_{rop} 左尾面積表服務水準 α 之機率值，而 Q_{rop} 右尾面積（1-α）則表缺貨率。

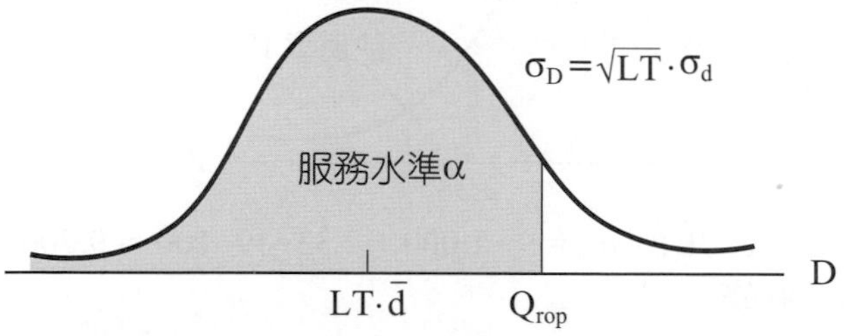

圖 6.27 服務水準 α 與訂購點 Q_{rop} 之關係

現在，依據圖 6.27 建立模式II：需求率變化、前置時間固定下，訂購點（Q_{rop}）之公式如下：

$$Q_{rop} = LT \cdot \bar{d} + z\sqrt{LT} \cdot \sigma_d \quad \cdots\cdots\cdots\cdots \quad (6.8)$$

上式中，z 爲標準常態分配之標準值，其計算式爲（$D-\mu_D$）/ σ_D；其中，μ_D 及 σ_D 如 6.7 式所列。依照標準常態分配的計算，只要利用標準常態分配機率表，即可查出服務水準 α 所對應之標準值 z；舉例來講，若服務水準 α 爲 95%，則其標準值 z 爲 1.645。

例題 6.2

順大腳踏車製造公司每天輪胎需求量服從常態分配，其平均值為 1,000 條，標準差為 100 條。此種輪胎係向外訂購，前置時間固定為 9 天。若設服務水準為 99%，試求：

(1) 安全存量

(2) 訂購點

(3) 若新設定輪胎之訂購點為 9,500 條，則其服務水準為何？缺貨率為何？

解答

由題意可知，$\bar{d}$ = 1,000 條

σ_D = 100 條

LT = 9 天

(1) $\alpha = 99\%$，查附表 A 標準常態分配機率表可得 z = 2.33，利用公式 6.8 計算可得：

$SS = z\sqrt{LT} \cdot \sigma_d = 2.33\sqrt{9} \cdot 100 = 700$（條）

(2) 標準常態分配圖形如下：

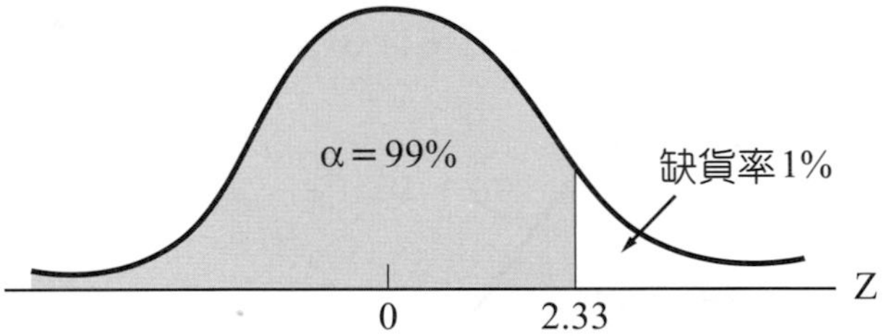

$Q_{rop} = LT \cdot \bar{d} + z\sqrt{LT} \cdot \sigma_d = 9 \cdot 1,000 + 2.33\sqrt{9} \cdot 100 = 9,700$（條）

(3) $\because Q_{rop} = 9,500$ 條

$\therefore z = (Q_{rop} - \mu_D) / \sigma_D = (Q_{rop} - LT \cdot \bar{d}) / (\sqrt{LT} \cdot \sigma_d)$

$= (9,500 - 9,000) / 300 = 1.67$

查附表 A 標準常態分配機率表可得：

服務水準 = 95.25%

缺貨率 = $1 - \alpha$ = 4.75%

三、模式III：需求率固定、前置時間變化

模式III的前提是前置時間（LT）會發生變化，若設前置時間 LT 的變化具有規則性，而且是服從常態分配，即 LT ～ N（μ_{LT}，σ^2_{LT}），如圖 6.28 所示。

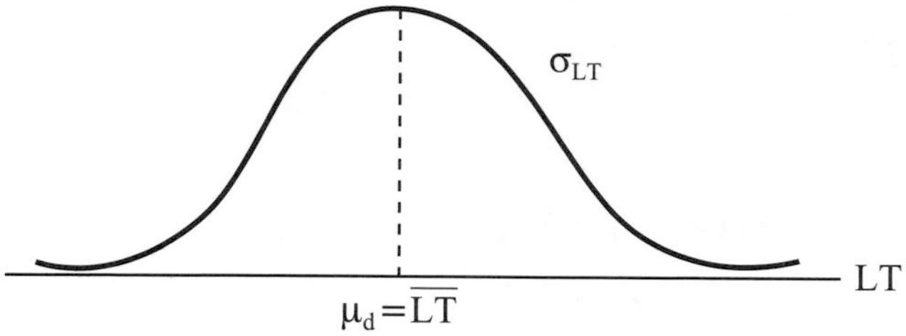

圖 6.28 前置時間 LT 的常態分配

當前置時間 LT 為常態分配時，則 LT 內之總需求量 D 亦為常態分配，其平均值 μ_{LT} 與標準差 σ_{LT} 的公式如下：

$$\mu_D = d \cdot \overline{LT}$$
$$\sigma_D = d \cdot \sigma_{LT} \quad \cdots\cdots \quad (6.9)$$

圖 6.29 表示 LT 內之總需求量 D 為常態分配，其服務水準 α 與訂購點 Q_{rop} 之關係。圖中，Q_{rop} 左尾面積表服務水準 α 之機率值，而 Q_{rop} 右尾面積 1-α 則表缺貨率。

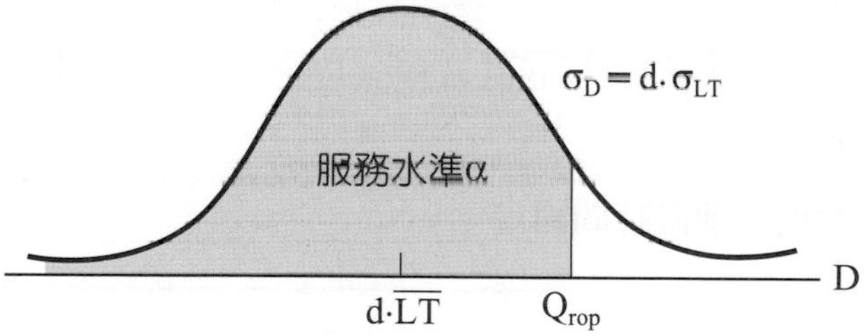

圖 6.29 服務水準 α 與訂購點 Q_{rop} 之關係

下面，依據圖 6.29 及公式 6.9，建立模式III：需求率固定、前置時間變化下，訂購點（Q_{rop}）之公式如下：

$$Q_{rop} = d \cdot \overline{LT} + zd \cdot \sigma_{LT} \quad \cdots\cdots \quad (6.10)$$

上式中，z 為標準常態分配之標準值，利用附表 A 標準常態分配累積機率表，即可查得服務水準 α 所相應之 z 值。

例題 6.3

順大腳踏車製造公司對外訂購輪胎之前置時間服從常態分配，其平均值為 9 天，標準差 3 天。該公司輪胎每天需求量為 1,000 條，服務水準為 95%，試計算訂購點 Q_{rop} 及安全存量 SS。

解答

由題意可知，$d = 1{,}000$ 條　$LT = 9$ 天　$\sigma_{LT} = 3$ 天

$\alpha = 95\%$　$z = 1.645$

利用公式 6.10 計算可得：

$$Q_{rop} = d \cdot \overline{LT} + zd \cdot \sigma_{LT}$$
$$= 1{,}000 \cdot 9 + 1.645\,(1{,}000)\,3$$
$$= 13{,}935\ (條)$$

$$SS = zd \cdot \sigma_{LT} = 1.645\,(1{,}000)\,3 = 4{,}935\ (條)$$

在談完模式 II 及模式 III 以後，再就前述定量和定期管制系統之安全存量做一比較。一般說來，定期管制系統的安全存量較定量管制系統爲多。由圖 6.17 可知，在定期管制系統之每個訂購週期，其安全存量之設定必須涵蓋 t + LT 期間之需求；相較之下，定量管制系統的安全存量設定，因以訂購點爲發起訂購活動之基準，則僅須涵蓋 LT 期間之需求即可，如圖 6.15 所示。下面針對模式 II 及模式 III 之狀況，分別將定量和定期管制系統之安全存量公式列出如下：

1. 模式 II：需求率變化、前置時間固定

$$SS\ (定量管制系統) = z\sqrt{LT} \cdot \sigma_d$$
$$SS\ (定期管制系統) = z\sqrt{t+LT} \cdot \sigma_d \quad \cdots\cdots\cdots\cdots\cdots \quad (6.11)$$

2. 模式 III：需求率固定、前置時間變化

$$SS\ (定量管制系統) = zd \cdot \sigma_{LT}$$
$$SS\ (定期管制系統) = zd \cdot \sigma_{t+LT} \quad \cdots\cdots\cdots\cdots\cdots\cdots\cdots\cdots \quad (6.12)$$

四、模式IV：需求率變化、前置時間變化

在四種訂購點模式中，模式IV爲最複雜、也是最符合實務情況的一種模式。針對模式IV，假定需求率及前置時間之變化具有規則性，而且是服從常態分配。在需求率及前置時間二者同時變化之情況下，由常態分配的加法定理可知，前置時間內總需求量 D 亦是服從常態分配，如圖 6.30 所示，其平均值 μ_D 與標準差 σ_D 的公式如下：

$$\mu_D = \bar{d} \cdot \overline{LT}$$

$$\sigma_D = \sqrt{\sigma^2_{需求量} + \sigma^2_{前置時間}} = \sqrt{\overline{LT}\,\sigma_d^2 + \bar{d}^2\ \sigma_{LT}^2} \cdots\cdots\cdots\cdots\cdots \quad (6.13)$$

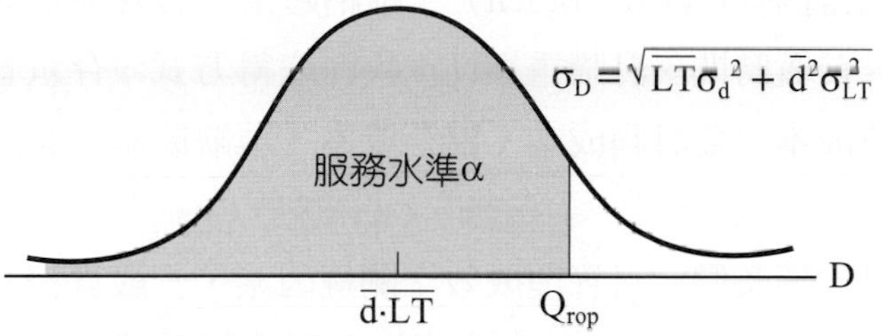

圖 6.30 服務水準 α 與訂購點 Q_{rop} 之關係

進一步，利用圖 6.30 及公式 6.13，針對模式IV：需求率及前置時間同時變化情況下，建立訂購點公式如下：

$$Q_{rop} = \bar{d} \cdot \overline{LT} + z\sqrt{\overline{LT}\,\sigma_d^2 + \bar{d}^2\ \sigma_{LT}^2} \quad \cdots\cdots\cdots\cdots\cdots\cdots \quad (6.14)$$

例題 6.4

順大腳踏車製造公司輪胎需求率及訂購前置時間皆服從常態分配，其中，需求率之平均值為每天 1,000 條，標準差 100 條；前置時間之平均值為 9 天，標準差為 3 天。若設服務水準為 95%，試求輪胎之訂購點及安全存量。

解答

由題意可知，$\bar{d}$ = 1,000 條　σ_d = 100 條　$\overline{LT}$ = 9 天
σ_{LT} = 3 天　α = 95%　z = 1.645

利用公式 6.14 計算可得：

$Q_{rop} = 1{,}000 \cdot 9 + 1.645\sqrt{9(100^2) + 1{,}000^2(3^2)} = 9{,}000 + 4{,}960 = 13{,}960$（條）
SS = 4,960（條）

6.6 結論

存貨乃指備而未用、暫被堆置、且具有一定經濟價值的閒置資源，存貨包括原料與零配件、在製品、製成品及間接物料等五種類別。就企業經營實務而言，存貨問題對於營運成本、利潤追求、競爭力及整體營運績效之影響甚鉅；因之必須明瞭存貨之正、負面功能，期能尋求最適當之存量管制決策，訂定合理的存貨數量，以達成穩定生產、降低存貨成本及提高顧客服務水準目標。

存量管制決策最重要者在於正確地提供二種資訊：發起訂購或補貨活動之時間點（When）及每批次之訂購量（How Much）。歸納起來，影響存量管制決策之環境面因素共有未來需求量、前置時間、訂購重複性、物料取得方式、存量管制系統及存貨成本等六項。其中，存貨成本分爲訂購成本、儲存成本、短缺成本、裝設成本及物項成本五種類別。

存量管制系統是影響整體物料管理成效之關鍵因素，一般實務界常用的存量管制系統，包括 ABC 分類、定量、定期、S - s 及兩堆五類管制系統。一個有效地存量管制系統，除了必須正確提供訂購時間（When）與訂購數量（How Much）二種資訊外，更能夠建立衡量存貨數量與價值之即時資訊回饋系統。

訂購點與安全存量乃是影響存量管制系統之重要的決策參數。在實務上，訂購點與安全存量的訂定共有四種模式，包括模式 I ：需求率固定、前置時間固定；模式 II ：需求率變化、前置時間固定；模式III：需求率固定、前置時間變化；模式IV：需求率變化、前置時間變化。實務應用時必須愼重衡量所面對情況，期能選擇最適當的決策模式，以訂定合理的訂購點與安全存量。

參考文獻

1. 王來旺、王貳瑞（民 86 年 6 月），工業管理，初版，台北：全華科技圖書公司，頁 8-23-8-32。
2. 白滌清譯（民 102 年 6 月），生產與作業管理，初版，台北：歐亞書局，頁 243-271。
3. 洪振創、湯玲郎、李泰琳（民 105 年 1 月），物料與倉儲管理，初版，台北：高立圖書，頁 278-300。
4. 林清和（民 83 年 5 月），物料管理－實務、理論與資訊化之探討，初版再印，台北：華泰書局，頁 251-267。
5. 楊金福（民 83 年 5 月），材料系統－計劃、分析與管制，初版，台北：永大書局，頁 91-92。
6. 賴士葆（民 80 年 9 月），生產／作業管理－理論與實務，初版，台北：華泰書局，頁 545-560。
7. 葉忠（民 81 年 1 月），最新物料管理－電腦化，再版，台中：滄海書局，頁 229-265。
8. Fogarty, D.W. (1991), J.H Blacestone, and T.R Hoffmann, Production & Inventory Management, Second Edition, Cincinnati: South-Western Publishing Co., pp.156-192.
9. Jacobs, F.R. and R.B.Chase (2017), Operations and Supply Chain Management: The Core, Fourth Edition,McGraw-Hill International Edition, New York: McGraw- Hill Education, pp. 352-379.
10. Russell, R.S. and B.W. Taylor (2014), Operations and Supply Chain Management, Eighth Edition, International Student Edition, Singapore: John Wiley & Sons Singapore Pte. Ltd., pp. 423-448.
11. Schroeder, G.R. (1993)Operations Management: Decision Making in the Operations Management, Fourth Edition, Singapore: McGraw-Hill, pp.580-610.
12. Stevenson, William J. (1992),Production/Operations Management, Fourth Edition, Homewood: Richard D. Irwin Inc., pp.584-644.
13. Vollmann, T.E. (1992), W.L Berry, and D.C Whybark, Manufacturing Planning and Control Systems,Third Edition, Homewood: Richard D.Irwin Inc., pp.697-734.

自我評量

一、解釋名詞

1. 存貨（Inventory）
2. 預期存貨（Anticipation Inventory）
3. 傳輸存貨（Pipeline Inventory）
4. 前置時間（Lead Time）
5. 裝設時間（Set-up Time）
6. 物項成本（Item Costs）
7. 服務水準（Service Level）
8. 缺貨率（Stock Risk）

二、選擇題

(　　) 1. Drug 藥局針對某種暢銷的防曬油品牌準備存貨。若該防曬油的每天需求量爲 8 瓶，標準差爲 1 瓶。防曬油供應商每 44 天會檢查藥房的庫存量，而訂購的前置時間爲 5 天。若在某次檢查點中，該防曬油的庫存爲 5 瓶，請問在 95% 的服務水準條件下 $(z = 1.645)$，該期防曬油的訂購數量約爲多少瓶？ (A) 399 瓶　(B) 409 瓶　(C) 419 瓶　(D) 429 瓶。

【108 年第一次工業工程師－生產與作業管理】

(　　) 2. 何者對於週期檢閱存貨系統（periodic review inventory systems）的敘述正確？ (A) 和持續審視系統（continuous review systems）相比，週期檢閱存貨系統較不容易產生缺貨（stockout）　(B) 和持續審視系統相比，週期檢閱存貨系統需要有較高的安全存貨（safety stock）　(C) 週期檢閱存貨系統每次訂購的數量一樣　(D) 相較於持續審視系統，週期檢閱存貨系統在訂購多種產品時會比較困難。　【108 年第二次工業工程師－生產與作業管理】

(　　) 3. 下列何者屬於週期性存貨系統的特色？ (A) 每個週期的訂購量依照其需求率而有所不同，而且所需的安全存量水準通常會比固定訂購量（連續存貨系統）的模型來得高　(B) 持續的監控存貨水準，使得管理階層隨時掌握存貨的狀態　(C) 每當存貨水準降低至某一預設的水準時，就會發出採購單　(D) 可以透過經濟訂購量（economic order quantity, EOQ）公式，計算出所需的採購數量。　【107 年第二次工業工程師－生產與作業管理】

(　　) 4. Food 食品公司對咖啡豆採用一週的週期檢閱系統（periodic review system），且服務水準爲 95%（安全係數即爲 1.645），進行存貨管理。已知每週平均需求量爲 120 磅，且標準差爲 12 磅的常態分配。假設訂購的前置時間爲一週，一年工作 50 週，則下列敘述何者正確？ (A) 保護期間的預期需求量約爲 197 磅 (B) 安全存量約爲 28 磅 (C) 最高存量爲 225 磅 (D) 若有存量 47 磅，則應再訂購 150 磅。 【107 年第二次工業工程師－生產與作業管理】

(　　) 5. 某公司 A 產品的生產週期爲 30 天，其關鍵材料每天平均耗用 20 件，每次購料需要 10 天才能交貨，且該材料的安全庫存量爲 40 件。若公司依據定量訂購方式進貨，則再訂購點（reorder point）爲多少？ (A) 620 件 (B) 380 件 (C) 240 件 (D) 40 件。【106 年第一次工業工程師－生產與作業管理】

(　　) 6. 某餐廳每天使用 20 罐的進口天然香料，假設訂購此天然香料之前置時間呈常態分配，平均訂購時間爲 5 天，標準差爲 2 天，若此餐廳的服務水準訂爲 98%（安全係數爲 2.06），則依據訂購點模式，此天然香料之安全存量約爲多少？ (A) 82 罐 (B) 182 罐 (C) 106 罐 (D) 206 罐。

【106 年第一次工業工程師－生產與作業管理】

(　　) 7. 下列何者不屬於存貨管理當中的持有成本（holding cost）？ (A) 資金成本（cost of capital） (B) 運輸成本（shipping cost） (C) 保險成本（insurance cost） (D) 倉庫經常性費用（warehouse overhead）。

【106 年第二次工業工程師－生產與作業管理】

(　　) 8. 針對週期檢閱系統（periodic review system）的存貨模式之描述，下列何者正確？ (A) 和連續檢閱系統（continuous review system）相比，若不刻意允許缺貨，週期檢閱系統較不容易缺貨 (B) 每次訂購的數量皆相同 (C) 要同時處理多種產品的訂購會比連續檢閱系統麻煩很多 (D) 和連續檢閱系統相比，週期檢閱系統需要較多的存貨。

【106 年第二次工業工程師－生產與作業管理】

(　　) 9. Carpet 公司的地毯每日需求符合常態分配，每日需求平均爲 25 碼、標準差爲 5 碼，訂購的前置時間爲 9 天。在服務水準爲 95% 的前提下，下面敘述何者正確？ (A) 安全存量約爲 20 碼 (B) 安全存量約爲 30 碼 (C) 再訂購點約爲 240 碼 (D) 再訂購點約爲 250 碼。

【105 年第一次工業工程師－生產與作業管理】

(　　) 10. 對於存貨管理原則，下列何者不正確？ (A) 需要將欲達成的服務水準納入考量 (B) 可以採用 ABC 分類的方式管理存貨 (C) 不能允許缺貨 (D) 需要考量企業的容量限制（capacity constraints）。

【105 年第二次工業工程師－生產與作業管理】

(　　) 11. 在 ABC 存量管制方法中，A 類項目較適用的盤點方式爲何？ (A) 永續盤點 (B) 定期盤點 (C) 不定期盤點 (D) 不需盤點。

【104 年第二次工業工程師－生產與作業管理】

(　　) 12. 請問下列有關降低整備時間（setup time）的方式何者爲非？ (A) 將內部整備（internal setup）與外部整備（external setup）分開 (B) 盡量將外部整備轉變爲內部整備 (C) 將整備作業標準化 (D) 消除調整程序。

【104 年第二次工業工程師－生產與作業管理】

(　　) 13. 已知一家影印店 A4 紙張需求量和供應前置時間爲獨立的常態分配。該店 A4 紙張每日平均需求量爲 10 箱、標準差爲 5 箱，而紙張供應的平均前置時間爲 5 天、標準差爲 1 天。該影印店老闆希望缺貨的機率不要超過 10%（即安全係數約爲 1.282），則再訂購點應爲多少？ (A) 55 (B) 60 (C) 66 (D) 70。

【102 年第一次工業工程師－生產與作業管理】

(　　) 14. 某家電產品的每週平均銷售量爲 50 件，標準差爲 5 件，採購的前置時間（lead time）爲四週。若服務水準爲 98%（安全係數爲 2），則安全存量應爲多少件？ (A) 20 件 (B) 40 件 (C) 60 件 (D) 80 件。

【101 年第一次工業工程師－生產與作業管理】

(　　) 15. 已知隨身碟的補貨前置時間爲 9 天，且每天需求服從平均數爲 50、標準差爲 10 單位的常態分配。在滿足顧客需求的服務水準爲 95% 前提下，至少要準備多少安全存量？（註：0.025 z ＝1.96, 0.05 z ＝1.65） (A) 500 (B) 50 (C) 60 (D) 626。

【101 年第二次工業工程師－生產與作業管理】

(　　) 16. 某 PUB 店每天使用 20 罐伏特加酒，訂購伏特加酒之前置時間呈常態分配，平均數爲 5 天，標準差爲 2 天，此店之服務水準訂爲 98%（安全係數爲 2.06），則再訂購點爲何？ (A) 182.4 (B) 160 (C) 100 (D) 82.4。

【100 年第一次工業工程師－生產與作業管理】

(　　) 17. 有關定期訂購與經濟訂購批量兩種存貨管制模型，下列敘述何者不正確？(A) 定量訂購管制 C 類存貨　(B) 定期訂購實施永續盤存制　(C) 經濟訂購批量管制 A 類存貨　(D) 經濟訂購批量實施永續盤存制。

【100 年第一次工業工程師－生產與作業管理】

(　　) 18. 在存貨成本中，下列哪一項成本不屬於持有成本（holding cost）？ (A) 保險費　(B) 折舊成本　(C) 倉儲租賃費　(D) 延遲罰鍰。

【100 年第二次工業工程師－生產與作業管理】

(　　) 19. 在存貨管制中，檢驗、驗收成本是屬於下列那一項成本？ (A) 訂購成本　(B) 儲存成本　(C) 短缺成本　(D) 貨品成本。

【99 年第一次工業工程師－生產與作業管理】

(　　) 20. 何者不包括在訂購成本？ (A) 發貨區的檢查作業　(B) 搬運貨物至暫存區　(C) 檢查收貨的貨物數量　(D) 存貨盤點以確定需要多少數量。

【99 年第一次工業工程師－生產與作業管理】

(　　) 21. 在下列的選項中，何者不是決定再訂購點的考慮因素？ (A) 需求率　(B) 前置時間　(C) 採購成本　(D) 缺貨的風險。

【99 年第二次工業工程師－生產與作業管理】

(　　) 22. 當需求和前置時間（lead time）都不具有任何的不確定性時，再訂購點（reorder point）會與何者相同？ (A) 經濟訂購量（economic order quantity, EOQ）　(B) 前置時間的期望需求量　(C) 安全存量（safety stock）　(D) 服務水準（service level）。　【98 年第一次工業工程師－生產與作業管理】

(　　) 23. 在決定再訂購點的大小時，以下哪一項可以不用考慮？ (A) 前置時間（lead time）　(B) 需求率（demand rate）和需求的變異性（variability of demand）(C) 經濟訂購量（economic order quantity, EOQ）　(D) 安全存量（safety stock）。　【98 年第一次工業工程師－生產與作業管理】

(　　) 24. 有關再訂購點（reorder point）及安全存量（safety stock）的敘述，下列何者錯誤？ (A) 再訂購點的數量爲前置期的需求量加上安全存量　(B) 若每日耗用量及前置期均爲定值，則安全庫存量可爲零　(C) 若存貨的服務水準（service level）提高，則安全庫存量也必須提高　(D) 若前置期的需求量增加，則再訂購點的數量依然爲定值。

【96 年第二次工業工程師－生產與作業管理】

(　　) 25. 訂購點 － 安全存貨 ＝ (A) 前置時間 (B) 前置時間內之平均存貨 (C) 前置時間內之期望需求量 (D) 全年缺貨量。

【95 年第一次工業工程師－生產與作業管理】

(　　) 26. 安全存貨的需求可藉下列何種作業策略來降低？ (A) 增加前置時間 (B) 增加採購批量 (C) 降低訂購成本 (D) 減少前置時間之變動。

【95 年第一次工業工程師－生產與作業管理】

(　　) 27. 下列何種產品不適用於單一期間存貨模式？ (A) 生鮮食品 (B) 易開罐飲料 (C) 報章雜誌 (D) 鮮奶。

【94 年第一次工業工程師－生產與作業管理】

(　　) 28. 有關複倉制（two-bin system）的敘述，下列何者正確？ (A) 複倉制的運作與定期（fixed order interval）存貨系統相同 (B) 複倉制系統無法建立安全庫存量（safety stock）的機制 (C) 複倉制的運作與單期存貨模型（single period model）相同 (D) 複倉制系統中，各倉的容量必須大於採購前置期的耗用需求。

【93 年第一次工業工程師－生產與作業管理】

三、問答題

1. 存貨產生的原因爲何？每種原因之預期效益爲何？試說明之。
2. 若依物料的性質區分，存貨可分成哪四種類別？試說明之。
3. 試詳述存貨之正、負面功能。
4. 何謂存量管制？其目標爲何？又存量管制具有哪些功能？試說明之。
5. 存量管制決策在於正確地提供哪二種資訊？試說明之。
6. 影響存量管制決策之環境面因素有哪六項？
7. 自決策理論的觀點來看，物料未來需求量分爲哪三種情況？試說明之。
8. 何謂單期訂購？何謂重覆訂購？試舉例說明之。
9. 物料自製與外購決策分析必須考量哪些因素？試舉例說明之。
10. 物料供給型態分爲哪三種類型？試繪圖並舉例說明之。
11. 若考量訂購重覆性、物料取得方式、未來需求量及前置時間等四項環境面因素，存量決策模式共含哪些類型？試說明之。
12. 何謂訂購成本？其包含哪些成本？又訂購成本與批次訂購量有何關係？試說明之。
13. 何謂儲存成本？其包含哪些成本？又儲存成本與批次訂購量有何關係？試說明之。

14. 何謂短缺成本？其包含哪些成本？又短缺成本與批次訂購量有何關係？試說明之。

15. 何謂裝設成本？其包含哪些成本？又裝設成本與批次訂購量有何關係？試說明之。

16. 現代化生產管理新科技之目的爲何？其與裝設時間和裝設成本有何關連？試說明之。

17. 試分別列出物料外購及自製下之總存貨成本公式。

18. 一個有效地存貨管制系統必須要具備何種條件？試說明之。

19. 何謂定量管制系統？其訂購時機及批次訂購量如何決定？又其優缺點爲何？試繪製其決策流程及存量模式圖說明之。

20. 何謂定期管制系統？其訂購時機及批次訂購量如何決定？又其優缺點爲何？試繪製其決策流程及存量模式圖說明之。

21. 何謂 S-s 管制系統？其訂購時機及批次訂購量如何決定？又其優缺點爲何？試繪製其決策流程及存量模式圖說明之。

22. 何謂兩堆管制系統？其訂購時機及批次訂購量如何決定？又其優缺點爲何？試繪製其決策流程及存量模式圖說明之。

23. 何謂訂購點？影響訂購點之決策參數有哪些？試繪圖說明之。

24. 何謂安全存量？安全存量產生的原因爲何？試繪圖說明之。

25. 爲何定量管制系統之安全存量較定期管制系統爲低？試說明之。

26. 若依需求率與前置時間二個參數之確定性程度區分，訂購點模式分爲哪些類型？試繪圖說明之。

27. 嘉雄精密機械公司每天需用驅動齒輪 60 個，向供應商訂購之前置時間爲 10 天。因爲市場穩定及供應商長期合作相當良好緣故，齒輪之每天需求量及訂購前置時間皆維持在固定水準，故不需要安全存量。試計算齒輪之訂購點。

28. 同 27 題，現設嘉雄精密機械每天之需求量服從常態分配，其平均值爲 60 個，標準差爲 20 個，訂購前置時間爲 10 天。若設定缺貨率爲 5%，試求：

(1)安全存量。

(2)訂購點。

(3)現若設定齒輪之訂購點爲 650 個，則其服務水準爲何？缺貨率爲何？

29. 同 27 題，現設嘉雄精密機械訂購驅動齒輪之前置時間服從常態分配，其平均值爲 10 天，標準差爲 4 天，每天齒輪需求量爲 60 個。若服務水準爲 96%，試求算安全存量及訂購點。

30. 同 27 題，現設嘉雄精密機械之每天需求量及前置時間皆服從常態分配，每天需求量之平均值爲 60 個，標準差爲 20 個；前置時間平均值爲 10 天，標準差爲 4 天。若設服務水準爲 96%，試求算驅動齒輪之安全存量及訂購點。

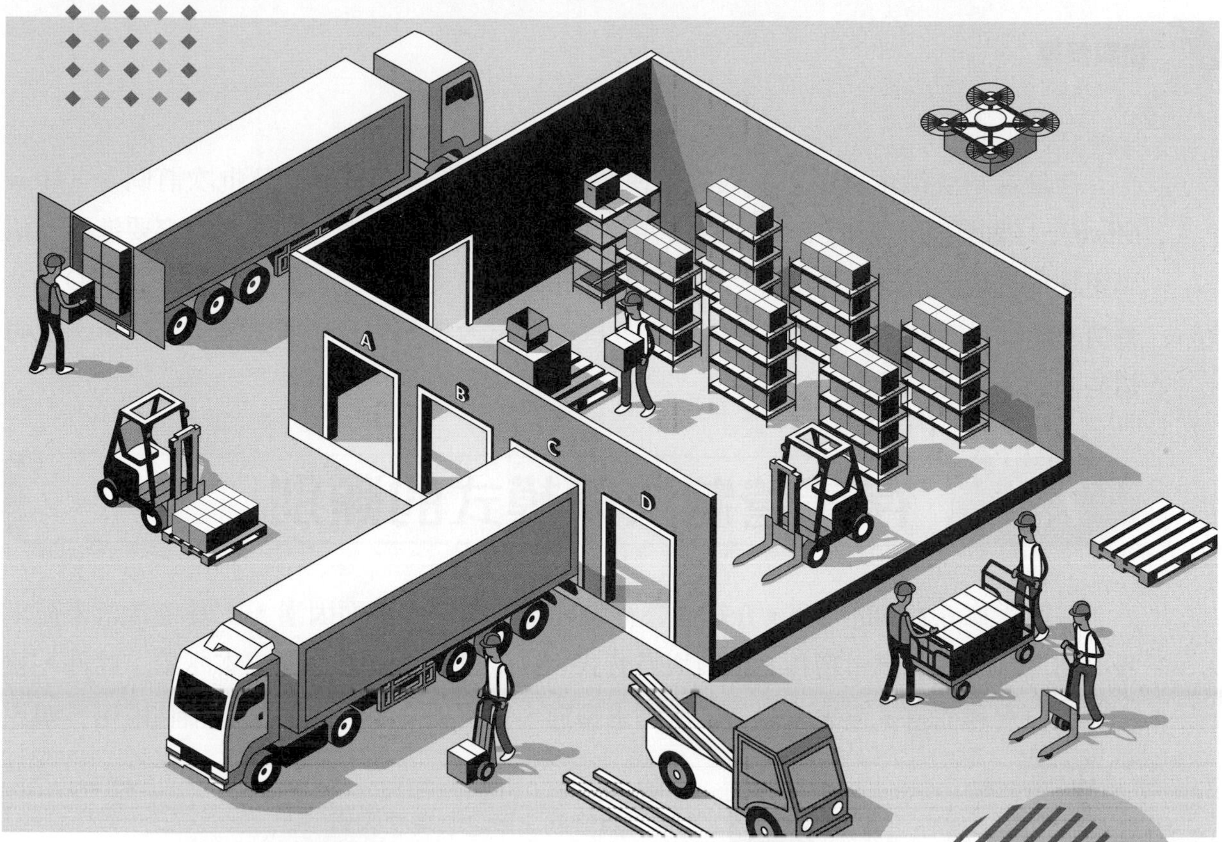

Chapter 7

存量管制決策模式

▷ 內容大綱

存量管制決策主要在於有效地處理物料之訂購時機（When）及批次訂購量（How Much）二個問題。在第六章已詳細介紹存量管制相關的重要概念，本章內容要進而介紹確定性存量管制決策模式，包括不允許缺貨和允許缺貨情況下，經濟訂購量（EOQ）及經濟生產批量（EPQ）模式、數量折扣之 EOQ 模式及機率性存量管制模式，並舉例說明這些模式之應用。

7.1 存量管制決策模式的類別

在第六章 6.2 節的內容，介紹影響存量管制決策之環境面因素，主要包含未來需求量、前置時間、訂購重覆性、物料取得方式、存量管制系統及存貨成本六項；此外，就企業經營實務而言，還須考量物料的需求型態、供給型態及物料價格等相關因素，如表 7.1 所示。

表 7.1 影響存量管制決策之環境面因素

項次	環境面因素	可能出現的未來狀態與方式
1	未來需求量	確定性、風險、不確定性
2	前置時間	確定性、風險、不確定性
3	訂購重覆性	單期訂購、重覆訂購
4	物料取得方式	自製、外購
5	存量管制系統	ABC 分類、定量、定期、S - s、兩堆及 MRP Ｉ系統
6	存貨成本	訂購、儲存、短缺、物項及裝設成本
7	物料需求型態	期初、期中、期末、均勻及不規則型態
8	物料供給型態	一次、均勻及分批交貨
9	物料價格	維持固定、數量折扣

由表 7.1 可知，影響存量管制決策的環境面因素及其可能出現的未來狀態相當的多，若將這些因素予以排列組合，其所形成的存量管制決策模式非常的複雜，數量將達數百種以上。舉例來說，在前述第六章 6.5 節所介紹例子，若僅考量訂購重覆性、物料取得方式、未來需求量及前置時間等四項因素，在將其依序排列組合後，共形成 36 種存量管制決策模式之多，如表 6.4 所示。

在談完存量管制決策模式之環境面因素以後，在本章內容，特依這些因素（決策參數）之確定性程度，將存量決策模式分成下列三類：

1. **確定性模式（Deterministic Models）**

   即決策者對各種相關決策參數，如未來需求量、前置時間、存貨成本及物料價格等，在事前已完全確知之存量決策模式，含經濟訂購量（EOQ）、經濟生產批量（EPQ）及 MRP I 系統。

2. **機率性模式（Probabilistic Models）**

   即決策者面對風險決策環境，在事前無法完全確知各種決策參數之可能未來型態，但知其機率分配之存量決策模式，含期望利潤法、期望損失法及邊際分析法。

3. **不確定性模式（Uncertain Models）**

   即決策者事前對於各種相關決策參數一無所知之存量決策模式，共有小中取大（Maximin）、大中取小（Maximax）、Laplace、Hurwicz 及大中取小遺憾值（Maximax Regret）決策準則。

在此，特將上述三種存量管制模式之涵義及決策模式，彙總比較如表 7.2 所示。自企業實務角度觀之，**特別要強調：在進行存量決策分析時，首要課題乃是正確地研判所面對的決策環境，希能選擇最適的決策模式，期以訂定最佳的存量數量及獲致最低存貨總成本**。因為，在不同的決策環境下，所應用的存量決策模式類型並不相同。

表 7.2 存量決策模式的類型

類別	涵義	存量決策模式
確定性模式	相關的存量決策參數事前完全確知。	‧經濟訂購量（EOQ） ‧經濟生產批量（EPQ） ‧數量折扣 ‧經濟訂購期（EQI） ‧多物項經濟訂購量 ‧MRP I 系統
機率性模式	相關的存量決策參數事前無法完全確知，但知其機率分配。	‧期望利潤法 ‧期望損失法 ‧邊際分析法
不確定性模式	相關的存量決策參數事前完全不知，同時亦不知其機率分配。	‧小中取大（Maximin） ‧大中取小（Maximax） ‧Laplace ‧Hurwicz ‧大中取小遺憾值

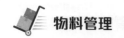

7.2 經濟訂購量模式

開宗明義，首先要介紹經濟訂購量模式（EOQ）；就學理及實務應用而言，EOQ 乃是最基本的存量決策模式，其概念也可應用其它的存量決策模式上。在本節內容，將分別介紹不允許缺貨與允許缺貨二種情況之 EOQ 模式。

一、不允許缺貨之 EOQ 模式

經濟訂購量（Economic Order Quantity, EOQ）乃爲對外訂購物料之最經濟的批次訂購量，亦即在此批次訂購量下，可以獲致最低的存貨總成本。一般說來，EOQ 模式乃是最基本的一種存量管制模式，本書第一章 1.6 節介紹物料決策分析的例子時，即已簡要說明過 EOQ 的概念。尤以，就外購物料而言，最重要者乃是如何利用 EOQ 模式來求算最佳的批次訂購量，期以獲致最大的經濟效益。

在不允許缺貨的情況下，決策期間外購物料之存貨總成本，共含訂購成本、儲存成本及物項成本三類，其公式如下：

$$TC = TC_o + TC_h + TC_i \quad \cdots\cdots \quad (7.1)$$

上式中，TC 表決策期間之存貨總成本，TC_o 表總訂購成本，TC_h 表總儲存成本，TC_i 表總物項成本。在 7.1 式中，有關各類存貨成本的概念，以及其與批次訂購量之關係，本書第六章 6.2 節中已有詳細介紹，請讀者參閱之。

在談完 EOQ 模式的基本概念以後，以下將定義 EOQ 模式所使用的數學符號，如表 7.3 所示。

表 7.3 數學符號的定義

Q = 批次訂購量	t = 訂購週期
D = 年需求量	C_o = 每批次訂購成本
d = 需求率	C_h = 單位儲存成本
P = 訂購價格	i = 儲存費率
N = 每年訂購次數	TC_o = 每年總訂購成本
Q_{rop} = 訂購點	TC_h = 每年總儲存成本
SS = 安全存量	TC_i = 每年總物項成本
L T = 前置時間	TC = 每年存貨總成本

在此，針對上述各項數學符號的定義，特別提出下列四點注意事項，藉以說明一些重要的實務概念：

1. 本書採用實務慣例，設定決策期間爲一年。
2. C_h 表每單位物料儲存一年之儲存成本，在實務上，爲求簡化起見，可直接以價格 P 乘儲存費率 i（即 P · i）來估算 C_h。
3. 需求率 d 表每天需求量。
4. 因本決策模式爲不允許缺貨情況，故每年總短缺成本 TC_s 設爲零值。

就一般企業實務而言，進行經濟訂購量決策所面臨之現實情況相當的複雜，涵蓋變數很多，故必須簡化及縮小問題的範圍，期以建立適當的數學模式。因之，EOQ 模式建立了七點假設條件，如表 7.4 所示。

表 7.4 不允許缺貨 EOQ 模式之假設條件

1. 年需求量已知（設決策期間為一年）。
2. 需求率維持穩定一致水準。
3. 前置時間維持穩定一致水準。
4. 不允許短缺（即存貨總成本不包含短缺成本）。
5. 供應商一次將訂購物料同時交貨完畢。
6. 物料之訂購價格維持固定（沒有數量折扣）。
7. 每次針對一項物料做決策分析（因決策參數不同）。

讀者須注意，因爲 EOQ 模式設定了上列七點假設條件，將與現實情況產生脫節現象，故在實務應用 EOQ 模式時，應配合現實情況予以適度的修正，或是於事前進行決策參數之敏感性分析，以測試參數變化對於最佳解的影響。

下面，特別根據上列七點假設條件，建立整體 EOQ 模式之存量模式圖（Inventory Model Diagram），此圖形主要是用以顯示出在生產期間內之存量水準的變化狀態，如圖 7.1 所示。

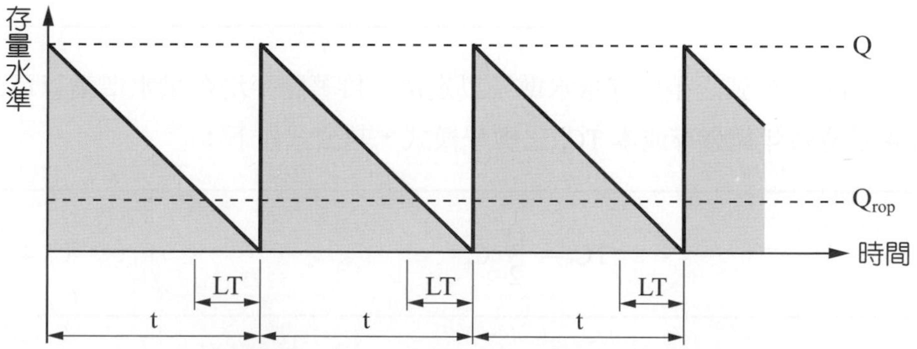

圖 7.1 不允許缺貨下之 EOQ 存量模式圖

由圖 7.1 可知，EOQ 模式爲定量管制系統之一種存量決策模式，基本上，**EOQ 是以訂購點（Q_{rop}）作爲發起訂購活動之時間基準（When），而其最適的批次訂購量（How Much）即是經濟訂購量（EOQ），其安全存量爲零值**。關於圖 7.1 訂購點（Q_{rop}）的決定，已於第六章 6.5 節介紹過，請讀者參閱之。

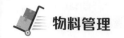

在瞭解存量模式圖的概念以後，將進一步建立各類存貨成本之數學模式。首先，探討每年總訂購成本 TC_o 與批次訂購量 Q 之關係；在此，**提出一項假設：就一次訂購來講，無論其批次訂購量爲何，因請購、採購（招標、議價及比價）、驗收、搬運及入庫作業程序皆一樣，故每次訂購成本維持一定**。依照此項假設及前述年需求量固定的前提下，每年總訂購成本 TC_o 與批次訂購量 Q 將會形成雙曲線之反比例關係，其數學公式如下：

$$TC_o = \frac{D}{Q} C_o \quad \cdots\cdots\cdots\cdots\cdots\cdots \ (7.2)$$

在公式 7.2 中，關於每年總訂購成本 TC_o 曲線的繪製，請參閱第六章圖 6.6。其次，再探討每年總儲存成本 TC_h 與批次訂購量 Q 之關係，並建立其數學公式。具體來說，每年總儲存成本 TC_h 與批次訂購量 Q 會形成正比例關係，因爲批次訂購量 Q 愈多，存量水準愈高，所形成的資金利息積壓及儲存成本愈高，如第六章圖 6.7 所示。

然而，由圖 7.1 存量模式圖可知，在整個生產期間內，實際的存量水準隨時在變化，有高有低，故必須求其平均存量水準，並以平均存量水準來計算每年總儲存成本 TC_h。可依圖 7.1 上每個訂購週期 t 內之總存量水準（三角形面積）來導引平均存量水準，其公式如下：

$$\text{平均存量水準} = \frac{tQ}{2t} = \frac{Q}{2} \quad \cdots\cdots\cdots\cdots\cdots\cdots \ (7.3)$$

圖 7.2 將 EOQ 模式之平均存量水準予以定位。接著將平均存量水準乘以單位儲存成本 C_h，即可建立每年總儲存成本 TC_h 之數學模式，其公式如下：

$$TC_h = \frac{Q}{2} C_h \quad \cdots\cdots\cdots\cdots\cdots\cdots \ (7.4)$$

在此，要藉由上述平均存量水準的概念，探討一項如何降低庫存量及儲存成本之重要課題。由圖 7.2 可以看出，就存量管制之實務做法而言，若能減少批次訂購量 Q 值，即能有效地降低平均存量水準，並進而可降低每年總儲存成本 TC_h。此項重要概念，如圖 7.3 所示。

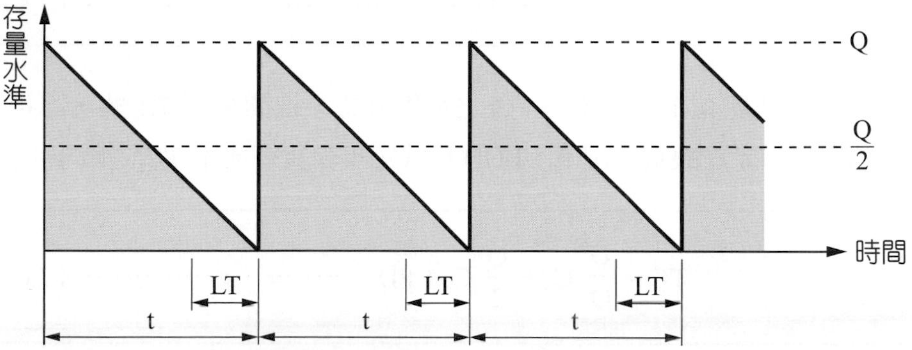

圖 7.2 EOQ 模式之平均存量水準

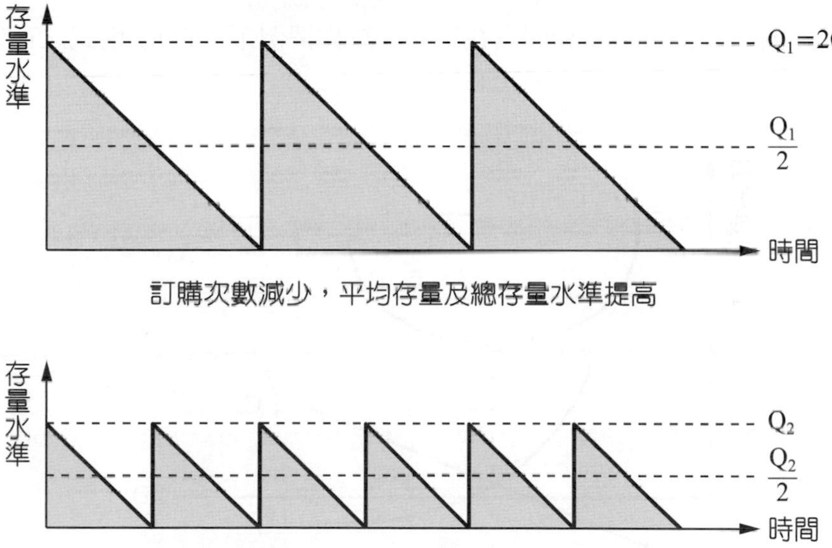

訂購次數減少，平均存量及總存量水準提高

訂購次數增加，平均存量及總存量水準降低

資料來源：Stevenson, 1992。

圖 7.3 存量水準之比較

由圖 7.3 上二圖得比較可以看出，下圖之批次訂購量 Q_2 僅為上圖批次訂購量 Q_1 之一半，由總存量面積的比較可知，下圖總存量水準只佔上圖之四分之一，將可以大量的節省每年總儲存成本。然而，特別要提醒讀者，**此種做法有一個重要前提是：每年總儲存成本節省的金額大於每年總訂購成本增加的金額**。因為，由前面分析可知，假若批次訂購量 Q 減少，雖然可以降低平均存量水準，但將會增加每年訂購次數，進而提高了每年總訂購成本。

接著，建立每年總物項成本 TC_i 之數學公式。一般來說，TC_i 爲一固定值，因依前述 EOQ 模式假設條件可知，物料訂購價格 P 及年需求量 D 爲已知且維持一定。TC_i 之數學公式如下：

$$TC_i = PD \quad \cdots\cdots (7.5)$$

在前面，已分別建立 TC_o、TC_h、TC_i 之數學公式，依照公式 7.1 式，將這三項成本帶入，即可建立在不允許缺貨情況下，EOQ 模式每年存貨總成本 TC 的數學模式如下：

$$TC = \frac{D}{Q}C_o + \frac{Q}{2}C_h + PD \quad \cdots\cdots (7.6)$$

在建立存貨總成本 TC 之數學模式以後，下面針對公式 7.6 式及前述 TC_o、TC_h、TC_i 與批次訂購量 Q 關係之分析，特繪製出在不允許缺貨情況下，EOQ 模式之存貨成本圖，如圖 7.4 所示。

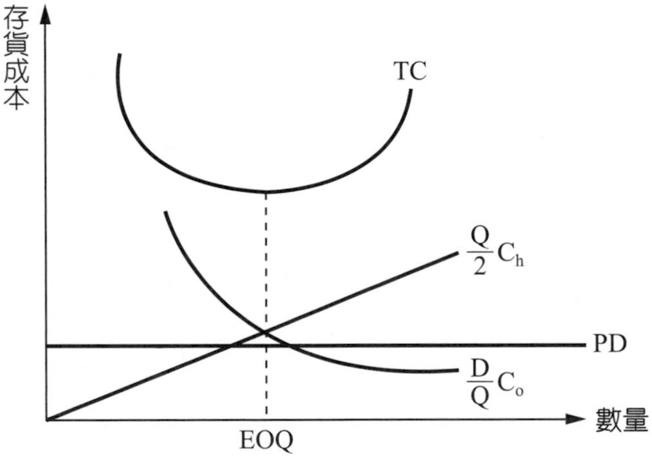

圖 7.4 不允許缺貨 EOQ 模式之存貨成本圖

最後一項工作，使用微積分求取極值的方法來導引經濟訂購量 EOQ 公式，其程序爲先拿目標函數 TC 對 Q 求一階導數，並令結果爲零，再求 TC 對 Q 之二階導數來研判極大（小於零）或是極小（大於零）。現將 EOQ 公式之導引程序說明如下：

$$TC = \frac{D}{Q} C_o + \frac{Q}{2} C_h + PD$$

$$\frac{d(TC)}{dQ} = \frac{-DC_0}{Q^2} + \frac{C_h}{2} = 0 \quad \cdots\cdots\cdots\cdots \quad (a)$$

$$\frac{d(TC^2)}{dQ^2} = \frac{2DC_0}{Q^3} > 0$$ →可獲致最小的 TC

∴解（a）式，可得：

$$EOQ = \sqrt{\frac{2DC_0}{C_h}} = \sqrt{\frac{2DC_0}{Pi}} \quad \cdots\cdots\cdots\cdots \quad (7.7)$$

公式 7.6 式乃是以微積分方法所導引之 EOQ 公式。再者，另有一簡便的導引方法，即由圖 7.4 可以看出，當 TC_o 與 TC_h 兩者相等時，存貨總成本 TC 爲最小值，故亦可直接以 $TC_o = TC_h$ 關係式導引 EOQ 公式，結果與 7.7 式完全相同，不再贅述。

下面，依據 7.7 式 EOQ 公式，進一步建立每年最佳訂購次數 N 及訂購週期 t 之數學模式，公式如下：

$$N = \frac{D}{EOQ} = \sqrt{\frac{DC_h}{2C_0}} \quad \cdots\cdots\cdots\cdots \quad (7.8)$$

$$t = \frac{1}{N} = \sqrt{\frac{2C_0}{DC_h}} \quad \cdots\cdots\cdots\cdots \quad (7.9)$$

例題 7.1

順大腳踏車製造公司每年需用輪胎 3,000 條，此種輪胎係向外訂購，訂購價格每條 100 元，沒有價格折扣。依照以往資料估計，每次訂購成本為 1,000 元，每條輪胎儲存一年之儲存成本為 10 元，因為供應商長期表現良好，供料情況非常穩定，故不考量短缺成本，前置時間固定為 10 天。設每年工作天數（W_d）為 300 天，試求下列問題：

(1) 經濟訂購量（EOQ）。

(2) 每年訂購次數（N）。

(3) 訂購週期（t）。

(4) 訂購點（Q_{rop}）。

(5) 每年存貨總成本（TC）。

解答

由題意可知：

$D = 30{,}000$ 條，$P = 100$ 元，$C_o = 1{,}000$ 元

$C_h = 10$（元 / 條・年），$LT = 10$ 天，$W_d = 300$ 天

(1) 經濟訂購量 $EOQ = \sqrt{\dfrac{2DC_0}{C_h}} = \sqrt{\dfrac{2(30{,}000)(1{,}000)}{10}} = 2{,}450$（條）

(2) 每年訂購次數 $N = \dfrac{D}{EOQ} = \dfrac{30{,}000}{2{,}450} = 12.24$（次 / 年）

(3) 訂購週期 $t = \dfrac{1}{N} = \dfrac{1}{12.24}$（年）$= \dfrac{300}{12.24}$（天）

(4) 訂購點 $Q_{rop} =$（30,000/300）10 = 1,000（條）

(5) 利用 7.5 式，計算可得 TC 如下：

$$TC = \frac{D}{Q}C_o + \frac{Q}{2}C_h + PD$$

$$= \frac{30{,}000}{2{,}450}(1{,}000) = \frac{2{,}450}{2}(10) + 100(30{,}000)$$

$$= 3{,}024{,}494.90\text{（元）}$$

例題 7.2

正大食品公司每年向台糖公司購買砂糖 2,000 袋，每袋砂糖之訂購價格 500 元，每批次訂購成本為 300 元，儲存費率為 10%，若設每次訂購台糖公司均能準時交貨，所以不考量短缺成本。試求：

(1) 經濟訂購量（EOQ）。

(2) 平均存量水準。

(3) 每年總訂購成本 TC_o 訂及每年總儲存成本 TC_h。

(4) 每年存貨總成本（TC）。

解答

由題意可知：

$D = 2{,}000$ 袋，$P = 500$ 元，$C_o = 300$ 元

$C_h = Pi = 500（10\%）= 50$（元 / 袋．年）

(1) 經濟訂購量 $EOQ = \sqrt{\dfrac{2DC_0}{C_h}} = \sqrt{\dfrac{2(2{,}000)(300)}{50}} = 155$（袋）

(2) 平均存量水準 $= 155/2 = 77.5$（袋）

(3) 每年總訂購成本 $TC_o = \dfrac{D}{Q}\ C_o = \dfrac{2{,}000}{155}（300）= 3{,}871$（元）

(4) 每年總儲存成本 $TC_h = \dfrac{Q}{2}\ C_h = 77.5（50）= 3{,}875$（元）

(5) 每年存貨總成本 $TC = TC_o + TC_h + TC_i$

$= 3{,}871 + 3{,}875 + 500（2{,}000）$

$= 1{,}007{,}746$（元）

二、允許缺貨之 EOQ 模式

允許缺貨下之 EOQ 模式，又稱為欠撥存量模式（Backordering Inventory Model）。在第四章 4.2 節談及產銷配合時，曾介紹欠撥量策略，其意為以事前積欠、事後補撥的方式來處理旺季不足之產量。採用欠撥量策略（允許缺貨）之前提乃是須取得購買者之允諾，以及短缺成本在合理的限制範圍內；假若短缺成本過高或是製程、市場等因素而不允許短缺現象產生時，本存量模式即不適用。

下面，將依序介紹本存量模式之相關概念。首先要定義數學符號的涵義，為免重覆，僅介紹前節 EOQ 模式未定義之新增符號：

C_S = 每單位每年之短缺成本，M = 最高存量，t_1 = 存貨期間，S = 最大缺貨量，t_2 = 缺貨期間，TC_S = 每年總短缺成本。

其次，介紹在允許缺貨 EOQ 模式之假設條件，如表 7.5 所示。

表 7.5 允許缺貨 EOQ 模式之假設條件

1. 年需求量已知（設決策期間為一年）。
2. 需求率維持穩定一致水準。
3. 前置時間維持穩定一致水準。
4. 允許短缺（即存貨總成本含訂購、儲存、短缺及物項成本）。
5. 供應商一次將訂購物料同時交貨完畢。
6. 物料之訂購價格維持固定（沒有數量折扣）。
7. 存量下降至最大缺貨量 S 時，即刻開始進貨。
8. 進貨數量以補滿至最高存量 M 為原則。
9. 每次僅針對一項物料做決策分析（因決策參數不同）。

在表 7.5 所列九點假設條件下，特將允許缺貨 EOQ 模式之存量變化狀態，繪製存量模式圖表示之，如圖 7.5 所示。

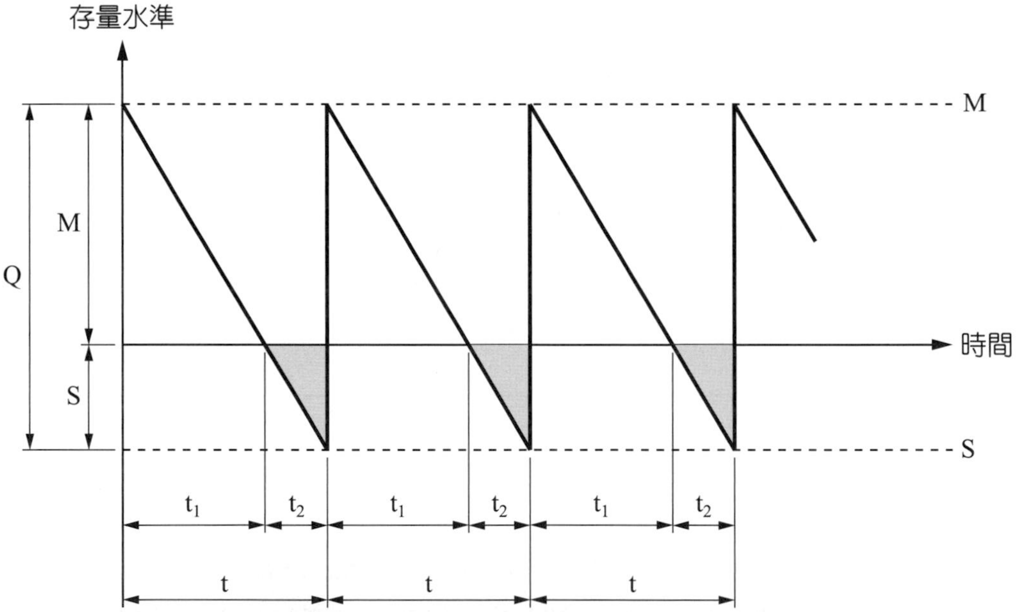

圖 7.5 允許缺貨 EOQ 模式之存量模式圖

由圖 7.5 可以看出，t_1 與最高存量 M 所形成三角形面積表每個訂購週期之總存量，而 t_2 與最大缺貨量 S 所形成三角形面積（黑色漆底），則表每個訂購週期之總缺貨量。下面，將依據前述假設條件及存量模式圖，來建立各類存貨成本之數學模式。就實務而言，在允許缺貨情況下，每年存貨總成本 TC 共含訂購、儲存、短缺及物項四項成本，茲將 TC 之數學模式建立如下：

$$TC = TC_o + TC_h + TC_s + TC_i \cdots\cdots\cdots\cdots \quad (7.10)$$

上式中，TC 表每年存貨總成本，TC_o 表每年總訂購成本，TC_h 表每年總儲存成本 + TC_s 表每年總短缺成本 + TC_i 表每年總務項成本。其中，第一項每年總訂購成本 TC_o 的數學公式與前述不允許缺貨 EOQ 公式相同，茲列出如下：

$$TC_o = \frac{D}{Q} C_o \cdots\cdots\cdots\cdots \quad (7.11)$$

在建立每年儲蓄成本 TC_h 公式以前，先探討平均存量水準的設定。利用圖 7.5，可以建立平均存量水準的公式如下：

$$平均存量水準 = \frac{M}{2} \cdot \frac{t_1}{t} = \frac{M^2}{2Q} \cdots\cdots\cdots\cdots \quad (7.12)$$

將 7.12 式平均存量水準乘以單位儲存成本 C_h，即可求得每年總儲存成本 TC_h，公式如下：

$$TC_h = \frac{M^2}{2Q} C_h \cdots\cdots\cdots\cdots \quad (7.13)$$

關於每年總短缺成本 TC_s 公式之建立，其概念與每年總儲存成本 TC_h 相似，先要設定平均缺量水準，利用圖 7.5 可以建立平均缺量水準之數學公式如下：

$$平均缺量水準 = \frac{S}{2} \cdot \frac{t_2}{t} = \frac{(Q-M)^2}{2Q} \cdots\cdots\cdots\cdots \quad (7.14)$$

現將 7.14 式平均缺量水準乘以單位儲存成本 C_s，即可求得每年總短缺成本 TC_s，其公式如下：

$$TC_S = \frac{(Q-M)^2}{2Q} C_s \cdots\cdots\cdots\cdots \quad (7.15)$$

每年總物項成本 TC_i 乃爲年需求量 D 與訂購價格 P 之乘積，其數學公式如下：

$$TC_i = PD \quad \cdots\cdots (7.16)$$

上述各類存貨成本與批次訂購量 Q 之關係，本書第六章 6.3 節已有詳細的介紹，讀者可參閱之。在建立各項存貨成本之數學公式以後，最後將各類存貨成本累積，即可建立每年存貨總成本 TC 之數學模式，其公式如下：

$$TC = \frac{D}{Q} C_o + \frac{M^2}{2Q} C_h + \frac{(Q-M)^2}{2Q} + PD \quad \cdots\cdots (7.17)$$

在建立每年存貨總成本 TC 之數學模式以後，最後一項步驟即爲導引經濟訂購量 EOQ 公式。由 7.17 可知，TC 數學模式中含有 Q、M 二個自變數，欲求最低的 TC，須分別求 TC 對 Q、M 之一次偏導數，並令結果爲零，再解聯立方程式即可建立 EOQ 及最適的最高存量 M_o 之數學模式。茲列出 EOQ、M_o、S_o（最適的最大缺貨量）之公式如下：

$$EOQ = \sqrt{\frac{2DC_0}{C_h}} \cdot \sqrt{\frac{C_h + C_s}{C_s}} \quad \cdots\cdots (7.18)$$

$$M_o = \sqrt{\frac{2DC_0}{C_h}} \cdot \sqrt{\frac{C_s}{C_h + C_s}} \quad \cdots\cdots (7.19)$$

$$S_o = EOQ - M_o \quad \cdots\cdots (7.20)$$

下面，將舉一例題以說明在允許缺貨情況下，EOQ、M_o、S_o 及相關存貨成本之計算。

例題 7.3

如例題 7.1，現假設順大腳踏車公司允許供應商以欠撥方式供應輪胎，依照估計，每單位每年之短缺成本約為 4 元，其餘資料皆與例題 7.1 相同，試求：

(1) 經濟訂購量（EOQ）。

(2) 每年訂購次數（N）。

(3) 最高存量（M_o）。

(4) 最大缺貨量（S_o）

(5) 生產期間（t_1）、缺貨期間（t_2）及訂購週期（t）。

(6) 訂購點（Q_{rop}）。

(7) 每年存貨總成本（TC）。

解答

由題意可知：

D = 30,000 條，P = 100 元，C_o = 1,000 元，C_h = 10（元 / 條・年），LT = 10 天，W_d = 300 天，C_S = 4（元 / 條・年）。

(1) 經濟訂購量 $EOQ=\sqrt{\dfrac{2DC_0}{C_h}}\cdot\sqrt{\dfrac{C_h+C_s}{C_s}}=\sqrt{\dfrac{2(30,000)(1,000)}{10}}\cdot\sqrt{\dfrac{10+4}{4}}=4,583$（條）

(2) 每年訂購次數 N = 30,000/4,583 = 6.55 次 / 年）

(3) 最高存量 $M_o=\sqrt{\dfrac{2DC_0}{C_h}}\cdot\sqrt{\dfrac{C_s}{C_h+C_s}}=\sqrt{\dfrac{2(30,000)(1,000)}{10}}\cdot\sqrt{\dfrac{4}{10+4}}=1,309$（條）

(4) 最大缺貨量 S_o = 4,583 = 1,309 = 3,274（條）

(5) 生產期間 $t_1=\dfrac{M}{D}=\dfrac{1,309}{30,000}=0.109$

缺貨期間 $t_2=\dfrac{S}{D}=\dfrac{3,274}{30,000}=0.109$（年）= 32.7（天）

訂購週期 t = 4,583/30,000 = 0.153（年）= 45.9（天）

(6) 訂購點 Q_{rop} =（30,000/300）10 – 3,274 = – 2,274（條）

意即供應商欠撥量達 2,274 條時，即須發起訂購活動。

(7) $TC=\dfrac{D}{Q}C_o+\dfrac{M^2}{2Q}C_h+\dfrac{(Q-M)^2}{2Q}C_s+PD$

$=\dfrac{30,000}{4,583}1,000=\dfrac{1,309^2}{2(4,583)}10+\dfrac{(4,583+1,309)^2}{2(4,583)}4+100(30,000)$

= 3,013,093.07（元）

7.3 經濟生產批量模式

就企業實務而言，一般用以取得物料的管道主要含自製（Make）與外購（Buy）二種，前面介紹之 EOQ 模式係適用於外購物料之存量模式；若針對自製物料來講，則須應用經濟生產批量模式（EPQ）進行最適存量決策分析。在本節內容，將分別介紹不允許缺貨及允許缺貨情況下之二種 EPQ 模式。

一、不允許缺貨之 EPQ 模式

經濟生產批量（Economic Production Quantity, EPQ）乃為自製物料之最經濟的生產批量，亦即在此生產批量下，將可以獲致最低的存貨總成本。在實務上，企業基於成本效益及供料穩定性、品質、配方與製程機密性、員工就業及其他因素考量，常以自製方式來生產部份物料。因之，針對自製物料而言，最重要者乃是如何利用 EPQ 模式來求算最佳的批次生產量，期以獲致最大的經濟效益。

就物料自製之存量決策分析來講，必須考量裝設、儲存、短缺及物料等四項存貨成本。因本存量模式不允許缺貨，短缺成本為零，故在決策期間存貨總成本之數學公式如下：

$$TC = TC_r + TC_h + TC_i \quad \cdots\cdots\cdots\cdots\cdots\cdots \quad (7.21)$$

上式中，TC 表總存貨成本，TC_r 表總裝設成本，TC_h 表總儲存成本，TC_i 表總物項成本。在建立 EPQ 數學模式以前，先定義本模式所使用之數學符號，如表 7.6 所示。

表 7.6 數學符號之定義

Q = 生產批量 D = 年需求量	t_2 = 每個生產週期內僅有耗用、沒有生產之期間
P = 單位生產成本 p = 生產率	C_r = 每批次裝設成本 C_h = 單位儲存成本
d = 需求率	i = 儲存費率
N = 每年生產次數 M = 最高產量	TC_r = 每年總裝設成本 TC_h = 每年總儲存成本
t = 生產週期 t_1 = 每個生產週期之生產期間	TC_i = 每年總物項成本 TC = 每年存貨總成本

就企業經營實務而言，進行自製物料之存量決策分析時，實際所面臨之情況及相關決策變數往往相當的複雜；因之，爲求簡化及縮小問題的範圍，期以建立 EPQ 存量模式起見，特別提出了 EPQ 模式之九點假設條件，彙總於表 7.7 所示。不過，在此特別要提醒讀者，在實務應用 EPQ 模式進行存量決策時，必須依實際所面臨情況予以適度修正，並進行決策參數之敏感性分析，以瞭解存量決策參數變化對 EPQ 及其存貨成本之影響。

表 7.7 不允許缺貨 EPQ 模式之假設條件

1. 年需求量已知（設決策期間為一年）。
2. 生產率與需求率維持穩定一致水準。
3. 生產率大於需求率。
4. 前置時間維持穩定一致水準（不需安全存量）。
5. 不允許短缺（即存貨總成本不包含短缺成本）。
6. 每批次當存量達最高水準時，即停止生產。
7. 當存量下降至零時，次批即刻開始生產。
8. 單位生產成本維持固定（沒有規模經濟或不經濟現象）。
9. 每次僅針對一項物料做決策分析（因決策參數不同）。

依據表 7.7 所列九點假設條件下，特別繪製出在不允許缺貨的情況下，EPQ 模式之存量模式圖，用以顯示在生產期間內存量變化之狀態，如圖 7.6 所示。

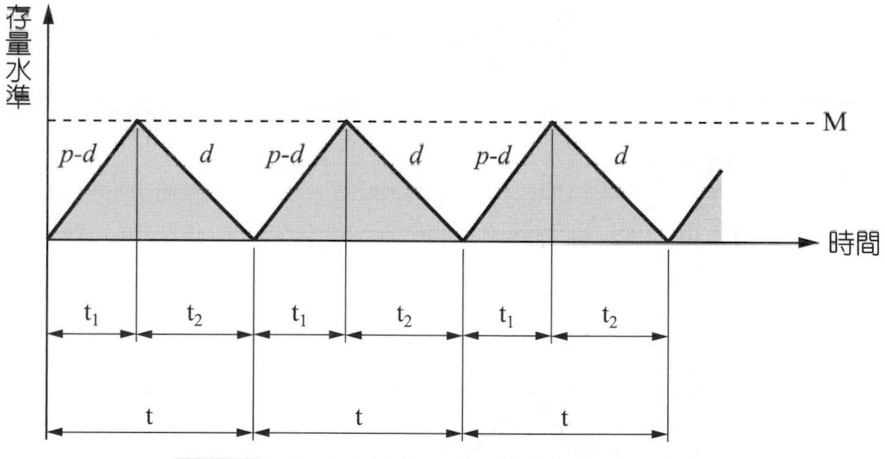

圖 7.6 不允許缺貨 EPQ 模式之存量模式圖

在繪製存量模式圖以後，接下來，將建立各類存貨成本之數學模式。在裝設成本方面，相關的概念可參閱本書第六章 6.3 節內容；**在此提出一項假設：就一次裝設來講，無論其生產批量爲何，因進行清車、換模具、換刀具、換夾具、調整及試車等作業程序相同，故每次裝設成本皆維持一定**。在此項假設及年需求量固定之前提下，每年總裝設

成本 TC_r 將與裝設次數 N 成正比，其與生產批量 Q 將會形成雙曲線之反比例關係，公式如下：

$$TC_r = \frac{D}{Q} C_r \quad \cdots\cdots (7.22)$$

在儲存成本方面，如同 EOQ 模式，每年總儲存成本 TC_h 與生產批量 Q 會形成正比例關係。不過，在建立每年總儲存成本 TC_h 之數學公式前，先探討平均存量水準之設定。由圖 7.6 可知，平均存量水準乃為最高產量 M 之一半，公式如下：

$$TC_h = \frac{M}{2} C_h \quad \cdots\cdots (7.23)$$

然而，因最高產量 M 為一未知的決策變數，故必須利用其他已知的參數予以轉換，轉換的概念如圖 7.7 所示。現依圖 7.7 即可進一步建立 TC_h 之公式如下：

$$TC_h = \frac{M}{2} C_h = \frac{(p-d)t_1}{2} C_h$$
$$= \frac{Q}{2}(1-\frac{d}{P}) C_h \quad \cdots\cdots (7.24)$$

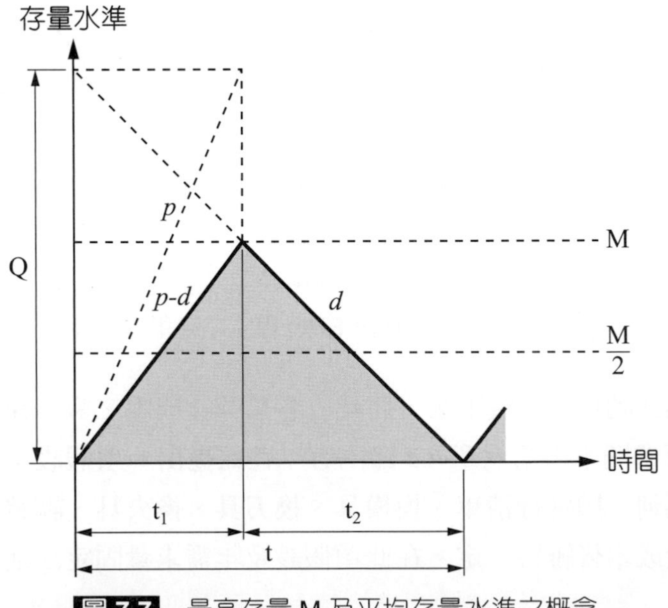

圖 7.7 最高存量 M 及平均存量水準之概念

在物項成本方面，依表 7.7 所列假設條件可知，單位生產成本 P 與年需求量 D 維持固定，故每年總物項成本 TC_i 乃為單位生產成本 P 與年需求量 D 之乘積，其公式如下：

$$TC_i = PD \quad \cdots\cdots \quad (7.25)$$

現將 TC_r、TC_h、TC_i 加以累積，即可建立在不允許缺貨下，EPQ 模式每年存貨總成本 TC 之數學模式，公式如下：

$$TC = \frac{D}{Q} C_r + \frac{Q}{2}(1 - \frac{d}{P}) + PD \quad \cdots\cdots \quad (7.26)$$

依據上述公式 7.21 至 7.26 式，所建立的 TC_r、TC_h、TC_i 及 TC 各類存貨成本之數學公式，針對其與生產批量 Q 之關係，繪製出不允許缺貨 EPQ 模式之存貨成本圖，如圖 7.8 所示。

利用圖 7.8 上各類存貨成本型態來進行存量決策分析。由圖 7.8 可知，決策期間內之總物項成本 TC_i 為一固定常數值，故在面對不允許缺貨之情況下，進行自製物料之存量管制決策分析時，最主要者乃須權衡總裝設成本 TC_r 及總儲存成本 TC_h，將總成本 TC 曲線最低點向下垂直對到橫座標，即可決定最佳經濟生產批量 EPQ。

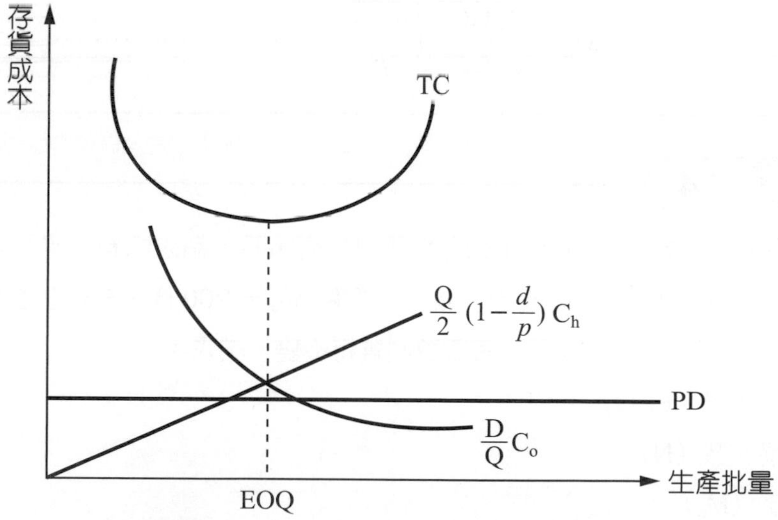

圖 7.8 不允許缺貨 EPQ 模式之存貨成本圖

最後，使用微積分求取極值的方法來進行 EPQ 公式的導引，步驟與前述 EOQ 公式相同，茲說明如下：

$$TC = \frac{D}{Q}C_r + \frac{Q}{2}(1-\frac{d}{p})C_h + PD$$

$$\frac{d(TC)}{dQ} = \frac{-DC_r}{Q^2} + \frac{1}{2}(1-\frac{d}{P})\ C_h = 0 \quad \cdots\cdots\cdots\cdots\cdots\cdots \quad (a)$$

$\frac{d(TC^2)}{dQ^2} = \frac{2DC_r}{Q^3} > 0 \rightarrow$ 可獲致最小的 TC

∴解（a）式，可得：

$$EPQ = \sqrt{\frac{2DC_r}{C_h}}\sqrt{\frac{p}{p-d}} \quad \cdots\cdots\cdots\cdots\cdots\cdots\cdots\cdots \quad (7.27)$$

另有一簡便的方法，亦可以導引出 EPQ 公式。由圖 7.8 存貨成本圖可以看出，當每年總裝設成本 TC_r 與每年總儲存成本 TC_h 相等時，每年存貨總成本 TC 爲最低，故可利用 $TC_r = TC_h$ 之關係式來導引 EPQ 公式，結果如同 7.27 式，不再贅述。

現將 7.27 式之 EPQ 公式帶入最高存 M 之公式，可以建立最適的最高存量 M_o 數學模式，公式如下：

$$M_o = \sqrt{\frac{2DC_r}{C_h}}\sqrt{\frac{p-d}{p}} \quad \cdots\cdots\cdots\cdots\cdots\cdots\cdots\cdots \quad (7.28)$$

例題 7.4

如例題 7.1，現設順大腳踏車公司變更其生產策略，為求物料供應穩定性及確保品質水準，改採自製方式生產輪胎。輪胎生產率為每天 200 條，單位生產成本為 100 元，每批次裝設成本為 1200 元，其餘資料維持不變。試求：

(1) 經濟生產批量（EPQ）。

(2) 每年訂購次數（N）。

(3) 最高存量（M_o）。

(4) 生產週期（t）。

(5) 每個週期之生產期間（t_1）。

(6) 每個週期之未生產、僅有消耗之期間（t_2）。

(7) 每年存貨總成本（TC）。

解答

由題意可知：

D = 30,000 條，P = 100 元，C_r = 1,200 元

C_h = 10（元 / 條 · 年），LT = 10 天，W_d = 300 天

p = 200（條 / 天），d = 30,000/300 = 100（條 / 天）

(1) 經濟生產批量 $EPQ = \sqrt{\frac{2DC_r}{C_h}}\sqrt{\frac{p}{p-d}} = \sqrt{\frac{2(30,000)1,200}{10}}\sqrt{\frac{200}{200-100}} = 3,795$（條）

(2) 每年訂購次數 N = 30,000/3,795 = 7.91（次 / 年）

(3) 最高存量 $M_o \sqrt{\frac{2DC_r}{C_h}}\sqrt{\frac{p-d}{p}} = \sqrt{\frac{2(30,000)1,200}{10}}\sqrt{\frac{200-100}{200}} = 1,897$（條）

(4) 生產期間 $t = \frac{Q}{d} = \frac{3,795}{100} = 37.95$（天）

(5) 每個週期之生產期間 $t_1 = \frac{Q}{p} = \frac{3,795}{200} = 18.98$（天）

(6) 每個週期之未生產、僅有消耗之期間 $t_2 = \frac{M}{d} = \frac{1,897}{100} = 18.97$（天）

(7) $TC = \frac{D}{Q}C_r + \frac{Q}{2}(1-\frac{d}{P})C_h + PD$

$= \frac{30,000}{3,795}1,200 + \frac{3,795}{2}(1-\frac{100}{200})10 + 100(30,000)$

= 3,018,973.67（元）

二、允許缺貨之 EPQ 模式

在實務上，企業常會面臨物料短缺或是欠撥之情事發生，因之，如何建立允許缺貨（欠撥）之 EPQ 模式，俾能尋求自製物料之最適的存量管制決策，以期能獲致最低的存貨總成本，實爲一項重要的課題。首先，定義本模式所使用之數學符號，爲免贅述起見，在此僅定義新增符號如下：

C_s = 每單位每年之短缺成本，M = 最高存量

t_3 = 每個週期之期初缺貨期間，S = 最大缺貨量

t_4 = 每個週期之期末缺貨期間，TC_s = 每年總短缺成本

其次，介紹允許缺貨情況下 EPQ 模式之假設條件，彙總如表 7.8 所示。

表 7.8　允許缺貨 EPQ 模式之假設條件

1. 年需求量已知（設決策期間為一年）。
2. 生產率與和需求率維持穩定一致水準。
3. 生產率大於需求率。
4. 前置時間維持穩定一致水準（不需安全存量）。
5. 允許短缺（即存貨總成本包含裝設、儲存、短缺及物項成本）。
6. 每批次當存量達最高存量水準時，即停止生產。
7. 存量下降至最大缺貨量 S 時，次批即刻開始生產。
8. 單位生產成本維持固定（沒有規模經濟或不經濟現象）。
9. 每次僅針對一項物料做決策分析（因決策參數不同）。

下面，依據表 7.8 所列九點假設條件，特別繪製出在不允許缺貨 EPQ 模式之存量模式圖，用以顯示在生產期間內實際存量變化之狀態，如圖 7.9 所示。由圖 7.9 可知，$t_1 + t_2$ 與最高存量 M 所圍成三角形面積，表每個生產週期之總存量，而 $t_3 + t_4$ 與最大缺量 S 所圍成三角形面積，則表示每個生產週期之總缺貨量。

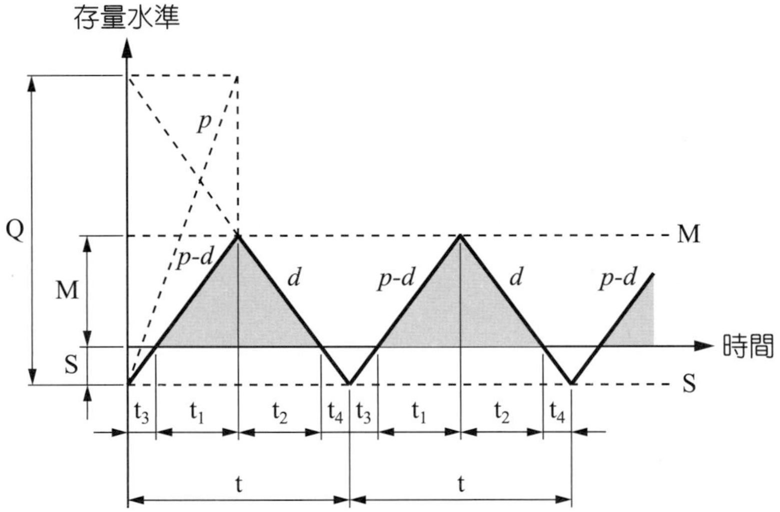

圖 7.9　允許缺貨 EPQ 模式之存量模式圖

依據上面存量模式圖及前述假設條件，進一步來建立各類存貨成本之數學模式。在允許缺貨情況下，EPQ 模式每年存貨總成本 TC 共含裝設、儲存、短缺及物項四類存貨成本，其公式如下：

$$TC = TC_r + TC_h + TC_S + TC_i \quad \cdots\cdots\cdots\cdots\cdots\cdots\cdots\cdots \quad (7.29)$$

上式中，TC 表每年存貨總成本，TC_r 表每年裝設總成本，TC_h 表每年總儲存成本，TC_S 表每年總短缺成本，TC_i 表每年總物項成本。其中，TC_r 與 TC_i 的數學公式與前述不允許缺貨 EPQ 公式相同，不再贅述。在儲存成本方面，由圖 7.9 可知，因在每個生產週期內之存貨期間為 t_1+t_2，故可建立每年總儲存成本 TC_h 之數學公式如下：

$$TC_h=\frac{M}{2}\frac{t_1+t_2}{t}C_h$$
$$=\frac{1}{2Q}[Q\left(\frac{p-d}{p}\right)-S]^2\frac{p-d}{p}C_h \quad \cdots\cdots\cdots\cdots\cdots\cdots \quad (7.30)$$

在短缺成本方面，由存量模式圖可知，因在一生產週期之缺貨期間為 t_3+t_4，故每年總短缺成本 TC_S 之公式如下：

$$TC_S=\frac{S}{2}\frac{t3+t4}{t}C_S$$
$$=\frac{S^2}{2Q}\frac{p}{p-d}C_S \quad \cdots\cdots\cdots\cdots\cdots\cdots \quad (7.31)$$

現將前述 TC_r、TC_h、TC_S 及 TC_i 帶入 7.29 式，即可建立每年存貨總成本 TC 之數學模式，其公式如下：

$$TC=\frac{D}{Q}C_r+\frac{1}{2Q}[\ Q\left(\frac{p-d}{p}\right)-S]^2\frac{p}{p-d}C_h$$
$$+\frac{S^2}{2Q}\frac{p}{p-d}C_S+PD \quad \cdots\cdots\cdots\cdots\cdots\cdots \quad (7.32)$$

最後，導引允許缺貨之經濟生產批量 EPQ 公式，其數學概念為分別拿 TC 對 Q、S 求一階偏導數，並令結果為零，再解聯立方程式，即可建立 EPQ 及最適的最大缺貨量 S_o 之公式。現直接列出二者之數學公式如下：

$$EPQ = \sqrt{\frac{2DC_r}{C_h}}\sqrt{\frac{p}{p-d}}\sqrt{\frac{C_h + C_s}{C_s}} \quad \cdots\cdots\cdots\cdots\cdots\cdots \quad (7.33)$$

$$S_o = \sqrt{\frac{2DC_r}{C_s}}\sqrt{\frac{p-d}{p}}\sqrt{\frac{C_h}{C_h + C_s}} \quad \cdots\cdots\cdots\cdots\cdots\cdots \quad (7.34)$$

例題 7.5 用以說明在允許缺貨情況下，EPQ、M_o、S_o 及各種時間與相關存貨成本之計算。

例題 7.5

如例題 7.4，現設順大腳踏車公司允許製造工廠以欠撥方式生產輪胎，依照估計，每單位每年之短缺成本約為 4 元，其餘資料維持與例題 7.4 相同，試求：

(1) 經濟生產批量（EPQ）。

(2) 每年訂購次數（N）。

(3) 最大缺貨量（S_o）。

(4) 最高存量（M_o）。

(5) 生產週期（t）。

(6) 每個週期之存貨期間（$t_1 + t_2$）。

(7) 每個週期之缺貨期間（$t_3 + t_4$）。

(8) 每年存貨總成本（TC）。

解答

由題意可知：

D = 30,000 條，P = 100 元，C_r = 1,200 元

C_h = 10（元 / 條．年），LT = 10 天，W_d = 300 天

p = 200（條 / 天），d = 30,000/300 = 100（條 / 天）

C_S = 4（元 / 條．年）

(1) $EPQ = \sqrt{\frac{2DC_r}{C_h}}\sqrt{\frac{p}{p-d}}\sqrt{\frac{C_h + C_s}{C_s}} = \sqrt{\frac{2(30,000)1,200}{10}}\sqrt{\frac{10+4}{4}} = 7,100$（條）

(2) 每年訂購次數 N = 30,000/7,1000 = 4.23（次 / 年）

(3) $S_o = \sqrt{\frac{2DC_r}{C_h}}\sqrt{\frac{p-d}{p}}\sqrt{\frac{C_h}{C_h+C_s}} = \sqrt{\frac{2(30,000)1,200}{4}}\sqrt{\frac{200-100}{200}}\sqrt{\frac{10}{10+4}} = 2,535$（條）

(4) $M_o = Q\frac{(p-d)}{p} - S_o = 7,100(\frac{200-100}{200}) - 2,535 = 1,015$（條）

(5) $t = \frac{Q}{d} = \frac{7,100}{100}$（天）$= \frac{1}{4.23}$（年）

$= 71$（天）$= 0.236$（年）

(6) 每個週期之存貨期間 $t_1 + t_2 = \frac{M}{p-d} + \frac{M}{d}$

$= \frac{1,015}{200-100} + \frac{1,015}{100}$

$= 20.3$（天）

(7) 每個週期之缺貨期間 $t_3 + t_4 = \frac{S}{p-d} + \frac{S}{d}$

$= \frac{2,535}{200-100} + \frac{2,535}{100}$

$= 50.7$（天）

另解：$t_3 + t_4 = t -$（$t_1 + t_2$）$= 71 - 50.7$

$= 20.3$（天）

(8) $TC = \frac{D}{Q}C_r + \frac{1}{2Q}[Q\left(\frac{p-d}{p}\right) - S]^2 \frac{p}{p-d}C_h + \frac{S^2}{2Q}\frac{p}{p-d}C_s + PD$

$= \frac{30,000}{7,100}(1,200) + \frac{1}{2(7,100)}[7,100(\frac{200-100}{200}) - 2,535]^2$

$(\frac{200}{200-100})10 + \frac{2,535^2}{2(7,100)}\frac{200}{200-100}(4) + 100(30,000)$

$= 5,070.42 + 1,451.02 + 3,620.41 + 3,000,000.00$

$= 3,010,141.85$（元）

本節內容，分別介紹不允許缺貨與允許缺貨情況下 EOQ 與 EPQ 存量模式，這些模式皆隱含著價格、需求率、存貨成本及相關的決策參數爲固定值之假設前提；事實上，這些假設前提將造成與實務脫節現象，故讀者於實務應用這些模式時，必須予以適度的修正與調整。

7.4 數量折扣之 EOQ 模式

前述所介紹不允許缺貨及允許缺貨之 EOQ 模式，均設定物料訂購價格 P 維持固定一致；事實上，就企業實務而言，供應商爲了爭取大量的訂單，期以擴大銷貨收入及市場佔有率，往往會對顧客之不同批次訂購量而訂定不同的折扣額，且折扣常和批次訂購量形成正比例關係，亦即訂購價格 P 隨批次訂購量之增加而降低。

舉例來說，近來台灣各大都會區有如雨後春筍般，紛紛設定了許多大型量販店及倉儲批發業，如家樂福、大潤發、遠東愛買等，對國內整體行銷通路生態產生很大的衝擊與變革。

整體而言，大型量販店能夠受到消費者的青睞，主因除了其販售商品相當多樣、顧客可以一次購足以外；最重要者，乃是其藉由大批量採購及與供應商策略聯盟關係，可以獲致較高的數量折扣，故商品價格較一般市場便宜一成以上。

在本節內容，即要探討在數量折扣（Quantity Discounts）情況下，應如何對前述 EOQ 模式加以修正，希能建立最適的數量折扣之下之存量決策模式。首先，建立本存量模式之假設條件，如表 7.9 所示。

表 7.9 數量折扣之 EOQ 模式的假設條件

1. 年需求量已知（設決策期間為一年）。
2. 需求率維持穩定一致水準。
3. 前置時間維持穩定一致水準。
4. 不允許短缺（即存貨總成本不包含短缺成本）。
5. 供應商一次將訂購物料同時交貨完畢。
6. 物料訂購價格隨批次訂購量而改變（有數量折扣）。
7. 每次僅針對一項物料做決策分析（因決策參數不同）。

因本存量模式所使用的數學符號與前述 EOQ 模式皆相同，故不再贅述。在實務上，**一般常將單位儲存成本 C_h 的估算常分成兩種情況：一爲 C_h 是固定常數值，不受訂購價格 P 的影響；另一爲 C_h 佔訂購價格 P 之固定百分比，即 $C_h = Pi$。**接下來，針對上述兩種情況，逐一介紹數量折扣下之 EOQ 存量決策模式。

一、C_h 為固定常數值之 EOQ 模式

針對單位儲存成本 C_h 爲固定常數值之情況，在此，將就一僅含有兩種數量折扣之簡單例子，來說明數量折扣下 EOQ 模式之建立。此一簡單例子，如表 7.10 所示。

表 7.10 數量折扣之簡單例子

情況	批次訂購量 Q 之範圍	價格	Ch
I	$Q < Q_o$	P_1	固定值
II	$Q \leqq Q_o$	P_2	固定值

依據表 7.9 所列的假設條件，數量折扣之 EOQ 模式，因不考慮短缺成本，故由 7.1 式可知，其存量總成本 TC 共含有訂購、儲存及物項等三項成本，數學公式如下：

$$TC = TC_o + TC_h + TC_i \quad \cdots\cdots\cdots\cdots \quad (7.35)$$

上式中，TC_o 表每年總訂購成本，TC_h 表每年總儲存成本，TC_i 表每年總物項成本。同時，由 7.6 式可知，EOQ 公式含有年需求量 D、每次訂購成本 C_o 及單位儲存成本 C_h 三個決策參數；因此，在單爲儲存成本 C_h 爲一固定常數值之前提下，形成 D、C_o、C_h 三者將皆爲故固定值，故在各種數量折扣情況下，無論訂購價格 P 之變異爲何，其所計算之經濟訂購量 EOQ 皆應相等。

在此，特別針對表 7.10 所列二種折扣之簡單例子，繪製其存貨成本分析圖，如圖 7.10 所示。

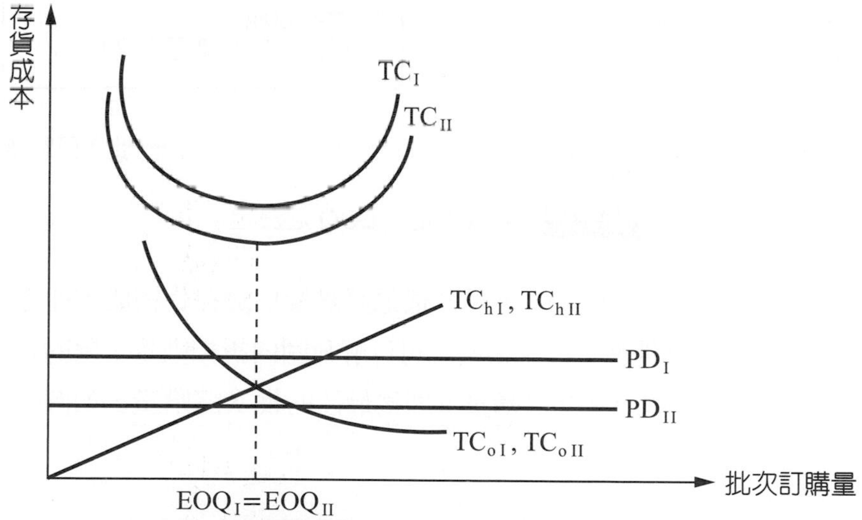

圖 7.10 C_h 為固定值之存貨成本圖

一般說來，在數量折扣及單位儲存成本 C_h 爲固定常數值之前提下，決定 EOQ 之實施程序如下：

步驟一 計算 EOQ 值

因爲 D、C_o、C_h 三者爲固定值，故無論訂購價格 P 爲何，每一種數量折扣情況下之 EOQ 皆應相等。

步驟二 最適 EOQ 的決策分析

因爲具有共同的 EOQ，故在各種批次訂購量 Q 之變化範圍內，其中，僅有一條存貨總成本曲線之 EOQ 是位於可行解範圍內，假若：

1. 此位於可行解範圍內之 EOQ，是屬於最低訂購價格之存貨總成本曲線，則此 EOQ 即爲最佳的批次訂購量，如圖 7.11 所示。

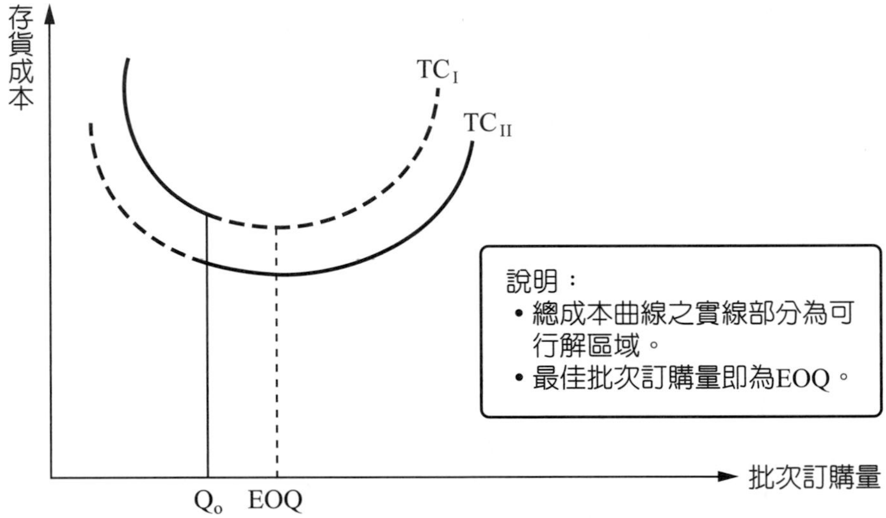

圖 7.11 數量折扣下 EOQ 之決定

2. 若此位於可行範圍內之 EOQ，非屬於最低訂購價格之存貨總成本曲線，則須計算及比較此 EOQ 及其他較低訂購價格之可行解範圍內折扣數量下限的存貨總成本；其中，具最低存貨總成本之訂購量，即爲最佳的批次訂購量，如圖 7.12、7.13 所示。

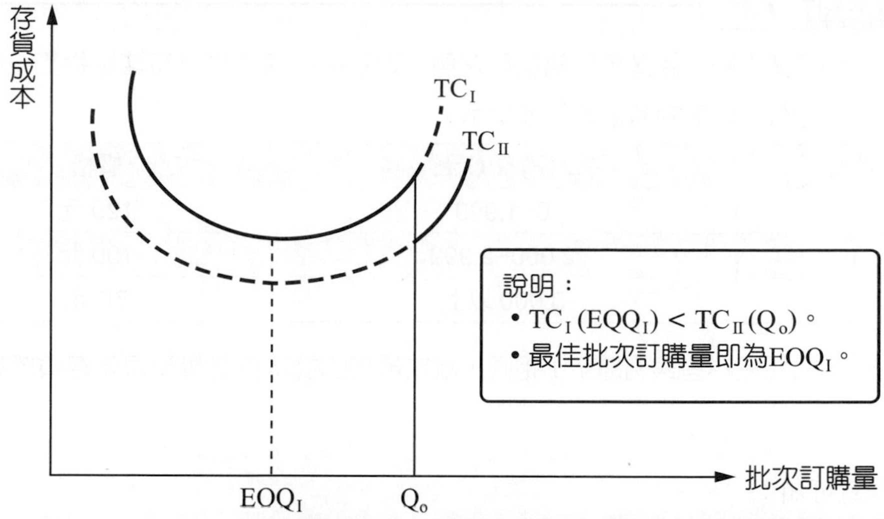

圖 7.12 數量折扣下 EOQ 之決定

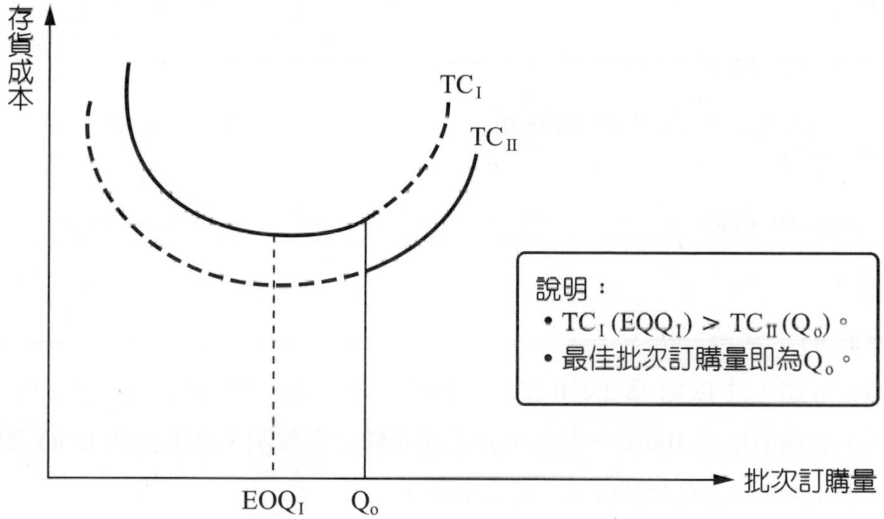

圖 7.13 數量折扣下 EOQ 之決定

例題 7.6

如同例題 7.1 順大腳踏車外購輪胎之例，現若依訂購價格具有數量折扣，其批次訂購量變動範圍及對應的價格如下表所示：

情況	批次訂購量 Q 之範圍	價格
I	0~1,999	120 元
II	2,000~2,999	100 元
III	3,000 以上	75 元

設其餘相關資料皆與例題 7.1 相同，試求最佳的批次訂購量及每年存貨總成本。

解答

由題意可知：

$D = 30,000$ 個，$C_o = 1,000$ 元，$C_h = 10$（元 / 條．年）

$LT = 10$ 天，$W_d = 300$ 天

步驟一

利用 7.6 式，可計算 EOQ 如下：

$$EOQ = \sqrt{\frac{2DCo}{C_h}} = \sqrt{\frac{2(30,000)(1,000)}{10}}$$

$$= 2,450（條）$$

步驟二

最適 EOQ 的決策分析：

由題意可知，當 EOQ 爲 2,450 條時，其可行的批次訂購量範圍是介於 2,001~3,000 之間，訂購價格爲 100 元，故依前述實施步驟二之說明，必須比較 EOQ 及數量折扣下限 3,000 條之存貨總成本，茲計算如下：

$$TC_{II}(2,450) = \frac{30,000}{2,450}(1,000) + \frac{2,450}{2}(10) + 100(30,000)$$

$$= 3,024,495（元）$$

$$TC_{III}(3,000) = \frac{30,000}{3,000}(1,000) + \frac{3,000}{2}(10) + 75(30,000)$$

$$= 2,275,000（元）$$

$\because TC_{II}(2,450) > TC_{III}(3,000)$，故最佳批次訂購量爲 3,000 條。圖 7.14 爲本例題之存貨成本圖。

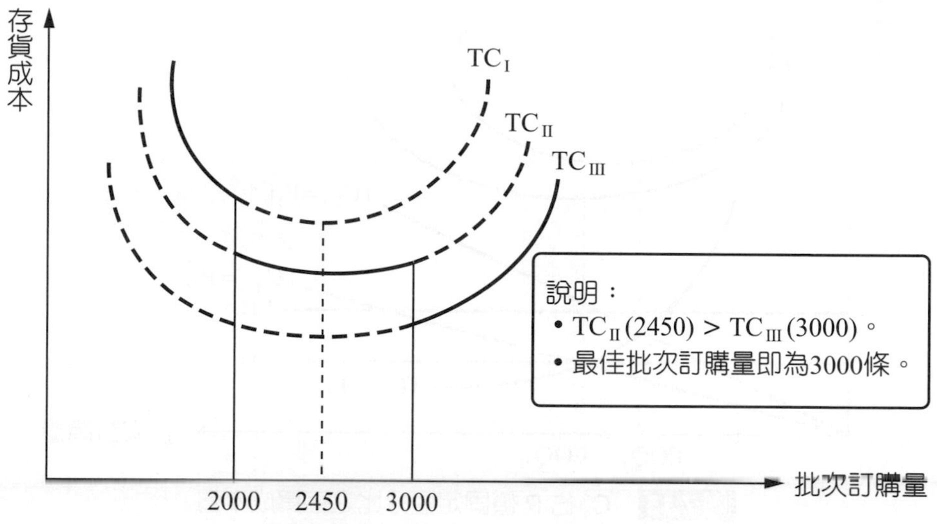

圖 7.14 例題 7.6 之存貨成本圖

二、C_h 佔訂購價格固定百分比之 EOQ 模式

前已談及，一般在企業實務上，要準確地估計出 C_h 值，實屬不易，故企業為求簡化計算起見，通常設定一佔訂購價格 P 固定百分比之儲存費率 i 用以估計 C_h 值，即 $C_h = Pi$。下面，再以前述一僅含兩種數量折扣情況之簡單例子，在設定 C_h 佔訂購價格固定百分比之前提下，將相關資料彙總如表 7.11 所示。

表 7.11 數量折扣之簡單例子

情況	批次訂購量 Q 之範圍	價格	C_h
I	$Q < Q_o$	P_1	P_1i
II	$Q \leqq Q_o$	P_2	P_2i

進一步，針對表 7.11 所列兩種情況，繪製出存貨成本分析圖，如圖 7.15 所示。

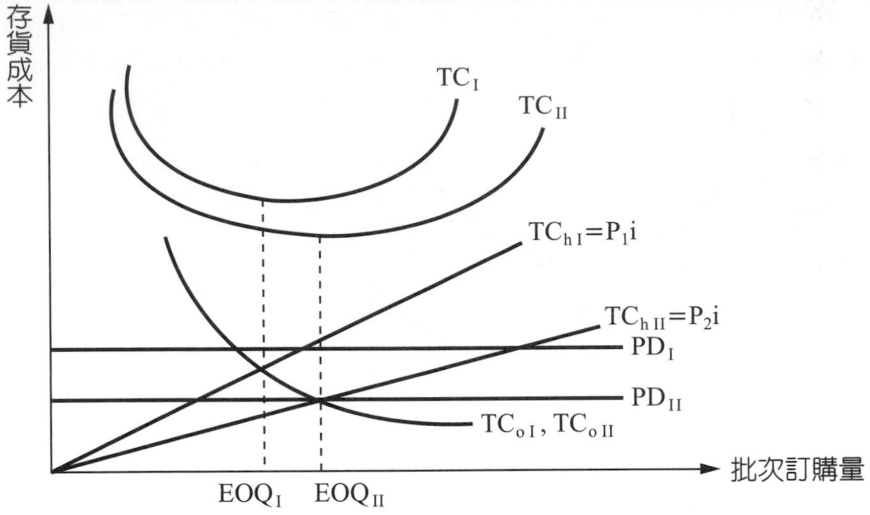

圖 7.15　C_h 佔 P 值固定百分比之存貨成本圖

在數量折扣及 C_h 爲訂購價格固定百分比之前提下，決定最佳 EOQ 之實施程序如下：

步驟一 計算 EOQ

依序先從數量折扣最多，即最低的訂購價格開始，分別計算在不同折扣價格下之 EOQ，直至出現可行的 EOQ，即此 EOQ 落在合理的數量折扣範圍內爲止。

步驟二 最適 EOQ 的決策分析

1. 假若此位於可行解範圍內之 EOQ，是屬於最低訂購價格（P_2）之存貨總成本曲線，則此 EOQ 即爲最佳的批次訂購量。此種情況，如圖 7.16 所示。

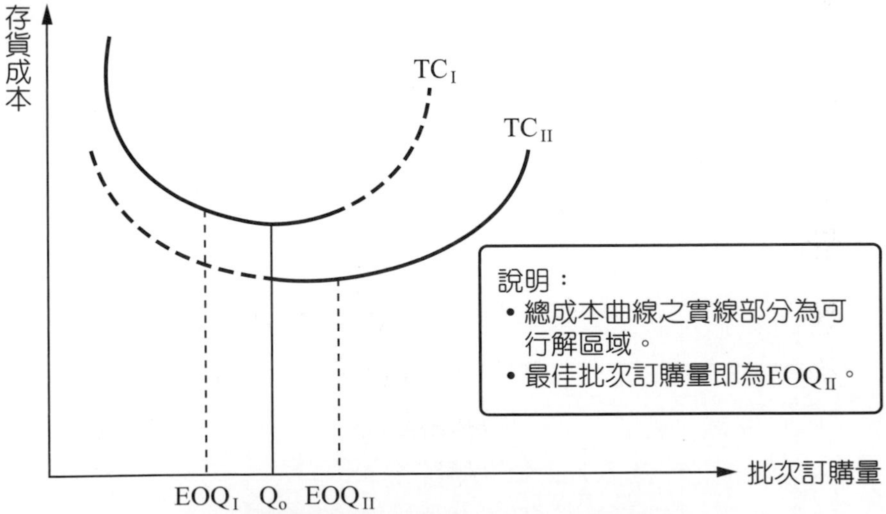

圖 7.16　數量折扣下 EOQ 之決定

2. 假若此位於可行解範圍內之 EOQ，非屬於最低訂購價格之存貨總成本曲線，則須進行計算及比較此可行 EOQ 的存貨總成本，以及其他較低訂購價格下所允許折扣範圍內的數量下限之存貨總成本；其中，具最低存貨總成本者，即為最佳的批次訂購量。此種情況，如圖 7.17、圖 7.18 所示。

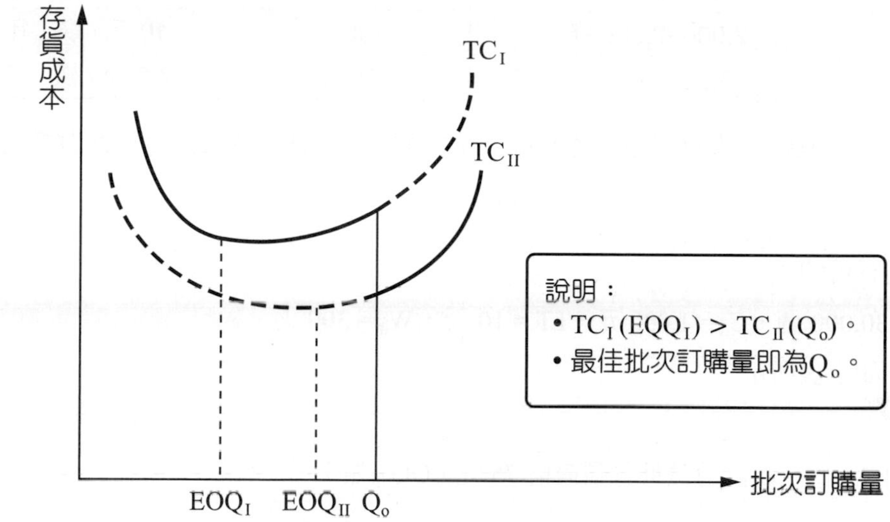

圖 7.17 數量折扣下 EOQ 之決定

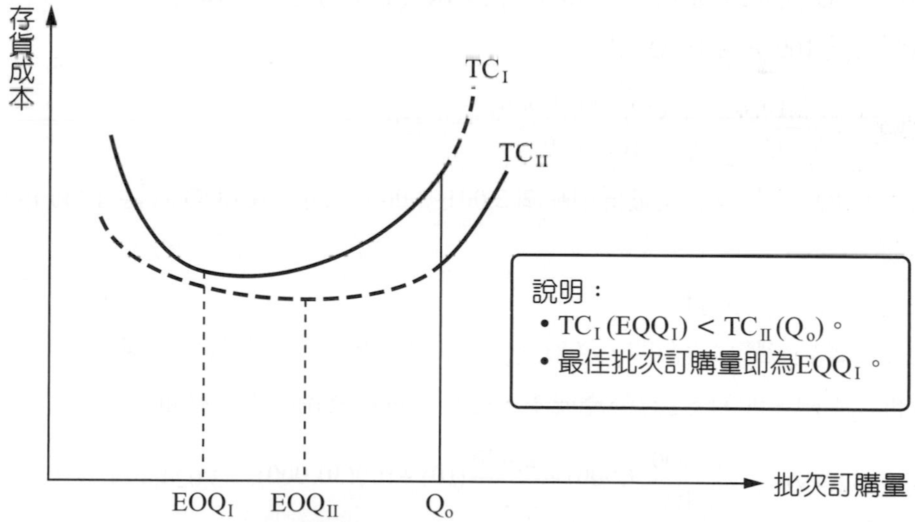

圖 7.18 數量折扣下 EOQ 之決定

例題 7.7

如同例題 7.1 順大腳踏車外購輪胎之例，現設單位儲存成本 C_h 為訂購價格之 10%，各批次訂購量變動範圍、對應價格及 C_h 如下：

情況	批次訂購量 Q 之範圍	價格	C_h
I	0~1,999 條	120 元	12 元 / 條 · 年
II	2,000~2,999 條	100 元	10 元 / 條 · 年
III	3,000 條以上	75 元	7.5 元 / 條 · 年

設其餘相關資料皆與例題 7.1 相同，試求最佳的批次訂購量及每年存貨總成本。

解答

由題意可知：

$D = 30{,}000$ 個，$C_o = 1{,}000$ 元，$LT = 10$ 天，$W_d = 300$ 天

$C_h =$ 如上表所示

步驟一

利用 7.6 式，可計算最低訂購價格 75 元 EOQ_{III}如下

$$EOQ_{III} = \sqrt{\frac{2DC_o}{C_h}} = \sqrt{\frac{2(30{,}000)(1{,}000)}{75(0.10)}} = 2{,}828\text{（條）}$$

因為 EOQ_{III}小於數量折扣 3,000 條，故 EOQ_{III}非為可行的 EOQ。其次，再計算訂購價格為 100 元之 EOQ_{II}如下：

$$EOQ_{II} = \sqrt{\frac{2DCo}{C_h}} = \sqrt{\frac{2(30{,}000)(1{,}000)}{100\ 0.10}} = 2{,}450\text{（條）}$$

因為 EOQ_{II}介於允許數量折扣範圍 2,001~3,000 之間，故 EOQ_{II}為可行的 EOQ。

步驟二

最適 EOQ 的決策分析

依前述實施步驟二之說明，必須進行計算及比較 EOQ_{II}及較低訂購價格 75 元的數量折扣下限 3,000 條之存貨總成本，茲將兩者存貨總成本計算如下：

$$TC_{II}\text{（2,450）} = \frac{30{,}000}{2{,}450}(1{,}000) + \frac{2{,}450}{2}(10) + 100(30{,}000) = 3{,}024{,}495\text{（元）}$$

$$TC_{III}\text{（3,000）} = \frac{30{,}000}{3{,}000}(1{,}000) + \frac{3{,}000}{2}(10) + 75(30{,}000) = 2{,}275{,}000\text{（元）}$$

$\because TC_{II}$（2,450）> TC_{III}（3,000），故最佳批次訂購量為 3,000 條。圖 7.19 為本例題之存貨成本圖。

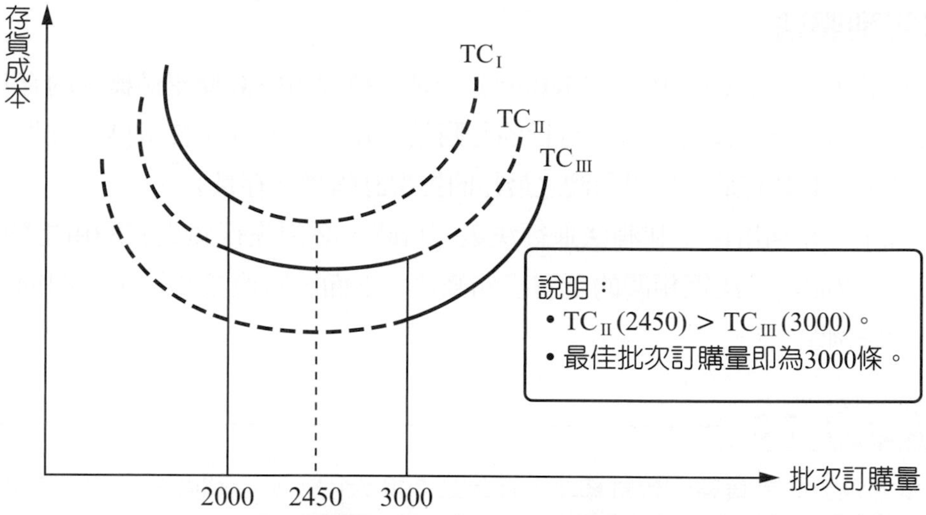

圖 7.19 例題 7.7 之存貨成本圖

7.5 機率性存量管制模式

前面所介紹之存量決策模式，如允許與不允許缺貨下之 EOQ、EPQ 及數量折扣模式，其所含各項決策相關的參數事前皆已完全確知。事實上，**就企業實務而言，所面對之存量決策環境一般均爲機率性與不確定性之環境，亦即決策者於事前對各項存量決策參數無法完全確知，僅能估算其機率分配，或者是一無所知之情況**。在本節內容，主要介紹機率性存量管制模式。

若從訂購重覆性的角度來看，前述 EOQ、EPQ 存量模式皆是多期訂購（Multi-Period Order）模式，其係假定對同一物品之需求持續不斷，故允許供應商跨期分批交貨，或製造商所生產製品本期若未售出，下一期或未來可以繼續銷售。然而，在實務上，某些物品如水果、麵包、鮮花或是雜誌報紙等，因具季節時效及品質易腐性之緣故，若本期未能售出，則未來將無法再行銷售或因其價值減低而降價銷售。

因之，**本節要介紹此種僅允許於單一期間儲存、銷售的物品之存量決策，故機率性存量決策模式亦稱爲單期訂購（Single-Period Order）模式；另一方面，因此種模式有如報童每天早上常會面臨當日訂購報數之抉擇問題，故在作業研究（Operation Research）學科領域內，又被稱爲報童模式（News Boy Model）**。

下面，將依序介紹期望利潤法、期望損失法及邊際分析法三種機率性存量管制模式。

一、期望利潤法

期望利潤法（Expected Profit Method）乃是一種利用統計期望值概念的存量決策方法，其主要是藉由計算及比較每種可行的訂購量（存量）方案在各項供需條件下之期望利潤，並從中選取具有最大期望利潤之最佳的批次訂購量（存量）。

一般說來，在利用期望利潤法進行決策分析時，必須先行建立報酬值矩陣（Payoff Matrix），用以顯示與決策相關的所有已知條件。下面，將直接舉例來說明期望利潤法的概念，參閱例題 7.8。

例題 7.8

依照過去銷售資料的統計顯示，在最近 100 天內，文心超商每天中午中式餐盒之銷售分配如下表所示：

銷售量	天數
30	10
31	30
32	40
33	20

此中式餐盒係於前一天向製造商訂貨，當日早上十時到貨，進貨成本 35 元，售價為 50 元，若餐盒當日未能售出，則因品質變壞緣故即予丟棄，殘值為 0 元。試求文心超商每天此中式餐盒之最佳訂貨量。

解答

針對機率性存量決策，**期望利潤法之求解過程含建立銷售量之機率分配、求算期望利潤及比較選擇三個步驟**。首先，根據題意之銷售量分配情況，建立機率分配表如下：

銷售量	天數	機率
30	10	0.1
31	30	0.3
32	40	0.4
33	20	0.2

其次，進而建立本例題之報酬值矩陣，期以顯示可行的每天訂購量、每天銷售量狀態、條件利潤（Conditional Profit）及期望利潤等四種決策資訊，如下表所示。

銷售量	機率	可行的每天訂購量			
		30	31	32	33
30	0.1	450 元	415 元	380 元	345 元
31	0.3	450	465	430	395
32	0.4	450	465	480	445
33	0.2	450	465	480	495
期望利潤		450 元	460 元	455 元	430 元

茲將上述報酬值矩陣表各項資訊之計算說明如下：

1. 可行的每天訂購量

由題意可知，每天銷售量分配介於 30~33 單位之間，若每天訂購量少於 30 單位，將會形成供不應求狀態，無法獲得最大利潤（因每單位若順利賣出去，可賺取 15 元利潤）；反之，若每天訂購量大於 33 單位，會形成供過於求現象，部分餐盒無法售出，一單位將損失 35 元，更不經濟。故合理可行的每天訂購量應介於 30~33 單位之間。

2. 條件利潤的計算

條件利潤意為在特定供給與需求條件下所可賺取到之利潤，上述報酬值矩陣表格即是用以顯示出各種條件利潤，茲說明如下：

(1) 每天訂購量 30 單位，銷售量 30 單位。因供需一致，訂購量 30 單位將均可順利售出，其條件利潤為 30（15）= 450 元。

(2) 每天訂購量 31 單位，銷售量 30 單位。供過於求，將會有 1 單位無法售出，損失 35 元，故條件利潤為 30（15）– 35 = 415 元。

(3) 每天訂購量 33 單位，銷售量 30 單位。供過於求，將會有 3 單位無法售出，損失 105 元，故條件利潤為 30（15）– 3（35）= 345 元。

(4) 每天訂購量 30 單位，銷售量 31 單位。供不應求，訂購量 30 單位將均可順利售出，將均可順利售出，其條件利潤為 30（15）= 450 元。

(5) 每天訂購量 33 單位，銷售量 33 單位。供需一致，訂購量 33 單位將均可順利售出，其條件利潤為 33（15）= 495 元。

3. 期望利潤的計算

(1) 每天訂購量為 30 單位

期望利潤 = 450（0.1）+ 450（0.3）+ 450（0.4）+ 450（0.2）

= 450 元。

(2) 每天訂購量爲 31 單位

期望利潤 = 415（0.1）+ 465（0.3）+ 465（0.4）+ 465（0.2）

= 460 元。

(3) 每天訂購量爲 32 單位

期望利潤 = 380（0.1）+ 430（0.3）+ 480（0.4）+ 480（0.2）

= 455 元。

(4) 每天訂購量爲 33 單位

期望利潤 = 345（0.1）+ 395（0.3）+ 445（0.4）+ 495（0.2）

= 430 元。

結論

藉由上面期望利潤的比較可知，當每天訂購量爲 31 單位時，將可以獲得最大的期望利潤 460 元，故文心超商每天之最佳訂購量應爲 31 單位。

二、期望損失法

期望損失法（Expected Loss Method）乃是計算及比較各個可行訂購量（存量）方案之期望損失金額，並從中選取具有最小期望損失金額之最佳的批次訂購量（存量）。 一般說來，期望損失法的概念與期望利潤法相似，亦爲一種統計決策分析的方法，茲舉例題 7.9 說明之。

例題 7.9

如同例題 7.8 文心超商訂購中式餐盒之例，設所有相關決策資料皆完全相同，試以期望損失法求算每天之最佳訂購量。

解答

期望損失法之求解過程包含建立銷售量之機率分配、求算每種可行訂購量的期望損失及比較選擇三個步驟。 現將本例題之報酬值矩陣（用以顯示特定供需關係下之條件損失）建立如下：

銷售量	機率	可行的每天訂購量			
		30	31	32	33
30	0.1	0 元	35 元	70 元	105 元
31	0.3	15	0	35	70
32	0.4	30	15	0	35
33	0.2	45	30	15	0
期望損失		25.5 元	15.5 元	20.5 元	45.5 元

1. 條件損失的計算

條件損失（Conditional Loss）意為在特定供給與需求條件下所將蒙受之損失，茲舉例說明如下：

(1) 每天訂購量 30 單位，銷售量 30 單位。因供需一致，訂購量 30 單位將均可順利售出，其條件損失為 0 元。

(2) 每天訂購量 31 單位，銷售量 30 單位。供過於求，將會有 1 單位無法順利售出，損失金額為 1 單位之進貨成本 35 元，故條件損失為 35 元。

(3) 每天訂購量 33 單位，銷售量 30 單位。供過於求，將會有 3 單位無法售出，故條件損失為 3（35）= 105 元。

(4) 每天訂購量 30 單位，銷售量 31 單位。供不應求，訂購量 30 單位雖可順利售出，但因銷售量為 31 單位，少賺 1 單位之利潤，故條件損失為 15 元。

(5) 每天訂購量 30 單位，銷售量 33 單位。供不應求，訂購量 30 單位均可順利售出，將均可順利售出，但少賺 3 單位利潤，條件損失為 3（15）= 45 元。

2. 期望損失的計算

(1) 每天訂購量 30 單位

期望損失 = 0（0.1）+ 15（0.3）+ 30（0.4）+ 45（0.2）= 25.5 元。

(2) 每天訂購量 31 單位

期望損失 = 35（0.1）+ 0（0.3）+ 15（0.4）+ 30（0.2）= 15.5 元。

(3) 每天訂購量 32 單位

期望損失 = 70（0.1）+ 35（0.3）+ 0（0.4）+ 15（0.2）= 20.5 元。

(4) 每天訂購量 33 單位

期望損失 = 105（0.1）+ 70（0.3）+ 35（0.4）+ 0（0.2）= 45.5 元。

結論

藉由上面期望利潤的比較可知，當每天餐盒訂購量為 31 單位時，將可以獲得最小的期望損失 15.5 元，故文心超商每天之最佳訂購量應為 31 單位。

三、邊際分析法

邊際分析法（Marginal Analysis Method）乃是不考量先前的訂購量（存量），而僅分析再增加 1 單位進貨所帶來的利潤（若能順利售出），及其所蒙受的損失（若未能順利售出），並據以決定最佳批次訂購量（存量）。一般而言，邊際分析法的概念相當重要，比如個體經濟學的最佳生產量決策、線型規劃（Linear Programming）之最佳解檢定、工程經濟之成本利益比率法及許多管理決策上均被使用。

比較之下，就三種機率性存量管制模式而言，以邊際分析法的使用最爲普遍，也是一種最具效率之存量決策方法。舉例來說，在例題 7.8 與例題 7.9，假若面對一含 10 種可行訂購量方案之決策，若是以期望利潤或期望損失法進行決策分析，則所建立之報酬值矩陣將是一 10 階方陣，便顯得相當的複雜費時，較不具效率。

下面開始介紹邊際分析法的概念。首先，先定義下列四個數學符號的意義：

1. **MP（Marginal Profit，邊際利潤）**：增加一單位的進貨，在其能順利售出之情況下，所可賺取之利潤。
2. **ML（Marginal Loss，邊際損失）**：增加一單位的進貨，在其未能順利售出之情況下，所將蒙受之損失。
3. **P**：增加一單位的進貨，其能順利售出之機率值。
4. **1 – P**：增加一單位的進貨，其未能順利售出之機率值。

其次，就增加 1 單位進貨所會產生之三種情況，來進行下列的決策分析：

1. **P · MP（邊際期望利潤）>（1 – P）· ML（邊際期望損失）**
   表值得增加該 1 單位的進貨，但是未達最佳解狀態，仍值得繼續進貨以賺取更多利潤。此種狀態即爲前述供不應求之意。
2. **P · MP（邊際期望利潤）<（1 – P）· ML（邊際期望損失）**
   表不值得增加該 1 單位的進貨，甚至必須減少進貨以降低損失。此種狀態即爲前述供過於求之意，亦不是最佳解狀態。
3. **P · MP（邊際期望利潤）=（1 – P）· ML（邊際期望損失）**
   表示值得增加該 1 單位的進貨，而且供需已獲均衡，此一狀態將可賺取最大的利潤。故到此 1 新增單位爲止，包含先前累積訂購數量即爲最佳的批次訂購量。

由上述三種情況的分析可知，第三種情況爲已達最佳解之情況，意即新增 1 單位的進貨，若其邊際期望利潤與邊際期望損失相等時，即可獲致最大的利潤。因之，特別依據第三種情況之關係式，進而建立最佳解情況下之 P 值公式如下：

$$P \cdot MP = (1-P) \cdot ML$$
$$= ML - P \cdot MP$$
$$\therefore P \cdot (MP + ML) = ML \quad \cdots\cdots\cdots\cdots \quad (a)$$

最後，解（a）式可得：

$$P = \frac{ML}{MP + ML} \quad \cdots\cdots\cdots\cdots \quad (7.36)$$

讀者須瞭解，**在 7.36 式中 P 值表在最佳解情況下，可以順利售出含新增 1 單位進貨及其先前已訂購之累積訂購數量（存量）之最低機率值，故到此累積訂購數量（存量）即爲最佳的批次訂購量。**

例題 7.10

如同例題 7.8 文心超商訂購中式餐盒之例，設所有相關決策資料皆完全相同，試以邊際法來求算每天之最佳訂購量。

解答

由題意可知，MP = 15 元，ML = 35 元

由 7.35 式，計算可得 P 值如下：

$$P = \frac{ML}{MP + ML} = \frac{35}{15+35} = 0.7$$

下面針對在各項供需條件下，求算含新增 1 單位進貨後之累積訂購量將可以順利售出之機率值，如下表所示：

銷售量	機率	累積訂購量	機率
30	0.1	30	1.0
31	0.3	31	0.9 ←
32	0.4	32	0.6
33	0.2	33	0.2

結論

藉由比較可知，在最佳解情況下，新增 1 單位進貨可順利售出之最低機率值爲 0.7，故最佳的批次訂購量應爲 31 單位。

在例題 7.10 中，文心超商之餐盒銷售量係服從間斷機率分配；然而，在實務上所面對者有可能是連續機率分配，接下來繼續介紹一連續機率分配的例子。

例題 7.11

文心超商每天鳳梨的銷售量係服從常態分配，相關資料如下：

項目	數值
每天銷售之平均值	100 公斤
每天銷售之標準差	20 公斤
每公斤之進貨成本	10 元
每公斤之銷售價格	15 元
每公斤未售出之殘值	3 元

試以邊際分析法求算文心超商每天鳳梨的最佳進貨量。

解答

由題意可知，MP = 15 − 10 = 5（元），ML = 10 − 3 = 7（元）

由 7.36 式，計算可得 P 值如下：

$$P = \frac{ML}{MP + ML} = \frac{7}{5+7} = 0.58$$

前已談過，P 值乃表最佳解情況下，含新增 1 單位進貨之累積訂購數量可以順利售出之最低機率值；因之，就銷售量服從常態分配而言，此最低機率值（P 值）應是常態曲線中位於最佳訂購量之右尾面積。此項概念可用下圖來表示：

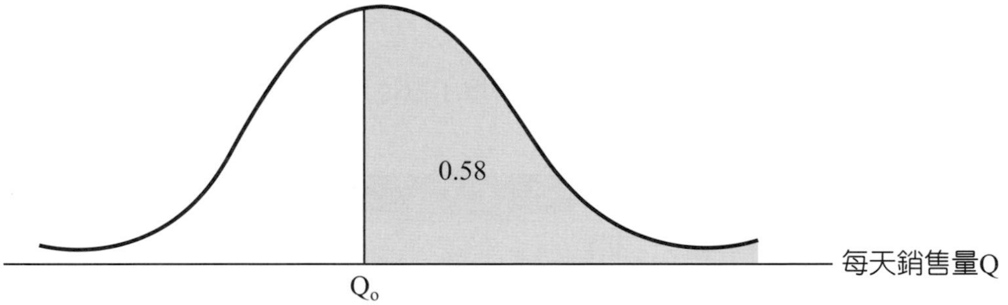

查附錄 A 標準常態分配機率表可知，當常態曲線右尾面積（即可售出之最低機率 P 值）為 0.58 時，標準值 z 為 − 0.20，因 $z = (Q_o - \mu) / \sigma$，故鳳梨每天最佳批次進貨量計算如下：

$$Q_o = \mu + z\sigma$$
$$= 100 - 0.2(20) = 96 \text{（公斤）}$$

7.6 結論

若依決策參數之確定性程度區分，存量決策模式可分成確定性、機率性及不確定性三種模式。在實務上進行存量決策分析時，首要課題乃爲正確地研判所面對的決策環境，希能選擇最適的存量決策模式，期以決定最佳的批次訂購量，並獲致最低的存貨總成本。

經濟訂購量（EOQ）乃是最基本的存量決策模式，其意爲對外訂購物料之最經濟的批次訂購量，亦即在此批次訂購量下，可以獲致最低的存貨總成本。EOQ 又可分成不允許缺貨及允許缺貨二種模式，在進行 EOQ 之決策分析時，必須考量訂購、儲存、短缺以及物項等存貨成本。

經濟生產批量（EPQ）係適用於自製物料之存量模式，乃爲自製物料之最經濟的生產批量，亦即在此生產批量下，將可以獲致最低的存貨總成本。就物料自製之存量決策分析來講，必須考量裝設、儲存、短缺以及物項等四類存貨成本。EPQ 模式又可分成不允許缺貨及允許缺貨二種模式。

就企業實務而言，供應商爲了爭取大量的訂單，期以擴大銷貨收入及市場佔有率，往往會對顧客之不同批次訂購量而訂定不同的折扣額，且折扣額常和批次訂購量形成正比例關係。數量折扣模式一般常依單位儲存成本 C_h 的估算分爲兩類，一爲 C_h 是固定常數值，不受訂購價格 P 的影響；另一爲 C_h 佔訂購價格 P 之固定百分比，即 $C_h = Pi$。

機率性存量決策模式亦稱爲單其訂購模式，此種模式有如報童每天早上常會面臨當日訂購報數之抉擇問題，故又被稱爲報童模式。機率性存量決策模式共含期望利潤法、期望損失法及邊際分析法三類；其中，以邊際分析法的使用最爲普遍，也是最具效率之機率性存量決策方法。

參考文獻

1. 王來旺、王貳瑞（民 86 年 6 月），工業管理，初版，台北：全華科技圖書公司，頁 8-32-8-44。
2. 白滌清譯（民 102 年 6 月），生產與作業管理，初版，台北：歐亞書局，頁 243-271。
3. 何應欽譯（民 99 年 1 月），作業管理，四版，台北：華泰文化事業公司，頁 398-453。
4. 洪振創、湯玲郎、李泰琳（民 105 年 1 月），物料與倉儲管理，初版，台北：高立圖書，頁 278-300。
5. 林清和，物料管理－實務、理論與資訊化之探討（民 83 年 5 月），初版再印，台北：華泰書局，頁 251-267。
6. 賴士葆，生產 / 作業管理－理論與實務（民 80 年 9 月），初版，台北：華泰書局，頁 562-609。
7. 葉忠，最新物料管理－電腦化（民 81 年 1 月），再版，台中：滄海書局，頁 229-265。
8. Fogarty, D.W. (1991), J.H Blacestone, and T.R Hoffmann, Production & Inventory Management, Second Edition, Cincinnati: South-Western Publishing Co., pp. 156-192.
9. Jacobs, F.R. and R.B.Chase (2017), Operations and Supply Chain Management: The Core, Fourth Edition, McGraw-Hill International Edition, New York: McGraw- Hill Education, pp. 352-379.
10. Russell, R.S. and B.W. Taylor (2014), Operations and Supply Chain Management, Eighth Edition, International Student Edition, Singapore: John Wiley & Sons Singapore Pte. Ltd., pp. 423-448.
11. Schroeder, G.R. (1993)Operations Management: Decision Making in the Operations Management, Fourth Edition, Singapore: McGraw-Hill, pp. 580-610.
12. Stevenson, William J. (1992), Production/Operations Management, Fourth Edition, Homewood: Richard D. Irwin Inc., pp. 584-644.
13. Vollmann, T.E., W.L Berry, and D.C Whybark (1992), Manufacturing Planning and Control Systems, Third Edition, Homewood: Richard D. Irwin Inc., pp. 697-734.

自我評量

一、解釋名詞

1. 確定性模式（Deterministic Models）。
2. 機率性模式（Probabilistic Models）。
3. 不確定性模式（Uncertain Models）。
4. 存量模式圖（Inventory Model Diagram）。
5. 欠撥存量模式（Backordering Inventory Model）。
6. 經濟訂購量（Economic Order Quantity）。
7. 經濟生產批量（Economic Production Quantity）。
8. 數量折扣（Quantity Discounts）。

二、選擇題

( ) 1. M 博物館將印製導覽手冊委託給一家印刷廠印製，以滿足每年遊客平均需要 18,000 份的手冊。假設印刷廠的每本導覽手冊之持有成本率（holding costrate）爲 20%，每次訂購的成本爲 30 元。該印刷廠提供以下的數量折扣方式，其訂購量與單價資料如下表所示。若採用經濟訂購量模式（economic order quantity），則導覽手冊的最佳訂購數量爲多少？ (A) 最佳訂購數量爲 850 本 (B) 最佳訂購數量爲 1,567 本 (C) 最佳訂購數量爲 1,604 本 (D) 最佳訂購數量爲 3,000 本。【108 年第二次工業工程師－生產與作業管理】

類別	訂購數量	單價
1	1 ~ 700	$2.40
2	701 ~ 900	$2.20
3	901 以上	$2.10

( ) 2. 台灣 3C 公司的桌上型時鐘的年需求量爲 12,500 個。每次發生一張訂單時會產生一筆固定成本 4,000 元，當中包括發出、運送和接收成本。每個桌上型時鐘單價爲 400 元，且持有成本爲單價的 25%。若採用經濟訂購量模式，下面敘述何者正確？ (A) 平均存貨 400 個 (B) 最佳訂購量爲 1,500 個 (C) 每年訂購次數 12.5 次 (D) 總成本爲 120,000 元。

【107 年第二次工業工程師－生產與作業管理】

(　　) 3. 工廠的某一零件爲自製件，其最高存量爲 600 單位，該零件的生產率爲每天 200 單位，生產批量爲 1,000 單位，則該工廠每天平均耗用此零件多少單位？ (A) 70 單位 (B) 80 單位 (C) 90 單位 (D) 100 單位。

【107 年第一次工業工程師－生產與作業管理】

(　　) 4. 美術館禮品店熱銷商品音樂盒的售價爲 60 元，平均每週可以賣出 18 個。假設下訂單給供應商的每次訂購成本爲 45 元，每個音樂盒的年度持有成本是售價的 25%。若禮品店一年營業 52 週，試問下面的敘述何者正確？ (A) 年度需求約爲 900 個 (B) 單位持有成本爲 25 元 (C) 經濟訂購量約爲 75 個 (D) 年度訂購與存貨成本總和約爲 1,224 元。

【107 年第二次工業工程師－生產與作業管理】

(　　) 5. YY 型式運動鞋的每週需求 800 雙，每雙成本爲 54 美元，每次訂購成本（ordering cost）爲 72 美元，單位持有成本（holding cost）爲每雙運動鞋成本的 22%。假設一年有 52 週，訂購前置時間爲 2 週，採用經濟訂購量模式（economicorder quantity），下列敘述何者不正確？ (A) 再訂購點（reorder point）爲 1600 雙 (B) 最佳訂購量約爲 710 雙 (C) 訂購的週期時間大約爲 0.887 週 (D) 總成本約爲 8225.99 美元。

【106 年第二次工業工程師－生產與作業管理】

(　　) 6. 某種運動鞋的需求爲每週 800 雙（假設一年有 52 週），每雙運動鞋成本爲 1,620 元，每年單位持有成本爲運動鞋成本的 22%，每次的訂購成本爲 2,160 元，前置時間爲兩週。若採用經濟訂購量（economic order quantity）模型來決定批量，則以下敘述何者正確？ (A) 最佳訂購數量爲 610 雙 (B) 再訂購點（reorder point）爲 1,800 雙 (C) 週期時間（cycle time）約爲 0.89 週 (D) 年總成本約爲 203,080 元。

【105 年第一次工業工程師－生產與作業管理】

(　　) 7. Sport 運動雜誌針對世界大賽發行特刊，銷售預測數量符合常態分配，平均數爲 800,000 本，標準差爲 60,000 本。若每本的印刷成本爲 35 元，賣給零售商的價格爲 195 元，若該特刊過期就直接銷毀，試以單期模式決定最佳水準下的發行數量（單位：千本） (A) 825 千本 (B) 855 千本 (C) 885 千本 (D) 915 千本。

【105 年第一次工業工程師－生產與作業管理】

(　　) 8. 某項物料的單價為 1000 元，每個月使用量為 800 個，每次訂購費用為 4,800 元，物料之年儲存成本為單價的 40%，則其經濟訂購批量約為多少單位？ (A) 140 (B) 240 (C) 380 (D) 480。

【105 年第二次工業工程師－生產與作業管理】

(　　) 9. 愛美醫學美容診所每年需用 500 片人工皮，每片單價 20 元，訂購成本為 200 元，年存或持有成本為產品價格的 25%，訂購前置期為 10 天，請問下列何者為非？ (A) 經濟訂購量 EOQ = 200（片） (B) 再訂購點 ROP = 14（片） (C) 訂購週期為 146（天 / 次） (D) 訂購週期為 73（天 / 次）。

【104 年第一次工業工程師－生產與作業管理】

(　　) 10. 設 X 物料的單價為 1,000 元，年使用量為 4,000 個，每次訂購費用為 1,000 元，物料之年儲存成本為單價的 20%，則其經濟訂購批量為多少？ (A) 100 個 (B) 200 個 (C) 300 個 (D) 400 個。

【104 年第二次工業工程師－生產與作業管理】

(　　) 11. 若年需求量為 12,500 單位，生產率與消耗率分別為 800 與 400 單位，且單位存貨成本與生產整備成本分別為 20 元 / 年與 400 元 / 次；則經濟生產批量為多少單位？最大存貨量大約為多少單位？ (A) 1,200 單位、500 單位 (B) 1,000 單位、500 單位 (C) 1,000 單位、1,000 單位 (D) 1,000 單位、300 單位。 【103 年第一次工業工程師－生產與作業管理】

(　　) 12. 某物料計算其經濟訂購量為 1,000 個，前置時間為 6 天，每天平均耗用此物料 50 個，安全存量訂為 2 天的耗用量，則其訂購點應為多少個？ (A) 300 (B) 400 (C) 500 (D) 600。【103 年第一次工業工程師－生產與作業管理】

(　　) 13. 就傳統經濟生產量（economic production quantity, EPQ）存貨模式而言，下列何項基本假設的敘述是正確的？ (A) 生產率大於使用率 (B) 前置時間是可以變動的 (C) 存貨補充為一次達成 (D) 持續生產，但定期使用。

【103 年第一次工業工程師－生產與作業管理】

(　　) 14. 某工廠生產 100 磅袋裝的鹽。每天的產品需求是 30 噸，產能是 40 噸。建置成本為 20 美元，每噸每年的儲存和處理成本是 9 美元。此公司一年營運 300 天（注意：1 噸 ＝ 2,000 磅）。若每次生產 X 噸為最佳，則 X 最接近 (A) 100 (B) 200 (C) 300 (D) 400。

【103 年第二次工業工程師－生產與作業管理】

(　　) 15. Y 手機組裝公司每月手機主機板需求量爲 8,000 片，每月每片主板之儲存成本爲 1 美元，若每次訂購需花費 1,000 美元，在考量成本情況下，最佳訂購批量爲多少？ (A) 8,000 片 / 次 (B) 4,000 片 / 次 (C) 2,000 片 / 次 (D) 1,000 片 / 次。【102 年第一次工業工程師－生產與作業管理】

(　　) 16. 某健身器材公司每年工作 250 天。該公司楊梅廠每天提供 100 顆馬達給觀音裝配廠。已知楊梅廠每天可生產 200 顆馬達，每批生產設置成本（setup cost）爲 4,000 元，每顆馬達的每年存貨持有成本（holding cost）爲 100 元。若以經濟生產批量爲馬達的生產機制，則 (A) 馬達的經濟生產批量約爲 1,800 顆 (B) 每批馬達的週期時間爲 15 天 (C) 每批馬達需生產 10 天才完工 (D) 每批馬達生產完成後，隔 20 天再開始下一批的生產。

【102 年第一次工業工程師－生產與作業管理】

(　　) 17. 下列何種產品之訂購方式較適用單期訂購模型 (single-period model)？ (A) 體積較大的商品 (B) 畫作藝術品 (C) 易腐敗的商品 (D) 珠寶飾品。

【102 年第二次工業工程師－生產與作業管理】

(　　) 18. 已知某產品每日之需求量爲 400 件，全年工作日爲 250，而廠商每日之生產量爲 800 件，前置成本（set up cost）爲每次 1000 元，每件每年之持有成本爲 1 元，則經濟生產批量及生產時間爲何（以最接近之數値爲準） (A) 經濟生產批量爲 20,000，生產時間爲 50 天 (B) 經濟生產批量爲 20,000，生產時間爲 25 天 (C) 經濟生產批量爲 14,400，生產時間爲 36 天 (D) 經濟生產批量爲 14,400，生產時間爲 18 天。

【102 年第二次工業工程師－生產與作業管理】

(　　) 19. 某項零件每月需求 4,000 個，每次訂購成本爲 2,000 元，每個單價 1,000 元，儲存成本每個零件每月 100 元，則其經濟訂購批量爲多少個？ (A) 200 個 (B) 300 個 (C) 400 個 (D) 500 個。

【101 年第一次工業工程師－生產與作業管理】

(　　) 20. 某手機廠商每月需求觸控面板量爲 120,000 片，每月每片面板之儲存成本爲 0.5 美元，若每次訂購成本爲 300 美元。考量經濟訂購量前提下，下列何者正確？ (A) 最佳訂購批量爲 12,000 片 / 次 (B) 最佳訂購批量爲 24,000 片 / 次 (C) 最佳訂購次數爲 6 次 / 月 (D) 最佳訂購次數爲 12 次 / 月。

【101 年第二次工業工程師－生產與作業管理】

(　　)21. 在經濟訂購量（economic order quantity）模式中，如果訂購成本變為原來的兩倍，且需求增為原來的兩倍，則經濟訂購量會　(A) 增加約百分之四十　(B) 減少為原來的一半　(C) 增加為原來的兩倍　(D) 減少約百分之三十。

【100 年第一次工業工程師－生產與作業管理】

(　　)22. 訂書機每年平均需求量是 5,000 個，購買單價是 125 元，每次訂購成本（carrying cost）為 500 元，每年每個訂書機之持有成本為購買價格的 25 %。假設不考量安全存量的前提下，以經濟訂購量模式（EOQ）作為採購數量之決策，其平均存貨為何？　(A) 400　(B) 200　(C) 125　(D) 12.5。

【100 年第二次工業工程師－生產與作業管理】

(　　)23. 已知某產品之需求量為 100 件（故全年之需求量為 36,500 件），而廠商每日之生產量為 300 件，設備安置裝成本為每次 1,000 元，每件每年之儲存成本為 10 元，則經濟生產批量為何（以最接近之數值為準）？　(A) 2,702 件　(B) 3,309 件　(C) 1,910 件　(D) 3,821 件。

【99 年第一次工業工程師－生產與作業管理】

(　　)24. 下列有關經濟訂購批量（economic order quantity, EOQ）的敘述，何者有助於降低經濟訂購批量？　(A) 每單位的年存貨成本增加　(B) 減少安全庫存量（safety stock）　(C) 縮短採購前置時間（lead time）　(D) 每次的採購成本增加。

【99 年第二次工業工程師－生產與作業管理】

(　　)25. 有關單期存貨模型（single-period model）的敘述，下列何者錯誤？　(A) 單期存貨模型可提供合理的訂購量資訊　(B) 單期存貨模型分析中，每單位存貨過剩的成本是指售價與成本的差額　(C) 單期存貨模型推導時，考慮物品的存貨過剩成本及存貨短缺成本　(D) 生鮮及易腐物品適合採用單期存貨模型分析。

【98 年第二次工業工程師－生產與作業管理】

(　　)26. 某公司對其一存貨項目，使用 EOQ 控制。此產品的年需求量為 10,000，單位生產成本為 10 元，其生產的固定整備成本為 50 元，庫存成本估計為產品成本的 10%，前置時間為十個工作天（假設一年有 250 個工作天）。此公司的 EOQ 應為多少？　(A) 500　(B) 1,000　(C) 1,500　(D) 2,000。

【96 年第一次工業工程師－生產與作業管理】

(　　) 27. 有關經濟生產批量（economic production quantity, EPQ）系統的敘述，下列何者錯誤？ (A) 必須假設每日生產速率大於每日耗用速率 (B) 經濟生產批量不必使用每單位生產成本資料 (C) 每批量的生產時間與耗用時間維持穩定一致水準 (D) 每批次當存量達到最高存量水準時，即停止生產。

【96 年第二次工業工程師－生產與作業管理】

二、問答題

1. 影響存量管制決策之環境面因素含有哪些項目？試說明之。
2. 若依存量決策參數之確定性程度來區分，存量決策模式分成哪三大類？每一大類模式又包含哪些存量模式？試說明之。
3. EOQ 模式之目標爲何？試說明之。
4. 試說明在不允缺貨情況下，EOQ 模式之假設條件，並依這些假設條件繪製 EOQ 模式之存量模式圖。
5. 若年需求量固定（設決策期間爲一年），則減少批次訂購量與降低平均存量水準有何關係？試繪圖分析之。
6. 在不允缺貨情況下，應如何進行存量決策分析以決定 EOQ ？試繪製存貨成本圖說明之。
7. 在不允缺貨情況下，試建立 EOQ 模式中各類存貨成本及總成本之數學方程式，並導引 EOQ 公式。
8. 試說明在允缺貨情況下，EOQ 模式之假設條件，並依這些假設條件繪製 EOQ 模式之存量模式圖。
9. 在允缺貨情況下，試建立 EOQ 模式中各類存貨成本及總成本之數學方程式，並導引 EOQ 公式。
10. EPQ 模式之目標爲何？試說明之。
11. 試說明在不允缺貨情況下，EPQ 模式之假設條件，並依這些假設條件繪製 EPQ 模式之存量模式圖。
12. 在不允缺貨及物料自製之情況下，試建立各類存貨成本之數學方程式，並導引 EPQ 公式。
13. 在不允缺貨情況下，應如何進行存量決策分析以決定 EPQ ？試繪製存貨成本圖說明之。

14. 試說明在允缺貨情況下，EPQ 模式之假設條件，並依這些假設條件繪製 EPQ 模式之存量模式圖。

15. 何謂數量折扣模式？其與實務有何關聯？試說明之。

16. 在數量折扣及單位儲存成本 C_h 為固定常數值之前提下，EOQ 決策之實施程序為何？試說明之。

17. 在數量折扣及單位儲存成本 C_h 佔訂購價格固定百分比之前提下，EOQ 決策之實施程序為何？ 試說明之。

18. 復興塑膠公司生產人造聖誕樹，每年需用包裝紙盒 25,000 個，每個紙盒向外訂購價格為 250 元，沒有數量折扣，每次訂購成本為 500 元，年儲存費率為 10%。同時，因供應商長期供料情況非常的穩定，故不考量短缺成本，前置時間為 8 天。設每年工作天數為 250 天，試求下列問題：
(1) 經濟訂購量（EOQ）。
(2) 每年訂購次數（N）。
(3) 訂購週期（t）。
(4) 訂購點（Q_{rop}）。
(5) 每年存貨總成本（TC）。

19. 同 18 題，現設復興塑膠公司允許供應商以欠撥方式供應紙盒，且每單位每年之短缺成本為 10 元，其餘資訊維持不變。試求：
(1) 經濟訂購量（EOQ）。
(2) 每年訂購次數（N）。
(3) 最高存量（M_o）
(4) 最大缺貨量（S_o）。
(5) 生產期間（t_1）、缺貨期間（t_2）及訂購週期（t）。
(6) 訂購點（Q_{rop}）。
(7) 每年存貨總成本（TC）。

20. 同 18 題，現設復興塑膠公司預測未來對包裝紙盒之需求量將會增加很多，故公司當局決定自行設廠生產，以維持紙盒供應之穩定水準。若設紙盒之生產率每天 250 個，單位生產成本為 200 元，年儲存費率 10%，每批次生產之裝設成本為 600 元，其餘資訊維持不變。試求：

(1) 經濟生產批量（EPQ）。

(2) 每年訂購次數（N）。

(3) 最高存量（M_o）

(4) 生產週期（t）。

(5) 每個週期之生產期間（t_1）。

(6) 每個週期之未生產、僅有消耗之期間（t_2）。

(7) 每年存貨總成本（TC）。

21. 同 18 題，現若復興塑膠公司對外訂購包裝紙盒具有數量折扣，其批次訂購量變動範圍及對應的價格如下：

情況	批次訂購量 Q 之範圍	價格
I	0~799	300 元
II	800~1,499	250 元
III	1,500 以上	200 元

設其餘資訊維持不變，試針對下列二種情況求最佳的批次訂購量及每年存貨總成本。

(1) 每年每個紙盒之儲存成本固定爲 25 元。

(2) 每年每個紙盒之儲存成本固定爲訂購價格之 10%。

22. 同 20 題，現設復興塑膠公司採用欠撥方式生產紙盒，依照估計，每單位每年之短缺成本約爲 10 元，其餘資訊維持不變。試求：

(1) 經濟生產批量（EPQ）。

(2) 每年訂購次數（N）。

(3) 最大缺貨量（S_o）。

(4) 最高存量（M_o）

(5) 生產週期（t）。

(6) 每個週期之存貨期間（$t_1+ t_2$）。

(7) 每個週期之缺貨期間（$t_3+ t_4$）。

(8) 每年存貨總成本（TC）。

23. 依照統計分析，興文書局每個月天下雜誌銷售量之機率分配如下：

銷售量	機率
20	0.10
21	0.15
22	0.30
23	0.25
24	0.20

該雜誌每份之售價為 100 元，進貨成本每份為 75 元，試求下列三種情況下最佳批次訂購量：

(1) 未售出之雜誌可以全部退回。

(2) 未售出之雜誌不可以全部退回。

(3) 未售出之雜誌可以退回，但退費僅為進貨成本之 50%。

24. 依照統計，美村量販店某依冷凍食品的銷售量係服從常態分配，相關資訊如下表所示：

項目	數值
每天銷售量之平均值	80 公斤
每天銷售量之標準差	12 公斤
每公斤之進貨成本	100 元
每公斤之銷售價格	120 元
每公斤在當日未售出之殘值	100 元

試以邊際分析法求算此冷凍食品之每天最佳進貨量。

NOTE

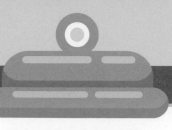

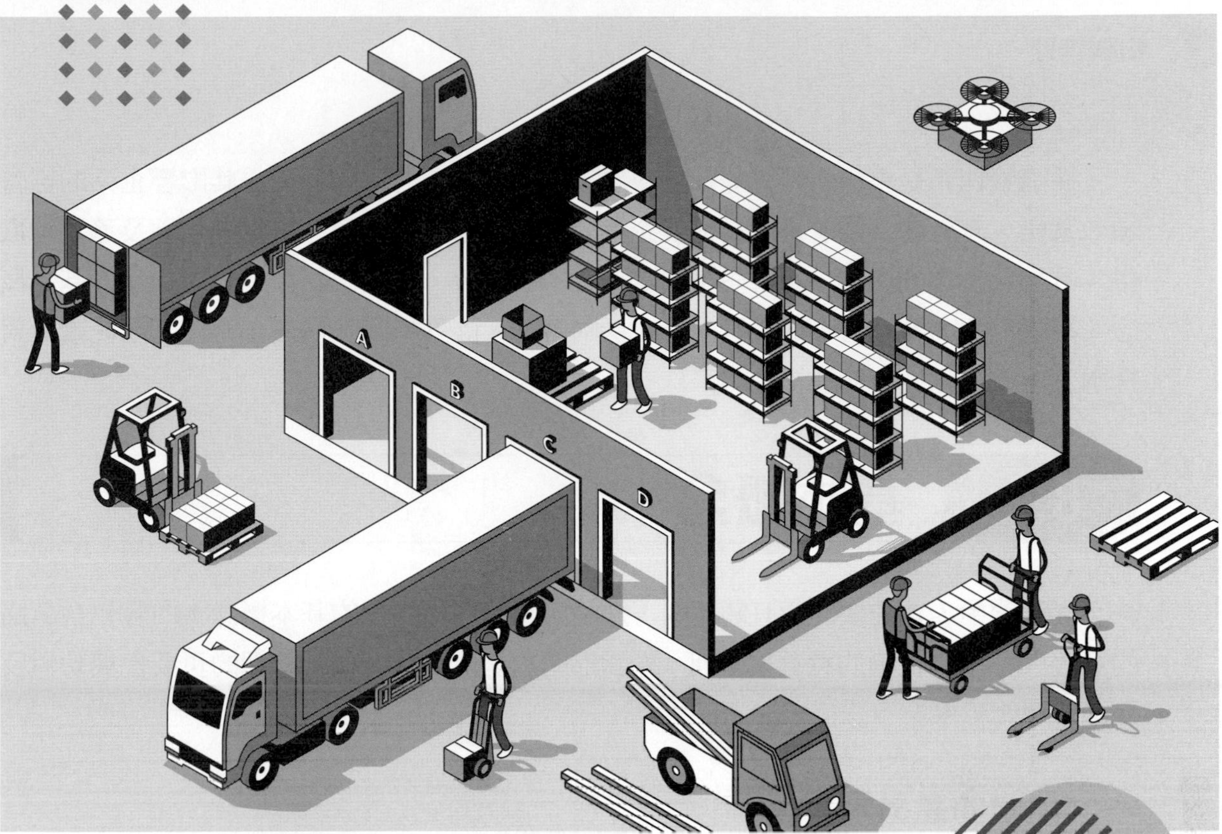

Chapter 8

採購管理及價值分析

▷ 內容大綱

採購管理乃是整體物料管理系統內之一項相當重要的功能活動，其影響企業的經營績效甚鉅，有效的採購管理也是促使企業能夠達成適時、適價、適量、適地及適質地取得、分配及支援物料之一種手段。因之，在本章內容，將逐一詳細地介紹採購的基本概念、採購方法、採購管理的實質內涵、採購合約、國外採購及價值分析等，期使讀者對採購管理能夠有一完整全貌地瞭解。

8.1 基本概念

本章開始，首先要介紹有關請購、採購活動及採購管理的基本概念，內容包含請購的意義與程序、採購的意義與原則、採購部門的功能職掌、採購管理的重要性與功用及採購管理的程序。

一、請購的意義及程序

請購（Purchase Requisitions）乃是正式展開採購活動前之先期的內部前置作業，內容包括發起、審查、協調及核定相關物料採購之一系列活動，其目的爲促使物料採購活動具有正確性、必要性、經濟性及合法性之基礎。就企業經營實務而言，請購與採購兩項作業活動之關係相當的密切，請購的書面文件乃是提供、指示物料採購作業活動之重要資訊基礎，因之，請購活動實爲物料採購績效之成敗關鍵。

前已談及，企業的物料成本佔產品成本之比例幾達百分之五十以上，物料採購動輒千項、萬項以上，數量非常的龐大；因之，企業於進行物料採購時，若無經過請購階段內部先期的協調、審核作業，將有可能會造成所採購的物料之不適性、存貨成本過高，甚或無法掌握正確需求時效等流弊情事發生。

由上面說明可知，請購乃是涵蓋一系列作業活動之程序，歸納起來，在整體的請購作業程序中，共含發起、審查、協調及核定四個階段，茲敘述如下：

階段一 發起請購活動

在實務上，請購活動一般是由二個部門所發起，一是存量管制部門，當物料存量下降至訂購點（定量管制系統），或是訂購時點（定期管制系統）時，即主動發起請購活動；另一方面，請購活動亦可能由現場製造部門發起，其主要是配合製造程序需要，對需用物料填寫請購單，發起請購作業活動。

階段二 審查請購單

存量管制或現場製造部門提出請購單後，一般是由採購部門先行做初步審查，瞭解請購物料類別、金額、規格及相關資訊，再依權責範圍會簽相關部門，並循行政程序呈送主管審查。

階段三 協調相關部門及人員

整體來講，物料請購及採購作業牽涉到採購、製造、會計、倉儲、生管、總務及相關的部門與人員，故必須進行跨部門協調與溝通，期能整合各部門的努力，以獲至最大成效。

階段四 最後核定

最後，經過部門協調會簽及直線主管審查通過後，依權責範圍及組織體系呈送最高當局核定，並將請購單及相關文件分送採購部門，準備進行物料採購活動。

關於請購單的設計，基本上，採購單必須提供物料之品名、料號、單位、數量、規格、單價、金額、用途、需用時間等資訊，表 8.1 為請購單之基本格式。

表 8.1 請購單之基本格式

請購日期：　　年　　月　　日

品名	料號	單位	數量	規格	單價	金額	用途	需用時間	備註

總經理：　　　　廠長：　　　　部門主管：　　　　請購人：

二、採購的意義及原則

採購（Purchase）乃是為取得企業進行產銷活動所需物料之一系列的作業活動，其目的為以適時、適價、適質、適地及適量之方式取得物料，期能促使企業產銷活動能夠順利的進行，並創造物料資源之最大的經濟效益。

就現代企業之經營實務而言，限於人力、財力、產能、經濟效益、技術、專利權、季節變動及其他相關因素，任何企業皆無法完全自製其產銷所需之物料，部份或全部物料勢必要對外採購；因之，做好採購管理實為提升企業經營績效之一項非常重要的課題。

在實務上，採購部門的功能執掌包含下列九項：

1. 進行物料之招標、估價、議價及比價工作。
2. 選擇供應商及建立供應商檔案。
3. 物料進場時間之跟催。
4. 收集原物料供應市場資訊及尋求新物料來源。
5. 供應商管理與績效評估。
6. 建立標準成本制度。
7. 建立請購、採購紀錄。
8. 加強與各部門之聯繫與協調。
9. 價值分析（VA）。

就企業採購實務而言，爲求提升採購作業活動之效率起見，一般常須遵守下列八項基本原則：

1. **適宜價格：**即做好招標、議價或比價工作，期能以適當的訂購價格來取得物料，有效地降低物料成本，提升產品在市場之競爭優勢。
2. **及時交貨：**即掌握正確的訂購時機及前置時間，除了適時依物價波動趨勢來降低取得成本以外，並能確保交期，以及時供應製造現場所需物料，避免存量過多或物料短缺之情事發生。
3. **最適品質：**即確認品質規格之需求，做好供應商管理及考核工作，期能有效地確保及提升物料之品質水準。
4. **適當數量：**即依存量管制或製造部門之請購需求，並考量產銷配合、生產排程、數量折扣、運輸成本、稅金及相關存貨成本等因素，期以決定適當的批次訂購量。
5. **明確地點：**即依照請購部門之需求，明確地要求供應商將所訂購物料送至指定交貨地點，期能便利物料驗收、倉儲及領發料活動。
6. **合乎法令：**即各項採購作業活動之程序均能符合企業內部，以及政府法令規章之規定。
7. **研發創新：**即持續不斷地蒐集與分析物料市場資訊，並研發新物料，期以降低物料成本及提升物料品質水準。
8. **良好關係：**即維持與供應商及協力廠商之長期合作關係，並建立檔案紀錄及資訊系統，期能提升其配合度，穩定物料來源及品質水準。

三、採購管理的功能

採購管理（Purchase Management）乃是以規劃、組織、領導及控制等管理功能，來推動及整合企業各項物料採購作業活動，期能以經濟有效地方式取得物料，促使企業產銷活動能夠順利的進行，並創造物料資源最大的經濟效益。

採購管理攸關企業的資源分配、產銷活動及整體營運績效之成敗，任何企業皆應予以重視。尤以，降低採購成本與提升利潤間具有高度槓桿作用關係，企業若能做好採購管理，即可藉由降低物料採購成本而大幅提升利潤率。舉例來說，一家小型企業在上年賺取 100,000 元利潤，物料採購成本為 1,000,000 元；假若，該公司總經理欲將本年營運利潤目標提高一倍至 200,000 元，比較之下，在各個可行的策略中，最有效者應是將物料採購成本降低 10%，如表 8.2 所示。

表 8.2 降低採購成本與提升企業利潤之槓桿作用

上年成本結構比例		本年達成 200,000 元利潤之策略
‧營業收入	2,000,000 元	‧增加營業收入 100%
‧採購成本	1,000,000 元	‧增加價格 5%
‧人工成本	500,000 元	‧降低人工成本 20%
‧製造費用	400,000 元	‧降低製造費用 25%
‧營運利潤	100,000 元	‧降低採購成本 10%

由上述分析可知，做好採購管理以降低物料採購成本，實為提升企業營運利潤之最重要的法寶與手段。比較具體來講，優良的採購管理具有下列十點功能：

1. 有效降低物料採購成本。
2. 及時取得物料，以使產銷活動能順利進行。
3. 提升利潤率及投資報酬率。
4. 選擇適當的供應商及協力廠商，以穩定物料來源。
5. 做好供應商管理，以穩定品質水準及交期。
6. 提升物料週轉率。
7. 做好物料預算管理，以充分運用企業資金。
8. 擬定適當的物料政策。
9. 研發及尋求新物料，以降低物料取得成本。
10. 建立物料標準成本、供應商及協力廠商之資料庫。

四、採購管理的程序

採購乃是涵蓋一系列企業作業活動之程序，爲求實質有效地提升採購管理的效率起見，特將整體採購管理的程序分成規劃、前置作業、選擇供應商、簽約、催收及交易完成等六個階段，茲說明如下：

階段一 規劃作業

在年度開始之前，依照行銷、生產、 物料需求及財務等計畫，擬定年度物料採購計畫及物料預算，並建立各項採購相關的管理制度，俾供物料採購作業活動遵循之依據。

階段二 採購前置作業

採購前置作業包含瞭解請購單提列之品名、數量、規格、交貨時間及用途等資訊需求，研究分析物料市場之供需狀況及取得物料來源，以掌握最有利之訂購時機。

階段三 選擇供應商

依照企業及相關法定的規定，進行詢價、報價、招標、議價或比價工作，期以決定適當的訂購價格，並參考供應商資料庫及市場資訊來選擇最適供應商。

階段四 簽訂合約

依企業本身需求及法定規定，設計採購合約書格式，並正式與供應商簽定採購交易合約及開立採購單。採購單之基本格式，如表 8.3 所示。關於合約書格式之內容，請參閱本書 8.4 節內容。

階段五 催收作業

簽訂合約及開立訂購單以後，須與供應商保持密切聯繫，隨時掌握供應商生產進度及相關狀況，並依交貨期進行催料作業，希能準時交貨。

階段六 採購交易完成

在供應商交貨後，即會同倉儲及品質部門進行數量點收與品質檢驗作業，若檢驗結果判定合格，即照會計程序付款；但若判定不合格，則依簽約書規定及檢驗制度採取適當處理措施。

表 8.3 採購單之基本格式

採購日期：　年　月　日

供應商					電話 / 傳真			
聯絡地址					採購單編號			
品名	料號	單位	規格	單價	數量	金額	交貨期	備註
總金額								

總經理：　廠長：　部門主管：　承辦人：

8.2 採購的方法

就採購實務而言，採購方法的選擇相當的重要，任何企業必須正確地選擇其最適的採購方法，方能有效達成降低物料採購成本，促使企業產銷活動能夠順利的進行，並創造物料資源最大的經濟效益之目標。一般說來，採購方法可依組織型態、地區別、價格決定及契約方式四個基準來區分，茲逐一說明如下：

1. 依組織型態區分

(1) **集中式採購：**由總公司統籌進行全部物料之採購業務，優點爲可獲較高價格折扣、易建立規格標準、便於監督與考核及培育採購人才；缺點是機動性低，不利緊急用料之時效掌握及小額零星採購。

(2) **分散式採購：**即授權由各廠商採購部門分散進行所需物料之採購業務，優點爲機動性高，較利於緊急用料之時效掌握及小額零星採購，倉儲管理較易；缺點則是因量少無法獲得較高價格折扣、較不易長期規劃及因人員編制增加而提高薪資成本。

(3) **綜合式採購：**即依採購金額及需求部門區分，若採購金額高且需求部門橫跨多個廠區，此類物料即採集中式採購；反之，若採購金額低且僅是單一廠區需求，則採用分散式採購。

2. 依地區別區分

(1) **國內採購：**又稱內購，係指供應商來自國內，即向國內廠商進行物料採購之方式，優點為方便、經濟及較易掌握時效，因民俗風情相同，較易協調與溝通。

(2) **國外採購：**又稱外購，係指供應商來自國外，即向國外廠商進行物料採購之方式，優點為可依物料之品質、料源及價格需求選擇適宜的國外廠商採購，缺點則是前置時間較長、不易掌握時效、協調聯繫不易及採購作業較為繁瑣。

3. 依價格決定方式區分

(1) **招標採購：**以對外公告方式列出廠商資格與全部採購條件，如品名、單位、數量、規格、交期、開標日期、押金及相關資訊，依規定時間當眾進行開標，並選取報價最低廠商進行採購。招標採購之優點為公平透明、價格合理，可篩選出符合條件之廠商；缺點則是易機動性低、作業繁瑣、不易掌握時效及易發生搶標或圍標情事。

(2) **議價採購：**由採購人員直接與符合條件之廠商直接進行洽談，以協議方式決定物料價格。其優點為機動性高、肯定廠商過去表現、穩定物料來源及爭取互惠條件；缺點則是易造成價格壟斷、不公平及易有人員徇私舞弊之情事發生。

(3) **比價採購：**直接通知由過去表現良好之兩家以上廠商進行報價，經由價格比較方式以選擇其中報價最低者。其優點為較議價採購選擇性高、較不易造成價格壟斷；缺點則是不夠透明公開、易有徇私舞弊之情事發生。

(4) **詢價採購：**選擇過去表現良好廠商，告知採購條件，直接詢問價格或郵寄詢價單請其報價，若價格或相關條件滿意即予簽約訂購之採購方式。一般說來，此法之優缺點與比價採購方式相同。

4. 簽約方式區分

(1) **長期契約採購：**即與供應商簽訂長期合約，適用於經常使用且需求量龐大之物料採購，其優點為可以穩定物料來源、品質水準，價格亦較為固定合理。我國汽車業之中心與協力廠商關係，即屬長期契約採購方式。

(2) **臨時簽約採購：**係依批次請購之需求，經由招標、議價、比價或詢價方式，並與最後選定廠商進行簽訂合約之採購方式。

8.3 採購管理的實質內涵

在談完採購管理的基本概念及採購方法以後，在本節內容，要進一步介紹採購管理活動的實質內涵，包含供應商的選擇、物料的品質與規格、採購的時機、採購的價格及催料活動，這些作業活動實爲整體採購管理成效之關鍵因素。

一、供應商的遴選

任何企業皆無法自製其產銷活動所需之全部原物料，事實上，自生產實務的角度來看，一企業若無供應商的配合，將會造成產品之品質水準低落、生產成本太高及延遲交貨等問題，而嚴重的影響企業之整體營運績效。

因之，供應商實扮演著物料取得之穩定性、物料的品質水準及採購成本高低之重要角色。企業欲實質有效地提升採購管理之成效，首要課題即爲建立健全的供應商遴選制度與標準作業程序，期能遴選最適的供應商，並做好供應商之管理與考核工作。

在實務上，企業遴選供應商之第一項工作即爲蒐集掌握物料市場的最新資訊，資訊取得來源包括人員調查、委託調查、同業公會目錄、專業報章雜誌廣告、網際網路、廠商目錄及其它適當管道。同時，企業建立一完整的資料庫系統，用以儲存現有及未來潛在供應商之詳細資訊，俾供遴選供應商之決策依據。表 8.4 爲供應商資訊檔案之基本格式。

表 8.4 供應商資訊檔案之基本格式

建檔日期：　　年　　月　　日

公司名稱		聯絡地址	
電話 / 傳真		員工人數	
資本額		取得認證	
技術能力		產品類別	
市場分佈		廠房空間	
重要設備		營業狀況	
製程能力		品質表現	
財務狀況		成長潛力	
替代廠商		整體表現	
備註			

總經理：　　　　廠長：　　　　部門主管：　　　　製表人：

就國內採購而言，遴選供應商之資格標準，一般以取得 ISO 9000 品保系統、ISO 14000 環保標準、OSHA 18001 或相關的專業品保認證、正字標記、國家品質獎、同業公認品質與信用表現頗有聲譽及以往合作良好之廠商爲佳；若是國外採購，則以選擇具有技術能力、服務表現實績、試用合格及以往配合互動良好之廠商爲主。

一般在實務上，企業應隨時蒐集及掌握物料市場資訊動態，並積極尋找新的廠商，每項物料除原有供應商以外，均應遴選二家以上之備用與替代廠，期能穩定物料取得來源及提高在廠商互動間之主動性。此外，應依據供應商之考核績效予以適度的獎懲措施；尤以，針對交易過程中累積表現不佳的廠商，如價格、品質、交期、保養維修及配合度等表現較差者，應給予淘汰或適當的處罰。

二、品質與規格

企業進行物料採購作業時，必須依請購單所提列之需求條件，在訂購單上詳列物料的品質與規格標準，期使所採購物料能夠完成滿足使用部門之需求。在實務上，常因未能夠向供應商明確的界定物料之品質與規格標準，造成物料未通過進料檢驗或不符合使用需求，而衍生出退貨、報廢或是法律糾紛之情事發生，更使企業蒙受重大的損失。

一般而言，企業於訂定物料之品質與規格標準時，必須考量物料之有效性及經濟性，茲說明如下：

1. **有效性：**即物料的性質符合標準，並能夠有效地發揮功能及適用於加工裝配。有效性又包含規格尺寸、組合結構、外觀式樣、物理與化學功能、壽命與保養、安全、環保及操作使用等品質特性。
2. **經濟性：**即在符合預定的品質與規格標準之前提下，以最低的採購成本來取得所需物料。

在實務上，企業應建立各項物料之品質與規格標準手冊，並據以擬定進料檢驗規範，供作進料檢驗作業之遵循依據；同時，最重要者則是應於訂購單及簽約書上詳列物料之品質與規格標準，若有必要，可將物料之藍圖及樣本附於訂購單及簽約書上，期使供應商能充分明瞭物料之品質與規格標準。

三、採購的時機

前已談過，如何掌握正確的訂購時間（When）資訊，乃是整體存量管制與物料管理之決策以及實際作業活動之一項重要課題。就物料採購實務而言，如何決定與選取正確的採購時機，亦是一項相當重要的決策，其關係著採購管理作業之成敗。

事實上，採購人員不但要瞭解各項物料採購作業活動之前置時間，以有效地掌握企業內之物料需求狀況，並及時供應產銷活動所需物料，更要蒐集最新的物料市場資訊，密切的關注物料科技發展、價格變化趨勢、替代物料及供應商競爭情勢之最新發展，期能做出正確的判斷，選取最有利的採購時間點，以創造最大的經濟效益。

若從成本分析的角度來看，企業進行採購時機的抉擇時，最主要者是要權衡兩方面成本：一是選擇最有利的採購時機，因優勢採購條件所創造出的利益；另一是因採購時間誤差造成物料短缺的損失。在實務上，企業選擇其物料採購時機的作法共有下列四項：

1. 定期管制系統之採購

已本書第六章介紹，其概念為依事先設定的訂購週期 t 作為發起訂購作業活動之時間基準，且訂購週期皆維持固定一致，批次訂購量係參酌定期盤存以後之實際庫存狀況，以補充至最高存量水準 M 為原則，如圖 8.1 所示。

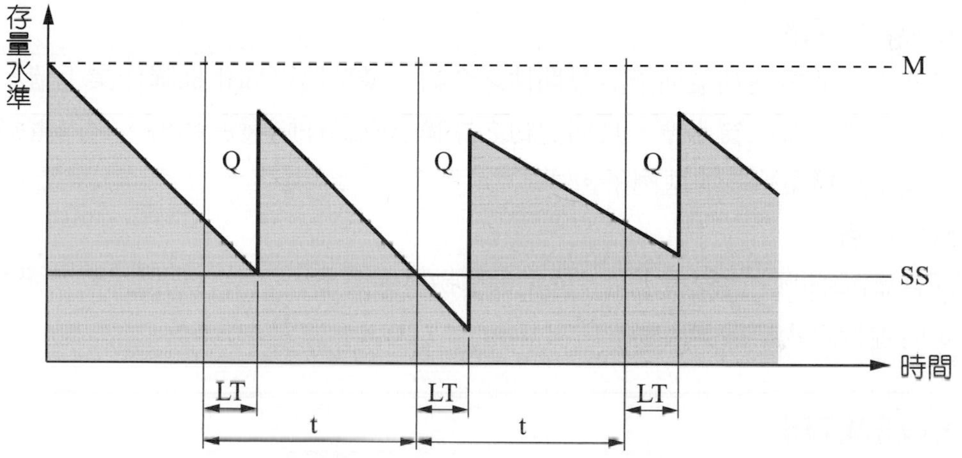

圖 8.1 定期管制系統之採購時機

2. 定量管制系統之採購

以訂購點 Q_{rop} 作為發出訂購活動之時間基準，批次訂購量 EOQ 維持固定，以獲至最低的存貨總成本，如圖 8.2 所示。

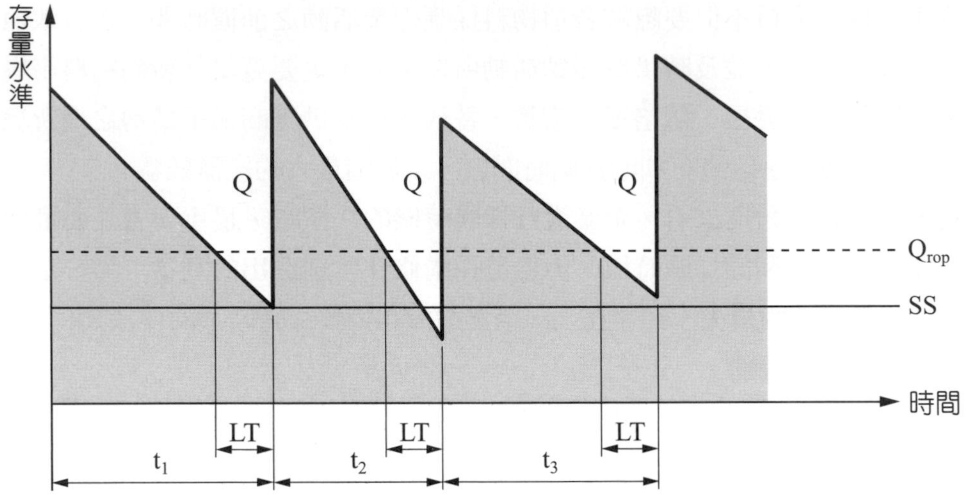

圖 8.2 定量管制系統之採購時機

3. **長期契約之採購**

買賣雙方基於雙邊利益而簽訂長期性之合約，優點爲可簡化採購作業手續、穩定物料來源、價格及品質水準，長期契約之採購已成爲採購發展趨勢，國內電腦業、汽車業及工具機業皆是典型例子。

4. **臨時性採購**

即配合請購部門之實際請需求，或是選擇物料供應市場之最有利價格點及優勢條件，不定時進行之物料採購活動。

四、採購的價格

決定適當的物料取得價格乃是整體採購作業之一項相當重要的核心工作；因爲，物料價格是影響物料採購成本，甚至是企業營運利潤及投資報酬率之最關鍵因素。前面所介紹之招標、議價、比價及詢價等採購方法，主要目的皆是爲了尋求及訂定最適當的物料採購價格，這些採購方法各有其優缺點與適用背景，企業於實際選用時必須作愼重抉擇，期以選取最有利的採購方法。

一般說來，物料採購價格常會因時空背景、物料供需狀況及不同因素而產生波動；尤以，國外採購因受國際貿易市場供需、國際政治情勢、保護主義、競爭態勢、運輸、關稅、保險及環保等變數之影響，使得物料採購價格會有較大的波動。

就採購實務而言，企業於決定採購的價格時，須考量下列八點因素：

1. **物料的品質與規格：**在正常情況，物料的價格與其品質水準高低成正比，故企業必須依實際需求來訂定適當的品質與規格，期以合理的價格取得物料。

2. **廠商生產成本：**廠商的生產成本會因其技術水準、生產規模、管理水準、員工素質及製程設備等因素，而有不同的高低差異。
3. **採購數量：**在實務上，採購價格因批次訂購量之增加而享受不同折扣，前述 EOQ、EPQ 模式即爲獲致最低存貨總成本之經濟批量。
4. **季節變動：**物料價格亦因季節變動而變化，在一般正常情況，淡季因需求量少，物料價格較低；反之，旺季之價格較高。
5. **循環變動：**受景氣循環影響所形成之物價變動，若景氣處於繁榮、復甦期，物料價格較高；反之，若是衰退、蕭條期，物料價格較低。
6. **供需條件：**若供給大於需求，物料價格較低；反之，若需求大於供給，物料價格較高。
7. **交貨期：**若是急需用料，交貨期限較爲緊迫，物料價格較高；反之，若交貨期限較爲寬裕，物料價格較低。
8. **其它因素：**如售後服務、付款方式、包裝、採購地區、利率與匯率變動、品保及颱風、戰爭等突發性事件，亦會影響物料價格。

五、進料跟催活動

在實務上，即使訂購單及簽約書均已詳細規定採購物料交貨期，然因某些不確定性的因素存在，常會產生供應商延遲交貨之情事發生，造成製造現場待料停工及其他更大的損失，甚至引起法律糾紛。因之，採購人員與廠商簽訂合約後，應不斷與其保持密切連繫，做好進料跟催作業，期能確保廠商能夠如期準時交貨，以降低待料停工的損失。

採購人員進行催料作業時，對內必須要確實地掌控現場生產進度、產能、接單狀況、庫存狀況、訂單排程、機器負荷及品質不良狀況，進行生管、品管、行銷、製造、倉儲及採購等跨部會的聯繫協調；對外，則必須瞭解供應商之實際產能、排程、技術能力、品質及批次生產狀況，方能確實掌控廠商交貨時機。

爲求確實做好進行催料作業，採購人員於發出訂購單後，應建立供應商檔案及資料庫，以掌握最新廠商之動態資訊，表 8.5 爲供應商交貨進度跟催表之基本格式。

表 8.5 供應商交貨進度跟催表之基本格式

供應商				採購單編號			
請購單位				電話 / 傳真			
品名	料號	單位	數量	規格	交貨期	已交數量	備註

部門主管：　　　　製表人：　　　　製表日期：　年　月　日

8.4 採購合約

實務上，任何企業進行物料採購之金額及數量均相當的龐大，為維護企業自身的權益，買賣雙方於物料交易過程中，均應簽訂具體的採購合約。本節內容將介紹採購合約的意義、類別及合約書的格式。

一、採購合約的意義與類別

採購合約（Purchase Contract）乃是指由買賣交易雙方或是經其授權之代理人，對所提列的各項物料採購條件經由雙方的要約、接受及共同達成協議，並具法律效力之契約行為。由上述定義可知，物料採購合約之成立應具備下列五點要件：

1. 經由要約、接受合法程序，並簽訂具法律效力之採購合約書。
2. 契約當事人業經授權並具有法律行為能力。
3. 契約當事人同意合約書提列之各項物料採購條件。
4. 賣方履約依期將合法標的物送交買方。
5. 買方履約依期給付賣方應得報酬。

採購合約可依照定價方式、交貨期、簽約方式及生產方式為基準，而分成不同的類別，茲說明如下：

1. 依定價方式區分

含固定價格合約及機動價格合約兩類，一般均以採用固定價格合約為主，機動價格合約適用於交貨期較長或金額、數量較多之採購。

2. 依交貨期區分

含不定期合約、定期合約及長期合約三類，其中定期合約又分成一次交貨及分批交貨兩種。

3. 依簽約方式區分

含書面合約與非書面合約兩類，書面合約較為正式，具法律形式要件；而非書面合約較具動態性與時效性，又分成以電話、電報、傳真、口頭或其他方式成立者。在實務上以採書面合約為主。

4. 依生產方式區分

含供應商獨自生產、委託加工（OEM）、委託設計與加工（ODM）三種類別。我國廣達、宏電、華碩、大眾等電腦資訊業者，即以 OEM 或 ODM 合約方式，接受 IBM、康柏、惠普及 NEC 的訂單。

二、採購合約書的格式

採購合約書並無一定的格式，企業可依實際需要來設計採購合約書之格式。一般說來，合約書必須記載品名、單位、數量、規格、單價、總金額、包裝、交貨期、交貨地點、檢驗方式、不合格批處理方式、付款方式、違約處罰條款、保險等資訊，表 8.6 為採購合約書的基本格式。

表 8.6 採購合約書之基本格式

買主				連絡地址			
賣主				連絡電話			
項次	品名	單位	數量	規格	單價	合計	包裝
總金額							
交貨日期				交貨地點			
保險				簽約金			
檢驗方式							
不合格批處理方式							
付款方式							
違約罰款							
買主簽章		賣主簽章			保證人簽章		

簽約日期：　　年　　月　　日

8.5 國外採購

台灣屬於海島型經濟型態，資源相當缺乏，工業生產原料大須仰賴國外進口，許多企業常須進行國外採購作業，以取得其製造加工所需之原物料。因之，在本節內容，特要介紹國外採購交易的程序、輸入許可證的申請、付款方式及保險與索賠等主題，目的在使讀者瞭解國外採購程序及概念。

一、國外採購交易的程序

在本章 8.1 節內容，曾介紹採購管理的程序，事實上，就國外採購物料而言，整個採購作業程序較國內採購更爲繁雜、費時及困難，因其中牽涉到異國的政治、語言、法律、民族文化、地理區隔、幣值及風俗民情等問題。一般而言，國外採購交易的程序可分成下列六個階段：

階段一 採購前置作業

採購前置作業包含瞭解及核對請購單提列之品名、數量、規格、交貨時間及用途等資訊需求，研究分析物料市場之供需狀況及取得物料來源，以掌握最有利之訂購時機。

階段二 選擇供應商

利用供應商資料庫、國貿局、外貿協會、同業公會及其他的管道，來評估與選擇最適供應商，並進行詢價、報價、招標、議價或比價工作，期以決定適當的訂購價格。

階段三 辦理進口簽證及結匯

包含提供輸入許可證申請書、用途說明書、簽證文件、結匯、信用狀及其他相關的必要書面文件等作業。

階段四 投保船務

包含洽訂船公司、運輸費用、貨櫃使用、保險費率、繳交保險費、繳交保險及運輸費用及處理相關的船務事項等作業。

階段五 裝運及報關

包含提報用料證明、火險、動產抵押、港口管制放行證、整理裝運文件、跟催船期、聯繫卸貨、銀行背書、辦理擔保、申報免貨物稅、繳稅、提貨及收料等作業。

階段六 進料檢驗、索賠及結案

包含進料檢驗、提報檢驗報告、索賠表單、請求索賠、辦理退貨、申報保留關稅、申辦復運、辦理退匯及提結案報告等作業。

二、申請輸入許可證

由前所述國外採購交易的程序中可知，在第三個階段辦理進口簽證及結匯時，必須申請及取得輸入許可證，方能繼續展開後面的採購作業活動。一般產業界所使用許可證申請書，分成白邊（申請一般進口使用）、紅邊（申請輸入加工原料使用）、綠邊（申請指定輸入使用）及不結匯（華僑、外資、書刊等使用）四種類別。

輸入許可證係向經濟部國貿局及其委辦機構申請、核定及簽發，一般須提報下列文件：

1. 輸入許可證申請書一份。
2. 供應廠商報價單一份（含正、副本各一）。
3. 物料之用途說明書、型錄及相關圖樣。
4. 其他附件：如銀行貸款同意書、中央銀行核准函等證明文件。

三、付款方式

國外採購貨物價款的支付方式，係依實際採購合約所訂的付款條件而定，一般說來，計可分成下列五種付款方式：

1. 信用狀（Letter of Credit, L/C）

在國際貿易常用的信用狀，包含可撤銷、不可撤銷、保兌、即期匯票及可轉讓等不同類別，一般企業較常使用不可撤銷信用狀。

2. 付款交單（Documents against Payment, D/P）

乃是買方先繳清貨物價款後，才可取得提貨單據，並自行提貨之付款方式。對買方而言，以採 D/P 付款方式較有利，可節省保證金。

3. 承兌交單（Documents against Acceptance, D/A）

即買方只要事先承兌，於銀行提示匯票上簽證如期付款承諾，就可取得提貨單據，並自行提貨之一種付款方式。

4. 電匯（Telegraphic Transfer, T/T）

買方透過國內銀行，以電報方式通知其國外授權銀行，立即將匯款支付給賣方之一種付款方式。此種付款方式因銀行對於能否交貨不負責任，故風險較大。

5. 匯票或支票付款（Documents against Draft, D/D）

乃是買方預先以匯票或支票方式支付賣方以取得提貨單據，並可自行提貨之一種付款方式。

四、保險與索賠

就國外採購而言，從供應商出貨、裝運、運抵目的地、一直至收貨之過程中，常會因包裝不良、顛簸、裝卸不當等問題，或是意外事故造成貨物損壞、短少或其他異常現象。

因之，採購人員除須詳細核對貨物之品質、規格及數量是否符合合約書所訂之採購條件外，另爲預防在運輸途中發生意外或戰爭災害事故，更須向保險公司投保，以確保災害發生時能夠獲得補償；同時，針對因品質、規格、包裝及數量不符所造成之損失，亦須提列相關證據，在法訂期限內向供應廠商進行索賠。

就海運保險來講，一般因性質及適用對象之不同，既可分成全險、平安險、水漬險、內陸運輸險、附加險（破損、偷竊等）、特別險（戰爭、罷工、內亂等）及其他類別。企業在實際投保時，須權衡其所採購物料之性質、船公司信譽、供應商之國內與國際政治情勢及其他相關因素等保險條件，再據以選擇最適的保險類別。

一般國外物料採購買方之所以會提出索賠，主要來自品質規格不符、數量短缺、漏失破損、短卸、包裝不良、短裝、裝船延遲、公證及其他意外事故等原因所造成。就採購實務而言，買方在進行索賠作業時，爲求確保自身權益，必須注意下列事項：

1. **蒐集及掌握證據：**彙整公證檢定書、事故證明書、保險單、發票、提貨單、公證帳單、裝箱單、採購合約書、進料檢驗報告及其他相關的索賠單據等。
2. **確定索賠對象：**即確定責任歸屬，判定事故原因係來自出口商（貿易索賠）、船公司（運輸索賠）、保險公司（保險索賠）或供應商（合約索賠）等。
3. **核對索賠證據是否齊全：**索賠證明文件因不同的對象而異，表 8.7 彙整各類索賠必備之證明文件。
4. **掌控時效：**在發生異常後，採購及相關部門即應立即通知索賠責任對象，保留索賠權力，並在法定期限內，進行索賠作業。

表 8.7 索賠必備之證明文件

索賠對象	事故原因	索賠證明文件
供應商	品質不符	索賠帳單、進口公證報告、裝船文件副本、合約書及供應商要求文件
	包裝不良	索賠帳單、修理費估價單、進口公證報告、合約書及供應商要求文件
	短裝	索賠帳單、進口公證報告、進料檢驗報告、估算損失、合約書及供應商要求文件
船公司	漏失破損	索賠帳單、進口公證報告、裝船文件副本、保險單、事故證明單及船公司要求文件
	短卸	索賠帳單、裝船文件副本、短卸或事故證明單及船公司要求文件
保險公司	海難	索賠帳單、裝船文件副本、海難證明書、保險單、提貨單正本及船公司要求文件

8.6 採購與價值分析

企業經營管理的目標主要在於獲致最高的營運利潤、創造對大的經濟效益及維持競爭優勢；爲達此目標，任何企業體皆須有效地凝聚組織成員之改善意識，並持續不斷地追求成本改善工作。因之，在本節內容要介紹一種產業間頗受重視，用以降低物料成本的改善技術：價值分析，內容包含價值及價值分析的意義、價值分析的實施程序及有效實施價值分析的要點等。

一、價值分析的意義

價值分析（Value Analysis, VA）係 1947 年由美國通用電氣公司（GE）Miles 所創，目的爲用以尋求新的替代物料或改善舊有物料，期以降低物料成本的一種技術。在正式介紹價值分析相關概念以前，先要說明價值（Value）的意義，簡言之，**物料的價值乃是功能（Function）與成本（Cost）的比值**，其公式如下：

$$價值=\frac{功能}{成本} \cdots\cdots\cdots\cdots\cdots\cdots\cdots\cdots \quad (8.1)$$

舉例來說，同一種規格窗戶，分別可用三種材料來生產，功能皆固定爲 300 單位；其中，用金屬鋁生產，成本爲 200 元；用 PVC 塑膠生產，成本爲 150 元；用鐵材生產，成本爲 180 元。則利用 9.1 式計算結果，三種材料的功能雖然相同，但其價值卻有差異，金屬鋁爲 1.50，PVC 塑膠爲 2.00，鐵材爲 1.67。

在談完價值的意義以後，接下來，要介紹價值分析（VA）的意義。**依照 VA 原創史人 Miles 的定義：價值分析、或價值工程（Value Engineering, VE）乃是一種功能導向之科學分析方法，目的爲藉由相關生產因素的分析，希能在維持同一功能的前提下，力求降低物料成本，以持續不斷地改進物料與產品的價值。**

除上述定義以外，後來許多學者專家將價值分析的應用範圍予以擴大，並分別提出不同的價值分析的定義；在此，**特別加以綜合如下：價值分析（VA）乃是一種組織化、人性化、系統化及合理化之創造性活動，其內涵是鼓勵企業體內全體成員積極參與，並且利用系統化的科學方法，持續不斷的追求改善，希能在維持同一功能前提下，創造最低的總成本、最高的產品價值之目標。**

二、價值分析的實施程序

由上述說明可知，價值分析乃是一種科學的分析與問題改善之程序，歸納起來，一般整體價值分析的實施程序共含下列六個階段：

階段一 教育與訓練

因爲價值分析是一種組織全員參與式之創造性活動，故必須做好教育與訓練工作，內容含括如何凝聚員工改善意識及各種科學分析技巧，如腦力激盪、柏拉圖分析、要因分析圖、計畫評核術（PERT）、成本計算、統計方法、製程改善及相關的管理技術等。

階段二 尋找分析對象

爲求最大效果，尋找分析對象的原則包含使用數量較多者、價值較高者、耗用金額較高者、技術層次較低者、單位成本較高者、未來具市場潛力者、顧客抱怨較多者、因品質不良退貨金額較多者或是新開發的物料與產品等。

階段三 蒐集與分析資料

蒐集與分析資料乃是 VA 相當重要的工作，一般應收集的資料包含成本、品質與規格、製程能力、產品設計、BOM、生產方法、生產量、員工技術水準、最新物料市場資訊、科技發展及外部同業資料等。

階段四 發展各項改善方案

藉由周延地有形成本的量化分析及無形因素的非量化分析，發展出各項可行的改善方案。

階段五 綜合比較各項改善方案

綜合產品的功能、成本及其他非量化因素的角度，進行各項改善方案的評估、比較與分析，並從中選出最具經濟效益之改善方案。

階段六 實施與修正改善方案

推動最佳的改善方案，並依照實際執行的進度、狀況及成效，定期評估、檢討及修正改善方案。

三、有效實施價值分析的要點

價值分析乃是一種人性化及團隊參與之改善技術，為求能夠獲得實質的改善成效，在推動實施時必須注意下列要點：

1. 採購部門與工程部門扮演相當重要的角色，必須相互配合。其中，採購部門著重於物料市場與新物料科技資訊的蒐集，而工程部門則是擔負工程及技術之分析與改善。
2. 最高決策者當局必須全力參與，並提供各項人力、財力、物力及相關資源的支援。
3. 企業組織成員是否能夠參與乃是價值分析之成敗關鍵，因之，必須配合教育與訓練、激勵溝通及獎懲制度，來凝聚員工意識、提振士氣及培育創造力。
4. 一般可利用下列系統化的分析程序來處理問題：
   (1) 現有物料與產品的價值如何？與同業比是偏高？或是偏低？
   (2) 外購價格或自製成本是否合理？與同業比是偏高？或是偏低？
   (3) 是否有更便宜替代物料可以取代現有物料？
   (4) 現有製程能力及員工技術水準是否能夠改善以降低成本？
   (5) 產品是否能夠重設計以降低物料及裝配成本？
   (6) 產品裝配是否有利用標準化零配件與通用的規格標準？
   (7) 產品重設計能否滿足客戶對品質、維修及可靠度之需求？

8.7 結論

採購管理乃是整體物料管理系統內之一項相當重要的功能活動，其影響企業的經營績效甚鉅，有效的採購管理也是促使企業能夠達成適時、適價、適量、適地及適值地取得、分配及支援物料之一種手段。

就企業採購實務而言，為求提升採購作業活動之效率起見，須遵守適宜價格、及時交貨、最適品質、適當數量、明確地點、合乎法令、研究創新及良好關係等八項基本原則。整體採購程序共含規劃作業、前置作業、選擇供應商、簽訂合約、催收作業及交易完成六個階段。

就採購實務而言，企業須正確地選擇最適的採購方法，方能有效降低物料採購成本，使企業產銷活動能夠順利進行。採購方法若依組織型態區分，包含集中式、分散式及綜合式三類；若依地區別區分，包含國內採購及國外採購二類；若依價格決定方式區分，包含招標、議價、比價及詢價四類；若依簽約方式區分，包含長期契約及臨時簽約二類。

採購管理活動的實質類內涵，包花供應商的選擇、確認物料的品質與規格、正確的採購時機及催料活動，這些作業活動實爲整體採購管理成效之關鍵因素。

採購合約乃是指由買賣交易雙方或是經其授權之代理人，對所提列的各項物料採購條件經由雙方的要約、接受及共同達成協議，並具法律效力之契約行爲。在實務上，企業進行物料採購之金額及數量均相當大，爲維護企業權益，均應簽訂具體的採購合約。

台灣屬於海島型經濟型態，資源相當缺乏，許多企業常須進行國外採購作業，以取得其製造加工所需之原物料。國外採購交易的程序共含前置作業、選擇供應商、進口簽證結匯、投保船務、裝運及報關及進料檢驗與索賠六個階段。

一般國外物料採購常因品質規格不符、數量短缺、漏失破損、短卸、包裝不良、短裝、裝船延遲、公證及其他意外事故等原因，須進行索賠作業，以確保權益與彌補損失。在進行索賠作業時，爲求確保自身權益，必須做好蒐集與掌握證據、確定索賠對象、核對索賠證據、以及掌握時效等事項。

價值乃是其功能與成本的比值，價值分析（VA）係 1947 年由美國通用電氣公司 Miles 所創，目的爲用以尋求新的替代物料或改善舊有物料，期以降低物料成本的一種技術。VA 的實施程序共含教育與訓練、尋找分析對象、蒐集與分析資料、發展各項改善方案、綜合比較各項改善方案及實施與修正改善方案六個步驟。

參考文獻

1. 白滌清譯（民 102 年 6 月），生產與作業管理，初版，台北：歐亞書局，頁 345-358。
2. 洪振創、湯玲郎、李泰琳（民 105 年 1 月），物料與倉儲管理，初版，台北：高立圖書，頁 110-132。
3. 林清和（民 83 年 5 月），物料管理－實務、理論與資訊化之探討，初版再印，台北：華泰書局，頁 109-147。
4. 許獻佳、林晉寬（民 82 年 2 月），物料管理，再版，台北：天一圖書公司，頁 185-249。
5. 傅和彥（民 85 年 1 月），物料管理，增訂 21 版，台北：前程企業管理公司，頁 145-200。
6. 施茂林、劉清景（民 86 年 3 月），最新常用六法全書，修訂二十版，台南：大偉書局，頁 95-102。
7. 葉忠（民 81 年 1 月），最新物料管理－電腦化，再版，台中：滄海書局，頁 127-170。
8. Leenders, M.R. and H.E. Fearon (1993), Purchasing and Materials Management, Tenth Edition, Boston Homewood: Richard D.Irwin, pp. 453-455.
9. Russell, R.S. and B.W. Taylor (2014), Operations and Supply Chain Management, Eighth Edition, International Student Edition, Singapore: John Wiley & Sons Singapore Pte. Ltd., pp. 29-67.

自我評量

一、解釋名詞

1. 請購（Purchase Requisitions）。
2. 採購（Purchase）。
3. 採購管理（Purchase Management）。
4. 付款交單（Documents against Payment, D/P）。
5. 承兌交單（Documents against Acceptance, D/A）。
6. 電匯（Telegraphic Transfer, T/T）。
7. 匯票付款（Documents against Draft, D/D）。
8. 價值（Value）。

二、選擇題

(　　) 1. 分散採購與集中採購比較，以下何者不是分散採購的優點？ (A) 較節省整體採購作業成本 (B) 較具時效性 (C) 分散採購風險 (D) 採購作業簡便易協調。　【100 年第二次工業工程師－生產與作業管理】

(　　) 2. 關於請購活動的發起，其中一種做法是當物料存量下降至訂購點（定量管制系統），或是訂購時點（定期管制系統）時，即由哪一個部門主動發起請購作業活動？ (A) 現場製造 (B) 品質管理 (C) 存量管制 (D) 會計及財務。

(　　) 3. 關於請購活動的發起，另一種做法是配合實際製程的需要，由哪一個部門對需用物料填寫請購單，主動發起請購作業活動？ (A) 現場製造 (B) 品質管理 (C) 存量管制 (D) 會計及財務。

(　　) 4. 下列何者不屬於採購部門的功能職掌？ (A) 選擇供應商及供應商管理與績效評估 (B) 收集原物料供應市場資訊及尋求新物料來源 (C) 進行物料之招標、估價、議價及比價工作 (D) 呆廢料保管與處理。

(　　) 5. 就企業採購實務而言，下列何者不屬於採購作業的基本原則？ (A) 適宜價格 (B) 最適品質 (C) 與供應商和協力廠商的互動著眼於短期、競爭關係 (D) 及時交貨。

(　　) 6. 台中科技上年度賺取 100,000 元利潤，相關的收入及成本資訊爲：營業收入 2,000,000 元，採購成本爲 1,000,000 元、人工成本 500,000 元、製造費用 400,000 元。現該公司欲將本年營運利潤目標提高一倍至 200,000 元，試問較爲有效、可行的策略應是 (A) 增加營業收入 100% (B) 降低人工成本 20% (C) 將物料採購成本降低 10% (D) 增加價格 5%。

( ) 7. 下列何者不是優良的採購管理必須具有的功能？ (A) 大量囤積以降低物料取得成本 (B) 做好供應商管理，以穩定品質水準及交期 (C) 提升物料週轉率、利潤率及投資報酬率 (D) 建立物料標準成本、供應商及協力廠商之資料庫。

( ) 8. 由總公司統籌進行全部物料之採購業務，期以獲得較高的價格折扣、易建立規格標準、便於監督與考核、以及培育採購人才之優點，這種採購物料的方法稱爲 (A) 分散式採購 (B) 集中式採購 (C) 臨時簽約採購 (D) 混合式採購。

( ) 9. 若依採購金額及需求部門來區分，針對採購金額高、且需求部門橫跨多個廠區的物料採用集中式採購；反之，對採購金額低、且僅是單一廠區需求的物料，則採用分散式採購，這種採購物料的方法稱爲 (A) 國外採購 (B) 招標採購 (C) 臨時簽約採購 (D) 混合式採購。

( ) 10. 主動選擇過去表現良好廠商，告知採購條件，直接詢問價格或郵寄詢價單請其報價，若價格或相關條件滿意即予簽約訂購，這種採購物料方法稱爲 (A) 招標採購 (B) 議價採購 (C) 比價採購 (D) 詢價採購。

( ) 11. 議價採購係由採購人員直接與符合條件之廠商直接進行洽談，並以協議方式決定物料價格，下列何者不屬於議價採購的優點？ (A) 機動性高 (B) 肯定廠商過去表現 (C) 穩定物料來源及爭取互惠條件 (D) 不易造成價格壟斷。

( ) 12. 下列關於供應商遴選的敘述，何者不正確？ (A) 建立一完整的資料庫系統儲存供應商詳細資訊，俾供遴選之決策依據 (B) 以選擇取得 ISO 9000、ISO 14000 認證、公認有品質與信用聲譽之廠商爲佳 (C) 針對交易過程累積表現不佳的廠商，應給予自動改正機會，先不要進行汰換或處罰 (D) 國外採購以選擇具有技術能力、服務表現實績、試用合格及以往配合互動良好之廠商爲主。

( ) 13. 就採購實務而言，企業於決定物料的採購價格時，下列何者不是必須考量的因素？ (A) 物料的品質與規格 (B) 採購數量與供需條件 (C) 季節與循環變動 (D) 進料檢驗及跟催活動。

(　　) 14. 下列何者不是物料採購合約之成立應具備的要件？ (A) 經由要約、接受合法程序，並簽訂具法律效力之採購合約書 (B) 契約當事人業經授權、但不一定需具法律行爲能力 (C) 契約當事人同意合約書提列之各項物料採購條件 (D) 賣方履約依期將合法標的物送交買方、買方履約依期給付賣方應得報酬。

(　　) 15. 物料價值（Value）的衡量公式爲 (A) 功能 / 成本 (B) 成本 / 功能 (C) 功能－成本 (D) 功能 × 成本。

(　　) 16. 設可用三種材料來生產同一種規格的窗戶，其中用鋁金屬的生產成本爲 200 元，用 PVC 塑膠的生產成本爲 150 元，用不鏽鋼的生產成本爲 180 元，三種材料所生產窗戶的功能皆固定爲 300 單位。下列關於三種材料價值的計算，何者不正確？ (A) 鋁金屬爲 1.50 (B) PVC 塑膠爲 2.00 (C) 不鏽鋼爲 1.67 (D) 不鏽鋼爲 1.51。

(　　) 17. 藉由相關生產因素的分析，在維持同一功能的前提下，持續尋求新的替代物料或改善舊有物料，以有效降低物料成本。這種功能導向之科學分析方法稱爲 (A) 價值分析 (B) 同步工程 (C) 逆向工程 (D) 柏拉圖分析。

(　　) 18. 關於企業推動價值分析及價值工程時，關於尋找分析對象的優先原則，下列敘述何者不正確？ (A) 價值較高者及耗用金額較高者 (B) 顧客抱怨較少者 (C) 使用數量較多者 (D) 未來具市場潛力者。

三、問答題

1. 在請購作業活動之程序中，共含有哪些步驟？試說明之。試以您個人的經驗爲例，設計一張請購單的格式。
2. 一般在企業內部，採購部門的基本功能執掌有哪些？試說明之。
3. 就企業採購實務而言，爲求提升效率，一般採購作業活動須遵守哪些原則？試說明之。
4. 爲何降低物料採購成本與提升利潤具有高度的槓桿作用關係？試舉例說明之。
5. 採購管理的功用爲何？試說明之。
6. 在整體採購作業活動之程序中，共含有哪些步驟？試說明之。試以您個人的經驗爲例，設計一張訂購單的格式。
7. 若依組織型態區分，採購方法可分成哪些類別？試說明之。

8. 若依物料來源之地區別區分，採購方法可分成哪些類別？試說明之。
9. 若依價格決定方式區分，採購方法可分成哪些類別？試說明之。
10. 若依簽約方式區分，採購方法可分成哪些類別？試說明之。
11. 選擇供應商須蒐集哪些資訊？試說明之。試以您個人的經驗爲例，設計一張供應商資料表的格式。
12. 企業在訂定物料之品質與規格時，須考量哪些特性？試說明之。
13. 一般企業在選擇其物料採購時機的作法有哪些？試說明之。
14. 企業在訂定其物料採購價格時，須考量哪些因素？試說明之。
15. 爲何在實務上，企業要進行進料跟催活動？其目的爲何？試說明之。試以您個人的經驗爲例，設計一張交貨進度控制表的格式。
16. 何謂採購合約？合約的成立須具備哪些要件？試說明之。
17. 若依定價方式區分，採購合約分成哪些類別？試說明之。
18. 若依生產方式區分，採購合約分成哪些類別？試說明之。
19. 國外採購交易的過程中，共含有哪些階段？試說明之。
20. 就國外採購而言，向國貿局或其委辦機構申請輸入許可證時，須提報哪些文件？試說明之。
21. 國外採購共有哪些付款方式？試說明之。
22. 爲何國外採購會產生索賠事件？試說明之。
23. 企業在進行索賠作業時，爲求能確保自身權益，必須注意哪些事項？試說明之。
24. 若因供應商短裝而進行索賠作業，必須提報哪些證明文件？試說明之。
25. 若因漏失破損而向船公司進行索賠作業，必須提報哪些證明文件？試說明之。
26. 何謂價值分析（VA）？其實施程序爲何？試說明之。

NOTE

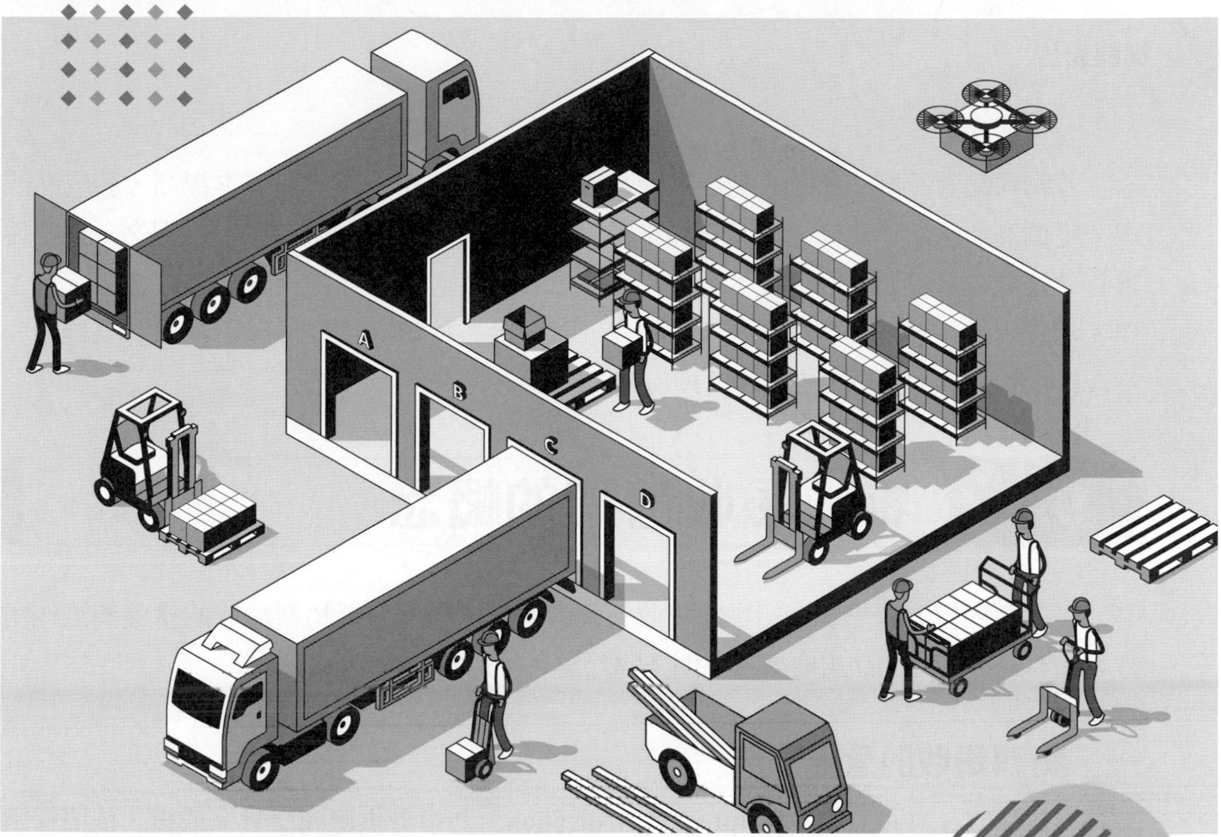

Chapter 9

物料驗收與供應商管理

▷ 內容大綱

若物料品質不好，加工裝配後製成品之品質一定不佳；若物料成本提高，製成品成本一定偏高；或若供應商未能將物料準時交貨，製造現場一定待料停工。因之，企業為求有效達成提升品質、降低成本及準時交貨之目標，必須做好物料驗收及供應商管理工作。本章內容，包括物料驗收管理的概念、進料品質檢驗、抽樣檢驗與抽樣計畫標準、不合格批的處理方式及供應商的管理與輔導。

9.1 物料驗收管理的概念

在本節內容，首先要介紹物料驗收管理的基本概念，包括物料驗收的意義與工作內容、物料驗收管理的功用與執行部門及物料驗收管理的實施程序。

一、物料驗收的意義

物料驗收（Materials Receipts and Inspection）乃指於供應商交貨完成後，依照採購合約所列交易條件，對送交物料批量的數量、品質規格、包裝、交貨期及相關條件加以檢核，並據以判定送驗批量合格或不合格，進而採取適當處理措施之一種作業活動的過程。

基本上，物料驗收作業扮演著物料到廠之把守門檻的重要角色；若從管理實務的角度來看，企業所訂購的物料於供應商交貨以後，並不可以直接移交製造現場使用或是存入倉庫，而是先要經過驗收作業，且須其數量及品質合乎契約要求，方能判定允收，並進行後續之倉儲管理及領、發料作業。此項概念，如圖 9.1 所示。

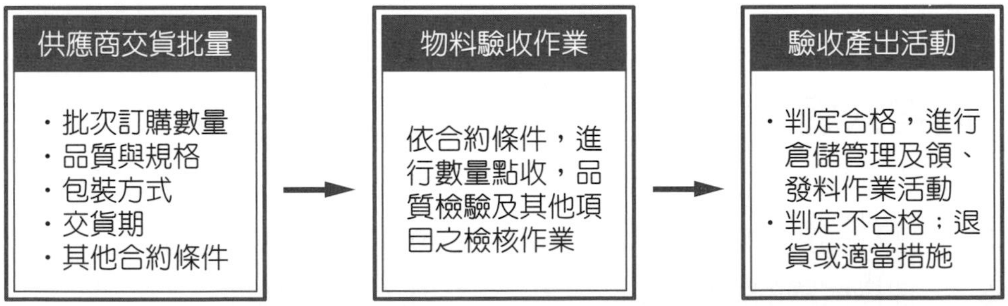

圖 9.1 物料驗收扮演著把守門檻之重要角色

二、物料驗收管理的功能

物料驗收作業乃是在企業實體的產銷活動過程中，對所投入原物料之品質、成本、數量及交貨期加以檢核之最初階段的活動。因之，假若企業未做好物料驗收作業，後續的製程一定會問題叢生，更使得產出成品之品質、成本、數量及交貨期未達預期理想，必將蒙受重大的損失。

舉例來說，假如一家速食店在供應商到貨時，未做好麵包、雞塊、豬肉、青菜、可樂及相關配方之進料品質檢驗工作，將會因不良品的流入，使所做出漢堡的口味、新鮮度及衛生變差，不但引起顧客抱怨，甚至對企業形象及營業收入造成重大的負面影響。

因此，爲求實質提升物料驗收作業之成效起見，任何企業皆應重視及強化物料驗收管理。若從管理實務的角度觀之，良好的物料驗收管理具有下列八點功能：

1. **提升效率：**採購、倉儲及相關部門密切配合，在規定期限內完成驗收作業，正確判定送驗批量合格與否，並採行適當的處理措施。
2. **提高品質水準：**藉由進料品質檢驗以確保原物料之品質水準，進而提升在製品、製成品之品質水準，可以滿足顧客需求，並塑造企業良好的形象與口碑。
3. **穩定生產：**及時供應符合製造現場所需數量、品質之物料，避免因待料停工造成人員與設備之閒置損失。
4. **提高顧客服務水準：**在穩定生產下，配合生產排程，能夠及時製造完畢交貨予顧客，縮短顧客訂單交貨時間，提高顧客服務水準。
5. **降低儲存及生產成本：**在確保物料成本、品質及交貨期下，進而降低製成品之生產成本，更因提升驗收效率及供應商配合度之緣故，將可依實際需求決定批次訂購量，而降低物料儲存成本。
6. **配合採購管理需求：**物料驗收作業乃是依據採購合約書所提列交易條件來進行，良好的物料驗收作業可以有效判定送驗批量合格與否，能否合乎採購及使用部門之需求。
7. **增進倉儲管理效率：**倉儲管理乃是物料驗收之後續作業，兩者須相互配合，若物料驗收作業之效率提升，則必能增進倉儲管理效率，並建立正確的料帳紀錄。
8. **建立良好供應商關係：**藉由物料驗收管理可以實際評估供應商之表現績效，做爲對其獎懲及輔導之依據，並依其表現來調整抽樣檢驗之鬆緊程度以激勵士氣。

三、物料驗收管理的程序

在實務上，爲求有效提升物料驗收管理之成效，一般常將整體的作業程序分成下列六個階段：

階段一 物料接收

供應商將物料交貨到廠後，即由警衛室會同採購、倉儲或是指定負責部門來進行接收作業，內容是依採購合約書來核對交貨證件，如交貨單、發票等是否齊全，並初步清點包裝數量，若正確無誤即予簽收，並將送驗批運至待進料品質檢驗地點。表 9.1 為物料接收單之基本格式。

表 9.1 物料接收單之基本格式

供應商					訂貨單編號		
到廠時間					送貨單編號		
接收時間					發票編號		
品名	料號	單位	數量	規格	包裝數量	每包數量	備註

廠長： 倉儲主管 承辦人： 警衛室：

階段二 數量點收

表 9.2 進料檢驗報告單之基本格式

供應商		採購單編號	
到廠時間		送貨單編號	
接收時間		發票編號	
品名		料號	
送驗批量		規格	
數量點收結果	訂購數量： 接收數量： 點收數量：	點收人員簽章	
品質檢驗結果	檢驗日期： 抽樣計畫標準： 樣本數： 判定基準： 實際不良數：	初步判定	
		檢驗人員簽章	
不合格批處理措施		最後裁示	

總經理： 廠長： 部門主管： 承辦人：

一般在實務上，數量點收作業是由倉儲部門負責，當送驗批運至進料檢驗地點後，即由倉儲部門逐一開封，確實清點數量，並將點收結果填記於進料檢驗報告單上，表 9.2 爲進料檢驗報告單之基本格式。

階段三 品質檢驗

品質檢驗一般由品管部門負責，檢驗人員依照公司進料檢驗辦法、檢驗規範及相關的規定，實際進行抽樣或全數檢驗，並將檢驗結果簽記於進料檢驗報告單上。

階段四 檢驗結果判定

倉儲人員將進料檢驗報告單彙總，判定送驗批合格與否，並依權責會簽採購、品管、製造、會計及相關部門，再呈送廠長及最高當局裁示，決定允收、退貨或採行適當的處理措施。

階段五 搬運送驗批至適當地點

將判定合格物料運送至倉儲或指定地點，將其記帳入庫，若是判定不合格須予退貨，則通知供應商辦理退貨手續，並將送驗批運回。

階段六 付款與結案

最後，在會計及財務（或出納）部門履行採購合約書規定之付款方式以後，整個物料驗收作業即予結案。

9.2 進料品質檢驗

就前述物料驗收管理之實施程序來講，**階段三進料品質檢驗乃是扮演著最核心的角色**；因爲，判定送驗批合格與否之關鍵，在於品質與規格是否能合乎採購合約書上所載明之標準。在本節內容，要介紹進料品質檢驗之意義、類別、進料品質檢驗規範之內容及實務範例。

一、進料品質檢驗的意義

進料品質檢驗（Incoming Materials Quality Inspection）乃是依據進料品質檢驗規範之規定，實地測定原物料之品質水準，再將測定結果與判定標準做比較，以決定該送驗

批合格與否，並採行允收、退貨或其他適當處理措施之作業活動過程。簡言之，進料品質檢驗即是為防止不良原物料進廠所做的檢驗。

若對照企業產銷活動過程中，所含資源投入、製造轉換及成品產出來區分，品質檢驗共分成進料、製程及成品三種類別，如圖 9.2 所示。

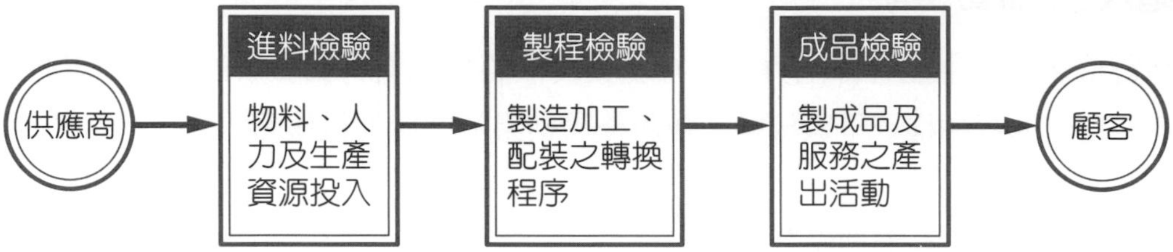

圖 9.2 品質檢驗的類別

由圖 9.2 可知，進料品質檢驗乃是物料進廠後之第一道防線，假若進料品質檢驗能真實地判定送驗批合格與否，避免不良物料進入後續的生產製程及成品產出階段，定能確保製成品之品質、成本及交期符合預期理想，進而提升企業利潤及競爭優勢。

二、進料品質檢驗的類別

在談完進料品質檢驗的重要性後，接著介紹進料品質檢驗的類別，茲說明如下：

1. 依檢驗數據區分

(1) **計數值檢驗（Inspection by Attribute）**：檢驗數據屬間斷的整數，即良品與不良品的檢驗，如馬達運轉好與壞的檢驗。

(2) **計量質檢驗（Inspection by Variable）**：檢驗數據屬連續的實數，即物料品質特性的檢驗，如馬達運壽命的檢驗。

2. 依檢驗數量區分

(1) **全數檢驗（Total Inspection）**：對送驗批之物料全數加以檢驗，再依結果判定該送驗批合格與否之檢驗。

(2) **抽樣檢驗（Sampling Inspection）**：依抽樣計畫的規定，自送驗批抽取一定的樣本檢驗，再依結果判定該送驗批合格與否之檢驗。

3. 依檢驗性質區分

(1) **破壞性檢驗（Destructive Inspection）**：物料在檢驗過程中已被破壞，其價值已不復存在之檢驗，如鋼板硬度、抗拉強度之檢驗。

(2) **非破壞性檢驗（Nondestructive Inspection）**：物料在檢驗過程中未受破壞，其價值仍舊存在之檢驗，如鋼板厚度之檢驗。

三、進料品質檢驗規範

在管理實務上，企業爲求有效提升進料品質檢驗之成效，期以獲致最經濟的檢驗成本、時間及人力資源，常須建立進料品質檢驗規範，將各項檢驗作業活動及品質規格標準化。舉例來說，國內中鋼、台塑、裕隆等業者，即對其每一外購物料編訂品質檢驗規範手冊，俾供企業內部及供應商作進料品質檢驗之遵循依據。

進料品質檢驗規範並無固定格式，可依產業性質及實際需求而定；基本上，品質檢驗規範須涵括下列內容：

1. **基本資料：**含公司名稱、物料品名、適用對象、目的、制定與修正時間、編號及相關資料等。
2. **品質與規格標準：**含物料的規格尺寸量測標準、物理功能與化學性質測試標準，以及外觀、包裝方式等。
3. **取樣規定：**含主辦部門、會同部門、檢驗時間、地點、樣品保管部門及保管期限等。
4. **檢驗方法：**含適用的抽樣計畫標準、樣品數及合格與否之判定標準。
5. **取樣方法：**含取樣作業程序、取樣用具、樣品包裝及寄送等。
6. **檢驗步驟：**含檢驗作業程序、檢驗儀器使用及統計分析等。
7. **處理措施：**含合格、不合格批之處理，合格批即予允收，不合格批則採退貨、特認等措施。

下面介紹一個實例，個案公司爲一家中部地區腳踏車業者，內容爲外購鐵管之進料品質檢驗規範，如表 9.3 至表 9.5 所示。

表 9.3 進料品質檢驗規範實例（第一頁）

品名	鐵管	進料品質檢驗規範	編號	S0010
訂定	85/4/10		頁數	1/3

一、適用範圍

本規章適用於本公司對外採購之各型鐵管。

二、目的

供本公司進料檢驗人員於鐵管進廠後實施進料檢驗之依據。

三、規格標準

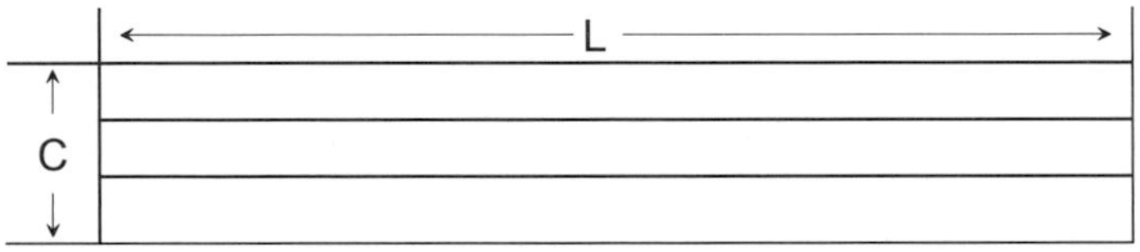

項目	小號鐵管	中號鐵管	大號鐵管
A 開口	5.5m/m	9.0m/m	13.5m/m
B 厚度	0.75m/m	0.9m/m	1.0m/m
C 外徑長	12.7m/m	19.8m/m	28.5m/m
D 邊對邊	10.8m/m	16.0m/m	24.0m/m
E 角對角	11.2m/m	18.0m/m	26.5m/m
L 長度	L ± 1 m/m	L ± 1m/m	L ± 1m/m
* 重量	L × 4gr	L × 7.5gr	L × 14gr
* 外表	平直、無破裂、無凹凸、無彎曲、無生鏽		
* 切面	一端正常，一端微向內凹		
包裝與標示	小號鐵管每一百支為一把，中號鐵管每五十支為一把，大號鐵管每三十支為一把，每把綑縛二處，並加掛鐵管長度標籤。		

編訂單位	品管部門	大順腳踏車製造股份有限公司
核准	總經理	

表 9.4 進料品質檢驗規範實例（第二頁）

品名	鐵管	進料品質檢驗規範	編號	S0010
訂定	85/4/10		頁數	2/3

四、取樣規定

主辦單位	品管單位	會同部門	倉儲單位
時間	進廠卸貨後	地點	本廠
保管部門	倉儲單位	保管期限	六個月

五、檢驗方法

鐵管支進料檢驗採用 MIL-STD-105E 抽樣檢驗標準（正常檢驗單次抽樣），AQL：6.5%。

六、取樣方法

1. 每批進貨之鐵管皆按固定數量分別綑縛，小號鐵管每一百支為一把，中號鐵管每五十支為一把，大號鐵管每三十支為一把，每把用打包帶綑縛二處，並掛有鐵管長度標籤。
2. 依每次進貨之批量（N）允收數（Ac）及拒收數（Re）。
3. 隨機決定把數，再從每把中隨機抽取固定支數，共得樣本大小（N）支後進行檢驗工作。

七、取樣方法

1. 內外徑
   - 以游標尺（標準 1/20m/m）測定每支鐵管之開口、厚度、外徑長、邊對邊、角對角之尺寸各一次。
   - 測量結果如在允收限內，則判為良品；如在尺寸界限外，則判為不良品。
2. 長度

編訂單位	品管部門	大順腳踏車製造股份有限公司
核准	總經理	

表 9.5 進料品質檢驗規範實例（第三頁）

品名	鐵管	進料品質檢驗規範	編號	S0010
訂定	85/4/10		頁數	3/3

- 以捲尺（標準 1/16m/m）測定每支鐵管之長度。
- 測量結果如在允收公差界限內，則判為良品；如在界限外，則判為不良品。

3. 重量
   - 利用秤量 1,000gr 之天平分別測出每支鐵管重量。
   - 每支小號鐵管標準重量 = L×4gr。
   - 每支中號鐵管標準重量 = L×7.5gr。
   - 每支大號鐵管標準重量 = L×14gr。
4. 外表、切面
   - 利用目視方法檢查其外表是否平直、無破裂、無凹凸、無彎曲、無生銹等現象。
   - 利用目視方法檢查其切面是否整齊，一端微向內凹。

八、處理措施

1. 合格批：允收入庫，由採購會同品管、倉儲及會計部門辦理付款及結案作業。
2. 不合格批：遵照公司進料檢驗辦法規定程序，並參酌進料檢驗報告單及製造現場部門之用料實際需求，據以判定採用退貨、特認、重加工、全數檢驗或是其他適當的處理措施。

編訂單位	品管部門	大順腳踏車製造股份有限公司
核准	總經理	

9.3 抽樣檢驗的概念

前節談到，若以檢驗數量來區分，進料品質檢驗分成全數及抽樣檢驗二類；就實務而言，除少數物料因攸關人命安危或嚴重影響產品功效，而須採全數檢驗外，一般的工業物料均是採用抽樣檢驗。本節內容，要介紹抽樣檢驗的意義、優缺點、類別及其與全數檢驗之比較。

一、抽樣檢驗的意義及優缺點

抽樣檢驗乃係依照抽樣計畫及進料品質檢驗規範之規定，自送驗批中隨機抽取一定數量的樣本加以檢定與測定，再將結果與判定標準做比較，以決定該送驗批合格與否，並採行允收、退貨或其他適當的處理措施之作業活動過程。

抽樣計畫的內容含樣本數及判定標準二種資訊。舉例來說，設一抽樣計畫爲樣本數 $n = 100$，判定標準 $c = 1$，其意爲自送驗批隨機抽取 100 樣本檢驗，若檢驗結果實際不良數 $d \leq 1$ 時，即判定該送驗批合格；反之，若不良數 $d > 1$，即判定該送驗批不合格。現在，以上述抽樣計畫爲例，繪製圖 9.3 以表抽樣檢驗之作業流程。

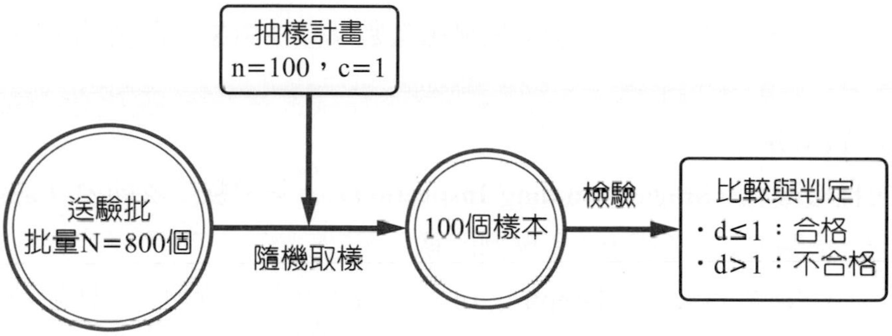

圖 9.3 抽樣檢驗之作業流程

相較於全數檢驗，抽樣檢驗之所以能廣受企業界採用，乃因具有下列五項優點：

1. 檢驗數量較少，可以降低檢驗成本。
2. 可以檢驗工時，提升檢驗效率。
3. 對個別物料的檢驗較爲仔細、準確。
4. 只檢驗少數樣本，可以激勵供應商的士氣。
5. 品管人員有較多的時間推動一些創造性活動，如品管圈活動（QCC）、教育與訓練、品質規劃及宣導活動等。

雖然抽驗檢驗具有上述優點，然而相較於全數檢驗，抽樣檢驗也存有一些缺點，茲說明如下：

1. 會有拒絕好的送驗批、或接受壞的送驗批的風險存在。
2. 因只有檢驗少數樣本，故所獲得送驗批的品質資訊較不完整。
3. 允收批量可能含有不良品。
4. 因檢驗人員須熟悉統計方法及各類抽樣計畫標準，將會增加人員之教育訓練及規劃成本。

綜合上述各項抽樣檢驗之優缺點，下面介紹適用抽樣檢驗的場合：

1. 送驗批的批量較大時。
2. 個別物料的檢驗成本較高時。
3. 個別物料的檢驗項目較多、檢驗工時較長時。
4. 採用破壞性或選別檢驗時。
5. 允許送驗批含有某種程度之少數不良品時。
6. 其他原因，如供應商表現良好，爲激勵其士氣改採抽樣檢驗時。

二、抽樣檢驗的類別

一般在實務上，抽樣檢驗的類別可依檢驗次數及關注對象二個基準來區分，茲說明如下：

1. 依檢驗次數區分

(1) 單次抽樣檢驗（Single Sampling Inspection）：只檢驗一次即須判定送驗批合格與否之檢驗方式，在圖 9.3 所舉例即屬之。

(2) 雙次抽樣檢驗（Double Sampling Inspection）：最多檢驗二次即須判定送驗批合格與否之檢驗方式，但若送驗批的品質特別好或特別壞時，則第一次檢驗即可以判定合格與否。

(3) 多次抽樣檢驗（Multiple Sampling Inspection）：乃是雙次抽樣檢驗的延伸，其檢驗次數可以達三次或三次以上。依照 MIL-STD-105E 標準的設計，最多可以檢驗七次，但若送驗批的品質特別好或特別壞時，並不需要檢驗七次，即可以判定該送驗批合格與否。

2. 依關注對象區分

(1) 規準型抽樣檢驗（Stipulated Sampling Inspection）：抽樣計畫設計的著眼點在於同時關注生產者（供應商）及消費者的利益，日本 JIS Z9002 標準及指定 $P_{0.50}$ 抽樣計畫標準屬之。

(2) 調整型抽樣檢驗（Adjusted Sampling Inspection）：抽樣計畫設計的著眼點比較關注生產者的利益，係依照供應商表現的好壞來調整檢驗鬆緊的程度，檢驗程度分正常、減量及嚴格三類，MIL-STD-105E 及 MIL-STD-414 標準屬之。

(3) 選別型抽樣檢驗（Rectfying Sampling Inspection）：抽樣計畫設計的著眼點比較關注消費者的利益，係對不合格送驗批採全數檢驗，並將不良品予以剔除，再補以良品之檢驗方式，美國 Dodge-Roming 及 JIS Z9006 標準屬之。

上述各類抽樣檢驗各有其優缺點，現針對單次、雙次及多次三類抽樣檢驗加以比較，如表 9.6 所示。

表 9.6 單次、雙次及多次抽樣檢驗的比較

比較項目	單次	雙次	多次
平均檢驗樣本數量	多	中	少
每批所獲品質資訊	多	中	少
每批平均檢驗成本	多	中	少
每批平均檢驗工時	多	中	少
規劃及管理成本	少	中	多
供應商的心裡感覺	壞	中	好

三、抽樣檢驗的專有名詞

由前面的介紹可知，抽樣檢驗只藉檢驗少數的樣本，用來推估送驗批整體的品質水準，並據以判定送驗批合格與否，故一般會有判定錯誤的風險存在。由此可知，抽樣檢驗乃是以機率及抽樣理論爲基礎，亦即將統計方法應用於檢驗作業活動上。

爲使讀者對抽樣檢驗的概念能有更清晰地瞭解，以下要介紹八個相關的專有名詞：

1. **允收機率（Probability of Acceptance, P_a）**

   乃係一送驗批依照規定的抽樣計畫來進行檢驗時，其能被允收（判定合格）之機率值。一般在實務上，在計算允收機率時，均假設檢驗之不良數服從卜瓦松分配。舉例來說，一送驗批批量 N = 800 個，不良率 P = 1%，抽樣計畫 n = 100，c = 1，查卜瓦松分配機率表（附表 B）得允收機率 $P_a = 0.368$。（註：期望值 $nP = 100 \cdot 0.01 = 1.00$）

2. **作業特性曲線（Operating Characteristic Curve, OC 曲線）**

   乃表送驗批依照一抽樣計畫進行檢驗時，在不良率變化情況下，其對應的允收機率值所連接形成之一條平滑曲線。具體來講，OC 曲線的功用爲顯示一抽樣計畫辨別好批與壞批之能力。**一個好的抽樣計畫應對好批（其不良率較低）的允收機率較高，以保護供應商的利益；反之，對壞批（其不良率較高）的允收機率應較低，以保護消費者的利益**。也就是說，OC 曲線的形態愈陡峭愈佳。

例題 9.1

設一單次抽樣計畫 n = 100，c = 1，試繪製其 OC 曲線。

解答

設不良數服從卜瓦松分配，查附表 B 卜瓦松分配累積機率表，可求允收機率值，並繪製出 OC 曲線，如圖 9.4 所示。

P（%）	0	0.2	0.5	1.0	1.5	2.0	2.5	3.0	4.0	5.0
P_a	1.000	0.983	0.910	0.736	0.558	0.406	0.287	0.199	0.091	0.041

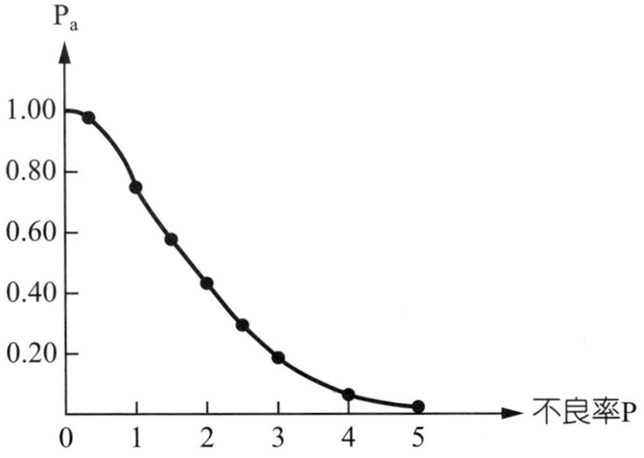

圖 9.4 n = 100，c = 1，之 OC 曲線

3. **第一型錯誤（Type I Error）**

   乃指好的送驗批被誤判爲不合格的錯誤，即爲拒收好批的錯誤。

4. **第二型錯誤（Type II Error）**

   乃指壞的送驗批被誤判爲合格的錯誤，即爲接收壞批的錯誤。

5. **生產者冒險率（Producer's Risk, α）**

   乃是發生第一型錯誤的機率，一般在實務上，爲維護供應商（生產者）的利益，在設計或選擇抽樣計畫時，通常設定 α 值爲 5%。

6. **消費者冒險率（Consumer's Risk, β）**

   乃是發生第二型錯誤的機率，一般爲維護供應商（生產者）的利益，通常設定 β 值爲 10%。

7. **允收水準（Acceptance Quality Level, AQL）**

   乃是令消費者所滿意的合格批之最高不良率，即送驗批不良率小於或等於 AQL 時，被判不合格的機率應小於或等於 α 值。

8. 拒收水準（Lot Tolerance Percent Defective, LTPD）

乃是令消費者不滿意的不合格批之最低不良率，即送驗批不良率大於或等於 LTPD 時，被判合格的機率應小於或等於 β 值。

在 OC 曲線上，α、β、AQL 及 LTPD 之關係，如圖 9.5 所示。

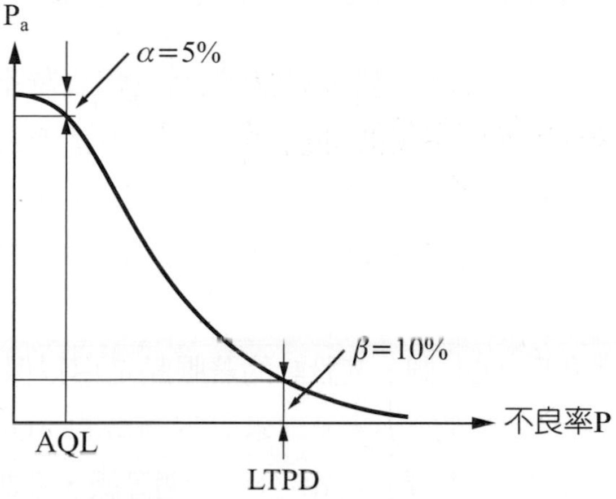

圖 9.5 α、β、AQL、LTPD 之關係

四、抽樣計畫標準

抽樣計畫標準的選擇乃是整體抽樣檢驗作業活動之成敗關鍵，在美、日等國，現今已發展出多類的抽樣計畫標準。在實務上，企業必須慎重的考量買賣雙方所訂的檢驗目的、實際需求及其他相關的因素等，再據以選取其最適之抽樣計畫標準。在此，特將各類常用的抽樣計畫標準加以彙整，如表 9.7 所示。

表 9.7 常用抽樣計畫標準的彙整

大類別	檢驗類別	抽樣計畫標準	關注重心
計數值	規準型	JIS Z9002、指定 $P_{0.50}$	保證買賣雙方利益。
	調整型	MIL-STD-105E	AQL 制，保證賣方利益，但採嚴格檢驗以維護買方利益。
	選別型	Dodge-Roming、JIS Z9006	AOQL 及 LPTD 制，保證買方利益、平均總驗數 ATI 最低。
	逐次	JIS Z9009	降低檢驗成本，適用於破壞性檢驗。
	連鎖	ChSP-1	降低檢驗成本，適用於破壞性檢驗。
	跳批	SkSP-1	檢驗成本最低，適用實驗室之物化分析。
	連續生產型	MIL-STD-1235B、JIS Z9008	適用連續生產製程。
計量值	規準型	JIS Z9003、JIS Z9004	保證買賣雙方利益。
	調整型	MIL-STD-414	AQL 制，保證賣方利益，但採嚴格檢驗以維護買方利益。

限於篇幅，僅於本章 9.4 節介紹 MIL-STD-105E 標準，其餘請讀者參閱品質管理相關書籍。

9.4 MIL-STD-105E 標準

MIL-STD-105E 標準是源於 1942 年美國 Bell 電話電報實驗室所制定的兵工表（The Ordnance Table）。MIL-STD-105E 標準在世界各國使用相當普遍，美國在 1971 年納入爲 ANSI/ASQC Z1.4-1971，在 1981 年並作部份修正，改稱爲 ANSI/ASQC Z1.4-1981；在 1973 年國際標準組織也將其納入爲 ISO/DIS-2859；我國中央標準局亦將其編訂爲 CNS 2779。

MIL-STD-105E 標準乃爲 AQL 制，其設計的著眼點是用以保證好的送驗批（即不良率≤ AQL）之允收機率會大於或等於 1- α 。爲求訂定適當的 AQL，MIL-STD-105E 標準依產品的缺點及不良品之嚴重程度，將其各區分成三個等級，茲說明如下：

1. 缺點等級

(1) 嚴重缺點（Critical Defect）：乃指會造成使用者生命危險，或是喪失產品主要功能之缺點，如汽車之輪胎破損、方向盤不靈等。

(2) 主要缺點（Major Defect）：乃指產品的實際功能未達設計之預期目標，或是會減低產品可用性之缺點，如汽車之耗油量大、冷氣不佳、燈光亮度不夠等。

(3) 次要缺點（Minor Defect）：乃指對產品的實際功能及可用性未有影響，但會影響使用者心理情緒之缺點，如汽車之顏色不均勻、鈑金不佳等。

2. 不良品等級

(1) 嚴重不良品（Critical Defective）乃指含有一個或一個以上的嚴重缺點，且可能含有主要或次要缺點之產品。

(2) 主要不良品（Major Defective）乃指含有一個或一個以上的主要缺點，且可能含有次要缺點，但不含嚴重缺點之產品。

(3) 次要不良品（Minor Defective）乃指含有一個或一個以上的次要缺點，但不含嚴重及主要缺點之產品。

在實務上，上述產品缺點及不良品的分級，係由買賣雙方於交易時經共同討論後認定。而關於 AQL 的訂定，一般的情況是：**嚴重的缺點和不良品的 AQL 爲 0，主要的缺點和不良品的 AQL 爲 1%，次要的缺點和不良品的 AQL 爲 2.5%**。

在 MIL-STD-105E 標準，樣本數係依檢驗水準及送驗批的批量而定。檢驗水準含一般水準及特殊水準二類，每類水準又可依實際需要分成不同的等級，茲說明如下：

1. 一般檢驗水準

(1) **I**：鑑別力較低，即檢驗程度較鬆，如一般產品所用的螺栓、螺帽、包裝材料的檢驗。

(2) **II**：鑑別力中等，一般工業產品及其零配件的檢驗皆採用之。

(3) **III**：鑑別力較高，即檢驗程度較嚴格，如飛機零配件的檢驗。

2. 特殊檢驗水準（小樣本、風險大）

(1) **S-1**：最低水準，適於檢驗較為簡單、便宜或是檢驗過程具危險性產品之檢驗。

(2) **S-2**：次低水準。

(3) **S-3**：次高水準。

(4) **S-4**：最高水準，適於較複雜、昂貴產品或是破壞性之檢驗。

MIL-STD-105E 係屬於一種調整型之抽樣檢驗標準，其主要依供應商表現之好壞，將檢驗程度分成正常、減量及嚴格三種。關於這三種檢驗程度之轉換規則，如圖 9.6 所示。

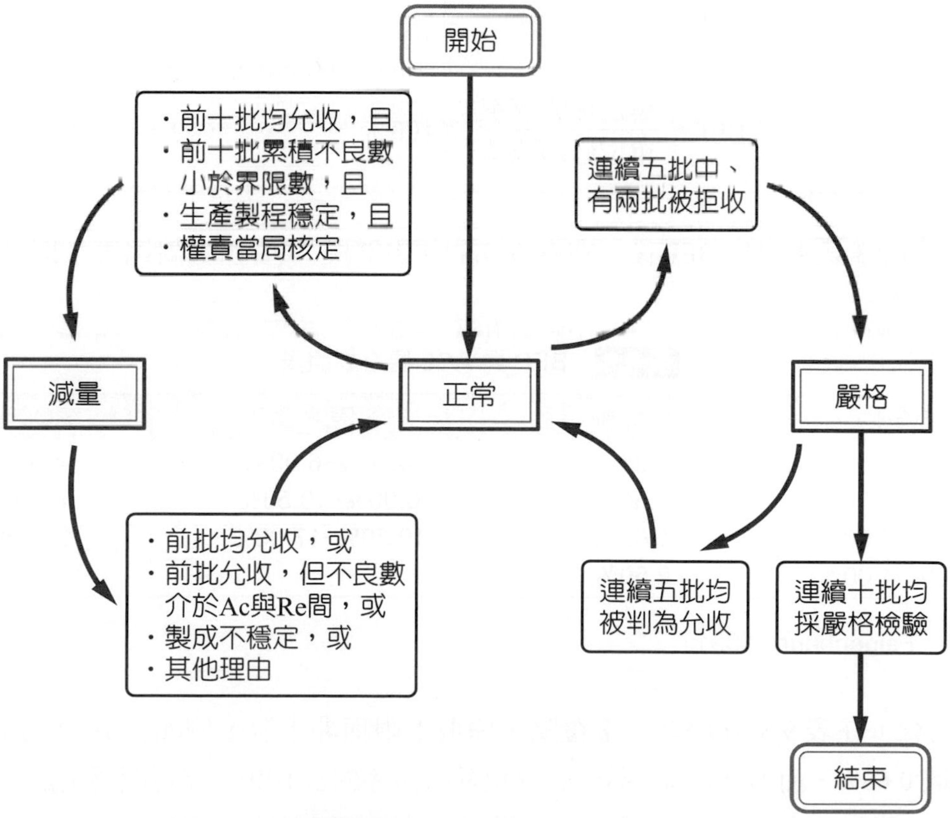

圖 9.6 檢驗程度的轉換規則

在實務上，採用 MIL-STD-105E 標準成敗的關鍵在於允收水準 AQL 的設定，AQL 乃爲合格批之最高不良率，其意義又分成下列二種情況：

1. 若 AQL ≤ 10% 時，代表不良率

$$AOL = \frac{不良數}{總檢驗數} \times 100\% \quad \cdots\cdots\cdots\cdots \quad (9.1)$$

2. 若 AQL>10% 時，代表百件缺點數

$$AOL = \frac{缺點數}{總檢驗數} \times 100\% \quad \cdots\cdots\cdots\cdots \quad (9.2)$$

在 MIL-STD-105E 標準，AQL 值介於 0.01% 至 1,000% 之間，且其數值形成等比級數，比值爲 1.585（即 100.02）。一般用來設定 AQL 的方法，主要爲損益平衡點法及分類歸納法二種，損益平衡點法乃是先計算損益平衡點（Break-Even Point，BEP），其計算公式如下：

$$BEP = \frac{單位檢驗成本}{單位修理成本} \times 100\% \quad \cdots\cdots\cdots\cdots \quad (9.3)$$

在利用 9.3 式求算出 BEP 後，在查表 9.8 中 BEP 與 AQL 值之對照表，即可設定適當的 AQL 值。

表 9.8 BEP 與 AQL 值之對照表

BEP	AQL 值	BEP	AQL 值
0.50%~1.00%	0.25%	4.00%~6.00%	4.00%
1.00%~1.75%	0.65%	6.00%~10.50%	6.50%
1.75%~3.00%	1.00%	10.50%~17.00%	10.00%
3.00%~4.00%	2.50%	—	—

資料來源：Feigenbaum, 1991。

須注意，在表 9.8 中 BEP 之重覆點，係取下限而非上限，例如當 BEP 爲 1% 時，AQL 值取 0.65%，而非 0.25%。另外，分類歸納法係綜合 BEP、發現問題地點、不良品處理方式、製程方法及鑑定缺點與不良品難易度等五個因素後，再據以設定 AQL 值，考量較爲周延。例題 9.2 爲損益平衡點法之應用。

例題 9.2

大新電子公司購入一批電容器，平均不良率為 1%，每件檢驗成本為 4 元，若不良品未被檢出而裝配至成品上，其事後修理成本為 200 元，試以損益平衡點法設定 AQL 值。

解答

利用 9.3 式計算可得：

$$BEP = \frac{單位檢驗成本}{單位修理成本} \times 100\%$$

$$= \frac{4}{200} \times 100\% = 2\%$$

查表 9.7，可得 AQL 值爲 1%。

最後，介紹 MIL-STD-105E 標準附表的應用，具體歸納起來，整體 MIL-STD-105E 標準附表之應用流程，如圖 9.7 所示。

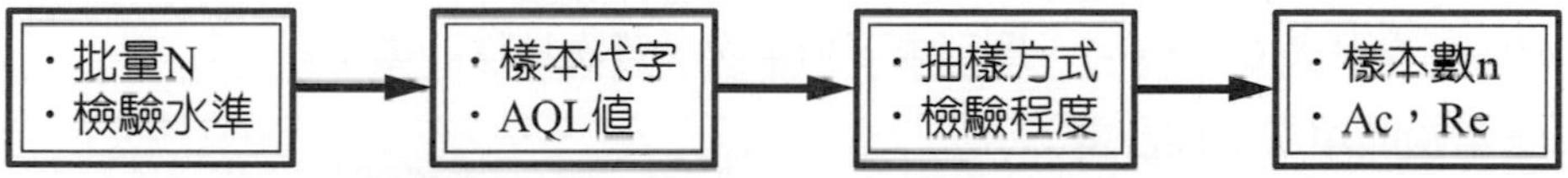

圖 9.7 MIL-STD-105E 標準附表之應用流程

由圖 9.7 可知，MIL-STD-105E 標準附表之應用流程共含四個階段，茲簡要說明如下：

階段一 確定批量 N 及檢驗水準

送驗批的批量 N 可由訂購單或供應商送貨單獲取；檢驗水準則是檢驗所需之鑑定力及物料性質而定，正常皆採用一般檢驗水準 II 級。

階段二 尋查樣本大小代字及設定 AQL 值

利用本書附表 C-1，在表上設定批量 N 及檢驗水準，即可查出樣本大小代字，以英文字母大寫表之；同時，並依前述損益平衡值法或分類歸納法設定適當的 AQL 值。

階段三 決定抽樣方式及檢驗程度

抽樣方式分成單次、雙次及多次三種抽樣計畫，檢驗程度分成正常、減量及嚴格三種檢驗，一般係由買賣雙方依實際需求選取之。

階段四 選取樣本數及判定標準

最後，依照抽樣方式、檢驗程度、樣本大小代字及 AQL 值等四種資訊，尋查附表 C-2 至 C-7，即可決定所求抽樣計畫之樣本數 n 及判定基準：允收數 Ac 與拒收數 Re。

例題 9.3

大新電子公司購入一批電容器，現欲依 MIL-STD-105E 標準進行抽樣檢驗，基本資料為：送驗批批量 N = 5,000，AQL = 0.65%，檢驗水準為一般檢驗水準 II 級。試利用 MIL-STD-105E 標準附表，求正常檢驗之單次、雙次抽樣計畫。

解答

因 N = 5,000，檢驗水準 II 級，查附表 C-1 可得樣本大小代字為 L；再依 AQL = 0.65%，查附表 C-2、C-5，即可求下列單次、雙次抽樣計畫：

1. 正常檢驗單次抽樣計畫：

樣本數 n	允收數 Ac	拒收數 Re
200	3	4

2. 正常檢驗雙次抽樣計畫：

樣本數 n	允收數 Ac	拒收數 Re
125 125	1 4	4 5

9.5 不合格批的處理措施

就物料驗收實務而言，一般常面臨供應商交貨量與採購合約不符、品質未達標準或其他問題存在，致使驗收結果判定送驗批不合格，而須採取適當的處理措施。在此，特自實務觀點，將一般企業對不合格批的處理措施說明如下：

1. **供應商交貨量不符**

   (1) **數量短缺**：若短缺數量不多且工廠急需用料時，應令供應商盡速補足，並予扣款及賠償損失。假若數量短缺問題係來自於運輸或其他意外因素，則須立即查明原因，依採購及保險合約之規定，請供應商、保險公司、承運業者或相關部門負起責任。

   (2) **數量過多**：當供應商實際交貨量超出採購合約訂購量時，如數量不多，可視實際需求決定是否允收，但若超出數量太多，一般則予以退回，運費由供應商負擔。

2. **品質未達標準**

   (1) **退貨**：依照採購合約載明規定，主動將不合格送驗批退回供應商或由其自行運回，並請其賠償相關損失；假若供應商逾期未處理，則可依規定收取保管費、標售、拋棄或適當措施。

   (2) **全數檢驗**：因爲抽樣檢驗會有拒絕好批、接受壞批之風險存在，而且假若正面臨物料儲存不足、製造現場急需用料之情況，則可以立即採行全數檢驗，挑出良品使用；但在合約書須應載明檢驗費用由供應商負擔。

   (3) **重加工**：因製造現場急需用料，爲免待料停工造成閒置損失，可在工廠內將不良品重新加工，期能盡速供應製造現場使用。但重加工費用及人力支援，採購合約書應載明由供應商負擔。

   (4) **特別認可**：若判定不合格係因少數次要缺點造成，並不影響整體產品的品質水準，且製造現場正急需用料，則可採用特別認可方式，還是允收此不合格送驗批，但須依照採購合約書之規定給予供應商適當的處分措施。

針對上述數量不符及品質未達標準之情況，一般對供應商常用的處分措施包含索賠、扣款、折扣、本票兌現期限延長等金錢處分，或是取消資格，以後不再向其採購之最嚴重處分方式。然而特別強調，所有對供應商的處分方式，應於採購合約書中明確的載明，以避免造成法律糾紛。表 9.9 將上述不合格批之處理措施予以彙整。

表 9.9 不合格批處理措施之彙整

不良狀況	處理措施（情況）	具體做法
數量不符	數量不足	令供應商儘速交貨，查明原因對供應商、保險公司及承運業者採扣款及索賠處分。
	數量超出	依超出數量多寡及買方的實際需求採適當處理措施。
品質未達標準	退貨	送驗批退回供應商，依合約書規定採適當處分措施。
	全數檢驗	挑出良品供應現場使用，不良品退回供應商，依合約書規定採適當處分措施。
	重加工	將不良品加工以提供現場使用，費用由供應商負擔。
	特別認可	特別允收送驗批，依合約書規定採適當處分措施。

9.6 供應商管理

一般企業常有上百成千家的供應商及協力廠商，他們的實質表現，著實對企業整體營運產出的品質、成本及交期之影響甚鉅；因之，就物料管理實務而言，做好供應商管理實爲一項非常重要的課題。在本節內容，要介紹供應商管理的重要性、供應商的績效考核、獎懲與輔導及建立中心衛星工廠合作體系等。

一、供應商管理的內涵

任何企業基於專業技術分工、生產資源、比較利益及專利法令等因素限制之緣故，無法完全自製其進行製造加工全部所需之原物料，一般必須仰賴外部廠商來供應與支援部份的原物料。因此，企業必須要做好供應商管理，期能以適值、適價及適時的方式來取得所需原物料。

舉例來說，裝配一輛汽車約需一萬二千個零配件，其中大多數的零配件須向外部供應商取得，故就汽車產業來講，若無供應商在品質、價格及交期的配合與支援，勢必會嚴重的影響汽車業者之整體競爭力。爲此，日本豐田汽車公司特將其供應商集中設立於豐田市，期收統一管理之效，並有效達成 JIT 及時化生產及零庫存之目標，也創造了其 TOYATA 系列品牌汽車在國際間之競爭力。

就實務而言，爲求實質提升供應商管理之成效，必須朝品質、價格及交期管理三方面來努力，茲將具體的做法說明如下：

1. 供應商之品質管理

(1) 做好教育與訓練工作，促使供應商員工瞭解公司的品質政策，培育其品管專業知識及強化品質意識，課程可依實際需要設計之。

(2) 協助供應商推動品管圈（QCC）、全公司品管（CWQC）、全面品質管理（TQM）及 ISO 9000、ISO 14000 等品質及環保認證，以實質提升品質水準。

(3) 建立供應商品質績效的考核制度，藉以瞭解、發掘及改善相關的品質問題點，考核其品質績效。

(4) 依照供應商之實際考核績效，給予其適宜地輔導及獎懲措施，期以有效激勵士氣。

(5) 定期舉行品質改善成果發表，以收相互觀摩、切磋及聯誼之效。

2. 供應商之價格管理

(1) 決定適當的訂購價格，考量供應商合理的生產成本結構、訂購量、品質要求及供需條件等因素來訂定。

(2) 掌握適當的訂購時機，依存量決策模式決定最適的批次訂購量，期以有效降低庫存量。

(3) 輔導供應商生產管理之合理化、制度化、電腦化及自動化，期以有效降低生產成本。

(4) 其它如推動價值分析（VA）、QCC、CWQC、TQM 活動，推動績效考核及獎懲措施等。

3. 供應商之交期管理

(1) 企業應確保生產計畫（MPS）之穩定性，盡量避免臨時變更或緊急訂購情事發生，俾利供應商生產排程及掌握交期進度。

(2) 採購合約書應明確載明交貨日期、品質規格及相關條件，期使供應商能完全配合。

(3) 將各供應商之交期納入管制，隨時進行催料作業。

(4) 設定國內、外物料採購之前置時間及訂購點資訊，以有效掌控交期。

(5) 其它如推動供應商之績效考核、輔導及獎懲措施等。

二、供應商之績效考核及獎懲

供應商之績效考核乃是整體供應商管理的最核心工作，因為在業者與供應商之交易互動過程中，必須藉由績效考核，方能對供應商之實質表現給予評量、比較及發掘優缺失，並進而採行適當的獎懲及輔導措施。具體來說，供應商績效考核之目的有下列四點：

1. 客觀的評量供應商在品質、成本及交期三方面之表現績效。
2. 依考核成績做為企業選擇、獎懲、淘汰供應商之依據。
3. 瞭解供應商在品質、成本及交期三方面之實際情況，俾供輔導及協助之依據。
4. 做為推動供應商管理及公司採購政策之依據。

在實務上，對供應商之績效考核項目並無一定制式的標準，業者可依實際需求選定之。一般實務常用的績效考核項目，主要包含品質、交期、價格及配合度四項，每個項目所佔分數比例可依企業的實際需要訂定之。表 9.10 為供應商績效考核評分表之基本格式。

表 9.10 供應商績效考核評分表之基本格式

考核項目	分數配當	甲廠商	乙廠商	丙廠商	丁廠商	戊廠商
品質	35 分					
交期	30 分					
價格	25 分					
配合度	10 分					
整體表現之評語						
等第						
名次						

總經理：　　　　廠長：　　　　課長：　　　　考核者：

配合供應商之績效評估，企業須採適當的獎懲措施，方能促使供應商改進其缺失及激勵士氣。在實務上，對供應商之獎懲措施並無標準模式，表 9.11 提供讀者參考。

表 9.11 對供應商之獎懲措施

分數	等第	獎懲措施
90 分以上	優	貨款以現金支付、增加訂購量 15%、或給予貨款 1% 之獎勵金。
80~89 分	甲	一個月支票、增加訂購量 5%、或給予貨款 0.5% 之獎勵金。
70~79 分	乙	二個月支票、給予適當輔導。
60~69 分	丙	三個月支票、減少訂購量 5%、強化輔導。
50~59 分	丁	四個月支票、減少訂購量 50%、尋求適宜的替代廠商。
49 分以下	戊	六個月支票、拒絕來往。

三、建立中心衛星工廠合作體系

近年來，許多學者努力在探討日本經營發展成功之因素，結果發現其中之一乃是其中央政府通產省扮演非常成功的角色。歸納起來，通產省主要是扮演訂定產業發展政策及維持產業秩序二方面；其中，在維持產業秩序方面，特別積極推動完整的中心衛星工廠合作體系，促使負責最終加工裝配之中心工廠與提供原物料之衛星工廠緊密結合，雙方在生產、銷售、財務及技術研發各層面全力合作，共創雙贏局面。

也就是說，中心衛星工廠合作體系乃是日本產業提升其競爭力，產品能夠享譽國際貿易市場之主因。為此，我國經濟部特於民國七十年代自日本引進中心衛星工廠合作體系（含上、中、下游產業整合）之制度，在工業局及財團法人中衛發展中心之努力推動下，已獲致良好的成效，對我國總體產業經濟之發展貢獻頗多。目前，國內正推動的中衛體系計有中鋼體系、裕隆體系、巨大體系、中油體系等。

依照工業局訂定之中衛體系推動方案內容，業者建立中衛合作體系，將可獲致政府在資金融資、技術提供、教育訓練、工業用地取得、稅捐減免及其他等各方面之協助。茲將建立中衛合作體系之效益說明如下：

1. 對中心工廠之效益

(1) 建立與衛星工廠長期合作關係，可穩定原物料之供需關係。

(2) 衛星工廠具專業的加工技術，使中心工廠能以較低價格取得原物料及零配件。

(3) 提升原物料及零配件之品質水準。

(4) 提升中心工廠之生產力。

(5) 促使中心工廠產銷配合，生產率維持固定，並有效降低生產成本。

2. 對衛星工廠之效益

(1) 可獲政府單位在技術及管理之輔導。

(2) 中心工廠協助建立各項管理與會計制度，以及在電腦化、自動化、製程改善方面之輔導，使經營管理合理化。

(3) 中心工廠在財務融資上之支援與協助。

(4) 中心工廠提供新產品研發、規格標準化及新科技之資訊。

(5) 中心工廠提供商情網，協助拓展內、外銷市場，擴大營運規模。

9.7 結論

若物料品質不好，加工裝配後製成品之品質一定不佳；若物料成本提高，製成品成本一定偏高；或若供應商未能將物料準時交貨，製造現場一定待料停工。因之，企業爲求有效達成提升品質、降低成本及準時交貨之目標，必須做好物料驗收及供應商管理工作。

物料驗收乃指於供應商交貨以後，依照採購合約所列的交易條件，對送交物料批量的數量、品質與規格、包裝、交貨期及相關條件加以檢核，並據以判定送驗批量合格或不合格，進而採取適當處理措施之一種作業活動的過程。

良好的驗收管理具有提升效率、提高品質水準、穩定生產、提高顧客服務水準、降低儲存及生產成本、配合採購管理需求、增進倉儲管理效率及建立良好供應商關係八點功能。驗收管理的程序共含物料接收、數量點收、品質檢驗、檢驗結果判定、搬運送驗批至適當地點及付款與結案六個階段等。

抽樣檢驗乃係依照抽樣計畫及進料品質檢驗規範的規定，自送驗批中隨機抽取一定數量的樣本加以檢驗與測定，再將結果與判定標準做比較，以決定該送驗批合格與否，並採行允收、退貨或其他適當的處理措施之作業活動過程。

抽樣檢驗的優點爲檢驗數量較少、節省檢驗工時、對個別物料的檢驗較準確、可激勵供應商士氣及品管人員有較多的時間推動一些創造性活動，如品管圈活動、教育訓練、品質規劃及宣導活動等。

MIL-STD-105E 爲一種調整型之抽樣計畫標準，其乃爲 AQL 制，設計的著眼點是用以保證好的送驗批（即不良率≤ AQL）之允收機率會大於或等於 $1-\alpha$。在 MIL-STD-105E 標準，依照供應商表現之好壞，將檢驗程度分成正常、減量及嚴格檢驗三類。

就實務而言，企業常會面臨供應商交貨量與採購合約不符、品質未達標準或其他問題存在，致使驗收結果判定送驗批不合格，而須採取適當的處理措施。針對品質未達標準之送驗批，一般可採退貨、全數檢驗、重加工及特別認可等四種處理措施。

任何企業基於專業技術分工、生產資源、比較利益及專利法令等因素限制之緣故，必須仰賴外部廠商來供應部份的原物料，故企業須要做好供應商管理，期以適値、適價及適時的方式來取得所需原物料。供應商之績效考核主要含品質、交期、價格及配合度四個項目，配合供應商之績效考核，企業應採行適當的獎懲及輔導措施。

參考文獻

1. 白滌清譯（民 102 年 6 月），生產與作業管理，初版，台北：歐亞書局，頁 127-157。
2. 何應欽譯（民 99 年 1 月），作業管理，四版，台北：華泰文化事業公司，頁 138-156。
3. 洪振創、湯玲郎、李泰琳（民 105 年 1 月），物料與倉儲管理，初版，台北：高立圖書，頁 110-132。
4. 林清和（民 83 年 5 月），物料管理－實務、理論與資訊化之探討，初版再印，台北：華泰書局，頁 149-162。
5. 徐世輝（民 85 年 8 月），品質管理，初版，台北：三民書局，頁 195-272。
6. 許獻佳、林晉寬（民 82 年 2 月），物料管理，再版，台北：天一圖書公司，頁 251-276。
7. 戴久永（民 80 年 8 月），品質管理，增訂初版，台北：三民書局，頁 201-274。
8. 傅和彥（民 85 年 1 月），物料管理，增訂 21 版，台北：前程企業管理公司，頁 203-259。
9. Feigenbaum, Armand V. (1991), Total Quality Control, Third Edition, Singapore: McGraw-Hill Book Co., pp.507.
10. Grant, E.L. and R.S. Leavenworth (1988), Statistical Quality Control, Sixth Edition, Singapore: McGraw-Hill Book Co., pp. 450-484
11. Leenders, M.R.and H.E. Fearon (1993), Purchasing and Materials Management, Tenth Edition, Boston Homewood: Richard D.Irwin, pp. 231-295.

自我評量

一、解釋名詞

1. 物料驗收（Materials Receipts and Inspection）
2. 全數檢驗（Total Inspection）
3. 規準型抽樣檢驗（Stipulated Sampling Inspection）
4. 選別型抽樣檢驗（Rectfying Sampling Inspection）
5. 允收機率（Probability of Acceptance）
6. 生產者冒險率（Producer's Risk）
7. 消費者冒險率（Consumer's Risk）
8. 拒收水準（Lot Tolerance Percent Defective）

二、選擇題

(　　) 1. 若我們希望針對供應商的績效進行評估時，哪個衡量指標適合用於訂單履行？ (A) 服務和原物料的採購成本 (B) 訂單準時交貨比率 (C) 顧客對於下單程序的滿意程度 (D) 服務和原物料的不良率。

【108 年第一次工業工程師－生產與作業管理】

(　　) 2. 供應商品質不穩定，公司派員至供應商駐廠輔導，下列哪一項做法效果最快速有效？ (A) 輔導要求成立品檢單位 (B) 輔導要求做好 ISO 9001 品質系統 (C) 輔導要求做好人員管理 (D) 輔導要求馬上做好首件檢查，製程檢查及出貨前檢查。

【107 年第二次工業工程師－生產與作業管理】

(　　) 3. 爲達成總檢驗成本最小，通常可以採用何種型式的抽樣計畫？ (A) 單次 (B) 雙次 (C) 多次 (D) 全檢。 【99 年第一次工業工程師－品質管理】

(　　) 4. 降落傘宜採用下列何種檢驗方式？ (A) 免檢 (B) 全檢 (C) 抽檢 (D) 都可以。

【99 年第二次工業工程師－品質管理】

(　　) 5. 使用 MIL-STD-105E 嚴格檢驗時，如果供應商供貨的連續十批都維持在嚴格檢驗，則應採取下列何項動作？ (A) 還是維持嚴格檢驗 (B) 改採減量檢驗 (C) 改採正常檢驗 (D) 中止檢驗，該供應商不再往來。

【99 年第二次工業工程師－品質管理】

(　　) 6. 針對作業特性曲線（Operating Characteristic Curve, OC 曲線），下列敘述何者正確？ (A) 就買方而言，OC 曲線愈陡峭愈好 (B) 生產者冒險率（α）愈大愈好 (C) 檢出力（1-β）愈小愈好 (D) 橫軸表示允收機率。

【99 年第二次工業工程師－品質管理】

(　　) 7. 有關 MIL-STD-105E 抽樣計畫的敘述下列何者是錯誤的？ (A) AQL 大於 10% 時，只能以百件缺點數來表示 (B) 當樣本數超過批量時，應採用全數檢驗 (C) 採用一般的檢驗水準時通常都用 II 級的檢驗水準 (D) 特殊的檢驗水準是適用於樣本數較大時。【98 年第一次工業工程師－品質管理】

(　　) 8. MIL-STD-105E 抽樣計畫中衡量不良率的指標是採用 (A) AOQL（平均出廠品質界限） (B) AQL（允收品質水準） (C) LTPD（拒收品質水準） (D) consumer's risk（消費者冒險率）。

【98 年第一次工業工程師－品質管理】

(　　) 9. 在 MIL-STD-105E 中，採用單次抽樣計畫減量檢驗，若 N = 8500，n = 80 時，允收數爲 2，拒收數爲 5，當某批樣本中不良數爲 6 時，其下一批應採取何種抽樣？ (A) 應拒收，下一批繼續採用減量檢驗 (B) 應拒收，下一批採用嚴格檢驗 (C) 應允收，下一批採用正常檢驗 (D) 應拒收，下一批採用正常檢驗。【97 年第一次工業工程師－品質管理】

(　　) 10. 當批量爲 1,500 時，自其中抽樣 100 個樣本，允收數設爲 1，若送驗批的不良率爲 0.03 時，則求其允收機率 P_a 爲 (A) 0.0497 (B) 0.149 (C) 0.199 (D) 0.368。【96 年第一次工業工程師－品質管理】

(　　) 11. 在 MIL-STD-105E 中，減量單次抽樣計畫如下：n = 100，Ac = 4，Re = 6。若抽驗 100 個樣本，發現有 5 個不合格品應如何處理？ (A) 本次允收，但下一次改爲正常檢驗 (B) 本次允收，但下一次改爲嚴格檢驗 (C) 拒收 (D) 本次立即改爲正常檢驗來判定。

【95 年第一次工業工程師－品質管理】

(　　) 12. 針對 OC 曲線，下列敘述何者爲錯誤？ (A) OC 曲線愈陡峭愈好 (B) 生產者冒險率（α）愈小愈好 (C) 消費者冒險率（β）愈大愈好 (D) 只要是抽樣就不可能產生理想的 OC 曲線。

【95 年第一次工業工程師－品質管理】

(　　) 13. 有關選別檢驗的敘述，下列何者不正確？ (A) 可用在進料檢驗、半成品檢驗或完成品之最後測試 (B) 其乃是當送驗批被拒收後，整批全數檢驗，並將不合格品剔除，以合格品取代 (C) AQL 是用來評估「選別檢驗計畫」之指標 (D) 所造成之額外檢驗成本，宜在買賣雙方之合約中說明該由誰負擔。 【94 年第一次工業工程師－品質管理】

(　　) 14. 下列何種狀況下，不適合採用抽樣檢驗？ (A) 製程的品質狀況惡化，急需修正爲規定品質水準時 (B) 檢驗項目很多的情況 (C) 檢驗項目爲破壞性試驗 (D) 單位檢驗費用昂貴或耗時的情況。

【93 年第一次工業工程師－品質管理】

(　　) 15. 檢驗結果的數據屬於間斷整數（可數的），即良品與不良品的檢驗，如馬達運轉好與壞的檢驗。這種檢驗方式稱爲 (A) 計量值檢驗 (B) 計數值檢驗 (C) 破壞性檢驗 (D) 非破壞性檢驗。

(　　) 16. 檢驗結果的數據屬連續實數（不可數的），即物料品質特性的檢驗，如馬達運轉壽命、鋼板厚度的檢驗。這種檢驗方式稱爲 (A) 計量值檢驗 (B) 計數值檢驗 (C) 破壞性檢驗 (D) 非破壞性檢驗。

(　　) 17. 關於抽樣檢驗的優點，下列敘述何者不正確？ (A) 可以降低檢驗成本 (B) 可以縮短檢驗工時 (C) 所獲得送驗批品質資訊較全數檢驗完整 (D) 品管人員有較多時間推動一些創造性活動，如品管圈活動（QCC）、教育與訓練等。

(　　) 18. 關於抽樣檢驗的適用場合，下列敘述何者不正確？ (A) 送驗批的批量較大時 (B) 個別物料的檢驗項目較多、檢驗工時較長時 (C) 採用破壞性或選別檢驗時 (D) 不允許送驗批含有某種程度之少數不良品時。

(　　) 19. 採用下列何種型式的抽樣檢驗，可以節省較多的檢驗費用及工時？ (A) 單次 (B) 雙次 (C) 多次 (D) 連續。

(　　) 20. 下列對於生產者冒險率（producer's risk, α）的敘述，何者不正確？ (A) 犯第一型錯誤的機率 (B) 將好的送驗批誤判爲不合格的機率 (C) 將壞的送驗批送誤判爲合格的機率 (D) 爲維護供應商（生產者）的利益，在設計或選擇抽樣計畫時，通常設定 α 值爲 5%。

(　　) 21. 消費者冒險率（consumer's Risk, β）乃是發生第二型錯誤的機率，一般為維護製造商（消費者）的利益，通常設定 β 值為 (A) 1% (B) 5% (C) 10% (D) 20%。

三、問答題

1. 物料驗收作業的內涵為何？其與倉儲部門及供應商有何關係？試繪圖說明之。
2. 物料驗收管理具有哪八點功能？試說明之。
3. 物料驗收管理的程序共含哪些階段？試說明之。
4. 試任舉一家企業為例，設計或分析其物料接收單與進料檢驗報告單之基本格式。
5. 何謂進料品質檢驗？若依企業產銷過程中資源使用的觀點來區分，進料品質檢驗分成哪些類別？試說明之。
6. 若依檢驗數據區分，進料品質檢驗分成哪些類別？試說明之。
7. 若依物料檢驗性質區分，進料品質檢驗分成哪些類別？試說明之。
8. 何謂進料品質檢驗規範？其包含哪些內容？試說明之。
9. 試任舉一家企業為例，建立或分析其進料品質檢驗規範。
10. 何謂抽樣檢驗？其優缺失及適用場合為何？試說明之。
11. 若依檢驗的次數區分，抽樣檢驗分成哪些類別？試說明之。
12. 抽樣檢驗的風險分成哪兩類型的錯誤？試說明之。
13. 何謂作業特性曲線（OC 曲線）？其功用為何？試說明之。
14. 何謂允收水準（AQL）？試定義之。何種抽樣計畫標準屬於 AQL 制？其設計之著眼點為何？試說明之。
15. 設一單次抽樣計畫 $n = 80$，$c = 1$，現有一送驗批送請檢驗，其不良率為 0.5%，試求其允收機率。
16. 設一單次抽樣計畫 $n = 120$，$c = 2$，試繪製其 OC 曲線。
17. 在 MIL-STD-105E 標準，將產品之缺點及不良品各分成哪三個等級？試說明之。
18. 在 MIL-STD-105E 標準，將檢驗水準分成哪二類？每一類又分成哪些等級？試說明之。
19. 在 MIL-STD-105E 標準，將檢驗程度分成哪三類？試繪圖說明這三類檢驗程度之轉換規則。

20. 嘉祥機械公司購入一批驅動齒輪，平均不良率爲 0.5%，每件檢驗成本爲 10 元，若不良品未被檢出而裝配至成品上，事後修理成本爲 1,000 元，試以損益平衡點法設定 AQL 值。
21. 若使用分類歸納法設定 AQL 值，須考量哪些因素？試說明之。
22. 新仁電子公司購入一批電子零件，現欲依 MIL-STD-105E 標準進行抽樣檢驗，基本資料爲：送驗批批量 N = 2,000，AQL = 1.0%，檢驗水準爲一般檢驗水準 II 級。試利用 MIL-STD-105E 標準附表，求正常檢驗之單次、雙次抽樣計畫。
23. 嘉祥機械公司購入一批零件，批量 N = 4,000，現依 MIL-STD-105E 標準進行抽樣檢驗，設 AQL = 1.0%，檢驗水準爲一般檢驗水準 II 級。試利用 MIL-STD-105E 標準附表，求正常、減量及嚴格檢驗之雙次抽樣計畫。
24. 針對數量不符之不合格批，企業可採哪些處理措施？試說明之。
25. 針對品質未達標準之不合格批，企業可採哪些處理措施？試說明之。
26. 供應商品質管理的具體做法有哪些？試說明之。
27. 供應商交期管理的具體做法有哪些？試說明之。
28. 企業爲何要做供應商之績效考核？企業常用的績效考核項目有哪些？試說明之。
29. 配合供應商之績效考核，企業應採哪些獎懲及輔導措施？試說明之。
30. 試任舉一家企業爲例，設計或分析其供應商之績效考核制度。
31. 建立中心衛星工廠合作體系具有哪些效益？試分別從中心工廠及衛星工廠之角度說明之。

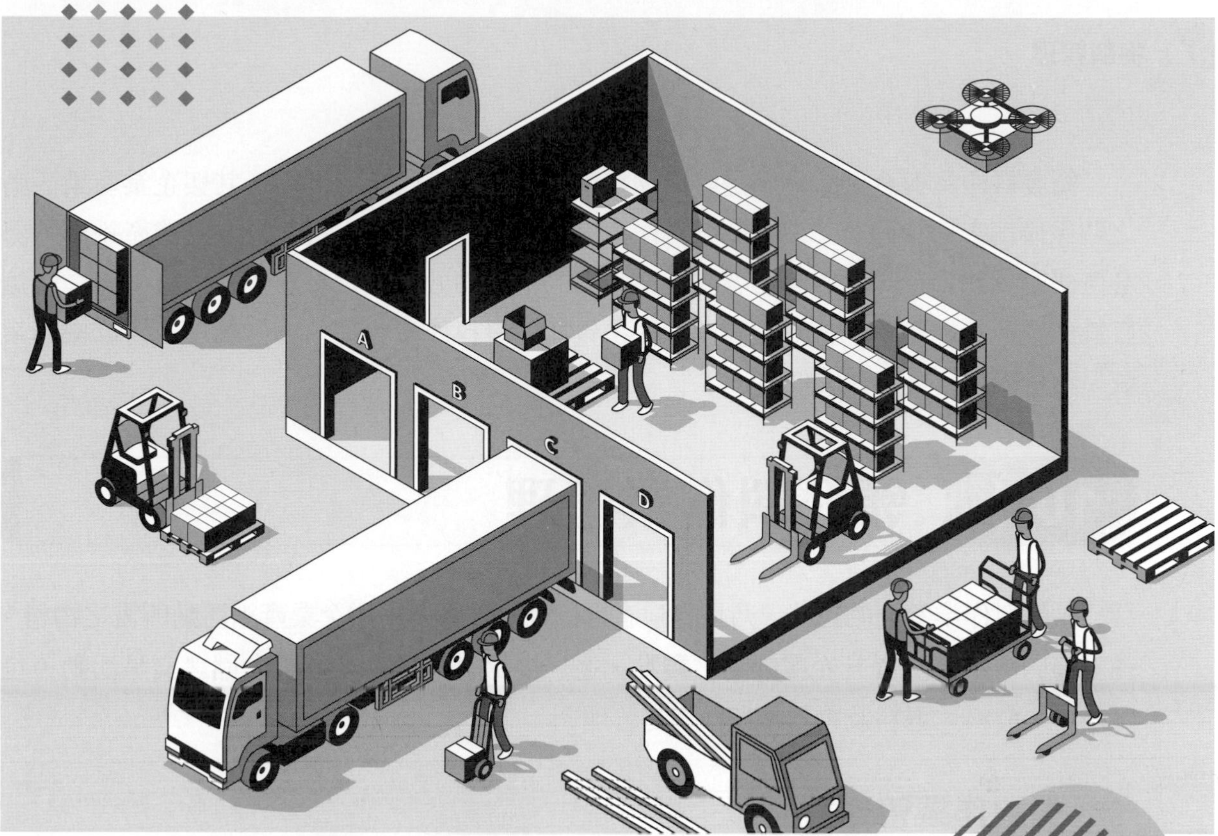

Chapter 10

領發料作業與倉儲管理

▷ 內容大綱

領發料作業與倉儲管理乃是整體物料管理系統之後段功能活動，其與企業產銷活動之關係最爲密切；假若，沒有領發料作業與倉儲管理的後勤支援配合，企業產銷活動勢必無法順利的進行，定將會影響到企業整體的營運績效。因之，在本章內容，將介紹領發料作業與倉儲管理的概念及實務做法，包括領發料作業管理、倉儲管理、倉儲搬運系統、物料盤點及呆廢料管理等。

10.1 領發料作業管理

領發料作業管理的目的，乃是能夠適時有效地供應與支援企業產銷活動所需之物料。在本節內容，將從提升企業效率之觀點，逐一來探討各種物料進出倉儲之交易活動，包含領料、發料、退料及物料轉撥作業之管理。

一、領料作業管理

領料乃爲物料使用部門的主辦人員填具領料單，按照公司領料辦法所規定的程序，會簽及呈送相關主管核定，並向倉儲管理部門領取物料之作業活動過程。具體說來，領料作業管理之目的有二：提升作業效率，期能適時、適地及適量地供應使用部門所需的物料，避免因待料停工而造成人員、設備閒置之損失；另一爲藉由正確的料帳紀錄，確實控制倉庫內之存貨數量，期能降低儲存成本。

在實務上，欲求有效提升領料作業的效率，一般將領料作業管理的活動程序共分成下列五個階段：

階段一 發起領料活動

即主辦人員填具領料單，詳列物料之品名、規格、數量、時間、地點、用途及相關資訊。一般在實務上，領料活動大多由使用部門發起，目的係爲配合生產排程所訂加工時間表或爲推動業務功能活動之需求，準備製造加工、保養維修、行政業務或其它活動所需之物料。

階段二 審查領料單

領料單由主辦人員填具並經部門主管核查後，即照公司領料作業辦法所訂程序，循序會簽會計、倉儲管理、存量管制、生產排程及相關權責部門，並往上呈送直線主管審查。

階段三 最後核定

領料單經會簽及直線主管審查通過後，須再依組織體系呈送最高決策當局做最後核定。在實務上，企業一般常依物料金額大小，分別授權由不同階層主管來做最後核定。

階段四 倉儲部門備料

在領料單經最後核定通過以後，主辦人員即依規定將各分聯送倉儲管理、會計及存量管制部門，倉儲管理部門並立即依照領料單所列資訊，進行備料活動。

階段五 實地領料及建立物料交易紀錄

最後階段，為物料使用部門主動、或是遵照倉儲管理部門的通知，派員至倉庫領取所需物料；另在實務上，也可以由倉儲管理部門主動將物料送至領料單所載需用地點。同時，倉儲管理、會計及存量管制部門應建立正確的交易紀錄。

領料單的格式設計，基本上，必須提供物料之品名、規格、數量、需用時間、地點、用途及相關資訊。表 10.1 為領料單之基本格式。

表 10.1 領料單之基本格式

編號：

品名	料號	請領數量	實領數量	規格	單價	金額	用途	需用時間	備註
領料日期	年 月 日				發料日期	年 月 日			

廠長： 倉儲主管 領料部門主管： 承辦人：

二、發料作業管理

發料乃為倉儲管理部門依照生管部門所開立之製造命令單、配料單、生產指示卡、生產日程或其他相關文件之指示，事先即進行備料活動，並在預定的時間內，由發料人員主動將一定數量的物料送至使用部門之作業活動的過程。

相較於領料作業，發料作業具有較高效率及經濟性的特色，像國內台塑、中鋼等企業對製造現場所需直接物料即採發料作業方式。茲將發料作業的優點說明如下：

1. 有效提升物料收率

發料作業系由倉儲部門主動送料給使用部門，其批次發送數量事前生管部門已根據物料標準收率、生產指示卡等資訊，做過精確的核算，並詳載於配料單上；假若使用部門事後要求補料，即表其物料耗用超過標準收率，須予檢討改善。

2. 易於控制物料成本

採用發料作業方式，因為批次發送數量及時間皆係經過精確的核算，故易於比較、評估使用部門之物料使用效率，進而可以有效地掌控及降低物料成本。

3. 密切配合生產計畫

因為整體物料發料作業係密切配合生產計畫來進行，藉由有效掌控物料供應及支援狀況，可促使生產製程更為穩定順利。

4. 便於物料交易之紀錄

在發料作業過程中，能夠嚴格控制物料數量之交易變動資訊，故便於紀錄及核算批次生產之物料成本。

5. 提高生產效率

發料作業乃是由倉儲部門主動、直接地供料給使用部門，讓使用部門在物料供應無虞情形下，專心致力於製造加工或推動業務功能活動，故可以提高生產效率。

為求實質發揮上述發料作業之優點，特將整體發料作業活動之過程分成下列四個階段：

階段一 確定物料需求

生管部門依照生產日程、實際生產進度狀況、製造命令單（或生產指示卡）、BOM、物料標準收率及相關文件，確定及精確核算批次生產所需物料之品名、數量、規格、需用時間等資訊，並填具配料單；其次，再將配料單連同製造命令單（或生產指示卡）分聯送至倉儲管理部門。

階段二 備料活動

倉儲管理部門於接到配料單及製造命令單（或生產指示卡）後，即按照配料單指示內容，立即進行備料活動。

階段三 物料發送活動

倉儲管理部門配送製造命令單（或生產指示卡）之時間指示，由送料人員直接將物料發送至使用部門，使用部門立即派員點收，若確認質量無誤即予簽收。

階段四 補料及建立交易紀錄

若使用部門之實際物料收率未達標準，須進行補料作業。同時，在批次生產結束後，即依實際物料耗用狀況，計算其實際物料收率及物料成本，並建立物料交易紀錄。

由上述可知，配料單乃是倉儲管理部門備料之依據，也是整體發料作業之成敗關鍵，表 10.2 爲配料單之基本格式。

表 10.2 配料單之基本格式

編號：

<table>
<tr><th>品名</th><th>料號</th><th>規格</th><th>單位</th><th>數量</th><th>單價</th><th>金額</th><th>備註</th></tr>
<tr><td></td><td></td><td></td><td></td><td></td><td></td><td></td><td></td></tr>
<tr><td></td><td></td><td></td><td></td><td></td><td></td><td></td><td></td></tr>
<tr><td></td><td></td><td></td><td></td><td></td><td></td><td></td><td></td></tr>
<tr><td></td><td></td><td></td><td></td><td></td><td></td><td></td><td></td></tr>
<tr><td></td><td></td><td></td><td></td><td></td><td></td><td></td><td></td></tr>
<tr><td>補退料紀錄</td><td colspan="3">補料數量：
退料數量：
簽收：</td><td>補退料原因</td><td colspan="3"></td></tr>
<tr><td>使用部門</td><td colspan="3"></td><td>物料收率</td><td colspan="3"></td></tr>
<tr><td>生產日期</td><td colspan="3">年　月　日</td><td>發料日期</td><td colspan="3">年　月　日</td></tr>
</table>

廠長：　使用部門主管：　倉儲主管：　承辦人：

一般在實務上，發料作業常配合獎工制度來實施，即藉由發料作業以精確的計算及控制使用部門之物料收率，做爲核定使用部門生產績效獎金之依據。

三、退料與轉撥作業管理

就實務而言，企業內各部門間之物料進出交易活動，除了前述領發料作業以外，另外尚有退料及物料轉撥作業。**所謂退料乃指使用部門將剩餘或品質不良的物料退回給倉儲管理部門之作業活動過程**。具體說來，退料的目的有三：一爲建立正確的料帳紀錄，並估算出實際的物料成本；二爲提高物料的利用率，避免物料存放現場過久而形成呆廢料；三爲改善製造現場之工作環境及空間，降低工安意外事故發生機率。

一般而言，在企業內部之所以要進行退料作業活動，歸內其原因不外乎下列八種：

1. 超領或超發之物料。
2. 品質與規格不良之物料。

3. 在製造加工過程中，報廢之物料及下腳料。
4. 因實際物料收率較標準爲高，所結餘之物料。
5. 不良品。
6. 堆積過久，以形成呆料或者再使用機率相當低之物料。
7. 因生產計畫及日程變更，或是因緊急突發狀況，取消原先以排定訂單之生產。
8. 領取、或發送之物料單發生錯誤，與配料單及 BOM 不符。

在實務上，退料作業之程序乃是由主辦人員填具退料單，詳列物料之品名、規格、數量、單價、金額、退料原因及相關資訊，依權責範圍會簽及呈送相關部門主管核定，經倉儲人員清點無誤後即予簽收，並據以更正物料交易及料帳紀錄。表 10.3 爲退料單之基本格式。

表 10.3 退料單之基本格式

編號：

品名	料號	規格	單位	數量	單價	金額	備註
退料原因				倉儲管理部門確認			
退料部門				退料日期	年 月 日		

廠長：　　倉儲主管：　　退料部門主管：　　承辦人：

物料轉撥乃是企業內部各工廠、廠房、生產線或是機台之間，關於原物料、零配件或是半成品的直接調撥轉移之作業活動過程。一般說來，物料轉撥作業之目的有三：

1. 提高生產效率

在前一製程生產完畢後，不須繳庫，立即將半成品送至後製程進一步製造加工，促使製程連續不斷，可以提高人員、設備之利用率，有效提升生產效率。

2. 避免待料停工

若物料庫存不足，可以由企業內別的工廠或部門緊急調撥物料來支援，避免待料停工之情事發生，降低短缺成本。

3. 解省倉儲管理費用

因物料及半成品在現場直接進行調撥轉移，可以節省人力及倉儲空間，並減少繁瑣作業程序，有效降低倉儲管理費用。

一般說來，物料轉撥作業之程序主要是移轉部門先行填具轉撥單，再經呈送相關主管核准以後，即連同物料轉送至接收部門，並建立正確的物料之轉移交易紀錄。表 10.4 爲物料轉撥單之基本格式。

表 10.4 物料轉撥單之基本格式

編號：

品名	料號	規格	單位	數量	單價	金額	備註
接收部門確認							
轉撥部門				轉撥日期	年 月 日		

廠長：　　倉儲主管：　　轉撥部門主管：　　承辦人：

10.2 倉儲管理

倉儲管理乃是整體物料管理系統之一相當重要的業務活動功能，其管理成效攸關儲存及短缺二類存貨成本之高低。在本節內容，將介紹倉儲管理之意義、功能、倉儲之設計與佈置、物料存放與標示、管理作業要點及倉儲作業之安全管理。

一、倉儲管理之意義與功能

倉儲管理（Storage Management）乃是物料經驗收、搬運、入庫及記帳以後，爲其求有效保管儲存物料，以及準時供應企業產、銷、人、發、財等業務功能活動所需物料之管理活動。就企業實務而言，優良的倉儲管理具有下列六點功能：

1. 妥善保管物料

藉由倉儲內部良善之軟硬體設施及人員的努力，維持原物料、半成品、製成品及各類供應料存貨之品質水準，掌控適當的庫存量，及減少呆廢料產生，期能有效降低儲存成本。

2. **提升倉儲作業之效率**

   即推動倉儲管理作業之合理化、制度化、電腦化及自動化，期能實質地提升領發料、盤點、呆廢料處理及各項倉儲作業之效率，以發揮對整體企業系統之最大後勤支援功能。

3. **及時供應各部門物料**

   依照生產計畫、生產日程、製造命令單、BOM、配料單及領、發料單之需求條件，及時供應使用部門所需之物料，以避免現場待料停工情事發生，有效降低短缺成本。

4. **善用倉儲資源**

   即藉由優良的倉儲管理，有效創造節省人力、空間及提升硬體設施之利用率，善用有限的倉儲資源。

5. **維護安全**

   嚴格注意危險物料的儲存安全，做好倉庫之設計與佈置工作，愼重考量防火、防震、防盜、照明、通風及各項安全因子，期能維護人員及物料之安全。

6. **建立正確的存貨紀錄**

   對於各項物料之交易變動資訊，均應建立正確的紀錄，俾能有效地掌控現有庫存量（What）及時間（When）二種資訊，以提供存量管制決策分析之依據。

由此可知，倉儲管理乃是擔負企業系統之最重要的後勤支援功能，其表現良窳實對儲存、短缺等存貨成本，甚至對企業整體的營運成效有著關鍵性之影響。從組織設計及專業分工的角度來看，一般倉儲管理部門的業務範圍主要涵蓋下列十二項：

1. 物料驗收作業。
2. 領發料作業。
3. 保管儲存物料。
4. 製成品儲存及出貨活動。
5. 借料及歸還物料之處理。
6. 倉儲搬運設施之保養維護。
7. 呆廢料之保管與處理。
8. 建立正確的料帳紀錄。
9. 物料盤點作業。
10. 物料成本分析與改善。
11. 倉儲之設計與佈置。
12. 倉儲安全管理。

二、倉儲位置、設計與佈置

倉儲乃是企業用以進行物料驗收、保管儲存、領發料、退料等作業活動，以及供倉儲人員辦公、推動例行行政業務之場所。在實務上，倉儲位置一經選定，或是一旦整體的倉儲設計與佈置工作皆告完成，不但會影響倉儲管理作業效率，而且未來幾乎很難再行變更；若欲變更，勢必要付出及浪費很大的資金成本。

因之，倉儲之位置選擇、設計及佈置工作，實爲攸關倉儲管理及企業整體的營運績效之成敗關鍵。就一般實務而言，選擇倉儲位置必須考量下列七項因素：

1. **營運成本之經濟性**

   包括土地成本、施工費用、物料搬運成本、水電與動力成本、稅負、保險費及其他相關設施之經濟性。

2. **支援產銷活動之便利性**

   便於領料、發料及退料等作業活動，能及時供應現場生產所需之物料，縮短搬運距離及時間，並降低物料搬運成本；同時，亦便於製成品之配銷作業活動。

3. **物料進廠驗收作業之便利性**

   在物料進廠以後，具有足夠的空間來進行卸貨及物料驗收作業活動，以提升物料驗收作業活動之效率。

4. **未來擴充之彈性**

   除了考量現有空間利用外，尚須配合企業中長程發展計畫，在不浪費土地資金前提下，具有擴充之彈性。

5. **人員及物料之安全性**

   即地形、地質適合營建工程，及水電供應、溫度、濕度、廢水排放、噪音、防盜、防震等安全與衛生設施皆相當便利。

6. **提升倉儲行政業務之效率**

   即便於人員推動倉儲行政業務，並能有效與外界供應商、客戶及企業內各部門進行溝通聯繫。

7. **其他因決策錯誤之損失**

   即因倉儲位置選擇及相關決策錯誤所蒙受之損失，如倉儲再建造、軟硬體設施投資成本，以及因倉庫搬移造成停工之損失等。

在談完倉儲位置的選擇以後，其次，要介紹倉儲之設計與佈置。一般說來，一個良好的倉儲之設計與佈置必須能夠有效地達成下列六個目標：

1. 有效利用空間

能夠將倉儲空間及倉位做最佳的設計與安排，尤其應盡量立體化，期能在倉儲作業順利進行的前提下，有效地節省土地空間，並提升空間最大利用率。

2. 降低搬運成本

設計良好的物料搬運系統，期能縮短物料搬運距離，使整體物料流動更加的順暢、經濟及合乎安全。

3. 有效地保管儲存物料

即倉儲整體的環境面、各項軟硬體及安全設施皆非常的完善，期使所有的物料置於倉庫內能受到妥善的保管維護，減少損壞、品質變異、失竊之機會。

4. 提升人力及硬體設施之利用率

設計及選擇最適當的倉儲搬運設施，以最少的人力來推動倉儲作業，全面提升人力、空間及硬體設施之利用率。

5. 良好的工作環境

促使倉儲管理人員能在安全舒適的環境下工作，提振其工作士氣，也使物料驗收、領發料、盤點及其他各項倉儲作業，均在良好環境下順利進行。

6. 預留未來發展

即在設計與佈置時，即應著眼於企業未來中長程發展之需求，預先予以妥善安排，避免成為企業未來發展之瓶頸。

在實務上進行倉儲空間規劃決策時，必須整體的考量有效推動倉儲作業及相關行政業務所需要的空間；一般而言，完整的倉儲空間配置共含下列六個區域：

1. 物料驗收作業區域之空間。
2. 物料儲存區域之空間。
3. 出入門區域之空間。
4. 通道區域之空間。
5. 辦公室區域之空間。
6. 其他相關設施區域之空間。

在物料驗收作業區域之空間規劃方面，必須周延地考量物料的特性，如接收頻率、負荷、包裝、容器、批次數量、體積、重量等因素。一般又含下列空間：

1. 暫時儲存、等待驗收之空間。
2. 實地進行驗收作業活動之空間。
3. 裝卸、迴車之空間。
4. 驗收辦公室。

在物料儲存區域之空間規劃方面，本區域乃是實地用以有效儲存保管物料之空間，也是整體倉儲空間配置之主體。一般須除考量前述物料之特性以外，主要須含下列各儲存方式所需空間：

1. 料架儲存區域之空間。
2. 箱裝儲存區域之空間。
3. 散裝物料儲存區域之空間。
4. 半成品儲存區域之空間。
5. 製成品儲存區域之空間。
6. 其他如液體桶裝、危險物料儲存區域之空間。

在儲存區域空間之規劃，必須考量料架之長度、寬度及高度，而料架的擺放方式，則分成與通道成垂直及成斜角之二種排列方式。第一種成垂直排列，料架排列較爲緊密，空間利用率較高，但其通道寬度須加大，以容許堆高機或搬運車輛之迴轉；另一種料架與通道成斜角排列，優點爲堆高機或搬運車輛之迴轉空間較小，但是料架之空間利用率較低。

在出入門之位置及空間規劃方面，出入門之設計是以物料、人員與搬運車輛進出方便、易於管制及安全爲原則。一般出入門之設計須考量下列四點因素：

1. **位置**：入口與出口應予隔離，以免造成搬運作業之混淆，主要出入門通常位於工廠內幹道旁，使外部物料運輸車輛易於接近。
2. **空間大小**：以使外部運輸車輛及廠內搬運設施進出方便爲原則。
3. **數量**：與物料接收頻率、流通量、單載運送量、便利驗收與倉儲作業及空間利用有關。
4. **安全**：除了平常人員、物料之出入口以外，尙須設置消防、安全及緊急逃生門。

在通道區域之空間規劃方面，一般以人員、物料、搬運車輛進出方便及妥善利用空間爲原則。茲說明如下：

1. 主要通道應置於倉庫中央，若物料運送及領發料之頻率較高，寬度設計應容納二輛搬運車輛交叉、或車輛迴轉爲原則。
2. 次要通道僅須考量人員進出、物料存取作業方便，寬度較窄。
3. 通道與出入口應予相連接。
4. 倉庫內各主、次要通道之寬度應予劃線標示。

在辦公室區域之空間規劃方面，設立位置應以人員進出方便、行政業務連繫容易、以及能夠掌控整體狀況爲原則。倉庫辦公室之空間配置，包含辦公桌椅、影印傳眞等庶務器材、會議討論、盥洗、文件擺放鐵櫃、值班室等空間。

最後，在其他相關設施區域之空間規劃方面，包含消防、空調設備、燈光照明、汙廢水排放、防竊盜設施、水電供應、安全逃生及其他相關設施之空間配置。

三、物料之存放與標示

物料之存放與標示方式乃是影響整體倉儲作業效率及空間利用之關鍵因素，故進行倉儲設計與佈置時，即須予以妥善地規劃。就企業實務而言，規劃物料之存放方式時，須考量下列十二項原則：

1. 置於料架、裝箱、散裝、危險、呆廢料等應分開存放。
2. 依物性、化性、狀態、規格、包裝等標準，予以分開存放。
3. 明確標示物料之品名、料號、規格、數量、存放時間等資訊。
4. 物料之發放，盡量採先進先出方式。
5. 明確標示料架及倉位編號。
6. 盡量採立體存放方式，以節省倉儲空間。
7. 常用物料應存放於靠近通道之倉位。
8. 物料之存放應便利於搬運設施之裝卸作業。
9. 較笨重之物料應存放於料架底層。
10. 含毒、易燃之危險物料應予隔離存放。
11. 須予常溫維持之物料，應置於有空調或冷藏設施之房間。
12. 液性物料應以桶裝方式存放於棧板上。

在實務上，經常使用之料架共含開放式料架、伸臂式料架、多層式料架、活動式料架及其他自行設計之料架等不同的類別，企業可依本身的實際需求選擇之。

爲求提升物料存取作業之效率，倉庫內所有料架倉位應予明確地分類與編號。**一般企業常用的分類方式，常採用區域、料架、層別、欄位四級分類制，其中每一級可用英文字母或阿拉伯數字予以編號**。表 10.5 爲一含七位料號之倉位編號例子。

表 10.5 料架倉位編號之例

區域	料架	層別	欄位
A	05	03	15

在表 10.5 實例中，第一級表料架在倉庫內所屬區域，本例爲 A 區，一般也可以阿拉伯數字表之；第二級表料架位置，含二位號碼，本例爲 A 區域所屬第 5 個料架；第三級表料架層別，含二位號碼，本例爲 A 區域所屬第 5 個料架之第 3 層；第四級表層別所屬欄位，含二位號碼，本例爲 A 區域、第 5 個料架、第 3 層所屬之第 15 個欄位。

四、提升倉儲作業效率之做法

前已談過，倉儲管理乃是企業各項業務功能活動之重要的後勤支援系統，可以說是與企業整體的營運成效息息相關；亦即，假若無倉儲管理的密切配合與支援，及時供應所需的物料，企業各項業務功能活動勢必無法順利進行。因之，如何藉由適當的倉儲管理來提升倉儲作業之效率，實爲一項相當重要的課題。

從管理的層面來看，企業欲有效提升倉儲作業之效率，必須朝下列六方面來努力：

1. **妥善設計與佈置**

   良好的倉儲設計與佈置乃是提升倉儲作業效率之最重要的工作，也是達成提升空間與硬體設施利用率、降低搬運成本及降低物料保管損失之成敗關鍵。

2. **研訂管理計畫**

   爲求因應企業未來發展之需求，應企業妥善擬訂其倉儲管理之未來中長期發展計畫，內容包含發展目標、策略、具體的年度工作計畫及資源分配等，做爲推動倉儲管理之行動方針。

3. **建立管理制度**

   妥善建立各項倉儲管理作業活動之辦法、流程及表單，如物料驗收辦法、進料驗收規範、領發料及退料辦法、盤點辦法、呆廢料處理辦法等，期以做爲推動倉儲作業之遵循依據。

4. **重視教育與訓練**

   提升人力素質水準相當重要，企業必須做好教育與訓練工作，對象含驗收、領發料、搬運、行政及供應商等相關人員，期使各項倉儲作業活動皆能依照制度來運作。

5. **推動電腦化與自動化**

   在軟體方面，建立倉儲管理資訊系統，並與整個企業資訊系統連線，期以全面提升料帳資訊之正確性及作業效率，並有效掌握決策時效；在硬體方面，則是妥善規劃物料搬運系統，推動倉儲設施之立體化及建立自動倉儲系統。

6. **強化安全設施**

   包含做好物料儲存保管、搬運與存放作業之安全及整體倉庫設施之安全，如防盜、防火、防震、環保、工安等。

五、倉儲安全管理

在實務上，企業常因未做好倉儲安全管理，致發生火災、偷竊、工安事故或品質變異之情事發生，造成企業蒙受重大的損失；因之，安全管理乃是整體倉儲管理系統中之相當重要的一個環節。歸納起來，倉儲安全管理的具體做法如下：

1. 在消防方面

(1) 嚴禁煙火。

(2) 易燃、易爆物料應予標示及隔離存放。

(3) 電器、電燈、空調設施應定期檢查維修。

(4) 設立消防栓及相關消防系統。

(5) 做好人員分組，加強訓練，定期舉行消防及逃生演習。

2. 在防盜方面

(1) 加強庫房門禁，嚴格管制人員出入。

(2) 設立保全系統及防盜設施。

(3) 下班及例假日派人值班。

(4) 加強物料驗收及領發料活動之數量點收工作。

(5) 定期盤點及不定期清點料架上物料數量。

(6) 建立正確的料帳紀錄。

(7) 加強人員操守考核，建立偷竊之懲罰辦法。

3. 在預防工安事故發生方面

(1) 建立各項物料搬運活動及設施操作之標準作業程序。

(2) 通道、料架、危險物料和會危及人員安全之設施，均應標示清楚。

(3) 平時應加強工安衛之教育與訓練。

(4) 各項硬體設施應定期保養。

(5) 在做倉儲之設計及佈置時，應全面考量工安衛因素。

(6) 加強倉庫內平時的環境整潔及衛生管理。

4. 在預防品質變異方面

(1) 易生鏽物料置於乾燥、防濕之場所；精密物料應覆蓋保護膠布或材料，以防塵埃；不耐高溫物料應置於有冷氣空調之場所。

(2) 化學品應以桶裝方式存放，以免蒸發或品質變異。

(3) 配合物料之性質及規格，設計及置放於適當的料架。

(4) 定期及不定期的檢查存放物料之品質狀況。

5. **在保險方面**

(1) 辦理倉儲人員意外保險。

(2) 辦理物料及倉儲各硬體設施之產物保險。

10.3 倉儲搬運系統

倉儲搬運系統攸關整體倉儲管理作業之效率甚鉅，實務進行倉儲的設計與佈置時，必須慎選一適當的倉儲搬運系統，期能發揮最大的成效。因之，在本節內容，將介紹倉儲搬運系統的設計、倉儲搬運設備的類別與選擇及自動倉儲系統三個主題。

一、倉儲搬運系統的設計

美國學者曾對金屬加工業做過實證研究，工廠內之物料搬運及等待時間幾佔總生產時間之百分之九十以上，而眞正具有生產性之上機加工時間約僅佔百分之一點五左右。由此可知，企業如何來設計一完善的倉儲搬運系統，期使物料流程更為順暢、經濟及安全，並能縮短無效率之物料搬運及等待時間，實為一項非常重要的課題。

從設計實務的角度來看，進行倉儲搬運系統之設計時，一般必須考量下列十點原則：

1. **系統原則**：整體考量驗收、入庫、儲存、領發料、運送及加工裝配等作業之物料搬運需求。
2. **搬運距離最短原則**：應盡量縮短物料流程，以減少搬運距離及時間。
3. **空間利用原則**：以垂直立體化概念來提升空間利用率。
4. **單位負荷原則**：依物料的大小、型態來設計最佳的搬運單位。
5. **彈性原則**：能適用各種不同物料狀況之搬運。
6. **經濟性原則**：選擇最具經濟效益之搬運設備。
7. **安全性原則**：考量整體搬運系統之安全因子，避免發生工安事故。
8. **重力原則**：利用物料本身的自然重力來導引物料移動。
9. **標準化原則**：搬運方法、作業程序及設施應予標準化。
10. **機械化原則**：利用自動化或機械來搬運，以提升效率。

具體來講，倉儲搬運系統之設計主要必須考量物料特性（Material）、移動（Move）及搬運方法（Method）三個因素。茲說明如下：

1. **物料特性（Material）**

   (1) 型態：固狀、液狀、氣狀、規格尺寸、體積及重量。

(2) 狀態：穩定、熱、濕、黏、粉或其他狀態。

(3) 損壞程度：易碎、易燃、易爆、易污染、易鏽等程度。

(4) 其他特性：批次數量、時效性及政府規定標準。

2. 移動（Move）

(1) 流程：驗收、儲存、領發料、加工、製成品儲存及交貨出廠等。

(2) 範圍：建築物、部門、製造現場、倉庫、通道及料架高度等。

(3) 特性：距離、時間、速度、交通及整體環境等。

(4) 流動密度：搬運次數、頻率、及單位負荷等。

(5) 主體：人或搬運設施之移動。

3. 搬運方法（Method）

(1) 主要及輔助設施：功能、成本、搬運量、經濟效益及利用率等。

(2) 人力：工作時數、人力需求、人工成本及經濟效益。

(3) 單位負荷：搬運單位設計、裝載方式、容器、型態及重量等。

(4) 限制：出入門、通道、料架高度、地板負荷及樑柱等。

綜合上述三個因素，特以投入一產出程序的觀點，規劃出一整體倉儲搬運系統之設計流程，如圖 10.1 所示。

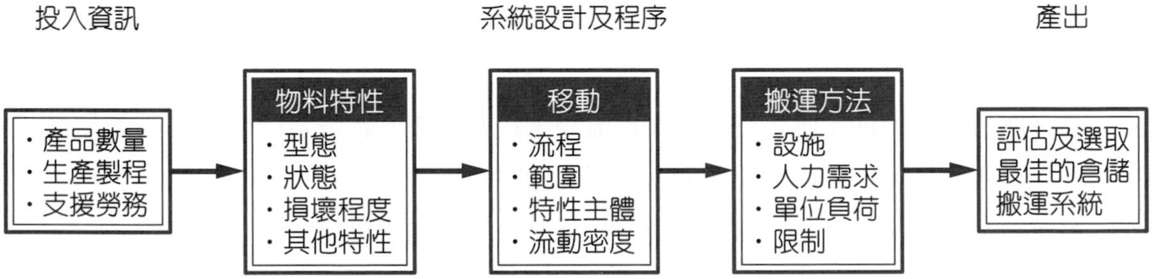

圖 10.1 整體倉儲搬運系統之設計流程

二、倉儲搬運設備

在實務上，企業所用的倉儲搬運設備之種類相當繁多，可因實際的需求而異；然就製造工廠來講，常用的倉儲搬運設備大致可分成輸送帶、起重機與吊車、工業用卡車及輔助性設備四大類，每種類別的搬運設備各有其特定的功能、成本、適用場合及優點特色。

輸送帶（Conveyor）乃是一種在兩定點間、固定軌道移動途徑、以重力或動力傳送之搬運設備，適用於平面式或斜垂式短距離的物料輸送。一般輸送帶又分成下列七種類別：

1. 皮帶式輸送帶（Belt Conveyor）。
2. 滾子式輸送帶（Roller Conveyor）。
3. 滑槽（Chute）。
4. 氣壓式輸送帶（Pneumatic Conveyor）。
5. 懸吊式輸送帶（Trolley Conveyor）。
6. 畚箕型輸送帶（Bucket Conveyor）。
7. 鍊條式輸送帶（Chain Conveyor）。

起重機與吊車（Cranes and Hoists）乃是一種在不定點間、固定軌道或可移動行駛，並以重力或動力傳送之搬運設備，適用於平面式或立體式短距離的物料轉運。一般企業常用的起重機與吊車又分成下列六種類別：

1. 伸臂式起重機（Jib Cranes）。
2. 高架式起重機（Gantry Cranes）。
3. 橋架式起重機（Bridge Cranes）。
4. 可走式起重機（Mobile Cranes）。
5. 吊車（Hoist）。
6. 單軌鐵道（Monorail）。

工業用卡車（Industrial Trucks）乃是一種可變動移動途徑、機動性及以人力或動力輸送之搬運車輛，適用於工廠內中短距離之物料運輸及搬運。工業用卡車又分成下列六種類別：

1. 堆高機（Fork Lift Truck）。
2. 兩輪手推車（Tow-Wheel Hand Truck）。
3. 平台車（Platform Truck）。
4. 拖曳車（Tractor-Trailer Truck）。
5. 手動提舉車（Hand-Lift Truck）。
6. 輕便卡車（Walkie Truck）。

上述三種類別皆爲主要的物料搬運設備，實務上，這些設備必須搭配適當的輔助設備（Auxiliary Equipment），才能更有效發揮其輸送功能。一般企業常用的輔助搬運設備主要有下列七種：

1. 棧板（Pallet）。
2. 貨櫃（Container）。
3. 吊鉤裝置（Below-the-Hook Devices）。

4. 定位器（Positioners）。
5. 斜坡道（Ramps）。
6. 銜接板與平台（Dock Boards and Levelers）。
7. 磅秤設備（Weighing Equipment）。

在介紹完搬運設備以後，下面進一部探討選擇搬運設備之決策分析。在此，特別選用損益平衡模式（Break-Even Model）做為決策分析工具。首先，將各類搬運設備之總成本分成固定成本及變動成本，說明如下：

1. **固定成本（Fixed cost, FC）**：與物料流動密度無關，維持固定金額，如折舊、利息、租金、間接人工等費用。
2. **變動成本（Variable cost, FC）**：與物料流動密度成正比，如直接人工、水電、油料、燃料等成本。

在實務上，搬運設備之選擇主要係以物料流動密度（Density of Material Flow, DMF）做為衡量基礎。**物料流動密度乃為在單位時間內，通過某一條路徑之搬運物料的數量**，其公式如下：

$$DMF = \frac{NP}{t} \quad \cdots\cdots\cdots\cdots \quad (10.1)$$

上式中，DMF = 物料流動密度

N = 物料的單位數量

P = 物料的量度單位

t = 衡量期間

前述搬運設備之類別相當繁多，為求簡化起見，特將搬運設備依其取得成本及機械化程度，粗略劃分成簡單及複雜的搬運設備兩大類，茲說明如下：

1. **簡單搬運設備（Simple Handling Equipment）**：取得成本較低、機械化程度低之設備，如平台車、兩輪手推車及手動提舉車等。
2. **複雜搬運設備（Complex Handling Equipment）**：取得成本較高、機械化程度高之設備，如堆高機、起重機、吊車及輸送帶等。

下面，利用損益平衡模式來進行決策分析。比較起來，簡單搬運設備的固定成本較低，變動成本較高；而複雜搬運設備的固定成本較高，變動成本則較低。圖 10.2 為損益平衡模式圖形，圖上顯示出每類搬運設備之固定成本線、變動成本線及總成本線。

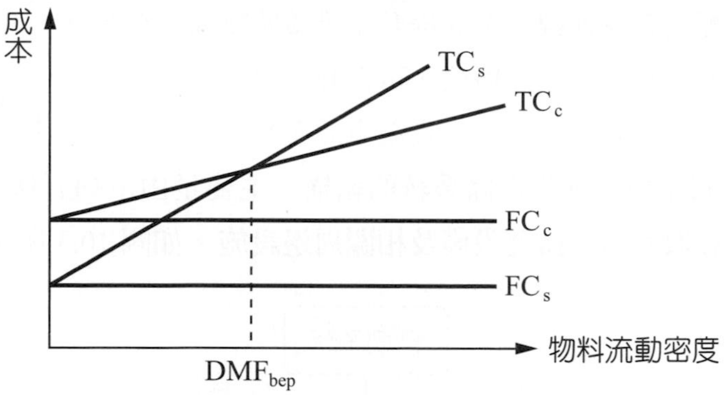

圖 10.2 搬運設備選擇之決策分析

在圖 10.2 中，FC_s 表簡單搬運設備之固定成本，FC_c 表複雜搬運設備之固定成本，TC_s 表簡單搬運設備之總成本，TC_c 表複雜搬運設備之總成本。由圖上可以看出，TC_s 與 TC_c 交點即損益平衡點，其垂直線對應之物料流動密度 DMF_{bep} 即為決策基準，假若實際物料流動密度小於 DMF_{bep}，應選擇簡單搬運設備（因總成本 TC_s 較低）；反之，若實際物料流動密度大於 DMF_{bep}，則應選擇複雜搬運設備。

三、自動化倉儲系統

近年來，隨著資訊管理與自動化科技的發展，為求提升倉儲管理作業之效率，進而全面增進企業競爭力及營運利潤，國內一些中大型業者，如台塑、楊鐵工廠、宏碁電腦等，已導入及建置自動化倉儲系統（Automatic Warehouse System），並獲致非常良好的成效，可以說是自動化倉儲系統已成為倉儲管理之未來發展趨勢。

相較於傳統的倉儲管理，自動化倉儲系統具有相當多的優勢，茲具體地歸納出下列十二點效益：

1. 採立體式倉儲，能有效利用空間，並節省土地成本。
2. 利用電腦處理，可增進料帳資料的正確性。
3. 各項物料進出交易異動資料，電腦隨時更新及掌握最新庫存量。
4. 以機械取代人力，節省人力及降低人工成本。
5. 以電腦控制及查詢倉位，相當迅速正確，可提高料架之利用率。
6. 以電腦控制採先進先出領發料方式，可以有效避免呆廢料產生。
7. 隨時可以進行物料盤點作業，毋須停止作業。
8. 採自動化物料存取及揀貨作業系統，縮短搬運作業時間。
9. 有效利用倉儲硬體設施，提高作業效率。

10. 可與生產線及配銷系統連線，全面提升企業整體物流之效率。
11. 以電腦輔助作業，整體工作環境佳，可提升人員士氣。
12. 設立自動消防及安全設施，防止工安衛事故發生。

一般說來，**一個完整自動化倉儲系統的結構，主要是由下列五個部份所組成：控制系統、儲存設施、存取方式、搬運設備及相關周邊設施**。如圖 10.3 所示。

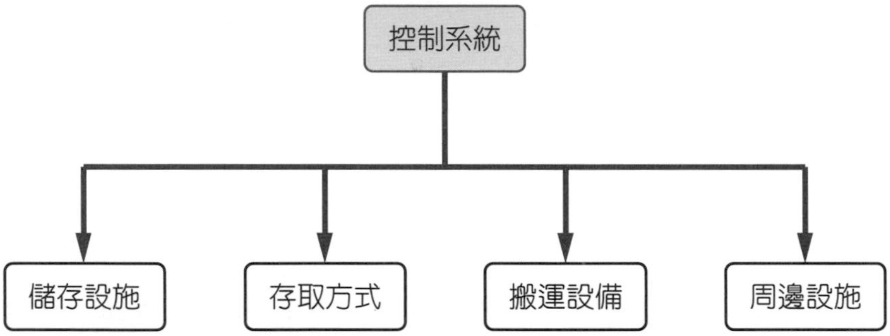

圖 10.3 自動化倉儲系統之組成

下面針對上述自動化倉儲系統的五個組成部份，做一簡要的介紹：

1. 控制系統

(1) 電腦及通訊網路：個人電腦、工作站、微處理機、通訊網路及軟體系統等。

(2) 自行識別系統：商品條碼、掃瞄器、機器視覺、聲音辨識及磁條等。

(3) 感應開關及控制器：可程式控制器、各類感應開關及感測器等。

2. 儲存設施

(1) 料架：開放式、伸臂式、多層式、活動式及依實際需求設計之料架。

(2) 散裝、液性及危險物料：依實際狀況選取適當儲存設施。

3. 存取方法

(1) 單元負荷式倉儲系統（Unit Load System）：係將物料存放於容器或棧板上，並以容器或棧板做爲存取單位，適用於機械及石化工廠中體積龐大、重量較重物料之存取，可節省空間。

(2) 揀選式倉儲系統（Order Picking System）：係以小包裝或個別物料爲存取單位，適用於體積較小、重量較輕、且存取頻率高的物料存取，又分成離道揀選式倉儲系統（Out-of-Aisle Order Picking System）及就道揀選式倉儲系統（In-Aisle Order Picking System）兩類。

4. 搬運設備

(1) 輸送帶：含皮帶式、滾子式、滑槽、氣壓式、懸吊式、畚箕式及鍊條式等輸送帶。

(2) **起重機與吊車**：含伸臂式、高架式及橋架式起重機及吊車等。

(3) **工業用卡車**：含堆高機、拖曳車及無人搬運車等。

(4) **輔助設備**：含棧板、貨櫃、吊鉤及唧接平台等。

5. **周邊設施**

(1) **消防設施**：消防栓、自動噴灑及相關設施等。

(2) **其他設施**：如防盜、防震、防噪音、污水排放等安全設施。

10.4 物料盤點

料帳一致乃是倉儲管理之努力目標，而物料盤點則是有效達成料帳一致目標之一種必要的手段。在本節內容，將介紹物料盤點的基本概念與實際做法，包含物料盤點的意義與功能、物料盤點的方法及物料盤點作業的實施程序。

一、物料盤點的意義與功能

物料盤點乃為定期或是不定期的清點物料數量，並檢查物料的品質狀態，期能實地瞭解料帳是否一致、品質是否合乎需求，並進而針對異常情況與管理缺失採行改善措施之作業活動。

在實務上，企業因常要進行物料驗收、儲存、領發料、退料及物料轉撥等活動，交易相當頻繁，造成物料數量隨時都在改變，故企業實有必要進行物料盤點作業，以確保物料數量及品質能與記錄相符一致。

任何組織機構，包括政府部門、公營事業、民營企業、學校、金融、餐飲、便利商店、量販百貨及軍方等，皆須進行物料盤點作業活動。具體歸納起來，物料盤點具有下列六點功能：

1. **確保料帳一致**

因為企業物料種類繁多，且交易頻繁，故須藉由物料盤點作業來實地清點物料數量，以確保實際庫存量能與料帳記載數量相符，並確實掌握有效庫存量，客觀估算存貨價值，做為編製資產負債表及相關財務報表之依據。

2. **掌控物料的品質狀態**

物料存放於倉庫一段期間後，有可能會因人為或倉儲軟硬體設施緣故，以致使物料的品質產生變異，故須盤點以有效掌控及維持物料之品質堪用狀態。

3. 做爲存量決策之依據

藉由盤點來實地瞭解存量管制狀況及成效，以檢討現有訂購點、最高存量、前置時間及安全存量之設定是否合理，並做爲 EOQ、EPQ 及 MRP 等存量決策分析之依據。

4. 檢討及改進現行倉儲管理作業之缺失

依照實地盤點結果，針對料帳不一致及品質不符之異常現象，以及各項倉儲管理作業之缺失，進行檢討、分析、改進及標準化，期以做爲未來進行倉儲管理作業活動之準繩。

5. 減少人爲疏忽及舞弊情事發生

針對實地盤點所發現缺失，瞭解料帳不一致是否因人爲疏忽或是貪污舞弊而造成，加強人員品性操守及教育訓練，並建立預警機制及安全措施。

6. 有效預防呆廢料

藉由定期、不定期物料盤點作業，除可實地瞭解和掌控物料的數量及品質狀況外，並可針對存放過久物料予以適當的處理，期以預防及降低呆廢料之產生。

二、物料盤點的方法

在實務上，物料盤點的方法可依時間、方法等不同的基準，或是依照企業本身的實際需求來區分。在此，特將一般企業常用的三類物料盤點的方法介紹如下：

1. 定期盤點法

此係指一般組織機構於每年固定期間所舉行之全面性的物料大盤點活動，一般企業每年於年中及年中舉行二次，而政府、學校等服務機關則於每年年終舉行一次。一般說來，因定期盤點法屬於一種全面性的物料大盤點活動，範圍涵蓋整個組織之每一單位，盤點作業較爲深入徹底，且在盤點期間常須全面停止生產及服務活動，故必須做好周詳的前置準備作業，並愼選盤點時機。

2. 連續盤點法

乃係先將部門劃分成不同的梯次，倉儲劃分成不同的區域，或將物料劃分成不同的批次，依照事先已排訂的盤點時程，輪流持續進行物料盤點作業之一種物料盤點方法。連續盤點法之主要優點爲不必全面性停止企業之生產及服務活動。

3. 抽查盤點法

乃係由倉儲、會計、總務或相關人員採用不定期方式，抽查物料數量及品質狀態之一種物料盤點方法。一般抽查對象的選取，可採隨機式，或是針對以往有重大數量差異、品質變異、具危險性或是存放過久的物料。抽查盤點法的優點爲具機動性，可以充分掌控物料之庫存量、品質水準及堪用狀態。

三、物料盤點作業的實施程序

在實務上，爲求實質有效地發揮物料盤點的功用，一般常將物料盤點作業的實施程序，劃分成人員編組、前置作業、正式展開盤點作業、撰寫盤點報告及檢討與改進五個階段，茲依序說明如下：

階段一 人員編組

一般企業常設立專案小組來負責整個物料盤點作業，專案小組由廠長擔任召集人，物管部門主管擔任執行秘書，組織架構如圖 10.4 所示。現將各工作分組的職掌說明如下：

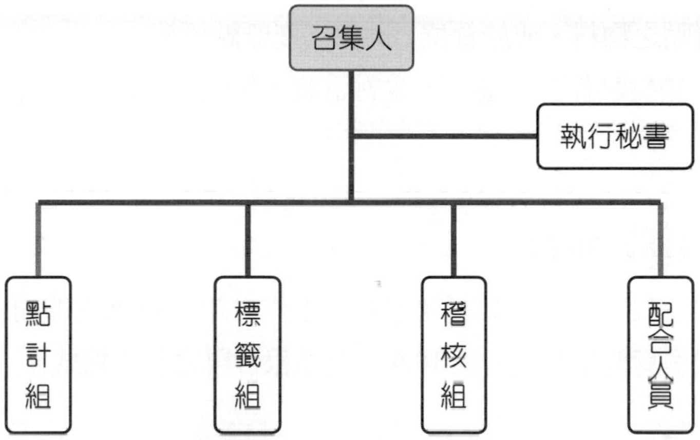

圖 10.4　盤點專案小組架構

1. **召集人**：指揮人員及統籌整體物料盤點作業活動之進行。
2. **執行秘書**：協調、連絡、籌備及實際推動整體物料盤點作業活動之進行，並負責文書作業，以及撰寫盤點報告。
3. **點計組**：負責物料之數量清點工作。
4. **標籤組**：負責標籤製作、黏貼及記錄填寫。
5. **稽核組**：監督盤點作業之進行，品質鑑定及異常現象的處理與紀錄。
6. **配合人員**：各部門所指派代表，實際參與、配合、連絡及支援盤點作業之進行。

階段二 前置作業

爲求周延起見，在正式展開物料盤點作業以前，必須進行下列前置準備作業：

1. 研訂盤點作業活動時程，並正式公告及通知各受盤部門。
2. 專案小組成員配置及教育訓練。

3. 設計盤點報告、標籤及相關的表單。
4. 準備盤點工具及各項器材。
5. 各受盤部門應先備妥物料帳卡。財產目錄及相關的書面文件。
6. 各部門應事前將物料及財產，整理、堆置及分類擺設妥當，以利盤點作業之進行。
7. 編訂完整的盤點作業手冊，供專案成員及各部門前置準備之依據。

階段三 正式展開盤點作業

依照排定時程，專案小組成員實地至各部門正式展開物料盤點作業，工作事項如下：

1. 由受盤部門主管進行物料及財產管理之工作簡報。
2. 點計組實際進行物料之數量清點工作。
3. 標籤組對已清點之物料，或於倉位上貼上年度盤點標籤。
4. 稽核組監督整體盤點作業之進行，並對隱藏、作假、塗改等弊端及異常現象予以處理與記錄。

階段四 撰寫盤點報告

當盤點作業告一段落以後，執行秘書及各工作分組成員應立即開會協調，彙集實際填記資料，並正式撰寫盤點報告。表 10.6 爲盤點報告單之基本格式。

階段五 檢討與改進

最後一個階段，由總經理召開檢討會議，內容爲根據盤點報告記錄所列績效評比及優缺失進行檢討，分析及處理數量不符、品質變異、盈虧金額及其它異常現象之產生原因，並依照會計及企業相關法令規定，採行具體的改善措施。

表 10.6 盤點報告單之基本格式

品名	料號	規格	帳面數量	實際數量	單價	實際金額	盈虧金額
異常記錄				建議事項			
績效評比				盤點日期		年　　月	日

總經理：　　　　召集人：　　　　執行秘書：

10.5 呆廢料管理

呆廢料乃是利用率極低或已毫無利用價值之物料，其存在對整體物料管理的績效會造成嚴重之負面影響，故必須予以妥善的管理。在本節內容，將要探討呆廢料之意義、產生原因、呆廢料管理的效益及呆廢料的管理方式等主題。

一、呆廢料意義及產生原因

簡言之，呆料乃指仍具有一定水準的品質特性與功能，但其未來再利用率卻是相當低的物料。廢料則指已毫無利用價值、已完全喪失其品質特性與功能之物料；或是雖仍具有殘餘價值、但已不值得再行回收利用，也就是一種經濟價值極低之物料。

若從成本經濟效益的角度來看，企業應極力避免呆廢料之產生，因爲呆廢料的存在，除了促使物料喪失、或減低其經濟價值以外，更會直接形成資金積壓、增加倉儲作業及管理費用、佔用倉儲空間及嚴重影響工安及環境衛生等重大缺失。因之，企業應如何做好呆廢料管理，以避免上述缺失發生，實是物料管理之一項相當重要的功能活動。

就實務而言，**欲做好呆廢料管理的首要課題，即是分析及瞭解呆廢料產生之原因，再據以研擬改善對策及採行改善行動**。現將呆廢料產生之原因說明如下：

1. 呆料產生之原因

(1) 產品設計錯誤或設計變更，原有規格尺寸已不符需要。

(2) 市場需求發生變化，形成供過於求之現象。

(3) 因季節變動，致使產銷不能配合。

(4) 在物料備妥後，顧客臨時取消訂單。

(5) 批次訂購量高於實際需求量。

(6) 物料驗收不確實，致使不良品流入工廠。

(7) 倉儲環境不佳及保管不良。

(8) 預測值偏高，致使物料預算編訂不確實，高於實際需求量。

(9) 製程改進及生產科技的革新。

(10) 開發試驗用物料及報廢機械維修用之零配件。

(11) 其他原因：如天災及意外事故等。

2. 廢料產生之原因

(1) 加工裝配過程之殘渣、邊料。

(2) 加工裝配過程所產生之不良品。

(3) 因倉儲環境不佳及保管不良，產生腐蝕、生鏽、蒸發等品質變異。

(4) 科技創新及製程改進。

(5) 物料驗收不確實，致使不良品流入工廠。

(6) 機器、工具及相關硬體設施提早報廢。

(7) 其他原因： 如天災及意外事故等。

二、呆廢料管理之效益

依照上述，呆廢料的存在對物料管理的績效，甚至企業整體的營運利潤產生相當負面的影響，故企業務必要做好呆廢料管理，期能將此負面影響降至最低。具體而言，有效的呆廢料管理可獲致下列五項效益：

1. 減少資金利息積壓

呆廢料因再利用率極低、或已無經濟利用價值，若能予以適當的處理，或是藉由有效管理方式，事先預防以減低其產生的可能性，將可以減少資金利息的積壓。

2. 有效降低產品成本

呆廢料的處理收入，往往較原先外購價格或自製成本低了許多，相當的不經濟。而物料成本佔產品成本的比例最重，企業若能有效預防，即能有效降低物料及產品成本。

3. 提升倉儲空間利用率

呆廢料雖已無利用價值，但一般仍然將其置於倉庫內，在累積日多的情況下，將會佔用及嚴重影響倉儲空間之利用率，故須予適時的處理，期以節省及有效利用倉儲空間。

4. 降低工安衛事故之發生

呆廢料無論置於倉庫內、製造現場或其他場所，均會影響工廠整體的環境衛生，甚至將因不安全的環境而易造成工安衛事故之發生，若能有效管理即可降低發生工安衛事故之可能性。

5. 強化企業體質

避免呆廢料產生，需整合設計、生產、銷售、採購、倉儲及相關部門的努力，故可全面強化企業體質，增進企業之競爭力。

三、有效的呆廢料管理方式

呆廢料的缺失甚多，在實務上，為求實質能夠降低、或避免呆廢料發生，一般可採行下列五種有效的管理方式：

1. 整合組織內各部門的努力

呆廢料發生的原因相當多元，必須整合組織內下列部門的努力方能有效克服：

(1) 設計部門：蒐集最新科技資訊，周延地進行產品設計及慎選零配件及原物料，以避免中途設計變更，並開發呆廢料之新用途。

(2) 採購部門：訂購單詳列採購條件，加強與請購、存量管制及供應商部門連繫，以避免訂購量高於需求量。

(3) 倉儲管理部門：加強管制物料驗收、儲存保管、領發料等物料交易活動，以建立正確的料帳紀錄，防止品質變異，做好供應商績效考核與輔導，並避免不良品流入工廠。

(4) 生產管理部門：提高生產預測準確性，研擬周詳的生產計畫及產銷配合策略，以減低計畫產量與實際生產量之差異。

(5) 製造部門：提升員工之技術水準，期能減低下腳邊料及不良品之發生，並予適當回收利用，以有效提升物料收率。

(6) 行銷部門：加強與客戶連繫，避免緊急訂單或客戶臨時取消訂單之情事發生。

2. 重視呆廢料之預防工作

事前預防勝於事後處理，因呆廢料的發生是跨部門的，故企業平時即應針對呆廢料之產生原因進行檢討，研擬具體的改善對策，並重視員工的教育與訓練，期以治本方式來防止呆廢料產生。

3. 妥善處理呆廢料

在實務上，呆廢料的處理方式如下：

(1) 開發新的用途。

(2) 定期公開標售。

(3) 轉撥內部其他部門，或外部企業使用。

(4) 贈送學校、職訓中心、公會或其他需用機構使用。

(5) 其他處理方式：如拆裝、銷毀、回收利用等。

4. 做好物料盤點工作

物料盤點乃是實地瞭解呆廢料數量及產生原因之一道重要關卡，故企業必須確實做好物料盤點準備及執行工作，期能實質地分析真正異常原因，並適時有效地採行適當的改進措施。

5. 編訂呆廢料管理手冊

依照往年資料及經驗，將企業內各種呆廢料之產生原因、改善對策、如何預防、處理方式及各部門之分工配合等，編印成書面手冊，俾供教育訓練及呆廢料管理之遵循方針。

10.6 結論

領發料作業與倉儲管理乃是整體物料管理系統之後段功能活動，其與企業產銷活動之關係最爲密切；假若沒有領發料作業與倉儲管理的後勤支援配合，企業產銷活動勢必無法順利的進行，定將會影響到企業整體的營運績效。

領料乃爲物料使用部門的主辦人員塡具領料單，按照公司領料辦法所規定的程序，會簽及呈送相關主管核定，並向倉儲管理部門領取物料之作業活動過程。相較於領料作業，發料作業具有較高效率及經濟性的特色，國內台塑、中鋼等企業，對現場所需物料即採發料作業方式。

倉儲管理乃爲有效保管與儲存物料，以及準時供應企業業務功能活動所需物料之管理活動。優良的倉儲管理具有：妥善保管物料、提升倉儲作業效率、及時供應各部門物料、善用倉儲資源、維護安全及建立正確的存貨記錄六項功能。

倉儲搬運系統攸關整體倉儲管理作業之效率甚鉅，倉儲搬運系統之設計須考量物料特性、移動及搬運方法三個因素。一般實務常用的倉儲搬運設備：分成輸送帶、起重機與吊車、工業用卡車及輔助性設備四大類。

近年來，隨著資訊及自動化科技的發展，國內一些中大型業者已建立自動化倉儲系統，並獲致良好的成效。完整的自動化倉儲系統共含五個部份：控制系統、儲存設施、存取方法、搬運設備及周邊設施。

任何組織機構皆須進行物料盤點作業活動，盤點具有確保料帳一致、掌控物料品質狀態、做爲存量決策依據、檢討改進倉儲作業缺失、減少人爲貪污舞弊情事及預防呆廢料發生六點功能。

呆廢料乃是利用率極低或已毫無利用價值之物料，其存在對整體物料管理的績效會造成嚴重之負面影響，故須予妥善的管理。呆廢料管理的效益爲：減少資金積壓、降低產品成本、提升倉儲空間利用率、減少工安事故發生及強化企業體質。

參考文獻

1. 王貳瑞、侯君溥（民 86 年 5 月），商業自動化概論，初版，屏東：睿煜出版社，頁 275-312。
2. 何應欽譯（民 99 年 1 月），作業管理，四版，台北：華泰文化事業公司，頁 312-351。
3. 洪振創、湯玲郎、李泰琳（民 105 年 1 月），物料與倉儲管理，初版，台北：高立圖書，頁 162-236。
4. 林清和（民 83 年 5 月），物料管理－實務、理論與資訊化之探討，初版再印，台北：華泰書局，頁 163-242。
5. 林曾祥、鄭玉龍和葉維彰（民 82 年 1 月），電腦整合製造入門與探討，初版，台北：全欣資訊圖書，頁 295-349。
6. 林聰明（民 83 年 8 月），生產管理（全），初版，台北：華視文化事業公司，頁 125-144。
7. 許獻佳、林晉寬（民 82 年 2 月），物料管理，再版，台北：天一圖書公司，頁 290-377。
8. 陳文哲、劉樹童（民 80 年 8 月），工廠佈置與物料搬運，再版，台北：中興管理顧問公司，頁 241-301。
9. 葉忠（民 81 年 1 月），最新物料管理－電腦化，再版，台中：滄海書局，頁 285-366。
10. 傅和彥（民 85 年 1 月），物料管理，增訂 21 版，台北：前程企業管理公司，頁 357-468。
11. Jacobs, F.R. and R.B. Chase (2017), Operations and Supply Chain Management: The Core, Fourth Edition, McGraw-Hill International Edition, New York: McGraw- Hill Education, pp. 448-479.
12. Leenders, M.R. and H.E. Fearon (1993), Purchasing and Materials Management, Tenth Edition, Boston Homewood: Richard D. Irwin, pp.399-419.
13. Russell, R.S. and B.W. Taylor (2014), Operations and Supply Chain Management, Eighth Edition, International Student Edition, Singapore: John Wiley & Sons Singapore Pte. Ltd., pp. 204-219.

自我評量

一、解釋名詞

1. 倉儲管理（Storage Management）。
2. 輸送帶（Conveyor）。
3. 起重機與吊車（Cranes and Hoists）。
4. 工業用卡車（Industrial Trucks）。
5. 物料流動密度（Density of Material Flow）。
6. 簡單搬運設備（Simple Handing Equipment）。
7. 單元負荷式倉儲系統（Unit Load System）。
8. 揀選式倉儲系統（Order Picking System）。

二、選擇題

(　　) 1. 關於良好的領發料作業管理的目的，下列敘述何者不正確？ (A) 適時有效供應各部門所需物料 (B) 避免待料停工而造成人員、設備之閒置 (C) 預防呆廢料發生 (D) 建立正確的料帳記錄。

(　　) 2. 相較於領料作業，發料作業具有較高效率及經濟性的特色，下列關於發料作業優點的敘述，何者不正確？ (A) 確保人員安全 (B) 易於控制物料成本 (C) 密切配合生產計畫 (D) 精確計算及控制物料收率，做為核定生產績效獎金之依據。

(　　) 3. 退料為將剩餘或品質不良的物料退回給倉儲管理部門之作業活動，關於退料作業的主要目的，下列敘述何者不正確？ (A) 建立正確的料帳記錄 (B) 避免物料存放現場過久而形成呆廢料 (C) 改善製造現場之工作環境及空間 (D) 有效掌控物料的品質狀態。

(　　) 4. 物料轉撥乃是企業內部各單位之間，關於原物料、零配件或是半成品的直接調撥轉移作業，關於物料轉撥作業的目的，下列敘述何者不正確？ (A) 提高生產效率 (B) 預防工安事故發生 (C) 避免待料停工 (D) 節省倉儲管理費用。

(　　) 5. 關於發料與領料作業的比較，下列敘述何者不正確？ (A) 發料的物料收率較高 (B) 發料較易於控制物料成本 (C) 發料較能控制物料數量之交易變動資訊 (D) 領料較能配合生產計畫。

(　　) 6. 關於良好的倉儲管理的功能，下列敘述何者不正確？ (A) 妥善保管物料 (B) 提升倉儲作業之效率 (C) 提升進料檢驗時效 (D) 及時供應各部門物料。

(　　) 7. 關於倉儲空間的配置與規劃，下列何項空間是以物料、人員與搬運車輛進出方便、易於管制及安全爲原則？ (A) 物料驗收作業區域 (B) 物料儲存區域 (C) 出入門區域 (D) 辦公室區域。

(　　) 8. 進行倉儲設計與佈置時，關於物料之存放與標示方式之原則，下列敘述何者不正確？ (A) 明確標示物料之品名、料號、規格、數量、存放時間 (B) 依物性、化性、狀態、規格、包裝標準分開存放 (C) 常用物料應存放於靠近通道之倉位 (D) 含毒、易燃之危險物料應予標示、但無需隔離存放。

(　　) 9. 安全管理是倉儲管理系統中之相當重要環節，下列何者不屬於預防工安事故發生的做法？ (A) 在做倉儲之設計及佈置時，應全面考量工安衛因素 (B) 加強物料驗收及領發料之數量點收工作 (C) 通道、料架、危險物料、和會危及人員安全之設施，均應標示清楚 (D) 建立各項物料搬運活動及設施操作之標準作業程序。

(　　) 10. 進行倉儲搬運系統設計時，其中對於物料的形態：固狀、液狀、氣狀、規格尺寸、體積及重量之考量，是屬於下列何種因素？ (A) 物料特性（material）(B) 移動（move） (C) 搬運方法（method） (D) 品質（quality）。

(　　) 11. 設計倉儲搬運系統時，對於物料的驗收、儲存、領發料、加工、製成品儲存及交貨出廠等流程之考量，是屬於何種因素？ (A) 物料特性（material）(B) 移動（move） (C) 搬運方法（method） (D) 品質（quality）。

(　　) 12. 設計倉儲搬運系統時，對於物料的單位負荷之考量，如搬運單位設計、裝載方式、容器、形態及重量等因素，屬於 (A) 物料特性（material）(B) 移動（move） (C) 搬運方法（method） (D) 品質（quality）。

(　　) 13. 將物料存放於容器或棧板上，並以容器或棧板做爲存取單位，適用於機械及石化工廠中體積龐大、重量較重物料之存取，並能有效節省空間，這種倉儲系統屬於 (A) 離道檢選式 (B) 單元負荷式 (C) 就道檢選式 (D) 完全單元負荷式。

(　　) 14. 下列關於物料盤點功用之敘述，何者不正確？ (A) 確保料帳一致 (B) 有效掌控物料的品質狀態 (C) 預防呆廢料發生 (D) 確保人員安全。

(　　) 15. 將部門劃分成不同的梯次、倉儲劃分成不同的區域、或將物料劃分成不同的批次，依照事前排訂的盤點時程，輪流持續進行物料盤點作業，不必全面性停止企業之生產及服務活動。這種物料盤點的方式稱為　(A) 定期盤點法　(B) 連續盤點法　(C) 抽查盤點法　(D) 定量盤點法。

三、問答題

1. 何謂領料？領料作業的活動程序共含哪些階段？試說明之。
2. 領料單必須提供哪些資訊？試說明之。請任舉一家企業為例，試設計其領料單的格式。
3. 何謂發料？發料作業的活動程序共含哪些階段？試說明之。
4. 相較於領料作業，發料作業具有哪些優點？試說明之。
5. 配料單必須提供哪些資訊？試說明之。請任舉一家企業為例，試設計其配料單的格式。
6. 何謂退料？其目的及產生原因為何？試說明之。
7. 何謂物料轉撥？ 其目的為何？試說明之。
8. 請任舉一家企業為例，試設計其退料單及物料轉撥單的格式。
9. 倉儲管理的功能為何？試說明之。
10. 為何倉儲位置的選擇相當重要？又倉儲位置的選擇必須考量哪些因素？試說明之。
11. 倉儲的設計與佈置之目標為何？試說明之。
12. 倉儲空間規劃涵蓋哪些區域？試說明之。
13. 規劃物料存放方式之遵守原則有哪些？試說明之。
14. 企業欲有效提升倉儲作業之效率，須朝哪些方向來努力？試說明之。
15. 倉儲安全管理的具體做法為何？試說明之。
16. 倉儲搬運系統之設計須考量哪三個因素？試說明之。
17. 倉儲搬運設備共分成哪四個類別？試說明之。
18. 若將倉儲搬運設備簡略分成簡單及複雜兩大類，並以物料流動密度為基準，試利用損益平衡模式進行倉儲搬運設備選擇之決策分析。
19. 自動化倉儲系統之組成結構為何？試說明之。
20. 自動化倉儲系統具有哪些效益？試說明之。
21. 何謂物料盤點？其功用為何？試說明之。

22. 物料盤點的方法有哪些？試說明之。

23. 試簡要說明物料盤點作業之實施程序。

24. 請任舉一家企業爲例，試設計其物料盤點報告單的格式。

25. 何謂呆料？何謂廢料？其產生原因爲何？試說明之。

26. 呆廢料管理具有哪些效益？試說明之。

27. 有效的呆廢料管理方式有哪些？試說明之。

NOTE

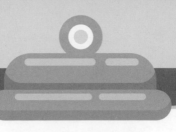

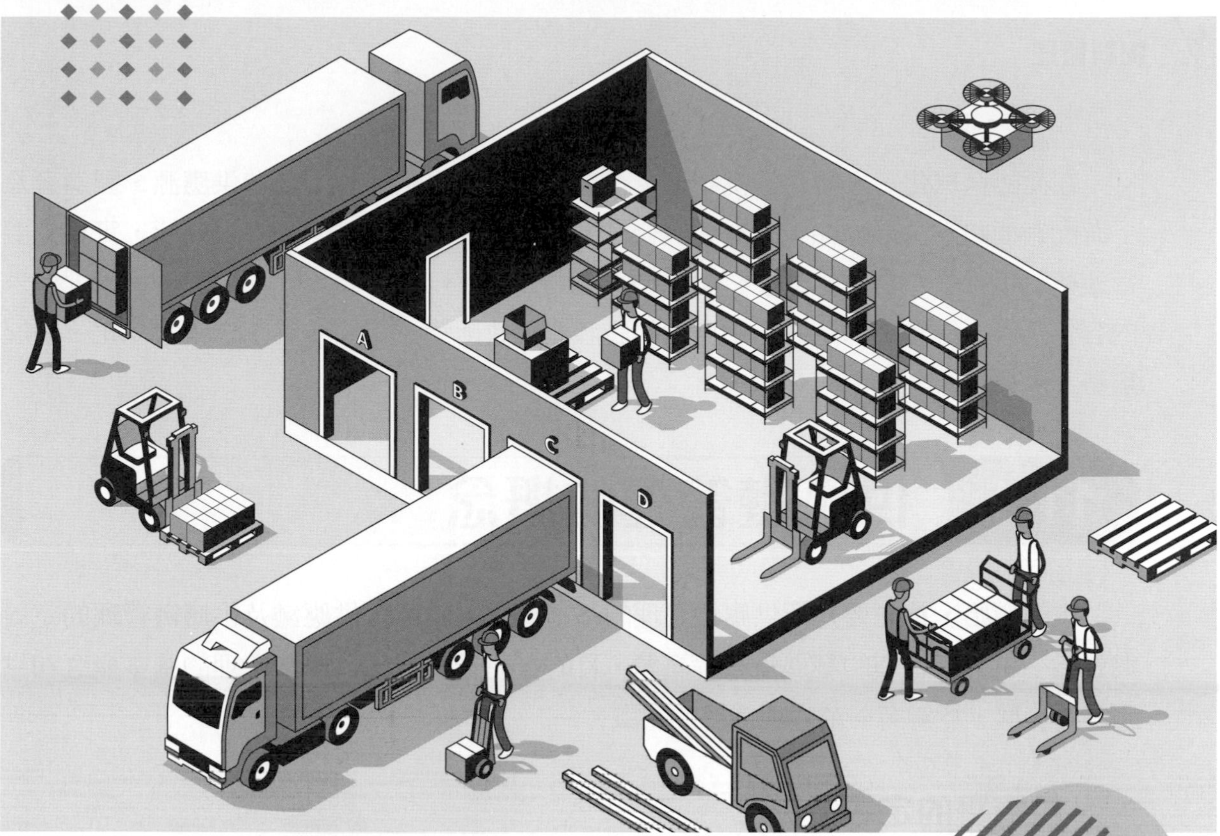

Chapter 11

供應鏈管理與全球運籌

▷ 內容大綱

在面臨全球化、永續化的挑戰下，企業如何有效規劃和整合上游供應源、製造者及下游配銷通路商、最終顧客的努力與合作，以提高整體供應鏈的效率與效能，實爲攸關營運績效和競爭力之關鍵課題。本章要介紹關於供應鏈管理與全球運籌之一些重要概念，內容包括供應鏈管理的定義、供應鏈的設計、績效衡量、協同作業、企業電子化、發展趨勢及全球運籌等。

11.1 供應鏈管理的概念

本節開始，首先要介紹供應鏈管理的基本概念，內容含供應鏈及供應鏈管理的定義與效益、供應鏈管理的發展沿革等議題，目的在使讀者對於供應鏈管理的基本概念和供應鏈的發展，能夠有一清晰與完整的認識。

一、供應鏈的定義

供應鏈（Supply Chain）也稱爲價值鏈（Value Chain），乃指將上游的原物料供應源、製造者、下游的配銷通路商和最終顧客全部加以納入，並充分整合物流、資訊流、金流及服務流之一個整體性的供產銷系統。易言之，供應鏈的組成涵蓋一個產業所有上中下游各個因素，並對其流程、設施、功能及作業活動做系統性的整合。圖 11.1 爲一含組成因素的基本供應鏈型態。

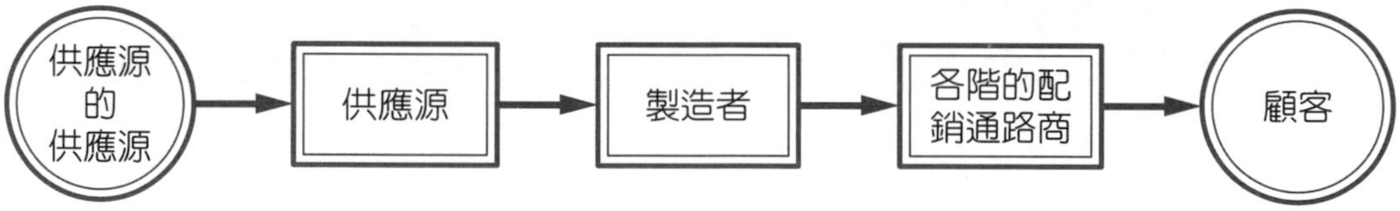

圖 11.1 含組成因素的基本供應鏈型態

自流程的觀點來看，完整的供應鏈系統始於最上端的原物料供應端，一直延伸到製造者、下游的配銷通路及最終的顧客端。關於供應鏈設施的整合範圍，則涵蓋各階層的倉庫、工廠與製程、配銷中心、零售商通路、辦公室及資訊中心等。

而供應鏈的功能及作業活動則包括預測、採購與存貨管理、產品設計、產能規劃、地點與設施規劃、品質保證、整體規劃、製程設計、排程、配銷運送及顧客服務等。圖 11.2 爲一含功能與作業活動的供應鏈型態。

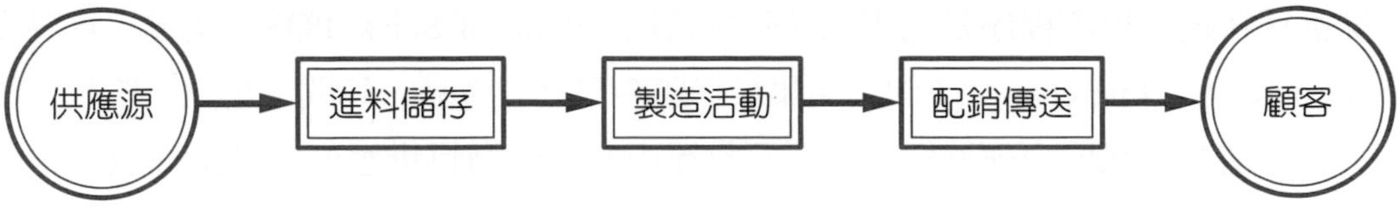

圖 11.2 含功能與作業活動的供應鏈型態

就整體供應鏈的組成因素及作業流程來區分，可以分成內部與外部二種供應鏈型態。中，內部供應鏈（Internal Supply Chain）係以製造者主體，作業流程涵蓋原物料的取得、各階段製程的規劃與執行、生產控制及製成品的完成與交貨。而外部供應鏈（External Supply Chain）則包含上游供應端提供原物料、零配件、設備及相關資源的投入，以及將製成品運送至下游的各階配銷通路商和最終顧客端。

二、供應鏈管理的定義和效益

供應鏈管理（Supply Chain Management）乃是將一企業之接收訂單、物料採購、製造加工、銷售配送、資訊及財務交易等供產銷業務活動之流程，予以有效地整合與串連，希使企業能建立與其上游供應源及下游配銷通路商和顧客之策略聯盟合作夥伴關係，並藉所有系統成員之努力與合作，創造供應鏈的附加價值，達成降低產銷成本與提升顧客服務水準之目標。

由以上的定義可知，供應鏈管理主要在於有效地連結與協同各階供應源、製造者、各階配銷通路商及最終顧客的努力，透過物料、財務、資訊及服務流程的整合，以滿足企業內部及跨企業間的供應與需求管理活動。

基本上，供應鏈管理的核心價值乃爲藉由企業資訊流程之快速反應，期以獲致縮短物流時間、降低存貨成本、流程改造、資訊共享、快速發現與解決物流瓶頸、較少供應商數量及提高顧客服務水準等多元效益。

尤以台灣屬於海島型經濟型態，內部缺乏原物料與生產資源，且對外貿易依存度相當的高，在面臨生存競爭壓力下，產業界應如何有效的規劃及整合其上游供應源、製造者及下游配銷通路商、最終顧客的努力與合作，藉以發展一完整的訂購、製造、分配系統，提高供應鏈的效率與效能，並創造整體的最大價值，實爲攸關企業營運績效及競爭力之重要課題。

相對於傳統企業管理的做法，依據需求預測來進行生產規劃、物料需求規劃、生產控制，以至銷售配送之產銷流程的前推式（Push）做法，供應鏈管理乃屬於一種後拉式（Pull）做法，一切以滿足顧客需求爲動力導向。

供應鏈系統之規劃程序是利用銷售時點系統（Point of Sales, POS）及電子資料交換（Exectronic Data Interchange, EDI）蒐集最終顧客需求之產品、時間、地點、數量及相關資訊，並將這些資訊藉由網路快速傳遞至物流中心、原物料供應商、製造商及銷售配送業者，如此可將上、中、下游供應鏈給予有效連結起來，共同達成提升顧客滿意度及快速回應之目標。

此種後拉式供應鏈管理（Pull Supply Chain Management）系統，能自動的將企業產銷活動體系中各個交易夥伴的作業活動串連在一起，並視爲單一的「虛擬企業」將更能發揮整體資源的使用效率及競爭力。圖 11.3 爲後拉式供應鏈管理的系統流程。

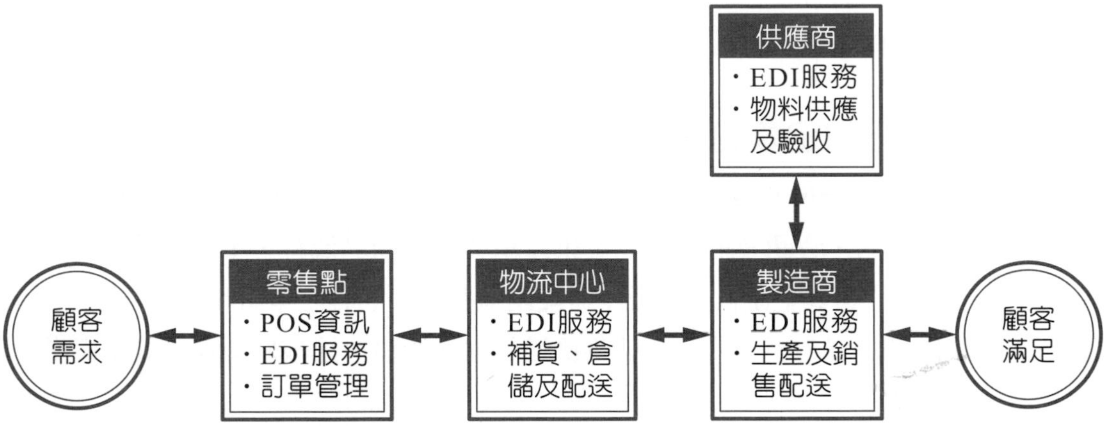

圖 11.3　後拉式供應鏈管理之系統流程

供應鏈管理的核心價值乃爲企業資訊流程之快速反應。歸納起來，企業建置與推動供應鏈管理系統可獲得的主要效益如下：

1. 縮短接單、採購、倉儲、生產至銷售配送之物流時間。
2. 降低製造商及零售商之庫存量，節省儲存成本。
3. 可以全球化搜尋原物料資訊，降低原物料取得成本。
4. 快速發現整體物流系統的瓶頸。
5. 快速解決整體物流系統之瓶頸及企業流程改造。
6. 以顧客爲主軸之快速回應能力，可提高顧客服務水準。
7. 人員活性化，並建構高效率團隊之組織結構。
8. 提升企業對企業、企業對客戶及企業內部之資訊處理能力。
9. 建立橫跨國界之全球化經營管理策略。
10. 有效整合企業產、銷、人、發、財等業務功能活動，提升企業競爭力與營運利潤。

三、供應鏈管理的發展沿革

供應鏈管理最早的發展乃源自於 1986 年美國成衣製造業及平價連鎖體系之快速回應系統（Quick Response System），起因於當時的成衣的製造週期過長，以致產生較高的存貨儲存成本與短缺率，以及較低的儲存週轉率。

在面臨歐亞國家的競爭壓力下，美國成衣製造業與下游配銷通路商進行合作，力求縮短整體成衣製造業的產銷週期。在建立此一快速回應系統後，當時整個產業每年可節省 120 億元成本，並將產銷週期的時程由 125 天縮短爲 30 天。

在 1990 年代，以美國大型家庭用品製造商寶僑家品（Procter & Gamble）爲主，聯合各民生消費品零售商和上游供應商共同開發一套有效率的消費者回應（Efficient Consumer Response）系統，內容含建立具效率化的商品、存補貨、促銷及新產品上市的管理，藉由將原有前推式系統改爲以滿足消費者需求爲主的後拉式供應鏈系統，以發揮更大的資源使用效率及競爭力，並降低在整個供應鏈系統流程中對消費者無附加價值的成本。

在供應鏈系統的產銷整合方面，供應商管理存貨（Vendor-Managed Inventory, VMI）模式的建立與推動，也爲供應鏈管理的發展奠立良好基石。**VMI 的主要概念，係由供應商持續追蹤、監督運送至製造商、配銷通路商及顧客的產品之供應狀況，並在供應不足時及時補充存貨**。

換言之，由供應商與顧客於事前協定，共同訂定顧客最適宜的存貨政策，供應商並依此存貨政策來訂定並維持顧客所需產品之最適當存貨水準，期能有效消除傳統訂購模式所常造成存貨過多、物料短缺率過高之缺失，進而縮短訂購前置時間、提升存貨週轉率，並大幅降低長鞭效應的影響。舉例來說，美國的平價連鎖體系 Wal-Mart 及食品雜貨連鎖企業 Spartan Stores 在推動 VMI 模式後，結果獲致了有效降低庫存水準，並實質的提升銷貨的金額和利潤。

美國供應鏈協會（American Supply-Chain Council）於 1997 年正式設立，主要的創始會員含寶僑家品、洛克希德馬丁（Lockheed Martin）、德州儀器（Texas Instruments）及拜耳（Bayer）等大型企業和機構，其成立宗旨爲針對企業及其上游供應商與下游顧客間之合夥進行策略分析，以及協同作業效能的改善。

在美國供應鏈協會的主導和推動下，針對產業發展的經驗及實際需求，目前已陸續研發建構供應鏈作業參考（Supply Chain Operational Reference, SCOR）、設計鏈作業參考（Design Chain Operational Reference, DCOR）及顧客鏈作業參考（Customer Chain Operational Reference, CCOR）三個模式，供作產業用於規劃和評估供應鏈管理的工具，並已獲致良好的具體成效。

近年隨著資訊和通信科技的快速進展，透過全球資訊網的連結，供應鏈管理的發展更已邁向橫跨國界之全球供應鏈（Global Supply Chain）及全球運籌（Global Logistics）整合模式。目前美國蘋果（Apple）、戴爾（Dell）、英特爾（Intel）、寶僑、特易購（Tesco）、日本豐田汽車（Toyota Motor）及韓國三星電子（Samsung）等國際大型企業，均已建置全球供應鏈管理系統，更成主導各國及全球性景氣提升的因素之一。

而在我國，為因應電子商務環境所形成全球化市場競爭趨勢，在政府的積極推動及業界的努力下，更已掀起一股推動供應鏈管理的熱潮，並受到各行各業的高度重視，目前台積電、鴻海、光寶電子、聯強國際等企業，接先後導入供應鏈管理系統，對於增進交貨速度、降低存貨水準及提升營運績效皆有相當大的助益。

11.2 供應鏈系統的設計

本節內容，主要在於介紹如何設計一個適合企業實際需求的供應鏈系統，包含五個基礎前置作業，有效供應鏈設計策略的定位和選擇，以及供應鏈設計的模式等議題。

一、基礎前置作業

雖然國內企業建置供應鏈管理系統已蔚為一種風氣；然而，企業欲成功的導入和推動供應鏈管理系統，首須做好的基礎前置作業含企業組織再造、建立績效衡量系統、有效軟硬體設施、系統領導者的角色扮演及系統成員的參與。

1. 企業組織再造

首先須重新建構能配合供應鏈管理系統有效運作之組織結構，尤以跨國界之供應鏈管理系統，因成員間的政治經濟背景、語言文化、價值觀及經營理念有較大的差異，更須透過企業組織再造來建立良善之策略夥伴關係。

2. 建立績效衡量系統

供應鏈管理係以滿足顧客需求、提升服務水準為動力導向，並整合成員的努力來共同追求整體供應鏈產銷成本之降低，所以需建立一套完整的供應鏈管理之績效衡量指標，以有效推動系統之持續改善，內容包括交貨速度、存貨水準、訂單履行能力、品質一致性及供應鏈能見度等。

3. 有效軟硬體設施

在系統的硬體方面，包括自動化倉儲、搬運設備、個人電腦、伺服器及周邊設施；在供應鏈管理系統軟體方面，目前產業界使用較普遍者為Manugistics、i2、Paragon、甲骨文及思愛普等。

4. 系統領導者的角色扮演

欲求供應鏈管理系統之順利運作及提升成效，須賴一卓越及熱心領導者之積極整合和推動，實務上以推選承擔風險較高者、組織規模較大者、權利影響較大者或是形象較佳與熱心推動者，出任整個供應鏈管理系統的領導者。

5. 系統成員的參與

有效推動系統成員參與的做法，如高階管理者的承諾和支持、加強教育與訓練、長期合作承諾、培育員工網路、電子商務和相關多元專業知識、重視企業組織內部與外部之溝通協調，以及改善供應商和配銷通路商、顧客之關係。

二、供應鏈設計策略的定位

在設計一供應鏈管理系統時，首先須要選擇最適當的設計策略。以下特依組織的縱切面來劃分，分別就策略性、戰術性及作業性三個層面，說明供應鏈的設計策略和擔負任務。

1. 高階層管理者訂定系統長期發展方向的策略性任務

(1) 配合整體的組織發展策略，來研訂系統的供應和配銷策略。
(2) 配置和設計供應鏈網路系統，含供應商、倉儲、製程、設施及配銷通路的數量與位址。
(3) 推動協同產品開發，制定新產品的研發及設計決策。
(4) 規劃長期產能需求及維持需求彈性。
(5) 決定自製、外購及委外生產的水準和程度。
(6) 選擇策略性夥件，含選擇條件、夥件關係層級及正式化的程度。
(7) 權衡集中式和分散式之配銷策略，以及使用自有設施或採用第三方物流公司（Third-Party Logistics, 3-PL）方式進行物流和配銷活動。
(8) 整合供應鏈網路之資訊流程，共同分享預測、存貨、配送及作業資訊。
(9) 辨認內外環境之不確定性、可能遭遇風險、來源及最大的可承受度。

2. 中階層管理者規劃提升系統效益的戰術性任務

(1) 進行預測，含選擇預測技術、蒐集資料及準確度的衡量與控制。
(2) 物料取得，含自製與外購決策分析、選擇供應商及供應商管理。
(3) 存貨管理，含物料需求規劃、存貨管制及流程中各類存貨的儲存地點。
(4) 總體規劃，決定生產量、外包量、人力調配、存貨量及欠撥量的最適水準與需求時間，以達到產銷配合。
(5) 配送需求規劃，促使各階段供應鏈成員間的供應與需求能相配合。

(6) 品質保證，推動全員參與並提升產品與服務的品質水準。

(7) 促使所有供應鏈交易夥伴間的有效協作。

3. 低階層管理者提升系統活動效率的作業性任務

(1) 物料供應、作業及配銷活動的短期排程。

(2) 物料的接收、檢驗和管理。

(3) 系統內各階層系列的投入、轉換及產出作業活動。

(4) 物料的訂購、倉儲及領發料管理。

(5) 品質、數量、成本及時間進度管制，採取適當修正行動以降低變異。

(6) 訂單管理，有效將訂單、產能及可供應存貨相連結。

(7) 透過物流管理，有效配送產品至各配銷中心、通路及顧客。

(8) 供應鏈交易夥伴間共同分享資訊。

實務上，在設計與建立整體供應鏈管理系統時，必須考量因組織內外部環境變化所產生之新的發展趨勢，相關的議題包括重新評估外包政策、存貨管理、精實供應鏈、風險管理、環境永續性及全球性。

1. 重新評估外包政策

供應鏈設計須重新評估外包的原因，主要是基於發展全球性供應商、降低勞工成本、產能不足、需求變化大、維持較高彈性、降低運輸成本、存貨成本及關稅成本等。另外相關的原因，如以更少的資源投入產出較高的資產報酬率、智慧財產權的考量、專業知識與技術及尋求工廠鄰近的供應商等。

2. 存貨管理

供應鏈管理的主要目的在於提高存貨週轉率和降低缺貨水準，所以在設計供應鏈系統時須特別關注於相關存貨管理的議題，包括存量的透明化、料帳的一致性、最適批次訂購量、安全存量與訂購點的訂定，建立存量管制系統及有效的追蹤和管控等。例如，可以**採用越庫（Cross-Docking）作業方式，在供應商將商品運送到倉庫時，並沒卸載商品進入倉庫，而是將商品直接裝載至出貨車上，可以避免額外的倉儲作業，進而縮短前置時間及降低儲存成本**。

3. 精實供應鏈

依照以往經驗，傳統的供應鏈內各成員間的連結機制過於鬆散，同時企業本身的流程無法與上游供應商、下游批發通路商或顧客的需求有效連結，至無法產生實質效益。為此，許多企業開始導入精實管理（Lean Management）原則以提升供應鏈系統的績效，具體的做法包含運用後拉式系統、消除浪費和無附加價值的製程、選擇少量優質供應商、並採用精實態度和手法持續進行系統改善，同時推動採購認證計畫，針對通過認證的供應商，無需對其採購的商品進行檢驗，以節省驗收成本及縮短前置時間。

4. 風險管理

近年來由於供應商所供應的原物料和商品的品質產生問題，以致造成將商品召回、商譽損失或巨額賠償事件可說層出不窮，如汽車零組件、玩具、狗食等。因之，保有對產品責任和風險的持續關注，建立嚴謹的風險評估活動和程序，成爲設計供應鏈系統時的一項重要課題。

5. 環境永續性及全球性

地球暖化和環境污染的威脅，對於企業供應鏈系統的設計已產生重大的影響。**永續性（Sustainability）乃爲在不危害與破壞生態系統前提下，發展能夠減少碳排放和維持永續經營的製程，以支持地球上人類的生存**。永續性對供應鏈系統所造成的影響含產品設計、災害預防、產品回收、逆物流、節能減碳管理及外包政策。

6. 全球性

隨著外包策略的使用及國外市場的開拓，企業供應鏈系統涵蓋的範圍以擴及全球化，此亦帶來了供應鏈設計的複雜化，包括語言與文化的差異、運輸成本和前置時間增加、貨幣匯率波動、供應鏈成員間信任和合作需求的增加。因之，在設計供應鏈系統時，必須謹慎分析不同國家間在政治、文化、社會的差異，以及當地的產能、資源供應、人力素質、財務、運輸與通訊基礎建設、稅法及環境等影響供應鏈成功之因素。

三、供應鏈設計的模式

根據美國 IBM 公司實證研究的觀點，企業建立供應鏈系統的發展程序依序分成：企業內部整合、追求企業卓越、外部夥伴協作、價值鏈協作及全面性網路鏈結五個階段；其中，前面二個步驟在於追求企業內部的整合與績效提升，後面三個階段則擴及外部供應鏈夥伴間的整合與協作，如圖 11.4 所示。

資料來源：IBM,Institute for Business Value Analysis。

圖 11.4 供應鏈設計的五個階段

1. **第一階段：企業內部整合**

   就組織結構與組織行為的觀點來看，設計供應鏈系統的基礎，首先須進行企業組織內部的全面性整合，範圍涵蓋組織橫切面各個水平部門，以及縱切面垂直面各個高、中、低管理階層的有效整合，藉以達成企業流程的合理化，進而降低成本並實質提升營運績效。

2. **第二階段：追求企業卓越**

   於第一階段完成企業內部整合後，在全員參與和努力下，持續追求改善，以提高企業的營運綜效，達成顧客需求滿足之目標。

3. **第三階段：外部夥伴協作**

   在建立企業內部整合和追求卓越後，接下來為透過協同合作以建立與外部夥伴的信賴關係，尤其當企業與外部夥伴有互補的產品或服務時，即可透過策略性夥伴關係的建立，達成互利而實現策略性利益。舉例來說，採用供應商管理存貨方式，可以降低存儲成本和交換顧客對供應商的長期承諾，進而降低供應商另外尋找新顧客、談判洽價及服務成本。

4. **第四階段：價值鏈協作**

   尋求與更多的外部企業建立協作夥伴關係，進而建立與推動完整的價值鏈體系，整合範圍涵蓋上游的各供應源、製造者及下游的各配銷通路商和最終顧客。透過整個價值鏈夥伴的協同合作，有效連結各階段的供應和需求關係，進而創造在各階層的網路流程中產品和服務的附加價值。

5. **第五階段：全面性網路連結**

   最後階段為供應鏈網路系統的全面性連結，藉由協同規劃、少數供應商、長期承諾關係，以及預測、銷售和異常警示的資訊分享，有效提升品質水準、增加交期速度與彈性、提高存貨週轉率、縮短前置時間、降低存貨成本及改善作業活動的效率。

關於供應鏈管理系統的設計，美國供應鏈協會於 1997 年提出供應鏈作業參考（SCOR）模式，供作產業設計與評估供應鏈系統的工具。基本上，**SCOR 模式乃是經由系統分析方式， 供企業於導入供應鏈活動時分析其優劣條件，並用以確認供應鏈管理作業上的缺失所在，進而提出具體的改善對策及執行方案。**

歸納而言，整體 SCOR 模式的架構共涵蓋企業流程再造、標竿企業比較、最適實務方法分析及建立流程參考模式四個階段，如圖 11.5 所示。

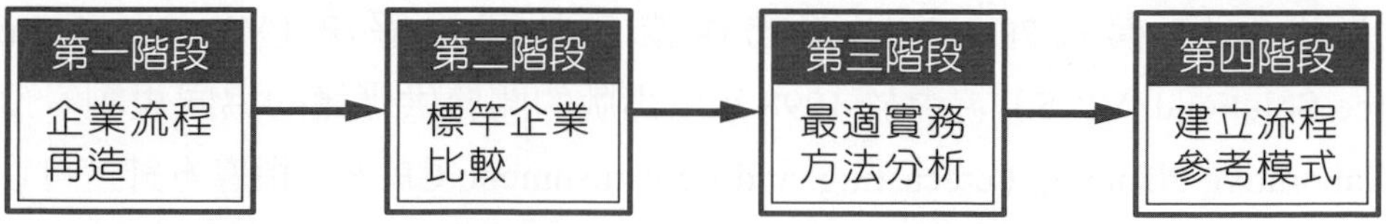

資料來源：Supply-Chain Council, 2011。

圖 11.5　SCOR 模式的架構

1. **第一階段：企業流程再造**

   內容為描述與分析整體供應鏈網路流程的現狀，評估其優缺失，改進現有流程的缺失，並進一步進行流程再造來建立未來理想的供應鏈網路流程。

2. **第二階段：標竿企業比較**

   與同業進行績效的比較，同時從中選擇績效最佳的同業做為學習標竿，剖析其成功的經營模式和差異化的競爭優勢，進而設定企業本身的內部目標。

3. **第三階段：最適實務方法分析**

   從企業實務面觀點，分析與研判關於供應鏈管理的策略及達成目標之執行方法，期能產出最適的管理績效。

4. **第四階段：建立流程參考模式**

   整合前三個階段的努力，建立整體供應鏈網路流程之參考模式，藉由審視涵蓋企業本身內部、外部供應鏈的上游供應商、下游配銷通路商及最終顧客的流程，確認與分析整個供應鏈系統之關鍵性流程，進一步分析問題點所在，並發展有效的改善方案。

基本而言，SCOR 模式的主要優點在於能夠提供全體供應鏈夥伴一種具有共同語言的溝通程序，整個 SCOR 模式的內容共涵蓋四個階層：核心管理程序、構造層、元素層及執行層，而其基本架構主要是建立在第一個階層的五個核心管理程序上，茲說明如下：

1. **規劃（Planning）**：藉由規劃程序來達成需求與供應的平衡，同時發展具體的執行方案。
2. **取得來源（Source）**：自各上游的各供應源適時、適量取得原物料與服務的程序，期以滿足計畫和實際的需求。
3. **製造（Make）**：將取得的原物料投入製造現場，進行加工和裝配，進而轉換成最終製成品的程序，以滿足計畫和實際的需求。
4. **運送（Delivery）**：提供最終製成品予配銷通路商和最終顧客的程序，以滿足計畫和實際的需求，包含接單、配銷、物流、運輸等活動。
5. **回流（Return）**：有關將物料退回供應源、顧客退貨處理、製成品回收、再加工及售後服務的程序。

除上述SCOR模式外，美國義務產業互動商業解決（Voluntary Interindustry Commerce Solutiond, VICS）協會於1998年所出版的關於供應鏈的協同規劃、預測與補貨（Collaborative Planning, Forecasting, and Replenishment, CPFR）指導方針，可以提供企業在設計與管理供應鏈系統之遵循方案。

在2001年，VICS和有效率的消費者回應（ECR）組織共同組成一聯合委員會，對CPFR內容加以修改，便於納入全球性供應鏈需求，並取得全球商業協進會（Global Commerce Initiative）的認可。在2004年，VICS的CPFR委員會再對CPFR模式進行重大改版，除進一步就內容作整合創新外，並對原先供應鏈流程管理的缺點加以改進。

基本上，**CPFR模式乃是一個有效結合全體供應鏈交易夥伴努力的商業實務應用，用於指導進行系統流程規劃和滿足顧客需求訊息，並藉透明化需求來驅動供應鏈夥伴達成最終顧客價值的最大化，改善供應鏈系統的效能和效率**。CPFR模式的主要用途在於將供應鏈從無效能、無效率的前推式系統，改變爲以顧客需求爲基準所帶動的後拉式系統，各供應鏈成員爲達到協同規劃、預測與補貨的目標，而一起相互分享資訊。

關於CPFR模式的推動，首需取得各交易夥伴一致認同的計畫與程序，計畫大綱的內容必須呈現：應該銷售什麼、銷售數量、如何促銷及銷售時間等資訊，尤以資訊變更皆需獲得全體供應鏈交易夥伴的認同。同時，CPFR模式也納入了一些關鍵性資訊，如促銷時機或淡旺季的需求量，藉以降低供應鏈系統的大量庫存量，進而有效縮短前置時間。

11.3 供應鏈績效的衡量

從實務的觀點來看，企業推動供應鏈管理的績效目標，主要在提升物流、金流、資訊流及服務流的流動速度。關於供應鏈管理的績效衡量，一般可以分成八個面向，包括訂單履行（Order Fulfillment）能力、供應商管理、作業管理、存貨管理、成本財務、資訊管理、顧客滿意及事件處理能力。

1. 訂單履行能力

(1) 自接到訂單開始，經設計、製造、配銷至交貨爲止，實際履行訂單所經過的時間。

(2) 訂單準確度。

(3) 訂單準時運送的百分比。

(4) 未依時完成運送訂單的百分比。

(5) 回應客製化需求的彈性。

2. **供應商管理績效**

(1) 送驗批品質不良率。

(2) 訂購及取得物料的前置時間。

(3) 供應商處理送貨時程、數量及需求變動之彈性。

(4) 供應商準時交貨的百分比。

(5) 供應商的配合度。

(6) 供應商的財務穩定度和信譽。

3. **作業管理績效**

(1) 生產力。

(2) 品質水準及可靠度。

(3) 產能利用率及閒置時間比率。

(4) 平均流程時間。

(5) 總完工時間。

(6) 物料收率。

4. **存貨管理績效**

(1) 平均存貨價值。

(2) 存貨週轉率及週轉期間。

(3) 存貨速度（Inventory Velocity），物料在供應鏈網路之移動速率。

(4) 訂購、儲存及短缺成本。

5. **成本財務績效**

(1) 資產報酬率。

(2) 總生產成本，正常生產、加班、存貨、人力變動及欠撥成本。

(3) 設施成本，含投資和應用資訊及各項設施的成本。

(4) 物流及運送成本。

(5) 逆向物流（Reverse Logistics）成本，為運送和處理被退回物品的成本。

(6) 總利潤。

(7) 現金流量。

6. **資訊管理績效**

(1) 資訊速度（Information Velocity），為資訊在供應鏈網路的傳訊速度。

(2) 供應鏈的能見度（Supply Chain Visibility），為各交易夥伴可以即時在供應鏈網路上取得和分享所需資訊的能力。

7. 顧客滿意績效

(1) 顧客滿意度。

(2) 顧客抱怨的百分比。

(3) 產品責任與保證成本。

8. 事件處理績效

(1) 事件管理能力，爲有效偵測與解決非計畫中之突發異常事件的能力。

(2) 風險辨認、避免、降低及排除之能力。

關於供應鏈績效衡量，依美國供應鏈協會 SCOR 模式的設計，特將績效特性分成供應鏈的可靠度、回應力、彈性、成本及資產五類，並分別訂定其對應的績效衡量指標。

1. 供應鏈可靠度（Reliability）

用於衡量供應鏈在物流運送上的績效表現，包括在適當的地點、適當的時間、適當的形式和包裝、運送適當的數量及適當的文件給適當的顧客，其對應衡量指標爲訂單履行能力，含訂單準確度及訂單準時運送的百分比。

2. 供應鏈回應力（Responsiveness）

用於衡量供應鏈提供產品給配銷通路商及最終顧客的速度，其對應衡量指標爲訂單履行週期時間。

3. 供應鏈彈性（Flexibility）

用於衡量供應鏈回應市場的非計畫性需求變化及維持競爭優勢的能力，對應衡量指標含提升產量的彈性、供應鏈增產和減產的速度。

4. 供應鏈成本（Cost）

用於衡量供應鏈的作業成本，對應衡量指標包含供應鏈的銷貨成本及管理成本。

5. 供應鏈資產（Assest）

用於衡量企業實際支援供應鏈需求所投入的資產，包括現金和固定資產，其對應衡量指標含現金週轉時間及固定資產週轉率二種。

上述五類衡量供應鏈績效的指標，其中可靠度、回應力及彈性三個指標適用於衡量外部供應鏈績效，另外二個供應鏈成本和供應鏈資產則用於企業內部供應鏈的績效衡量。在實際應用上，企業一般可使用供應鏈評量紀錄卡，藉由與標準或同業的績效數據做比較，並分析差異原因所在，進而提出適當的改善對策。

表 11.1 爲供應鏈評量記錄卡之例，其中第四欄標準值可利用外部標竿企業或是企業內部目標設定之。

表 11.1 供應鏈評量記錄卡

績效特性	衡量指標	標準值	實際值	差異值	備註
供應鏈可靠度	訂單的準確度				
供應鏈可靠度	訂單準時運送百分比				
供應鏈回應力	訂單履行週期時間				
供應鏈彈性	供應鏈增產彈性				
	供應鏈增產速度				
	供應鏈減產速度				
供應鏈成本	銷貨成本				
	供應鏈管理成本				
供應鏈資產	現金週轉時間				
	固定資產週轉率				

資料來源：Supply-Chain Council, 2011。

11.4 供應鏈的整合與協作

在實務上，企業建立供應鏈系統的成敗關鍵，主要在於能否有效規劃、協調及整合所有供應鏈成員的努力。本節內容，要介紹三個關於供應鏈協作的議題，包括有效供應鏈協作的基礎、長鞭效應及供應鏈的協作機制與策略。

一、有效供應鏈協作的基礎

組成企業供應鏈的交易夥伴分散於不同地區，所以欲提升供應鏈管理的成效，首要課題乃為有效整合供應鏈系統內所有面向的努力，以促進供應鏈成員之間的合作關係，並落實各項作業活動與流程的規劃與協調工作。

歸納而言，企業要達成有效供應鏈協作的基礎，必須朝信任與溝通、能見度與資訊速度、事件與風險管理能力、策略性的取得物料來源（Strategic Sourcing）及適當的抉擇取捨五個面向努力之。

1. 信任與溝通

成員之間的相互信任與溝通為成功的供應鏈協作的重要基礎，唯有透過共同的信任與溝通，方能促進供應鏈成員為彼此的利益而努力，同時為達成有效的溝通，需要建立標準化的協調機制與方法。

2. **能見度與資訊速度**

供應鏈各成員可及時取得、分享所需資訊的能力與資訊流動速度，意即藉由資訊分享來提升供應鏈網路的能見度和資訊速度，如產品配銷運送狀態、存貨水準、訂單履行狀況及相關重要資訊。

3. **事件與風險管理能力**

有效偵測與解決非計畫中突發異常事件，以及風險辨認、避免、降低和排除的能力，例如供應商延遲交貨、庫存缺貨及前置時間過長等。企業供應鏈之事件管理能力，一般包含四個因素：監控系統、及時通報、模擬解決方案及衡量供供應鏈成員之長期績效。風險管理包括辨認風險、評估可能潛在衝擊、排定優先順序及發展控制風險的策略及建立標準處理流程。

4. **策略性的取得物料來源**

分析與研訂物料取得來源之最適策略，擬定達成最小化的取得成本與風險的組合。策略性取得來源乃是透過系統化的分析各項物料取得的流程，來減少無附加價值的作業、減少成本、降低風險及改進供應商績效，同時藉由跨功能團隊來達成強化採購力量，並促使供應鏈成員間的協作關係。

5. **適當的抉擇取捨**

企業在尋求適當的供應鏈管理和協作策略時，決策者常會面臨多元的利弊取捨抉擇問題，例如：

(1) **訂購批量與存貨成本的取捨：**較大的批次訂購量會減低訂購和短缺成本，但會造成存貨數量與儲存成本的增加。

(2) **安全存量與存貨成本的取捨：**較大的安全存量會減低短缺成本，但會造成儲存成本的增加。

(3) **運送批量與儲存成本的取捨：**較大的運送批量會減低運輸成本，但會造成存貨數量及儲存成本的增加。

(4) **前置時間與運送成本的取捨：**較大的運送批量會減低運輸成本，但會造成等待、閒置的前置時間增加。

(5) **產品多樣化程度與存量的取捨：**少量多樣生產會減少存量水準，但會造成裝設及運送成本的增加。

(6) **預測準確度與預測成本的取捨：**較高的預測準確度會減低風險成本，但會造成預測成本的增加。

二、長鞭效應

存貨管理在整個供應鏈系統中是一項重要的議題，尤以市場及顧客需求的變動對於存貨速度及各階層供應鏈的庫存量更會造成巨大的效應，進而影響到整體供應鏈管理的成效。基本上，存貨速度係指物料在供應鏈網路中之移動速度，存貨速度愈快，表示存貨週轉率愈高、週轉期間愈短，意即訂單履行的速度就愈快，現金流量的流動性亦愈高。

產業實務上，**供應鏈網路系統最末端的市場和顧客需求的變動，常會向其上游延伸，造成供應鏈無法控制的存貨波動，且其存貨波動幅度將隨著供應鏈向後延伸而逐漸增大，此種存貨波動的現象稱為長鞭效應（Bullwhip Effect）**。

長鞭效應的產生，乃因需求變動的形式類似於一條長鞭握把端的輕微震盪所產生的逐漸遞增變異之效應，致使供應鏈發生物料短缺或超額需求現象，進而導致較低的顧客滿意度及提高存貨成本。

造成長鞭效應的產生，除了供應鏈最末端顧客需求的變動外，還包括品質異常、勞工因素、物流運送延遲、預測誤差、大批量訂購、促銷及推廣手法、寬鬆退貨政策及異常氣候等；另外，對缺貨反應過度的心理因素，因顧客常在短缺後的訂購批量會較實際需求更多，還有供應鏈成員之間溝通延遲、缺乏作業活動的協調及不完整的溝通，皆會導致存貨需求不規則的波動。

關於長鞭效應的克服，一般可使用的策略為策略性緩衝存貨、供應商管理存貨、集中式存貨、有效的資訊分享及後拉式管理系統，其中後拉式管理系統的概念請參閱 11.1 節的介紹。

1. **策略性緩衝存貨（Strategic Buffering Inventory）**

   藉由設置策略性緩衝存貨，並依實際需求進行存貨補充以克服長鞭效應。例如，國內大型超商轄下各便利商店門市部的存量應由配銷中心做整體的掌控，即依造銷售時點（POS）系統的需求和存量資訊，作為需要補充物項、時間與數量之基準。

2. **供應商管理存貨（VMI）**

   由供應商持續追蹤、監督運送至製造商及配銷通路商之供應狀況，並在供應不足時可及時進行存貨補充，此種做法的優點為企業可藉由將管理和補充存貨的責任轉移至其上游供應商，以減少營運資金需求和降低作業成本，進而有效克服長鞭效應之缺失。

3. **集中式存貨（Centralized Inventory）**

   存貨的位置對於供應鏈系統的訂單履行能力及存貨速度為一重大的影響因素。相較於分散式存貨在某一位置可能存貨過剩、而在另一位置則可能會有存量不足之缺失，採用集中式存貨可以為供應鏈創造較低的整體存貨。

4. 創造資訊分享

藉由有效溝通方式，包括建置整合式資訊與通訊科技，以及訂定標準化、透明化的溝通程序與系統，讓所有供應鏈成員分享所需資訊，以有效提升供應鏈能見度、資訊速度及事件管理能力，進而降低長鞭效應的負面影響。

以上關於長鞭效應造成因素及因應策略的討論，彙總如表 11.2 所示。

表 11.2 長鞭效應的概念

項目	說明
長鞭效應的意義	供應鏈網路最末端的顧客需求的變動，常會造成供應鏈無法控制的存貨波動，且存貨波動幅度會隨著往供應鏈上游延伸而逐漸增大。
長鞭效應的造成因素	· 管理因素：品質異常、勞工因素、物流運送延遲、不準確的預測值、批量訂購、促銷手法、退貨政策、對缺貨反應過度。 · 溝通因素：顧客心理、溝通延遲、缺乏協調、不完整的溝通。 · 外部因素：政治、社會、經濟之突發性及異常事件。
長鞭效應的因應策略	策略性緩衝存貨、供應商管理存貨、集中式存貨、創造資訊分享及後拉式管理系統。

三、供應鏈協作的機制與策略

近年供應鏈管理的蓬勃發展，已蔚為企業管理及國際企業經營領域之主要潮流。然而，供應鏈是由位於不同國家、地區的眾多夥伴所組成，如何促成參與供應鏈的所有交易夥伴能夠積極的協同合作，並整合團隊的努力，發揮整體最大的綜效，已成為提升供應鏈管理成效的一項重要課題。

歸納而言，促進供應鏈協作的基本要求在於成員對於資訊、知識、風險及利潤的分享，做法上涵蓋系統的相關軟硬體因素，包括共同利益、彼此信任、開放與合作、領導者、利益分享、資訊科技及長期性觀點。

1. 共同利益

促成成員加入供應鏈團隊運作的基本誘因，乃在於追求較個別企業為大的共同利益，尤其是供應鏈成員的承諾及瞭解彼此的期望，更是能否有效達成供應鏈協作機制之關鍵性因素。

2. 彼此信任

就組織內部而言，共同信任涵蓋企業之生產、行銷、人力資源、財務、採購、物流及資訊各個部門，以及縱向的高、中、低各階層管理人員。同時就外部供應鏈而言，信任亦必須存在於供應鏈系統內各個成員與交易夥伴之間，協作力量方能有效地展開和壯大。

3. **開放與合作**

開放與合作為促成供應鏈成員有效協作之基礎，供應鏈管理是一個嶄新的整合供產銷經營模式，打破傳統式企業單打獨鬥的經營方式，尤其特別強調團隊利益大於個人，如何營造開放式溝通環境以促成夥伴間的協同合作，創造彼此最大利益，乃為供應鏈管理的一項重要環節。

4. **領導者**

如同個別的企業組織一樣，有效的供應鏈的協作，需要一位卓越領導者來進行規劃、協調、指揮、控制活動，以及推動整個供應鏈的作業流程和功能作業活動，以整合所有供應鏈成員的努力。實務上，供應鏈的領導者係由規模最大的發起者的高階管理人員擔任，例如整合品牌行銷設計者的蘋果電腦、三星電子，或是中心配裝工廠的製造商，如豐田汽車。

5. **利益分享**

對於成員彼此間利益與損失的公平分享，式整個供應鏈協作中之一項重要的促成因素，所以必須建置有一套效的供應鏈績效指標及評量機制，以及公平的報酬與損失分攤制度。

6. **資訊科技**

資訊科技乃是供應鏈網路的支撐骨架，藉由先進的資訊管理系統，將供應鏈運作所產生的巨量資料轉換成有用的資訊與知識，建立能有效整合供應鏈全體成員的虛擬營運體系，提供成員資訊分享和提供供應鏈的能見度，並能加快資訊流動速度及快速回應效果。

7. **長期性觀點**

有效的供應鏈協作並非短期就可達成，企業供應鏈及其他所有的成員必須具有長期承諾、且以追求長期性利益的觀點，方可成功地建立和推動供應鏈的協作機制，進而達成彼此間的共同利益。

關於如何有效促進供應鏈協作的策略，做法上包括形塑信任氛圍和制度、供應商發展、供應商夥伴關係、減少中間商、策略性夥伴，以及前面所介紹的建立 CPFR 模式和供應商管理存貨等。

1. **形塑信任氣圍和制度**

藉由良好的供應鏈規劃來訂定適當的協作計畫與制度，內容包括建立可接受的共同目標及具體執行方案，考量層面涵蓋高階層管理者的支持與承諾、追求利益、報酬與風險、顧客需求及成員所扮演角色等因素。其次，在計畫的執行面方面，包含有效設定發展願景與總體目標、營造開放式溝通環境、設計合適組織架構及定期進行信任度和績效的評量與控制等。

2. **供應商發展**

供應商發展爲有效促進供應鏈及提升供應商績效之一種管理程序，目的在於強化製造、工程、產品開發及管理技術的能力，具體做法包括落實供應商分析工作，針對品質、價格、數量、交期、配送、信譽及配合度相關面相來評估各供應源的績效，此外，推動供應商審核與認證制度，以及導入 ISO 9000 國際認證制度，定期檢核供應商的績效、政策及能力，並確保供應能力及降低檢驗與測試成本。

3. **供應商夥伴關係**

建立和維持和諧的供應商關係爲促進供應鏈協作之重要環節，早期企業常將供應商視爲競爭對手，僅短視的以價格作爲選擇供應商標準；然而，由日本企業的案例可以得知，維持良好的供應商關係可以獲得許多利益，包括接受更具彈性的交期、品質及數量的變更，更可協助發掘、分析及解決問題。在供應鏈策略發展上，企業可藉由建立長期性的供應商夥伴合作關係，用於增進其整體供應鏈協作的成效，其利益包括維持少數優質的供應商、協同規劃、資訊分享、提升交貨速度和服務水準、較低的存貨成本及縮短前置時間。

4. **減少中間商**

剔除系統中一到多個中間商，藉由縮短供應鏈的階層數來減少供應鏈網路流程之步驟，可以增進供應鏈協作之效益，實質改善整體的物流、資訊流、金流及服務流的流動速度，進而縮短前置時間及降低存貨成本。

5. **策略性夥伴**

當二個或多個企業組織相互持有互補性的產品與服務，且認知到透過彼此間的合作可帶來較個體更大的利益時，即可採取結盟成爲策略性夥伴關係來實現共利目標，並有效促進供應鏈之協作力量。例如，一個供應商同意爲顧客持有和管理存貨，可以獲得顧客長期合作的承諾，如此不但可以確保客源以降低失去訂單、尋求新客戶的成本；對於現有的顧客來說，也可減低存貨相關的訂購、儲存及短缺之成本。另一方面，針對下游供應鏈的配銷通路，企業也可推動與其通路商相互結盟關係，來創造共同的利益。

11.5 供應鏈的資訊管理

本節內容在於介紹供應鏈的資訊管理，包括企業電子化及供應鏈資訊系統的設計二個議題，目的在於達成資訊分享，並有效整合供應鏈之物流、資訊流、金流及服務流，創造各交易夥伴之共同利益。

一、企業電子化

企業電子化爲建立與落實供應鏈管理之重要環節，可以改善與提升整體供應鏈系統的績效。自供應鏈角度來定義，企業電子化即是運用資訊科技進行電子資料交換，以增進供應鏈成員的協作效益，並促使交易與互動更具效率。

關於企業電子化的應用範圍，包括協同產品開發與設計、製造規劃與控制、物料訂購與跟催、訂單履行與運送追蹤及推廣和促銷等。歸納之，企業電子化範圍涵蓋以下的交易與作業活動：

1. 及時提供資訊給各供應鏈成員。
2. 同步工程，即及時進行協同產品開發與設計。
3. 協同製造規劃，含訂定主日程計畫、製程設計、生產排程及發布製令。
4. 生產控制，含品質、成本、數量及時間進度之管制。
5. 與供應商協議價格、交期及合約。
6. 建立供應商夥伴關係。
7. 存貨管理。
8. 與顧客協議價格、交期及合約。
9. 接受顧客訂單及訂單追蹤。
10. 商品裝貨、配送及交貨。
11. 商品促銷及提供相關資訊。
12. 售後服務及客訴處理。
13. 收取顧客貨款。

企業電子化的內容主要涵蓋前端的網站架設，以及後端的訂單履行，包括訂單處理、存貨管理、倉儲、運送、包裝、配銷運送及帳務處理等。這其中，網際網路扮演一個非常重要的角色，企業電子化主要是透過網際網路來進行各種物流、資訊流、金流及服務流之交易作業活動，期能提升供應鏈的能見度和資訊速度。歸納而言企業推動電子化可獲致如下的利益：

1. 尋求來自全球的供應源。
2. 加快產品上市時間。
3. 提升大量客製化、產品遞延差異化及個人化產品之能力。
4. 拓展全球性市場並瞭解顧客需求。
5. 提供及時化服務、提升企業競爭力及服務品質。
6. 及時收集資訊、並分析不同產品的利益。
7. 節省交易和存貨成本、進而降低產品售價。
8. 透過網路進行採購及作業活動，可節省人事成本。
9. 透過網路配銷以縮短供應鏈回應時間、且不需要零售商及倉儲空間。
10. 減少中介商數目，增加原物料及產品購買的選擇。
11. 提升供應鏈的可見度和資訊速度、降低設施和運送成本。
12. 提升存貨流通速度、降低存貨成本。

二、供應鏈資訊系統的設計

基本而言，完整的供應鏈管理系統涵蓋上游各階層供應源、中間的企業規劃與功能作業活動，以及下游各階層配銷通路商的有效整合和協作，圖 11.6 爲一整合式企業電子化管理架構。

由圖 11.6 可知，整合式企業電子化管理架構主要係以滿足和維持顧客的需求爲核心，將整體供應鏈網路之物流和資訊流加以有效整合，使得跨企業協作體系中各個成員能共享資訊、產品、服務、知識及財務等資源，以及關於市場取得、能力、資訊及核心競爭力之資產和限制，期能爲所有供應鏈交易夥伴及最終顧客創造適當的附加價值。

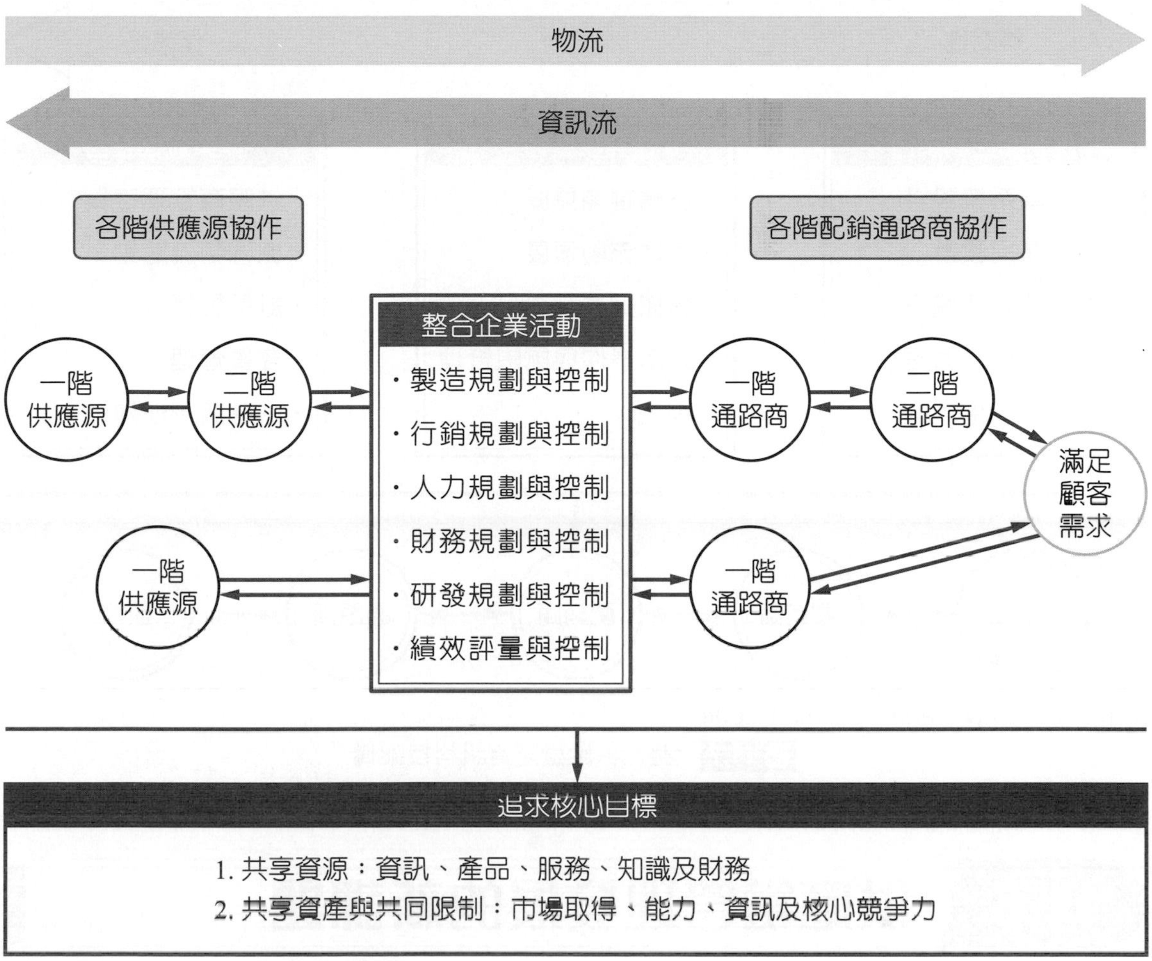

資料來源：Bowersox et al., 2003。

圖 11.6 整合式企業電子化的管理架構

更進一步，圖 11.7 為一整合供應鏈之資訊科技架構。如圖 11.7 所示，完整供應鏈資訊科技架構涵蓋三個整合層次，依序包括策略性的系統規劃和控制整合、戰術性的資訊整合及作業性的功能活動流程整合。

這三個整合層次跨越了所有的供應鏈的組成因素，包含供應源、製造商、配銷商、通路商及最終顧客；其中系統規劃和控制整合屬於長期策略性規劃，含供應鏈系統設計、協同產品設計、策略性夥伴關係、需求與供應管理及企業電子化規劃等；資訊整合屬於中期戰術性規劃，含供應鏈能見度、存貨流動速度、績效指標及評分卡、事件與風險管理管控等；作業流程整合屬於短期作業性規劃，含供應商管理存貨、協同物流活動、存貨管理及供應商關係管理等。

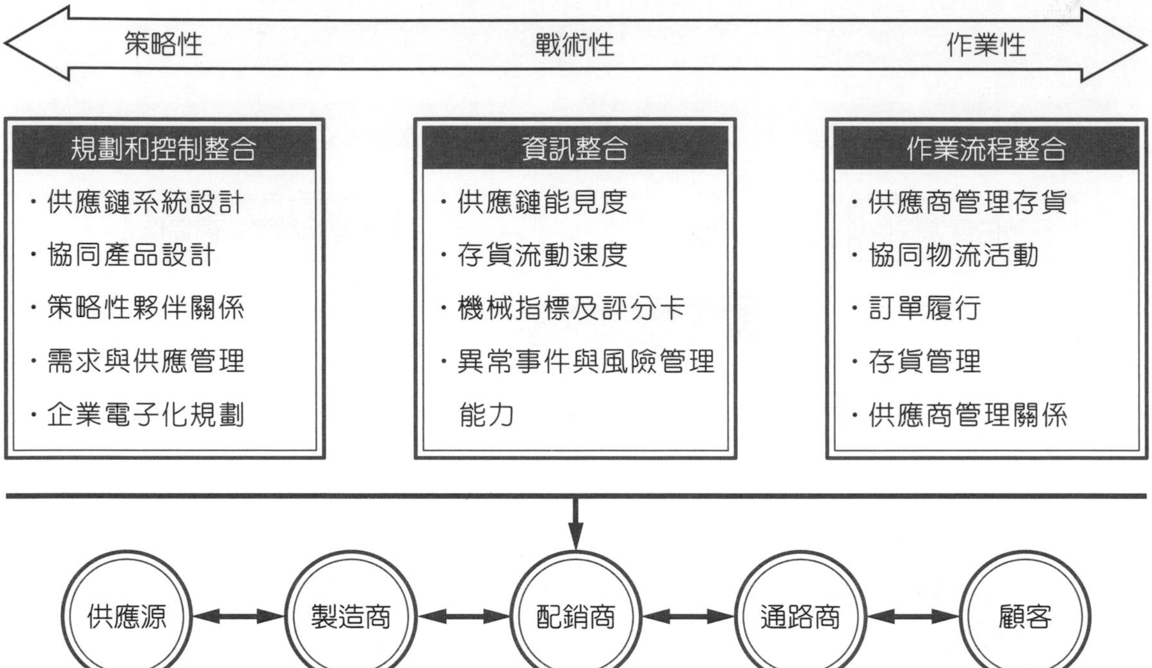

資料來源：Davis and Spekman, 2004。

圖 11.7 整合供應鏈之資訊科技架構

11.6 供應鏈管理發展的新課題

本節主要在於介紹供應鏈管理發展的新趨勢，俾使讀者瞭解關於近年供應鏈管理發展一些新的課題與挑戰，內容包括服務供應鏈的設計和管理、綠色供應鏈管理及精實供應鏈管理。

一、服務供應鏈管理

近三十年來，隨著國民所得的不斷提高，造成國內服務業之蓬勃發展，目前我國服務業產值的比重已達整體國內生產毛額（Gross Domestic Product，GDP）的百分之七十以上。因之，如何有效推動服務供應鏈管理（Service Supply Chain Management），以實質提升服務產業的營運績效和競爭力，再創我國整體經濟的持續成長，已成為產官學研各界所關注的一項新的議題。

基本而言，如同前面各節所介紹的內容，早期關於供應鏈的學理與實務議題之發展，一般較偏向於製造供應鏈的系統設計和有效管理；然而，相對於製造業供應鏈關注於有形的實體產品流動及績效的易衡量性，服務供應鏈則具有如下的特色和差異點：

1. 服務產出則多爲無形，如心理感受、和氣的態度和氣氛。
2. 服務以動作爲導向，製造則以產品爲導向。
3. 服務業的需求和產能可取得性難以預測。
4. 較高的需求變異性，常造成等候線變長或服務資源閒置。
5. 人力密集程度高，且工作內容較有變化、人員滿意度較高。
6. 服務產出與交貨時間經常同步發生，並與顧客直接接觸。
7. 資源投入及產出的標準化程度較低。
8. 服務無法儲存，產能規劃及彈性維持特別重要。
9. 服務具有高度的能見度，這點在服務供應鏈流程設計時須特別考量。
10. 服務業進入門檻較低，對追求創新與成本效益之壓力較大。
11. 地點選擇相當重要，須考量便利性。
12. 顧客關係管理相當重要，因錯誤在事前很難發現和更正。
13. 服務的廣度涵蓋從低度無客戶接觸，到與顧客高度接觸都有。
14. 營運績效較難衡量，如生產力、品質水準、顧客滿意度等。
15. 服務系統的人力供需彈性較高。

關於服務供應鏈系統管理的內容，以下分成服務系統設計、流程管理、服務的總體規劃、服務地點選擇及企業資源規劃五個議題介紹之。

1. 服務系統設計

關於有效的服務供應鏈的設計，首須考量能與組織創立使命具有一致性。其次，因服務需求較爲多變，故需有穩健的服務系統設計，使服務能力能夠涵蓋較爲廣闊的需求。同時，在服務過程中發生事件常具高度的變化性，以致需要較強的事件與風險處理能力；尤其是須將櫃台前與櫃台後的作業做有效連結，櫃台前直接與顧客接觸，需首重顧客服務，提供使用者非常友善的環境，而櫃台後的作業則需著重於效率與速度的提升。

2. 流程管理

速度爲服務業經營的致勝關鍵，所以流程管理特別關注於服務的及時性和便利性，尤以促使在製品的極小化的做法，如等候處理的訂單與包裹、等候答覆的電話、等待裝貨或卸貨的貨車等。同時，應力求避免服務中斷，如員工在服務顧客中，還要接聽電話；此外，有效流程管理還包括簡化服務流程、減少浪費、訓練人員提供客製化服務及提升事件處理能力和服務系統彈性。

3. **服務的總體規劃**

服務供應鏈的總體規劃係在以時間爲基礎下，用以預估顧客需求、人力及設備產能，因服務產能具易消逝性特質，總體規劃必須考量供應與需求的配合。以醫院爲例，其總體規劃涵蓋資金分配、醫師與護理人力調配、產能負荷及病人醫療服務等，如病床產能利用、手術資源、藥物及人力需求預測。在實務上，服務供應鏈可藉有效的產出管理（Yield Management）來達成最大收益，即運用價格策略促使產能與需求能夠配合，如在旺季提高價格以限制需求量，使產能負荷達到平衡；而在淡季顧客需求較低時段，則採降價促銷以提高產能利用率。

4. **服務地點選擇**

服務地點的選擇較製造業複雜，主要的考量因素爲便利性、交通流量及競爭者的位置。相較於製造供應鏈關注於建廠、人力取得、運輸及能源取得成本的降低，服務系統的地點選擇則注重收益和利潤的創造，考量因素含括人口統計資料，如年齡、教育程度及收入等，以及競爭力、地區人口、交通量、公共交通工具及顧客光臨與停車便利性等。

5. **企業資源規劃**

近年來，企業資源規劃（ERP）系統也被導入到服務供應鏈管理中，包括銀行、郵政、高等教育、健康照護、餐飲飯店、物流運輸和零售業、工程建築及航空服務等。以高等教育產業爲例，其 ERP 系統的功能含學生資訊、教師與行政人力安排、課程規劃、宿舍和校園設施、圖書與實習資源、教學品保、校友成就與發展及會計財務等相關資訊的整合與取存。

二、綠色供應鏈管理

自十八世紀西方工業革命以來，已帶給人類財富和經濟所得的快速發展，但也造成了環境污染、資源耗竭、生態破壞及地球暖化等問題。因此，近年來許多的國內外企業逐漸導入永續性經營理念，藉由企業永續發展的核心理念，強調企業爲全球性的自然和社會環境的一份子，必須善盡企業社會責任，並與自然、經濟及社會環境保有良好的互動和協調，在不破壞環境生態系統下利用資源，共同保護地球環境及人類永續發展。

供應鏈管理係將供應源、製造源、配銷通路及最終顧客，串聯成一虛擬的整體網路結構模式，透過對物流、金流、資訊流及服務流的有效控制，達成縮短產品開發前置時間、提升存貨週轉率、降低運輸成本及提高訂單履行能力等營運成效。

然而，近年隨著永續性經營理念的蓬勃發展，如何將環境保護議題融入整體供應鏈系統的設計與作業活動當中，以建立永續發展的綠色供應鏈管理（Green Supply Chain Management）模式，已蔚成一種新興的經營模式和發展潮流。

綠色供應鏈管理乃將環境和永續性因素納入供應鏈系統設計當中，以達到環境保護及開發和用生產資源之目的，並降低在整個供應鏈作業流程對於生態系統的破壞，兼顧追求經濟效益和環境保護的平衡，進而確保人類經濟與生態環境的永續發展。基本而言，綠色供應鏈管理爲一永續性的經營管理模式，茲將其可創造的利益說明如下：

1. 開拓全球性市場顧客，增加企業營收與市佔率。
2. 提升品牌價值和企業形象，創造顧客忠誠度和市場價值。
3. 持續性進行改善，減少能源和生產資源的浪費。
4. 降低製造、存貨、配送及運輸成本，增加利潤。
5. 員工關注和自主參與環境改善，提升生產力和創新能力。
6. 公司形象提升，吸引更多的優秀人才加入。
7. 提升員工士氣，降低人員流動率。
8. 改善與利害關係人的關係，如股東、政府機構、社區及金融機構。
9. 減少碳排放及維持永續性製程，可以減低產品開發、製造、銷售及顧客消費過程中，對於環境生態系統的破壞。
10. 降低外在環境面所帶來企業營運的風險，較易籌措經營資金。

關於綠色供應鏈系統的設計，首須考量組織內外部環境的需求和限制，尤以在產品開發過程當中，即需引入綠色環保觀念和科技發展趨勢，促使上游供應源、製造者、下游的配銷通路商及最終顧客，能夠同步參與綠色產品的研發設計及供應鏈作業流程的規劃，圖 11.8 呈現一整合的綠色供應鏈管理架構。

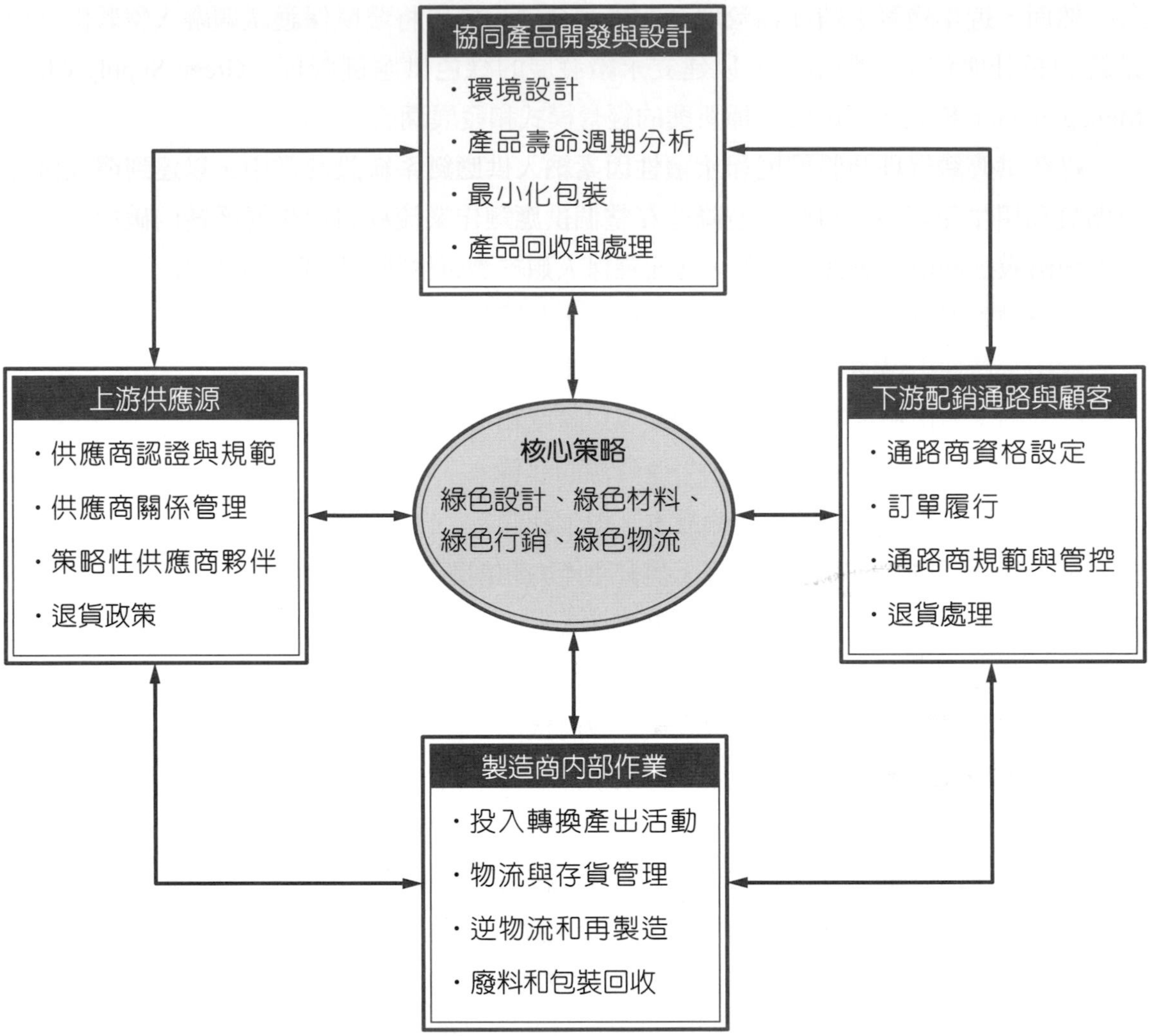

資料來源：Mollenkopf, 2006。

圖 11.8　綠色供應鏈管理架構

由圖 11.8 可看出，整合綠色供應鏈管理架構主要係在考量外部的經濟、市場、社會、法律及競爭環境及企業內部環境下，以綠色設計、綠色材料、綠色行銷、綠色物流作爲核心策略，有效地推動與整合供應鏈系統內之協同產品開發與設計、上游供應源、製造商內部作業及下游的配銷通路與顧客之努力，期以提升供應鏈的競爭優勢，並兼顧平衡經濟與環境的永續發展，爲企業創造新的商業價值。

三、精實供應鏈

精實（Lean）的概念肇始於 1980 年代日本的豐田生產系統（Toyota Production System, TPS），TPS 特別強調系統彈性化、避免流程中斷及消除浪費，尤其是過量的存貨。隨後在 1991 年，Womack、Jones 及 Roos 發表「改變世界的機器」（The Machine That Changed the World）一書，正式提出**精實生產（Lean Production）一詞及相關的概念，強調建立一個兼顧效率與彈性、具高度協調活動的精實生產系統，達成以最少的資源、更短的週期時間、消除無附加價值作業及降低成本的方式，創造和提供高品質的產品與服務。**

近二十年來，全世界許多的產學研各界專家，紛紛投入精實生產相關理論與實證之研究。基本而言，精實生產管理不僅用於持續改善的技術，也是一套完整的企業管理思維體系，主要係將製造管理範圍延伸到產品開發與設計、供應鏈管理及顧客服務的價值鏈系統，引導企業尋求如何以最少的資源投入，為所有供應鏈成員和最終顧客創造最大價值與效用。

鑒於日本和美國推動精實生產獲得重大的效益和成功，吸引了許多的傳統製造商及服務業者紛紛導入精實管理系統，尤以近年更有學者提出精實供應鏈的概念，將精實系統和供應鏈管理模式結合。

歸納之，有效的精實供應鏈模式的建立和推動，依序涵蓋定義價值、確認價值溪流、促進暢流、建立顧客拉動生產方式及完美化五個步驟。

1. **界定價值（Specify Value）**

   精實供應鏈管理的首要步驟為價值的界定，在整體供應鏈網路的流程中，包括物流、金流、資訊流及服務流，所有的成員均應從顧客的角度來衡量其作業活動是否創造附加價值，若一項作業只是例行性的活動，未能以滿足顧客為出發點，即應視為浪費而排除之。

2. **確認價值溪流（Identify the Valus Stream）**

   利用可目視化的價值溪流圖（Value Stream Mapping），以系統化的方法來分析和檢視供應鏈網路流程中物料與資訊的流程，確認每一作業活動是否具有附加價值，並協助找出浪費所在和尋求改善的機會。價值溪流圖著重於因浪費所引起的低品質和管理問題相關因素之分析，其所提供的資訊包括時間、移動距離、失誤、無效率作業方法及等候線長度。

3. **促進暢流（Flow）**

   促進暢流乃針對價值溪流中具有附加價值的作業活動，促進流程能夠順暢、有效率的進行，同時消除沒有附加價值的活動步驟，以消除浪費和對流程的阻礙。實務上，為達到流程中各項作業活動能夠順暢流動、減少等待之目的，較常採用小批量生產或是單件生產方式。

4. **建立顧客拉動生產方式（Customer Pull）**

所有供應鏈流程中各作業活動應配合最終顧客需求，即配合顧客需求的產生，採用後拉方式由顧客來拉動生產節奏。先由最終顧客拉動配銷通路商、製造者之作業活動，再由後製程拉動前製程來生產，然後前製程再往上游的倉庫和供應商拉動，以達到暢流、消除浪費及減低長鞭效應之發生。

5. **完美化（Perfection）**

週期性的進行持續改善，在經由前面四個步驟的精實流程改善後，重新又回到第一個步驟定義價值開始，再運用價值溪流圖檢視隱藏於供應鏈網路流程中各項作業活動的浪費，並做進一步的改善，進而達到流程順暢，並生產符合顧客需求的產品和服務。

圖 11.9 呈現一個完整的精實供應鏈架構。**基本上，精實供應鏈的目標在於建構一整合訂購、生產及配銷活動之平衡系統，使得在供應鏈網路系統中的物流、資訊流、金流及服務流皆能夠達到平穩而快速。**

關於精實供應鏈系統的建立和推動方法，主要是利用模組設計、同步工程、小批量生產、品質改善、製造單元及生產彈性等方法來進行產品和製程設計；在製造規劃與控制方面，所使用方法包括少數而緊密的供應商關係、後拉式生產系統、目視系統、全面預防維護及平準化負荷等；另外，在組織和人力資源方面，做法包括將員工視同資產、交叉訓練員工、持續改善及推動專案管理等。

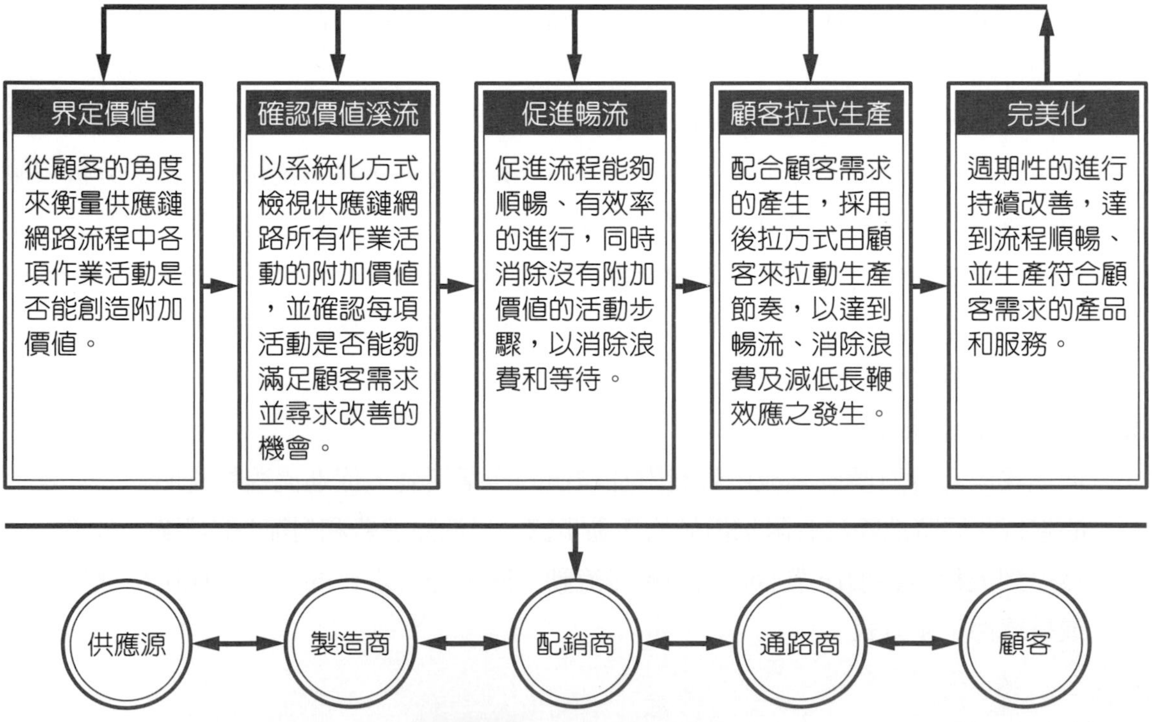

圖 11.9 精實供應鏈架構

11.7 全球運籌

近年來，隨著企業不斷地尋求和拓展本國市場以外的機會，以及資訊和通訊科技的快速進步，供應鏈的整合範圍亦愈來愈趨向於全球化。舉例來說，製造工廠移至人力或原料成本較低國家，客製化需求使得產品設計須考量不同地區的投入參數，以及尋求國外的供應源等。

然而，全球化不但使得企業供應鏈系統更加的複雜化，在管理上也帶來一些新的困難和挑戰，如語言和文化差異、產品壽命週期縮短、運輸成本與前置時間增加及合作需求與信任度等。

路內各項資源的流通與協作，並以整體供應鏈效益的思維來佈局全球化策略，此亦形成了全球運籌（Global Logistics）概念及跨國界產銷整合模式之興起。**全球運籌乃是一種橫跨全球性之供應鏈資源整合模式，主要係將橫跨不同國家的供應鏈成員之間，關於產品設計、原物料供應、倉儲、製造、配銷運送、市場行銷及顧客服務做最佳整合，期以增進企業彈性來面對國際市場的不確定性和風險，進而達成提升顧客滿意度、降低庫存成本及達成企業利潤之目標。**

簡要言之，全球運籌的涵義即是透過全球化思維的產銷策略，有效地整合全球供應鏈網路之物流、資訊流、金流及服務流，並對市場的變動與顧客需求做快速回應，以創造整體供應鏈營運之最大綜效。

基本上，促成企業積極推動跨國界的全球運籌管理的驅動力量，主要來自於開拓全球市場需求、降低營運成本、科技快速進步及國際政治與經濟的考量等四個因素。

1. **開拓全球市場需求**

   由於國內市場趨近飽和，加以國外和新興國家所帶來更大的市場機會，以及網際網路創造了全世界對產品需求的快速增加，使得企業必須積極開拓全球性市場，也促使企業生產基地須更加靠近市場，以對客戶提供更快速的服務。

2. **降低營運成本**

   透過全球運籌可以妥善利用在地資源，以降低生產要素取得成本，包括原物料、人力、機器設備、能源及資金等，尤其是企業可緊密結合其上游供應源及下游配銷通路和顧客，能夠有效地降低整體供應鏈的成本。

3. **科技快速進步**

   由於資訊科技的快速發展，促使企業能夠在不同國家進行協同式產品研發和設計，尋求替代零組件和技術的應用，加速訂單履行能力，縮短前置時間及更快速回應市場需求。同時，一些特殊的專業技術因只存在於某些低區國家，企業可藉到國外設廠而獲得進入市場和提升科技能力。

4. 國際政治與經濟的考量

國際間各國所簽訂的關稅和貿易協議，以及各國對於投資、貿易相關法規的規定和限制，也是促成推動全球運籌管理之重要因素。尤其是不同的關貿保護機制會影響到企業對其執行全球供應鏈的策略，例如因爲受到關稅和進出口配額的影響，迫使企業進入該一市場的國家或區域來製造產品。

全球運籌的目標主要在於提升顧客訂單的履行能力，亦即快速回應來自全球性訂單的流程，所以自顧客服務的角度來看，訂單履行時間爲評量全球運籌管理績效的重要指標。就實務而言，目前廣爲企業推動全球運籌管理所採用的生產規劃模式，包含工程設計生產（Engineer-to-Order, BTO）、接單生產（Make-to-Order, MTO）、組裝生產（Assemble-to-Order, ATO）及存貨生產（Make-to-Stock, MTS）四種。

1. 工程設計生產（BTO）

依據顧客指定的規格來進行產品的設計、生產規劃及製造活動，此一生產模式適用於大型的營建工程專案、住家改建及採零工式生產的產品，其訂單履行時間因專案性質、較多前置作業及不確定因素與風險而顯得相對較長。

2. 接單生產（MTO）

製程的前半段使用標準規格的產品設計，但最終製成品則依顧客要求的規格來進行加工與裝配，此種模式又叫製程遞延差異化（Delayed Differentiation），即前面維持標準的零件與組裝生產，直到最後的程序在賦予差異特性，例如汽車組裝及波音航空飛機裝配即採用 MTO 方法，用以滿足供應鏈最終顧客需求之變異性。相對於 BTO 而言，利用 MTO 模式之訂單履行時間較短。

3. 組裝生產（ATO）

採用模組化的產品和製程設計的概念，先將共同的零配件和原物料組成一基本模組項目，最後再依顧客要求規格將不同模組裝配成最終製成品。例如美國 Dell 電腦即採用 ATO 進行電腦組裝，提供快速、便宜及大量客製化的產品，並能節省大量的訂單履行時間。

4. 存貨生產（MTS）

根據預測値於事前即進行生產規劃和製造活動，接單後立即將製成品存貨授予顧客，例如超級市場、量販店、百貨公司或書店內各類商品的生產皆屬之。一般而言，採 MTS 生產之訂單履行時間是立即的，但若是以電子商務網購方式訂購，其訂單履行時間則因物流配送而延長。

除了以上四種全球運籌生產模式以外，另有一種爲國內全球電子代工產業所採用**台灣整機直送模式（Taiwan-Direct-Shipment, TDS），亦即產品的加工與裝配過程於台灣進行，並於國內製造完成後直接將製成品運送給全球性的客戶。換言之，整體 TDS 的流程化分成二個階段，第一階段係以代工產商的裝配製造爲主，後半階段則是透過快遞物流業者將製成品運送到遍及全球的最終顧客手上**。

基本上，第一階段的組裝程序強調廠商的製造彈性及完整的供應鏈支援，後半階段的快遞運送作業有賴於物流業者的配合。TDS 模式主要的優點爲台灣組裝廠商可以主導零組件採購權和物流運送服務，國際品牌業者能有效降低庫存壓力和提升存貨週轉率，另外顧客則可獲得快速取貨、縮短訂單履行時間之服務。

有效全球運籌系統爲供應鏈管理的進一步發展，已成企業加速提升其競爭力和扮演全球化企業之核心能力。然而，企業在建立與推動全球運籌系統時，常會面臨許多的困難和挑戰，包含外在的全球性因素，如政治法律、社會文化、經濟環保、供應鏈協作及競爭者等因素，以及內在企業本身的產品設計開發、人力資源、倉儲物流和顧客服務等因素。歸納而言，企業有效推動全球運籌管理系統之成功關鍵因素如下：

1. 透過策略聯盟，推動跨國界的供應商、製造商、配銷通路商、物流業者及最終顧客的緊密結合。
2. 結合跨國界之網路通訊系統，有效建置與運用資訊科技。
3. 收集、整合全球的銷售、生產、庫存、物流和出貨等市場需求之資訊。
4. 強化國外物料採購、製造工廠、配銷通路相關人員的訓練。
5. 良好的產能需求規劃，減低產銷不能配合之風險。
6. 因海內外銷售通路和據點增加，須做好存貨管理及回應不同顧客需求。
7. 建立全球運籌中心，統籌與調度跨國界之產銷協調，及時回應訂單需求。
8. 採用全球規劃、區域策略及在地執行之運籌管理思維和方法。
9. 在全球性的重要地理區域建立營運據點和配置倉儲中心。
10. 審慎考量任一海外設廠國家、銷售地點及區域合作之政治、法規、文化、社會及顧客期待等因素。
11. 審慎考量國際物流相關之付款、銷售條件、運輸責任等文件處理要求，並縮短文件數量和簡化跨國移動程序。
12. 訂定全球化之供應商審核、認證標準，推動良好供應商夥伴關係和管理。
13. 發揮全球供應鏈的彈性，確保在不同地區能自不同供應源取得原物料。
14. 有效管控公司財務績效及各地區製造工廠和銷售據點的營運績效。

11.8 結論

供應鏈管理乃是將一企業之接收訂單、物料採購、製造加工、銷售配送、資訊及財務交易等產銷業務活動之流程，予以有效地整合與串連，希使企業能建立與其上游供應源及下游配銷通路商和最終顧客之策略聯盟合作夥伴關係，達成降低產銷成本與提升顧客服務水準之目標。

企業欲成功導入供應鏈管理系統，首須做好企業組織改造、建立績效衡量系統、有效軟硬體設施、系統領導者角色扮演及系統成員參與等五項前置作業。關於供應鏈系統的設計，美國供應鏈協會提出 SCOR 模式架構，涵蓋企業流程再造、標竿企業比較、最適實務方法分析及建立流程參考模式四個階段。

從實務觀點來看，供應鏈績效衡量分成訂單履行能力、供應商管理、作業管理、存貨管理、成本財務、資訊管理、顧客滿意及事件處理能力八個面向。美國供應鏈協會 SCOR 模式的設計，供應鏈績效特性分成可靠度、回應力、彈性、成本及資產五類，並分別訂定其對應的績效衡量指標。

促進供應鏈協作的做法涵蓋共同利益、彼此信任、開放與合作、領導者、利益分享、資訊科技及長期性觀點。長鞭效應爲供應鏈網路系統最末端的市場和顧客需求的變動，常會向其上游延伸，且其存貨波動幅度將隨著供應鏈向後延伸而逐漸增大，有效克服長鞭效應的策略包含緩衝存貨、供應商管理存貨、集中式存貨、有效的資訊分享及後拉式管理系統。

企業電子化是運用資訊科技進行電子資料交換，以增進供應鏈成員的協作效益，並提升供應鏈的可見度和資訊速度，應用範圍含協同產品開發與設計、製造規劃與控制、物料訂購與交貨跟催、訂單履行與運送追蹤及推廣和促銷等。完整供應鏈資訊科技架構涵蓋三個整合層次，依序包括策略性的系統規劃和控制、戰術性的資訊整合及作業性的功能活動流程整合。

服務供應鏈管理內容分成服務系統設計、流程管理、服務的總體規劃、服務地點選擇及企業資源規劃六個部份。綠色供應鏈管理乃將環境和永續性因素納入供應鏈系統設計當中，以兼顧追求經濟效益和環境保護的平衡。精實供應鏈的目標在於建構一整合訂購、生產及配銷活動之平衡系統，使得在供應鏈網路系統的物流、資訊流、金流及服務流皆能夠達到平穩而快速。

全球運籌乃是一種橫跨全球性之供應鏈資源整合模式，目標在於提升顧客訂單之履行能力，亦即快速回應來自全球性訂單的流程，目前企業採用的全球運籌模式，包括工程設計生產（BTO）、接單生產（MTO）、組裝生產（ATO）、存貨生產（MTS）及台灣整機直送模式（TDS）五種。

參考文獻

1. 白滌清譯（民 102 年 6 月），生產與作業管理，初版，台北：歐亞書局，頁 319-365。
2. 何應欽譯（民 99 年 1 月），作業管理，四版，台北：華泰文化事業公司，頁 363-391。
3. 洪振創、湯玲郎、李泰琳（民 105 年 1 月），物料與倉儲管理，初版，台北：高立圖書，頁 365-394。
4. 陳銘崑、吳忠敏、傅新彬譯（民 91 年 1 月），供應鏈管理，初版一刷，台北：美商普林帝斯霍爾台灣分公司，頁 495-512。
5. 蘇雄義（民 87 年 7 月），企業物流導論，初版，台北：華泰文化事業公司，頁 1-16。
6. 蘇雄義（民 102 年 2 月），供應鏈管理：原理、程序、實務，再版二刷，台北：智勝文化事業公司，頁 11-22，頁 105-118，頁 287-310，頁 393-398，頁 435-446。
7. Bowersox D. J., D. J. Closs (2003), and T. P. Stank, How to Master Cross-Enterprise Collaboration, Supply Chain Management Review, July-Augus, pp. 18-27.
8. Davis, E. W. and R. E. Spekman (2004), The Extended Enterprise: Gaining Competitive Advantage through Collaborative Supply Chains, Upper Saddle River, New Jersey: Prentice-Hall.
9. Heizer, J. and B. Render (2001), Principles of Operations Management, 4th Edition, Upper Saddle River, New Jersey: Prentice-Hall, pp. 432-448.
10. Jacobs, F.R. and R.B. Chase (2017), Operations and Supply Chain Management: The Core, Fourth Edition, McGraw-Hill International Edition, New York: McGraw- Hill Education, pp. 400-425.
11. Krajewski, L. J. and L. P. Ritzman (1999), Operations Management; Strategy and Analysis, 5th Edition, Reading, Massachusetts: Addison-Wesley, pp. 453-478.
12. Mollenkopf, D. (2006), Environmental Sustainability: Examining the Case for Environmentally-Sustainable Supply Chain, CSCMP Explores, Fall.
13. Russell, R.S. and B.W. Taylor (2014), Operations and Supply Chain Management, Eighth Edition, International Student Edition, Singapore: John Wiley & Sons Singapore Pte. Ltd., pp. 319-342.
14. Supply-Chain Council (2011), Supply-Chain Operations Reference-model Overview of SCOR Version 10.0.

自我評量

一、解釋名詞

1. 供應鏈（Supply Chain）。
2. 供應鏈管理（Supply Chain Management）。
3. 供應商管理存貨（Vendor-Managed Inventory）。
4. 永續性（Sustainability）。
5. 存貨速度（Inventory Velocity）。
6. 資訊速度（Information Velocity）。
7. 供應鏈的能見度（Supply Chain Visibility）。
8. 精實供應鏈（Lean Supply Chain）。

二、選擇題

(　　) 1. 下列何者不是造成長鞭效應的主要原因？ (A) 價格波動 (B) 品質不穩定 (C) 大批量訂購 (D) 需求預測的落差。

【108 年第二次工業工程師－生產與作業管理】

(　　) 2. 供應鏈愈上游，所需的前置時間往往愈長，會造成愈上游的廠商 (A) 延後採購 (B) 延後生產 (C) 小批量採購 (D) 大批量生產。

【108 年第二次工業工程師－生產與作業管理】

(　　) 3. 商品從供應商運到倉庫時，不將商品卸載而直接裝載至出貨車，是一種避免倉儲作業的方法，稱之為 (A) 減少中間商（disintermediation） (B) 直送物流（direct logistics） (C) 越庫（cross-docking） (D) 集中配送（centralized distribution）。

【108 年第二次工業工程師－生產與作業管理】

(　　) 4. 零售商的存貨多寡應由配銷中心所掌控，特定零售通路商可依銷售時點的需求及存貨資訊，做為存貨補充的基準，此為良好供應鏈中克服長鞭效應（bullwhip effect）的方法，這就是 (A) 策略性夥伴（strategic partnering） (B) 策略性緩衝（strategic buffering） (C) 策略性來源（strategic sourcing） (D) 越庫（cross-docking）方法。

【107 年第一次工業工程師－生產與作業管理】

(　　) 5. 下列哪一項供應鏈績效評量指標屬於品質構面指標？ (A) 預測 / 規劃週期時間 (B) 訂單週期時間變異性 (C) 完美訂單履行程度 (D) 回應時間。

【107 年第二次工業工程師－生產與作業管理】

(　　) 6. 下列何者不是選擇供應商的考量因素之一？ (A) 供應商產品的品質與品質保證 (B) 從下訂到交貨的前置時間 (C) 產品的價格 (D) 供應商是否爲家族企業。【106 年第一次工業工程師－生產與作業管理】

(　　) 7. 下列對供應鏈管理的敘述何者爲非？ (A) 供應鏈管理已經是大部分企業中非常重要的一部分，必須有效被管理 (B) 供應鏈管理的趨勢包含綠化供應鏈、整合 IT、管理風險、採取精實原則等等 (C) 台灣勞動基本法已規定：企業應強制供應商夥伴採取道德行爲 (D) 有效的供應鏈管理包含信任、溝通、快速且雙向的資訊流、可見度等等。

【106 年第一次工業工程師－生產與作業管理】

(　　) 8. 下列有關存貨管理的敘述何者爲眞？ (A) 存貨週轉速度越快，存貨持有成本越高 (B) 在供應鏈越上游、越遠離終端客戶的供應商，受到終端需求變化的影響越劇烈，此稱爲長鞭效應 (C) 分散型的存貨管理可提供較快速的運送，以及較低的總存貨成本 (D) 豐田汽車的 JIT 就是將他們的成品放在供應商處，以降低成品的存貨成本。

【106 年第一次工業工程師－生產與作業管理】

(　　) 9. 下列何者不是供應鏈的成員？ (A) 原料商 (B) 製造商 (C) 保險業者 (D) 運輸業者。【106 年第二次工業工程師－生產與作業管理】

(　　) 10. 下列何者不是供應鏈風險管理的成功關鍵因素？ (A) 提供供應鏈的可見度 (B) 迴避風險 (C) 了解你的供應鏈 (D) 開發事件的反應能力。

【106 年第二次工業工程師－生產與作業管理】

(　　) 11. 下列何者不是造成供應鏈存在長鞭效應（bullwhip effect）的主要原因？ (A) 被誇大的訂單 (B) 需求預測的落差 (C) 將市場資訊分散管理 (D) 大批量訂購。【106 年第二次工業工程師－生產與作業管理】

(　　) 12. 長鞭效應（bullwhip effect）的意義爲何？ (A) 需求量的變動會由顧客端向製造商端呈現擴大的趨勢 (B) 需求量的變動會由製造商端向顧客端呈現擴大的趨勢 (C) 需求量的變動會由配銷中心向製造商與顧客兩端呈現擴大的趨勢 (D) 供給量的變動會由顧客端向製造商端呈現擴大的趨勢。

【105 年第一次工業工程師－生產與作業管理】

(　　) 13. 第一方物流（first-party logistics）是指由下列何者自行組織完成的物流活動？(A) 消費者　(B) 製造商　(C) 批發商　(D) 零售商。

【105 年第一次工業工程師－生產與作業管理】

(　　) 14. 針對供應鏈管理未來趨勢，下面敘述何者不正確？　(A) 將物料需求計畫及企業資源規劃連結貫穿整個公司及供應鏈伙伴　(B) 提升供應鏈的回應來自於設計更有效和快速的產品與服務傳遞系統　(C) 朝向短期合作的關係　(D) 供應鏈必須更努力降低對環境的傷害。

【105 年第二次工業工程師－生產與作業管理】

(　　) 15. 下列有關長鞭效應（Bullwhip Effect）的敘述何者正確？　(A) 縮短生產前置時間可減少長鞭效應　(B) 製造商處的需求變異數會比經銷商的需求變異數小　(C) 可經由增加供應鏈的階層數來減低長鞭效應　(D) 大量訂購產品可減少長鞭效應。　【104 年第一次工業工程師－生產與作業管理】

(　　) 16. 在供應鏈系統中，有關集中式配銷系統與分散式配銷系統比較的敘述，下列何者正確？　(A) 當廠商從分散式系統改變爲集中式系統時，安全庫存會增加　(B) 當集中式系統與分散式系統有相同的總安全庫存時，則集中式系統所提供的服務水準會較低　(C) 在分散式系統中，因爲倉庫的距離顧客較近，因此回應時間較短　(D) 在分散式系統中，通常間接成本會較低。

【104 年第二次工業工程師－生產與作業管理】

(　　) 17. 拉式基礎的供應鏈（pull-based supply chain）會造成的情況，下列何者爲非？(A) 透過來自零售商之訂單更準確的預測，而減少前置時間　(B) 存貨水準會隨著前置時間的縮短而減少，零售商的存貨也會減少　(C) 由於變異性的降低，使得製造商的存貨增加　(D) 由於前置時間減少，而使得系統的變異性減少，特別是製造商所面對的變異性。

【104 年第二次工業工程師－生產與作業管理】

(　　) 18. 下列有關長鞭效應（bullwhip effect）的敘述何者正確？　(A) 縮短生產前置時間可減少長鞭效應　(B) 製造商處的需求變異數會比經銷商的需求變異數小　(C) 可經由增加供應鏈的階層數來減低長鞭效應　(D) 大量訂購產品可減少長鞭效應。

【103 年第一次工業工程師－生產與作業管理】

(　　) 19. 以下敘述何者爲非？ (A) 供應鏈管理程序除了物流管理程序外，還包含需求管理 (B) 爲了維持服務水準，供應鏈之需求端持有庫存 (C) 供應鏈之運輸端持有庫存的其中原因之一是爲了考慮經濟規模 (D)「製造商→配銷商→零售商→顧客」，則此供應鏈中的第三階是指配銷商。

【103 年第一次工業工程師－生產與作業管理】

(　　) 20. 不完全完成產品生產或是服務的流程，等得知顧客的需求後才全部完成生產程序，這是 (A) 大量客製化 (B) 模組設計 (C) 延遲差異化 (D) 同步化工程。【103 年第二次工業工程師－生產與作業管理】

(　　) 21. 相較於製造業而言，下列哪一項不是服務業的總體規劃之特性？ (A) 服務業的需求較難預測 (B) 產能的可得性較易預測 (C) 人力的彈性可能是服務業的優勢 (D) 服務業較難使用存貨作爲調整產能供給的方法。

【102 年第一次工業工程師－生產與作業管理】

(　　) 22. 下列關於供應商管理庫存（vendor managed inventory, VMI）的敘述，何者錯誤？ (A) 可增強長鞭效應（bullwhip effect） (B) 可減少通路業者的管理成本 (C) 可提升供應商對市場需求預測的正確性 (D) 將增加供應商的管理成本。【102 年第一次工業工程師－生產與作業管理】

(　　) 23. 下列關於長鞭效應（bullwhip effect）的敘述，何者錯誤？ (A) 可經由增加供應鏈的階層數來減低長鞭效應 (B) 零售端的微小需求變異，至製造端將被放大 (C) 供應鏈間的成員可透過資訊分享來減低長鞭效應 (D) 實施協同規劃預測與補貨（collaborative planning forecasting, and replenishment, CPFR）可減低長鞭效應。

【102 年第一次工業工程師－生產與作業管理】

(　　) 24. 有關供應鏈管理描述，以下何者正確？ I. 目的在尋求供應鏈體系中各公司間資源與流程的整合性績效，II. 整個供應鏈組成成員間彼此分享資訊以完成共同目標，III. 管理一切從供應商到最終消費者之間包含原物料到成品配送的所有過程，IV. 近年來由推式供應鏈（push-based supply chain）變成拉式供應鏈（pull-based supply chain） （A）僅 I 和 II 正確 (B) 僅 I、II 和 III 正確 (C) 僅 I、II 和 IV 正確 (D) I、II、III、IV 正確。

【102 年第一次工業工程師－生產與作業管理】

(　　) 25. 下列哪一項不是有效的供應鏈管理可獲得之效益？ (A) 較低的存貨成本 (B) 較高的生產力 (C) 較多的供應商 (D) 較少的前置時間。

【102 年第二次工業工程師－生產與作業管理】

(　　) 26. 有關供應鏈管理以下描述何者錯誤？ (A) 供應商導入供應商管理存貨（vendor managed inventory, VMI）可更有效的計畫，以降低庫存量、改善庫存週轉率，進而維持庫存量的最佳化 (B) 長鞭效應（bullwhip effect）是需求變動由顧客向製造商呈現擴大的趨勢 (C) 豐田式生產中 just in time 的概念是依據物料供應商的需求，生產必要的東西，而在必要的時候，生產必要的量 (D) 豐田式生產之看板管理（kanban）是實現拉式生產的重要手段之一。【102 年第二次工業工程師－生產與作業管理】

(　　) 27. 一個供應鏈體系的物流動向是由「製造商 _ 配銷商 _ 零售商 _ 顧客」，則此供應鏈中的第三階是指 (A) 製造商 (B) 配銷商 (C) 零售商 (D) 顧客。

【101 年第二次工業工程師－生產與作業管理】

(　　) 28. 當顧客端的需求有所改變時，下列有關長鞭效應（bullwhip effect）的敘述何者正確？ (A) 經銷商處的需求變異數會比製造商的需求變異數大 (B) 經銷商處的需求變異數會比製造商的需求變異數小 (C) 製造商處的需求變異數會比其上游供應商的需求變異數大 (D) 製造商處的需求變異數會比經銷商處的需求變異數小。【100 年第一次工業工程師－生產與作業管理】

(　　) 29. 若想使生產的產品具有較高的多樣性，並且希望生產整備成本（setup cost）及存貨管理成本不會大幅增加，則採用下列何種方法較為適當？ (A) 去中介化（disintermediation） (B) 越庫（cross-docking） (C) 工作豐富化（job enrichment） (D) 延遲差異化（delayed differentiation）。

【100 年第二次工業工程師－生產與作業管理】

(　　) 30. 以下何者不是減少長鞭效應（bullwhip effect）的正確方法？ (A) 供應商管理存貨（vendor-managed inventory） (B) 單階補貨控制（single stage control of replenishment） (C) 工廠直送（drop shipping） (D) 加大訂購批量（lot size）。【100 年第二次工業工程師－生產與作業管理】

(　　) 31. 在典型的物流與供應鏈功能評量尺度中，下列哪項是屬於品質構面評量量度？ (A) 單位成本 (B) 訂單輸入正確性 (C) 生產力指標 (D) 附加經濟價值。【99 年第一次工業工程師－生產與作業管理】

(　　) 32. 下列何者爲有效供應鏈管理的主要啓動者 (A) 生產技術 (B) 資訊技術 (C) 技術研發 (D) 產品開發。【94年第二次工業工程師－生產與作業管理】

三、問答題

1. 供應鏈如何組成？試自組成因素、功能與作業活動二種觀點，分別說明供應鏈的基本型態，並繪製二種供應鏈型態之圖形。
2. 何謂內部供應鏈？何謂外部供應鏈？二者有何差異？試說明之。
3. 何謂後拉式供應鏈管理系統？其核心價值爲何？若與傳統的前推式系統相比較，後拉式供應鏈管理系統可帶來哪些效益？試說明之。
4. 企業若欲成功的導入和推動供應鏈管理系統，首先必須做好的關鍵性前置作業有哪些？試說明之。
5. 企業在設計一供應鏈管理系統時，必須選擇和擬定最適當的設計策略。試分別就策略性、戰術性及作業性三個層面，說明企業組織的高、中、低層管理者於設計供應鏈系統時所負擔的任務。
6. 在建立與推動整體供應鏈管理系統時，必須考量近年組織內外部環境變化之新的發展趨勢，包括外包政策、存貨管理、精實供應鏈、風險管理、環境永續性及全球性，試簡要說明這些議題的重要性和影響。
7. 根據美國 IBM 公司所提出的關於企業建立供應鏈管理系統的程序，依序需經過哪五個階段？試繪圖說明之。
8. 美國供應鏈協會於 1997 年提出供應鏈作業參考（SCOR）模式，供作產業設計與評估供應鏈系統的指導工具，試問 SCOR 模式涵蓋哪四個階段？其基本架構是建立在第一個階層的哪五個核心管理程序上？試繪圖說明之。
9. 美國義務產業互動商業解決（VICS）協會於 1998 年所出版的關於供應鏈的協同規劃、預測與補貨（CPFR）指導方針，提出設計與管理供應鏈系統之遵循方案。試說明 CPFR 模式之主要內容、用途及推動方式。
10. 從實務觀點來看，企業推動供應鏈管理的績效衡量，可分成哪八個面向？又每個面向包含哪些指標？試說明之。
11. 關於供應鏈績效的衡量，美國供應鏈協會的 SCOR 模式將績效特性分成五類？試說明之。在實際應用上，可用供應鏈評量紀錄卡做差異分析及提出改善對策，試設計一簡要的供應鏈評量紀錄卡，並說明其如何使用。

12. 有效促進供應鏈協作的基礎，建立在哪五個面向上？試說明之。
13. 何謂長鞭效應（Bullwhip Effect）？爲何會產生？會造成哪些影響？又企業可使用哪些策略來克服長鞭效應？試說明之。
14. 供應鏈協作的基本要求涵蓋哪些軟硬體因素？又有效達成供應鏈協作的策略有哪些？ 試說明之。
15. 何謂企業電子化？企業電子化的範圍涵蓋哪些交易與作業活動？又推動企業電子化可帶來哪些利益？試說明之。
16. 試分別繪製整合式企業電子化管理架構及資訊科技架構二個圖形，並完整說明二個架構的內容。
17. 何謂服務供應鏈？相對於製造業供應鏈，服務供應鏈具有哪些特色和差異點？又有效的服務供應鏈系統的管理涵蓋六個議題？試說明之。
18. 何謂綠色供應鏈管理？其產生的背景爲何？可創造哪些具體的利益？試說明之。
19. 試繪製整合式綠色供應鏈管理的架構，並說明此一管理架構之內涵。
20. 何謂精實供應鏈？試繪製一完整精實供應鏈管理的架構？又有效的精實供應鏈模式的建立和推動，依序涵蓋哪五個步驟？試說明之。
21. 何謂全球運籌？其產生的背景哪四個驅動因素？又企業有效推動全球運籌管理之成功關鍵因素有哪些？試說明之。
22. 目前企業採用的全球運籌生產模式，包含工程設計生產（BTO）、接單生產（MTO）、組裝生產（ATO）及存貨生產（MTS）四種，試分別說明其內容及特點。
23. 台灣整機直送（TDS）爲國內電子代工產業所採用的全球運籌生產模式，其內涵和優點爲何？試說明之。

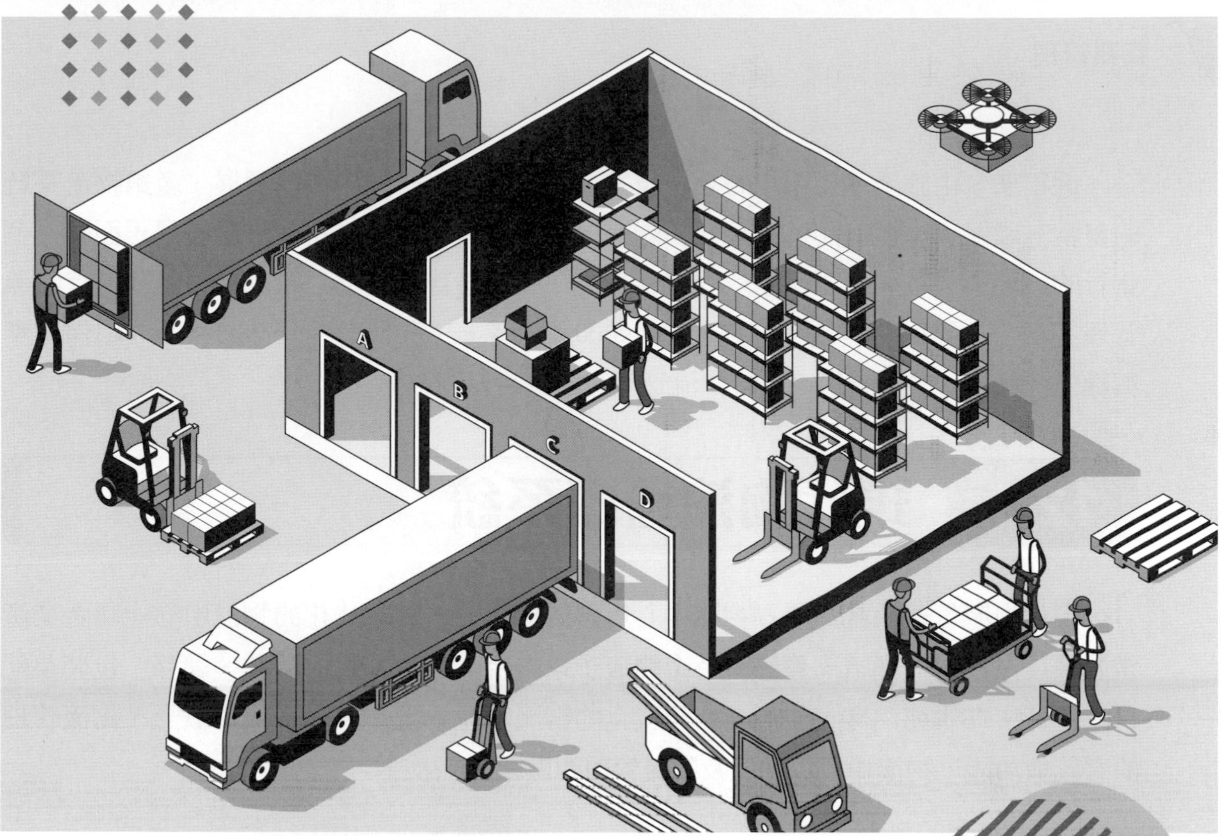

Chapter 12

物料管理發展的新趨勢

▷ 內容大綱

近年來，由於全球化市場的激烈競爭、資訊與通信科技的快速發展、產銷物流系統的整合、環保與綠色產品的風行及物聯網技術的興起，使得物料管理的發展正面臨一個嶄新的轉變與挑戰。因之，本章內容要介紹一些物料管理發展之新趨勢，包括現代物流管理系統、網際網路與電子商務、ISO 9000 品保系統與物料管理、ISO 14000 環保標準與綠色消費及智慧物聯網系統於物流管理的應用共五個主題。

12.1 現代物流管理系統

現代物流管理系統乃是以物流中心為發展核心，一個現代化的物流中心能將企業產銷體系中之物流、商流、資訊流及金錢流予以整合，兼具輸送、驗收、儲存、包裝及配送之功能。在本節內容，主要介紹現代化的物流管理系統，包含物流的概念、物流管理的意義與功能、物流中心的功能及物流管理的做法。

一、物流的概念

物流（Logistics）乃指由供應商提供原物料開始，歷經物料驗收、儲存、領發料、生產加工、製成品配送，以迄製成品送至顧客為止之一切流動程序。依照統計，一般企業的物流成本佔產品成本之比例平均幾達百分之二十以上，佔各國 GDP（國內生產毛額）的比例則達百分之十以上；因此，企業應如何有效地提升其物流系統作業之效率，期能降低物流成本，並提升顧客服務水準，實為一項相當重要的課題。

基本上，在一完整的企業產銷體系中，共涵蓋了原料物流、生產物流及配銷物流三個階段，如圖 12.1 所示。

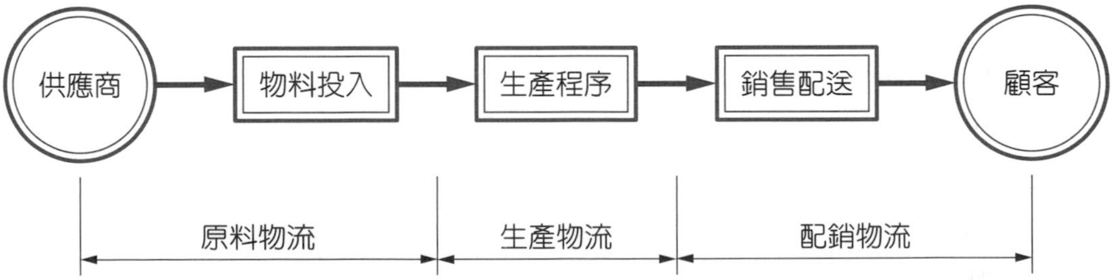

圖 12.1 企業產銷體系所含三個物流階段

由圖 12.1 可知，在整體的企業產銷活動過程中，物料投入與生產程序二項活動主要在創造產品或服務的形式價值（Form Value），銷售配送活動在於創造產品或服務的所有權價值（Possession Value），而物流作業活動則係將這三者活動予以最有效的整合，並能創造出產品或服務之位置和時間價值（Place and Time Value）。

在實務上，企業必須要周詳地規劃其物流作業活動，期以有效提升其整體產銷體系及物流系統之效率。具體歸納起來，一完善的物流系統共含物料取得、倉儲管理、生產規劃與管制、存量管制、訂單處理與顧客服務水準及資訊管理下列六項作業活動。

1. 物料取得

(1) 發起請購、數量、品質規格及請購文件之處理程序。

(2) 採購數量、時間及供應商之選擇。

(3) 物料驗收、搬運、入庫及記帳。

2. 倉儲管理

(1) 選擇倉儲位置、倉儲設計、空間規劃、內部佈置及料架編號。

(2) 物料儲存及安全維護。

(3) 各項物料交易活動，含領發料、退料、轉撥、盤點及呆廢料分析。

(4) 物料搬運系統設計及搬運設備之選擇。

(5) 製成品儲存、包裝、物流加工作業及出廠檢驗。

3. 生產規劃與管制

(1) 生產製程及物料流程分析。

(2) 生產計畫（MPS）、生產排程及發佈製造命令單。

(3) 材料清單（BOM）及物料需求規劃（MRP）。

(4) 生產管制，含品質、進度、成本及數量之管制。

4. 存量管制

(1) 預測、產銷配合及製成品庫存計畫

(2) 存量管制系統及存量決策模式之選擇

(3) 訂購點、安全存量、前置時間、需求率、存貨成本、數量折扣及經濟批次訂購量之決定。

5. 訂單處理與確認顧客服務水準

(1) 處理及確認顧客訂單在品質、數量、交貨期及價格之需求。

(2) 瞭解顧客對服務水準之期待。

(3) 確認對顧客之服務水準。

6. 資訊管理

(1) 建立物流活動資料庫，內含整體物流系統相關資訊之蒐集、分析、解釋、應用及儲存。

(2) 全球資訊網（WWW）、電子商務、企業資源規劃（ERP）及企業內網路（Intranet）之應用。

二、物流管理的意義與功能

依照美國物流管理學會（Council of Logistics Management, CLM）的定義：**物流管理（Logistics Management）乃是藉由規劃、執行及控制等管理程序，自原物料取得來源起，直到產品配送至顧客爲止，對於各種產品、服務及相關資訊，以兼具效率（Efficient）和效能（Effective）的方式進行流動及儲存，並能因應及滿足顧客之需求。**

另外，中華民國物流管理協會對物流管理的定義爲：**物流是一種物的實體流通活動的行爲，在流通過程中，透過管理程序有效結合運輸、倉儲、包裝、流通加工、資訊等相關物流機能性活動，以創造價值、滿足顧客及社會需求。**

由上述定義可知，物流管理是一種強調企業產銷整合之系統化的管理程序，其最主要者乃是將生產及行銷二個業務功能領域予以有效串連，期使企業最低產銷成本的前提下，能以適時、適質、適地、適量及適價的方式，提供顧客最滿意的服務水準。此項概念，如圖 12.2 所示。

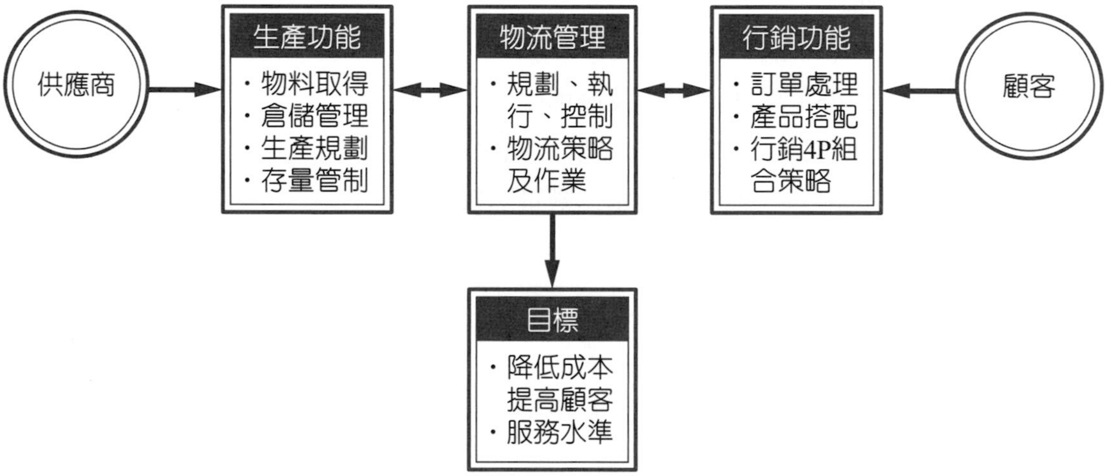

圖 12.2 物流管理定義的內涵及目標

物流管理現已逐漸發展成爲一門獨立的學科，因其能有效地整合企業之採購、生產、倉儲、運輸、行銷及相關業務功能活動，故亦被稱爲儲運管理、工業物流、企業運銷或是運籌管理等。

由於現代企業的競爭日益激烈，任何企業欲取得競爭優勢及提升營運利潤，勢必要更加重視物流管理。整體而言，物流管理具有降低成本、提高顧客服務水準、創造物品之效用及附加價值、建構快速回應能力及提升物流作業活動之效率等五項功能。

1. 降低成本

(1) 節省運輸成本，含廠外運輸及廠內搬運成本。

(2) 節省物料及成品之儲存成本，提升倉儲空間利用率。

(3) 降低原物料取得、批量及生產成本。

(4) 提升物料及產品之週轉速度，減少資金利息之積壓。

(5) 降低訂單處理及資訊管理之成本。

2. 提高顧客服務水準

(1) 有效掌握市場機會，創造產品之最佳的時間效用。

(2) 及時交貨，降低短缺及延遲交貨成本。

3. 創造物品之效用及附加價值

(1) 實質提升原物料及製成品之時間及位置效用。

(2) 增進企業資源使用效率，以最少資源投入獲致最大的產出成果。

(3) 提高產品及服務之品質水準。

4. 建構快速回應能力

(1) 有效整合資訊流、商流、物流及金錢流。

(2) 建構供應鏈管理及快速回應系統，正確掌控競爭時效。

(3) 降低物料及製成品之庫存量，提升及時滿足顧客需求之能力。

5. 提升物流作業活動之效率

(1) 研訂物流管理的發展目標及策略，減低物流系統之不確定性。

(2) 全面提升物流系統的績效，追求最小的時間、地點、品質及數量之誤差。

(3) 規劃設立物流中心，縮短實體配銷通路階數，增進配銷系統之效率。

三、物流中心的功能

物流中心（Distribution Center）的興起，乃是現代物流管理及行銷通路發展之重大的變革與里程碑。依照經濟部商業司的定義：**凡從事將商品由製造商（或進口商）送至零售商之中間流通業者（中間行銷機構），具有連接上游製造業至下游消費者，滿足多樣少量之市場需求、縮短通路及降低流通成本等關鍵性機能者，即可稱之為物流中心。**

相對於傳統行銷通路之流通速度極慢、通路階數較多、倉儲及儲存成本高、消費資訊不易掌控及無法同時滿足不同類型訂購需求等各種缺失，現代化的物流中心具有下列效益：

1. 縮短行銷通路階數，提升產品流通速度。
2. 降低生產、儲存及運輸成本。
3. 具有多樣少量功能，可在同一時地滿足不同類型顧客之訂購需求。
4. 因產品流通速度提高，可以增進資金之週轉速度。
5. 節省產品配送之前置作業時間。
6. 藉由專業處理，可以提升產品之新鮮度，並降低產品損耗率。
7. 提升企業整體產銷體系之物流活動效率。
8. 可以建構一含採購、生產、倉儲、配送及財務之整合性資訊系統。

物流中心乃是扮演著製造商（或代理商）與零售點（零售商或量販店）之中間介面角色，其能有效地整合產銷體系中之物流和資訊流；一般而言，物流中心的主要業務活動，含括產品之採購、分類、儲存、揀取、銷售配送、運輸、包裝、流通加工、產品設計、自創品牌及資訊管理等，如圖 12.3 所示。

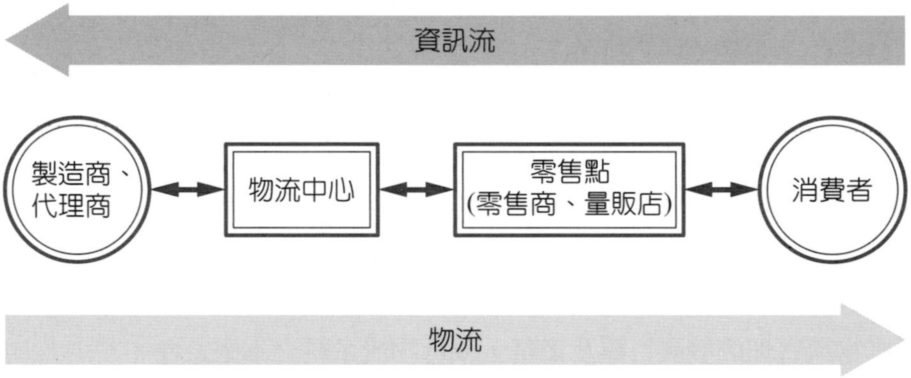

圖 12.3 物流中心的中介角色

近幾年來，國內外市場競爭日益激烈，在政府及物流業者之努力推動下，物流中心的設立在國內亦正興起蓬勃之發展。舉例來說，居國內零售流通業領導地位之 7-Eleven 統一超商，在全省共設立近二十家之結盟物流中心，其乃經由建置一完整的內部資訊系統，相當落實各門市店面之訂貨預測及快速的揀貨、分裝及送貨作業效率，充分發揮將上游幾百家的供應廠商，以及下游四千多家門市店面給予有效整合之中介角色。

另一有名的例子爲資訊流通業之聯強國際，喊出「今天送件、後天交貨」之快速流通速度，並有效整合了上游三百多種電腦品牌、四千多個品項及下游九千多家的經銷據點，成爲國內橫跨資訊、電子及通訊三大科技領域之領導廠商，圖 12.4 爲聯強國際之通路結構。

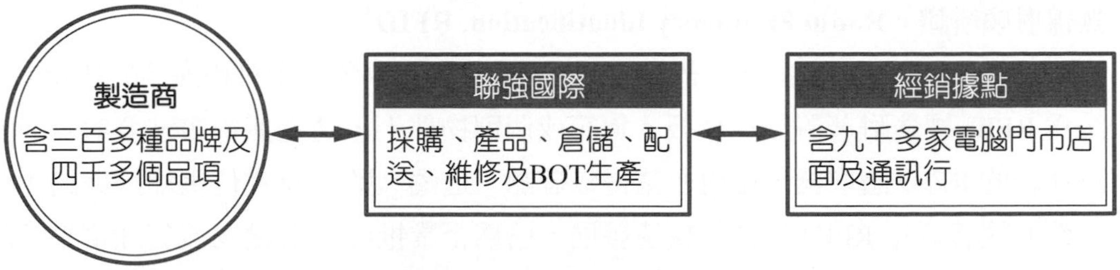

圖 12.4 聯強國際之通路結構

四、物流管理的做法

物流管理目的在於促進企業供應鏈網路中關於物料、資訊、金錢及服務的有效移動，其主要內容包括原物料的取得和儲存、設施間的移動、製成品的儲存和裝運、配銷運送及供應鏈成員間的資訊分享等。就實務面而言，現階段企業推動物流管理的做法包括第三方物流、綠色物流、無線設頻辨識、訂單配送、補貨作業及供應商管理存貨（VMI）等。

1. **第三方物流（Third-Party Logistics, 3-PL）**

   3-PL 為一種物流委外的做法，主要是藉由物流業務外包，將倉儲、貨物取得與運送、以及製成品配銷運送等物流作業，外包給特定的專業物流業者來負責。物流委外已成為供應鏈管理和跨國性全球運籌廣為採用之物流策略，所帶來的利益包括有效運用物流專業技術和軟硬體設施、降低運輸費率和運送成本、提升物流品質和時效、發展良好的夥伴關係、減輕財務投資負擔、建置完備資訊與通訊系統及讓企業能專注於其核心事業。

2. **綠色物流（Green Logistics）**

   綠色物流的範圍涵蓋正向物流（Positive Logistics）與逆向物流（Reverse Logistics）。正向物流為從上游供應源的原料端開始，直到下游最終端顧客的物料和產品的流通移動，過程包括綠色的訂購與運輸、倉儲、製造、包裝及配銷運送等物流作業活動。逆向物流則為自最下游顧客端開始，以逆流方向往上游處理端之回收物料與廢棄物處理，一直到運送至最終目的地的物料流通移動，內容包含資源的檢驗、回收和分類、資源再生等作業活動。實務上，有效的逆向物流涵蓋看守（Gatekeeping）及避免（Avoidance）二種關鍵能力，看守為監視與管控回流物品，避免接收不當的回收物品，目的在於掌控物品回流率與減少回收成本，且對顧客服務不會帶來負面影響。另外，避免能力則在於尋求物品回流極小化的方法，以減少無法售出的回收數量，包括準確的需求預測、產品設計、品質保證等。

3. **無線射頻辨識（Radio Frequency Identification, RFID）**

RFID 爲一種利用無線射頻來辨識在供應鏈網路流程中各項物料和商品的技術，其做法爲 RFID 標籤附著置於在棧板、貨箱或個別物件上，透過無線電波發射資訊至網路連結的 RFID 讀取器，使得企業得以確認、追蹤、監控及定位供應鏈網路中任何物件。隨著近年 RFID 科技的快速發展，已爲企業推動供應鏈物流管理帶來了許多的利益，包括提高供應鏈的可見度、增進存貨與資訊速度、提升品質水準及改善與供應商和配銷通路商之關係。同時，在物流管理上，透過 RFID 可增加倉庫揀貨速度、提高組裝作業精確度、減少條碼掃描和人工計算需求、降低物流作業錯誤率及降低物品失竊率等。

4. **訂單配送（Order Distribution）**

在物流作業實務上，有效訂單配送的主要做法包括整車運送負荷（Full Truck Load）、回程貨運（Backhauls）、在途併貨（Merge in Transit）及越庫（Cross-Docking）作業。一般而言，當顧客訂單數量達到 FTL 規模時，物流作業主要在尋求從倉庫到達配送目的地間二點之最短路徑；同時，在完成配送後於貨車回程時，爲節省燃料成本和提升貨車利用率，物流業者通常會再利用貨車的閒置容量，而持續尋求回程貨運的機會。然而，當在面臨訂單同時來自數個設施出貨需求時，則可使用在途併貨方式，將全部訂單的貨物先行運送至一個鄰近顧客所在地的配銷中心，再一次重新裝載到貨車上配送交貨；另外，也可以使用越庫作業方式，在供應商運送貨物到倉庫時，直接將其裝載至出貨車上，藉以避免額外的倉儲物流作業，並可加速訂單履行能力和有效降低儲存成本。

5. **補貨作業（Supply Replenishment）**

補貨作業爲供應鏈的供應和需求管理之重要一環，其成效關係著整體的作業和存貨成本及訂單履行能力。基本而言，補貨政策主要在於正確的提供：何時必須補充存貨、批次補貨數量及維持多少存貨三種資訊。就決策的角度來看，最適的補貨作業決策必須權衡取捨相關的存貨成本，例如過多的批次補貨數量雖會減低缺貨和訂購成本，但卻會因庫存增加而帶來較高的儲存成本；反之，較少的批次補貨數量雖會降低儲存成本，則卻會增加缺貨風險，造成過多的短缺成本和訂購成本。關於補貨作業所涵蓋的存量管制系統、訂購點、最適批次數量及安全存量的概念，詳細內容已於本書第六、七章介紹之。

6. **供應商管理存貨（Vendor-Managed Inventory, VMI）**

VMI 是基於企業和供應商間的資訊分享，共同解決原物料的供需問題，以增進作業效能的一種物流管理模式。基本上，VMI 乃由供應商來訂定顧客所訂購物料的最適存貨水準，主要做法為供應商持續追蹤、監督運送至製造商、配銷通路商及顧客的產品之供應狀況，並在供應不足時主動的及時補充存貨。換言之，由供應商與顧客於事前協定，共同訂定顧客最適宜的存貨政策，供應商並依此來維持顧客所需產品的最適當存貨水準，以消除傳統訂購模式存貨過多、缺貨機率過高之缺失與風險，並可縮短訂購的前置時間、提升存貨週轉率及降低存貨的儲存與訂購成本。

12.2 網際網路及電子商務

網際網路及全球資訊網在國內日趨普及，電子商務（Electronic Commerce, EC）的風行更為企業發展帶來新的願景。在本節內容，將要介紹電子商務的興起、整體架構、在物料管理上的應用及我國推動電子商務之概況等主題。

一、電子商務的意義與架構

簡言之，**凡是將商業往來活動予以電子化者，都可稱為電子商務**。具體來說，電子商務乃指透過電腦及通信網路科技，在商業活動過程中，提供產品與服務之資訊傳輸，以及銷售交易、付款、採購及商業聯盟等工作流程之自動化功能，期以有效達成降低成本、提升顧客服務水準、以及快速回應之目標。

在整體電子商務環境中，相關的參與者、其所扮演的角色及彼此的互動關係，如圖 12.5 所示。

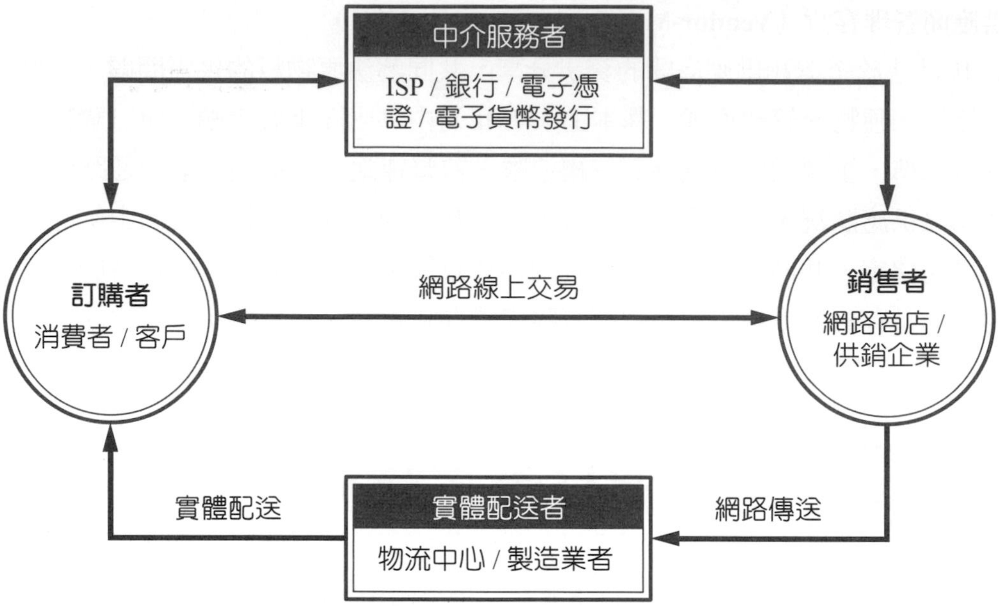

資料來源：余千智主編，民國 88 年。

圖 12.5 電子商務之參與者及其互動關係

在實際應用上，電子商務環境共劃分爲企業對企業、顧客對企業及企業內部等三個領域。

1. **企業對企業（Business-to-Business, B-to-B）**

   企業彼此間透過電子化方式來進行銷售、採購交易及資訊流通，比如整合上、中、下游產業之供應鏈管理即屬之。

2. **企業對客戶（Business-to-Customer, B-to-C）**

   即企業與消費者間，透過電子化方式來完成交易行爲及資訊流通，目前最普遍者爲藉由網路來進行網路行銷、線上購物、線上服務等商業行爲。

3. **企業內部（Intra-Business）**

   企業組織內部建構電子商務環境來傳遞資訊，如電子會議、部門間電子文件之瀏覽與交換、營運流程管理及企業產銷業務功能活動資訊之傳遞。

美國 IBM 公司的硬體採購百分之百都在網路上進行，英特爾也有百分之九十的採購及銷售業務是在網路上進行。因之，在面臨電子商務市場龐大商機，以及其應用的日益廣泛與深入，電子商務環境的建置與應用，已是我國產業經濟發展與企業營運必然要及時掌握及努力之課題。歸納而言，企業推動電子商務之具體效益如下：

(1) 經由全球資訊網及供應鏈管理，可以建立全球化市場。

(2) 企業對企業交易可以節省產銷成本、改善服務及降低庫存。

(3) 消費者能以較低的價格與稅率來購買所需產品。

(4) 提供 24 小時全天候服務。

(5) 網路可提供線上及時處理與快速回應功能，可大幅縮短交易時間。

(6) 非常低的市場環境障礙及網站設置成本，透過網路應用技術，任何規模企業皆可加入電子商務市場。

(7) 可取得多元化資訊，如商品型錄、價格與交易條件、競爭產品比較及相關資訊。

(8) 提供交談式操作環境，方便查詢、瀏覽、傳輸、交易及付款等作業。

(9) 可依不同消費者之個別需求條件，提供適宜的產品、服務及資訊。

(10)可維護與消費者、客戶、供應商及商業夥件之良好關係。

(11)可依市場需求之動態性，創造新的商業機會，如虛擬購物中心、個人新聞、電子賀卡及網路顧問等。

關於電子商務的整體架構，最有名者爲 Kalakota & Whinston 架構，其係根據電子商務產業之關聯性，依序劃分成電子商務的應用、一般商業服務架構、訊息及資訊傳播架構（EDI、E-mail）、多媒體內容及網路出版架構（HTML、JAVA、WWW）及資訊網路基礎架構等五個層次；另外，還包括支撐及維持這五個階層的二個支柱：公共政策、合法性及隱私權問題，及電子文件、多媒體及網路協定之技術標準。

二、電子商務在物料管理的應用

在電子商務的日益蓬勃發展下，其影響層面幾已遍及企業組織之產、銷、人、發、財等業務功能之管理活動；尤以，電子商務環境對傳統的物料管理功能活動也造成了重大的衝擊，在許多的規劃決策、資訊系統及作業活動上勢必要有所變革，以因應市場環境之激烈競爭。

具體來講，**在電子商務環境下，將促使物料管理成爲一快速、有效之生產及後勤支援系統**。下面，將就電子商務在物料管理上之應用，分成及時採購、網路行銷與全球化市場、倉儲管理、供應鏈管理及以顧客爲主軸五個層面說明之。

在及時採購（Just-in-Time Purchasing）方面，與傳統電話、傳眞、文件、須層層作業，並耗用許多人力與時間的方式比較起來，利用電子商務交易方式，企業與企業間的採購行爲可透過網際網路來進行，採購人員可在網路上搜尋、比較及選擇合適的供應商，並在網路上直接下單，將可帶來簡化流程、縮短訂購與交貨時間、提高原物料替換性及縮短與供應商距離等實質效益，有效達成及時採購之目標。

在網路行銷與全球化市場方面，隨著傳輸技術的不斷突破，網際網路已是一種不受時空限制、影響力無遠弗屆之全球化行銷通路，任何廠商與客戶只要建置其網站，再適時的更新網頁資訊，即可持續進行彼此間之雙向溝通及互動。因之，對物料管理之功能活動而言，透過此種電子商務環境，將可從全球化市場的角度，來掌握最新物料之科技發展、管理技術、供應商及相關資訊，並維繫企業與企業間之良好夥伴關係。

在倉儲管理方面，倉儲管理的目標在於迅速、有效地進行原物料之驗收、搬運、儲存、保管、記帳、揀選及領發料等作業活動。而在電子商務環境下，企業可藉由網際網路及企業內網路資訊系統之輔助，並配合各種自動化、省力化之搬運設備與硬體設施，將更能夠發揮企業整體生產及後勤支援系統之重要角色。

在供應鏈管理方面，在電子商務環境下，企業藉建構全球運籌管理（Global Logistic Management）之供應鏈管理系統，能與上游供應商及下游的零售商、客戶網路連結，建立策略聯盟合作夥伴，將企業之原物料供應、倉儲、製造、銷售配送及顧客服務等活動予以串連整合，達成有效整合資源及提升顧客服務水準之目標。

而關於以顧客為主軸方面，在電子商務環境之低跨入門檻障礙及網站設置成本下，勢將形成全球化市場之激烈競爭。因之，電子資訊系統須以滿足顧客為主要核心，企業在網路取得顧客訂單所載之產品、數量及時間等訂購條件後，可即進行物料採購、製程設計、生產排程、製造加工及運銷配送等作業；另一方面，藉由網路線上及時處理及快速回應功能，能使生產及物料管理活動之資訊迅速在供應商、製造商及客戶間流動，將可大幅的縮短產品交易時間，以滿足顧客之需求。

三、我國推動電子商務之概況

網際網路在國內已日趨普及，電子商務的風行更為我國產業經濟的發展帶來新的願景與機會。事實上，目前全球正展開一場網路革命的新經濟戰爭的態勢，隨著電子商務的興起，全球經濟體制與商機亦將產生重大的變革，預估未來企業 90% 以上的收入將來自網路市場。

因之，當世界先進國家都汲汲營營於因應網路革命新時代，我國政府及民間業界現正攜手合作，全力朝網路及電子商務市場努力，期使網路及電子商務相關事業能迅速狀大，成為跨入二十一世紀帶動我國各產業發展，以及提升國家競爭力之新興產業。

現階段，行政院已決定將電子商務納入企業自動化計畫，正分別從租稅、金融優惠、培植企業及法令等各個層面著手，並選定企業與企業間之電子商務為發展重點，全力提升企業效率與競爭力。茲將行政院在推動電子商務的具體做法說明如下：

1. 將產業自動化小組擴大為產業自動化及電子商務推動小組。
2. 企業電子商務的投資或貸款計畫，都適用於促進產業升級條例第六條對自動化的投資抵減，以及行政院開發基金主辦的策略性貸款。

3. 推動政府採購電子化，藉以帶動民間企業朝電子商務努力。
4. 工業局及商業司分別選定行業，輔導企業建置電子商務環境。
5. 資策會、中國生產力中心、外貿協會及中衛發展中心等財團法人研究機構，分別建力及推動企業電子商務輔導能力計畫。
6. 經濟部公佈「我國電子商務政策綱領」，做爲政府推動電子商務環境之行動方針。
7. 以「企業對企業」之電子商務爲發展扶持重點，並選擇電子資訊產業做爲示範產業。
8. 建立法令規章，如電子數位簽章法、網路交易仲裁制度、網路付款安全機制及電子認證等。

而在民間企業方面，目前許多企業亦紛紛跨入企業對企業、企業對客戶之電子商務市場，茲舉例說明如下：

1. **宏基集團：**旗下元基資訊，設立宏基網路市場、CDX 基聽無限、元基電子賀卡中心、元基售票網、宏基戲谷及民生天地等六大網站；另外，成立服務事業握股公司，投資網際網路相關事業，包括電子商務、認證、ISP、3C 相關技術及產業等。
2. **和信集團：**和信集團成員和業投資與新加坡黎銳國際合作，成立仲訊國際資訊網路公司，將透過電子商務交易中心，提供大中華區企業電子商務解決方案。
3. **中時電子報網站群：**除中時電子報外，也增加 Cshowbiz（娛樂）、Ctech（科技）、Cmoney（財經）、Clife（生活新聞）、Ctravel（旅遊）、Ct4kids（兒童）、Cgreeting（電子賀卡）、Cshopping（購物）及 Cclassifieds（分類廣告）等網站。
4. **博客來網路書店：**透過網路自動化連結出版社訊息與消費者需求，創造數位化書香空間，並藉由節省店鋪租金及人員費用來降低經營成本，將利潤回饋給線上購書大眾。
5. **鴻海集團：**與美國康柏電腦簽訂合作協議書，由康柏協助建置全球供應鏈管理及企業資源規劃（ERP）系統，整合鴻海集團橫跨美、歐及亞洲等海外據點的資訊管理系統。

12.3 ISO 9000 品保系統與物料管理

ISO 9000 品保系統自 1987 年公佈後，已成全球化品質管理之共通標準，美國、日本、加拿大、法國及德國等工業化國家亦已將其轉訂爲國家標準，我國也於民國 79 年將其轉訂爲 CNS 12680 系列標準。

十年來，國內廠商通過 ISO 認證者約有 8,600 家，其中除製造業者以外，其他各行各業，如政府機構、學校、銀行、醫院、建築業及加油站等，亦紛紛推動 ISO 認證，期以改善企業體質、提升服務品質水準，創造顧客最大滿足。1994 年修訂版之 ISO 9000 品保系統的架構，如圖 12.6 所示。

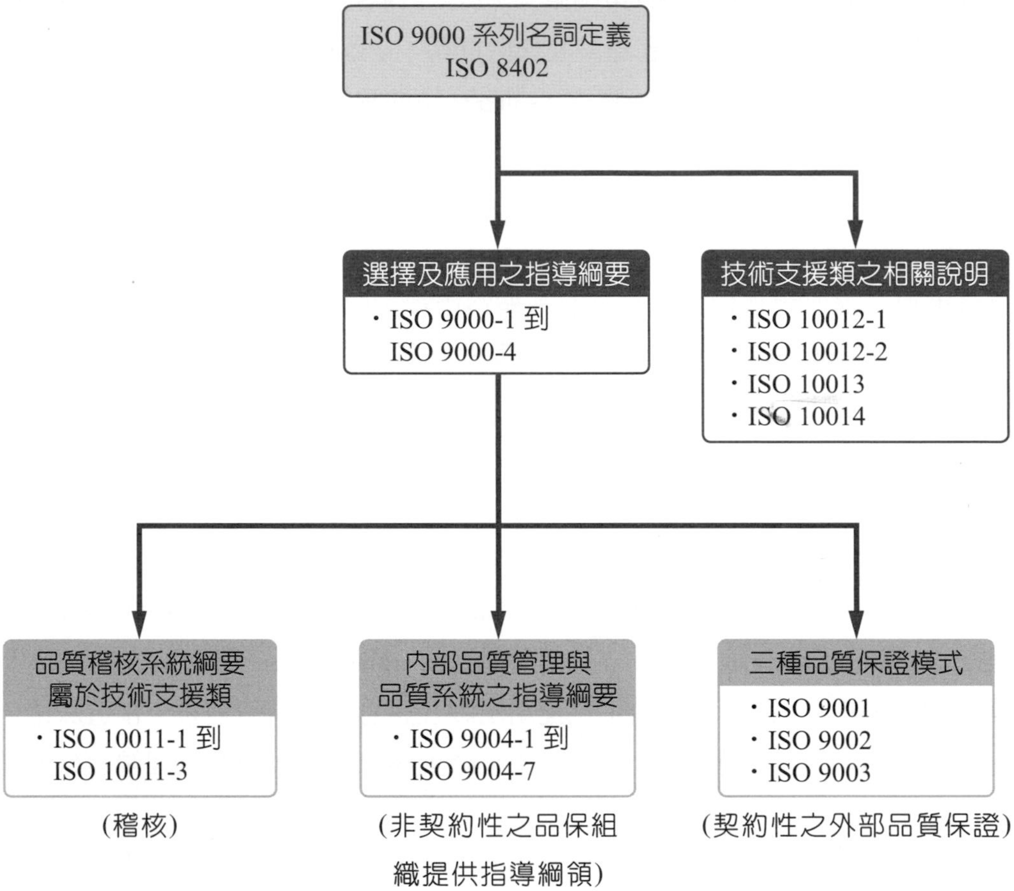

資料來源：簡聰海、鄒靖寧，民國 86 年 11 月。

圖 12.6 ISO 9000 品保系統架構

由圖 12.6 可知，整體 ISO 9000 品保系統共含 ISO 9001、ISO 9002 及 ISO 9003 三種品質保證模式，茲將三者主要內容說明如下：

1. **ISO 9001**：含括設計／開發、生產、檢驗與測試及服務之品質保證模式，內容從 4.1 到 4.20 共有 20 個項目。
2. **ISO 9002**：含括生產、檢驗與測試及服務之品質保證模式，與 ISO 9001 相較，內容只少了其中 4.4 設計管制項目，其餘皆相同。

3. **ISO 9003**：含檢驗與測試之品質保證模式，與 ISO 9001 及 ISO 9002 相較，內容少設計管制、採購、製程管制及服務等 4 個項目，共有 16 個項目。

由此可知，ISO 9001 範圍最大，含括 ISO 9002 及 ISO 9003；ISO 9002 範圍則又含括 ISO 9003，三者範圍以 ISO 9003 最小。關於三者內容之比較及與 ISO 9004 之對照，如表 12.1 所示。

表 12.1 ISO 9001、ISO 9002 及 ISO 9003 之內容比較

名稱	對應節次			
	ISO 9001	ISO 9002	ISO 9003	ISO 9004-1
管理責任	4.1 ●	4.1 ●	4.1 ▲	4. 管理責任
品質系統	4.2 ●	4.2 ●	4.2 ▲	5. 品質系統要求
合約審查	4.3 ●	4.3 ●	4.3 ●	6. 品質系統與財務考慮
設計管制	4.4 ●	–	–	8. 規格與設計品質
文件與資料管制	4.5 ●	4.5 ●	4.5 ●	9. 採購品質
採購	4.6 ●	4.6 ●	–	7. 行銷品質
採購者所供應產品之管制	4.7 ●	4.7 ●	4.7 ▲	
產品之鑑別與追溯	4.8 ●	4.8 ●	4.8 ▲	
製程管制	4.9 ●	4.9 ●	–	11. 製程管制
檢驗與測試	4.10 ●	4.10 ●	4.10 ▲	10. 製程品質
檢驗、量測與試驗設備之管制	4.11 ●	4.11 ●	4.11 ●	13. 檢驗、量測與試驗設備之管制
檢驗與測試狀況	4.12 ●	4.12 ●	4.12 ▲	12. 產品查證
不合格品之管制	4.13 ●	4.13 ●	4.13 ▲	14. 不合格品管制
矯正與預防措施	4.14 ●	4.14 ●	4.14 ▲	15. 矯正措施
搬運、儲存、包裝防護與交貨	4.15 ●	4.15 ●	4.15 ▲	16. 生產後活動
品質記錄之管制	4.16 ●	4.16 ●	4.16 ▲	17. 品質記錄
內部品質稽核	4.17 ●	4.17 ●	4.17 ▲	
訓練	4.18 ●	4.18 ●	4.18 ▲	18. 人事
服務	4.19 ●	4.19 ●	–	19. 產品安全
統計技術	4.20 ●	4.20 ●	4.20 ▲	20. 統計方法之使用
項數合計	20	19	16	17
符號說明：● 表標準文字內容與 9001 完全相同。 ▲ 表標準條文與內容略為寬鬆。 – 表不適用。				

資料來源：簡聰海、鄒靖寧，民國 86 年。

ISO 9000 品保系統與物料管理的關係相當密切，茲將 ISO 9001 對物料管理之要求依序說明如下：

1. **物料品質作業規範（4.2.3 品質規劃）**

   供應商應明文規定品質要求之適合項目，期以達成產品專案計畫或合約所規定之要求。此適合項目包括：

   (1) 擬訂品質計畫與品質手冊。

   (2) 確定與取得所需之管制方法、製程、檢驗設備、夾具及全部生產資源與技術。

   (3) 更新品質管制、檢查及試驗等技術。

   (4) 確定設計、生產、安裝、檢驗及測試之程序、適用文件及文件之相容性。

   (5) 釐訂各種品質特性及要求之標準。

   (6) 品質記錄之識別與撰寫。

2. **物料採購（4.6）**

   供應商應建立並維持各項書面程序，以確保所採購之產品符合規定要求（4.6.1 概述）。內容含括：

   (1) 分包商之評鑑：含達成合約要求能力及往昔表現績效選擇分包商、資料建資料建檔、以及管制方式與程度依產品種類而定（4.6.2）。

   (2) 採購資料：明確說明所訂購產品之相關資料，如型式、類別、式樣、等級、規格、圖樣、製程要求、檢驗規範、適用品質系統國家標準及技術資料等。採購文件發出前，須審查及核准其適切性（4.6.3）。

   (3) 採購產品之驗證：採購者在貨源處或收貨處，有權驗證供應商及分包商所提供產品是否符合規定要求（4.6.3）。

   (4) 客戶供應品之管制：供應商應建立並維持各項書面程序，以管制、查驗及維護由客戶所提供之物料，該物料若有遺失、損壞或不適用時，均須加以記錄並通報客戶（4.7）。

3. **物料檢驗（4.10）**

   供應商應建立並維持檢驗與測試業務之各項書面程序，用以驗證產品之規定要求業已達成（4.10.1）。內容含括：

   (1) 接收檢驗與測試：應依照品質計畫及／或書面程序，驗證規定要求之符合性，因緊急生產所需而須在驗證前發放之物料，應確實加以標識與記錄（4.10.2）。

   (2) 製程檢驗與測試：應依照品質計畫及／或書面程序之要求，對在製品加以檢驗與測試（4.10.3）。

(3) 最終檢驗與測試：應依照品質計畫及／或書面程序，執行製成品之最終檢驗與測試（4.10.4）。

(4) 檢驗與測試記錄：供應商應建立並維持記錄，以提供該產品業經檢驗及／或測試之證明（4.10.5）。

(5) 檢驗與測試狀況：產品之檢驗與測試狀況，須使用記號、戳記、掛籤、流程卡、檢驗記錄、測試軟體或其他適宜方法表示之，藉以顯示該產品經檢驗與測試後是否合格（4.12）。

4. 不合格品之管制（4.13）

供應商應制訂並維持各項書面程序，以防止不符合要求之產品由於疏忽而被不當使用或安裝（4.13.1）。內容含括：

(1) 不合格品之檢討與處理：方式為重新加工、特採、重新分級及拒收或報廢（4.13.2）。

(2) 對已允收或業經修理之不合格品之說明，應予以記錄以顯示其實際情況（4.13.2）。

(3) 重修及／或重新加工之產品，應依照品質計畫及／或書面程序之規定，重新加以檢驗（4.13.2）。

5. 物料搬運、儲存、包裝、保存及交貨（4.15）

供應商應制訂並維持產品之搬運、儲存、包裝、保存及交貨之各項書面程序（4.15）。內容含括：

(1) 搬運：供應商應提供產品之搬運方法，以防止損傷或變質（4.15.2）。

(2) 儲存：供應商應使用指定之儲存場所或庫場，以防止產品在待用或待運中之損傷或變質，且規定該場所收發進出之適切方法（4.15.3）。

(3) 包裝：供應商應管制各像包裹包裝與標示過程（含使用材料）至所需程度，以確保合乎規定要求（4.15.4）。

(4) 保存：供應商應使用適當的方法，對產品加以保存及隔離（4.15.5）。

(5) 交貨：供應商應妥為防護最終檢驗與測試後之產品品質，如合約有規定時，本項防護應予延伸，以包含目的地交貨在內（4.15.6）。

12.4 ISO 14000 環保標準與綠色消費

自二次世界大戰結束後，世界各國莫不致力於發展經濟，期以提升國民生產毛額及改善人民生活水準；然而，此全力發展經濟的結果，卻使地球資源過度的開發與耗用，對整個地球生態造成了嚴重的損害，如氣候異常、臭氧層的破壞及各種天災頻傳之現象產生。因之，為保護人類賴以永續生存的空間，環境保護遂成為國際間注目之焦點，亦為現階段世界各國發展經濟必須兼顧之重要課題。

由是之故，國際標準化組織在繼推動 ISO 9000 品保系統標準以後，又於 1997 年 9 月正式公佈 ISO 14000 環境管理系統，做為各國貿易往來之環保認證標準。整體 ISO 14000 之內容架構如圖 12.7 所示。

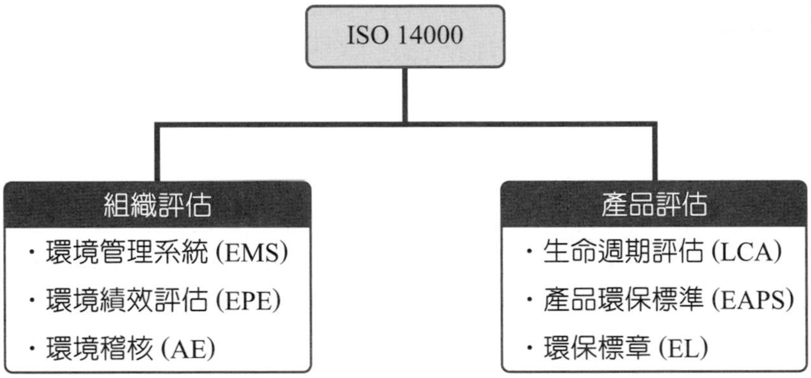

圖 12.7 ISO 14000 之內容架構

台灣產業乃屬海島型的經濟型態，對外貿易依存度相當高，百分之七十以上的產品皆是外銷。在國際上普遍重視與推動環境保護工作之際，我國產業界更須積極推動 ISO 14000 環境管理系統，希能藉由取得此環保認證以維持產業競爭力及開拓國外市場。

基本上，**ISO 14000 環境管理系統之推動程序，係以 PDCA 管理循環模式為架構，共分成計畫（Plan）、執行（Do）、查核（Check）及改善（Action）四個階段**，如圖 12.8 所示。

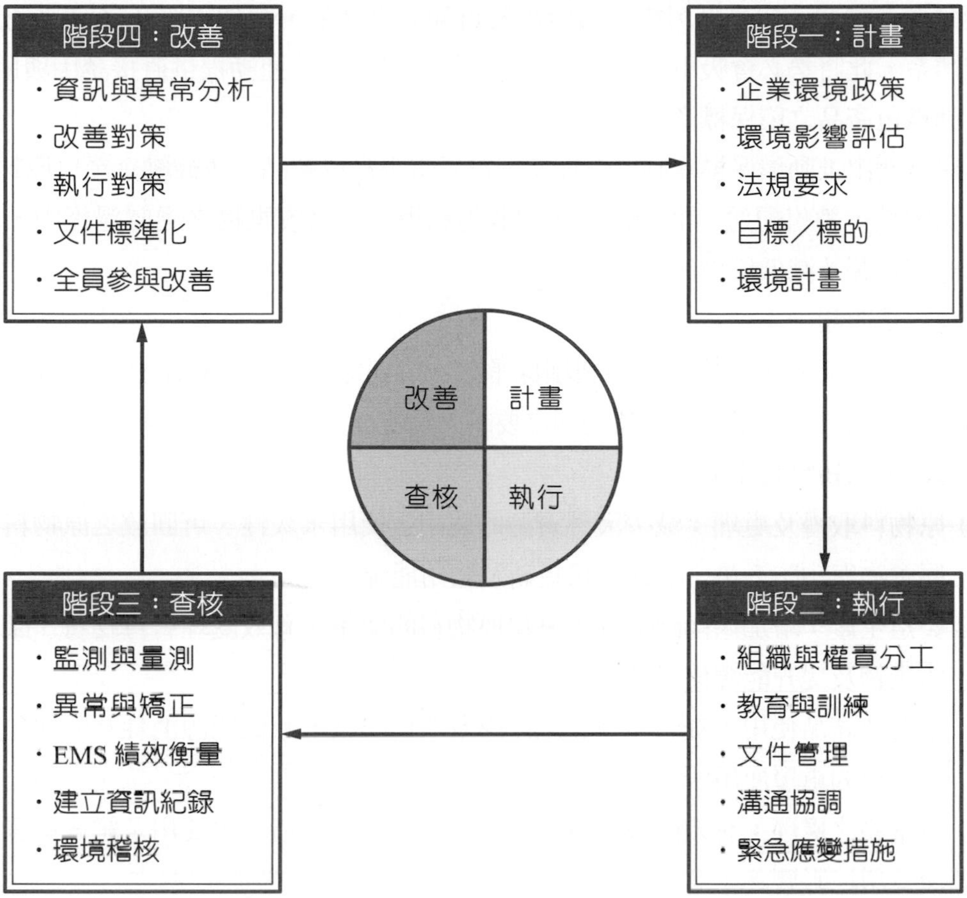

圖 12.8 ISO 14000 之推動程序

自從 1970 年第一屆地球日誕生，並正式宣告環保消費主義開始，綠色消費的觀念已蔚爲一種國際潮流及全民運動。簡言之，**綠色消費乃指在維持人類生活之基本需求條件下，適切的生產及利用各種產品與服務，期以減少天然資源與毒性物質之使用，降低汙染物之排放**。一般而言，推動綠色消費運動的目的在促使企業投資開發、生產及提供綠色產品與服務，並改變傳統的消費模式，鼓勵消費者選擇對環境友善之綠色產品與服務，期以維護生態環境及追求人類最佳的生活品質。

沒有綠色，就沒有未來。環境保護已成爲決定我國未來國家發展及企業生存之重要關鍵因素，爲迎接二十一世紀的挑戰，我國政府與企業界勢必要更加重視及積極推動 ISO 14000 環保標準及綠色消費運動。下面說明 ISO 14000 及綠色消費對物料管理之影響。

1. 政府推動綠色採購

我國之政府採購法即將於 1999 年 5 月正式實施，其中第 96 條規定政府機購得優先採購環保標章，或具低污染、省資源及可回收之產品，並建立綠色產品之認證與驗證體系。此將勢必會吸引民間企業跟進，並對綠色消費運動提供直接誘因與助力。

2. **推動綠色產品之環保標章制度**

   環保署藉由推動環保標章制度，促使消費者重視綠色產品，並鼓勵企業自原料取得、產品製造、銷售配送、消費使用、回收再利用，以迄廢棄物之處置過程中，均能有效節省資源及減低環境污染。

3. **綠色行銷興起**

   企業必須具體界定其環境使命與環保承諾，所創造新的產品與服務，一方面能滿足消費者在品質、價格、功能及便利之要求，一方面又能將環境影響減至最低。

4. **開發綠色原物料及產品**

   (1) **原物料取得及處理：**減少天然資源的使用，使用永久性、可回收之原物料，減少廢棄物與預防污染，並使用可更新及續用能源等。

   (2) **製造生產：**增加產品耐久性，減低原物料的使用，有效處理有毒物質、副產品與廢棄物及提升能源使用效率等。

   (3) **包裝及產品使用：**提高消費者之健康及環境安全，減低能源消耗及簡便包裝與包裝材料的重覆使用。

   (4) **廢棄物之處理：**有效回收廢棄物，廢棄物可予再製造、再使用及維修保養，有效減低環境影響。

12.5 智慧物聯網系統及其應用

近幾年來，隨著網際網路、無線通信及資訊科技的蓬勃成長，促使物聯（The Internet of Things, IoT）技術的興起，在現代化社會裡，智慧物聯網系統的應用已遍及城市治理、交通運輸、醫療長照、零售物流、居家生活、農畜養殖及各個相關領域。本節內容主要介紹物聯網的基本概念、物聯網的整體內容架構與應用發展及智慧物聯網於物料管理系統的應用。

一、物聯網的基本概念

物聯網（IoT）乃為將各類感測器與裝置安設到不同的物體上，透過網際網路系統將各類物體相互連結，進行通信傳輸、運算分析及資訊交換的程序，達到物體與物體、物體與人員的直接聯繫與溝通，實現智慧化、可視化和及時化的識別定位，以有效監控整體系統的運作及提供最適管理決策。歸納起來，物聯網技術涵蓋下列三個核心概念：

1. 無線通信與資訊科技的應用

無線通信與資訊科技爲整體物聯網運作的核心骨幹，物聯網主要透過各類平台介面與網際網路系統將物體與物體、物體與人員加以連結，將用戶端延伸到所連結的各類物體與人員上。同時，透過無線通信傳遞可靠精確的數據與資訊，期能及時化提供最適的管理決策。

2. 智慧化的識別與監管能力

物聯網系統把各類感測器與裝置安設到實際物體上，可以及時偵測、蒐集大量的物體與人員所產生的數據和資訊，同時結合大數據分析、雲端運算、顧客需求管理等工具，立即進行數據和資訊的運算、分析和處理，智慧化提供系統內部各類物體與人員的識別定位、監控及決策。

3. 物聯網帶來的效益

發展物聯網目的在於增進人類生活及公民營機構營運管理的便利性，其應用層面涵蓋食衣住行育樂、醫療及各行各業領域。整體而言，物聯網創造的效益包括及時化、可視化、高效率、高彈性、自動化、共享經濟、高經濟效益等，但其缺點則是可能遭受資通安全及個資穩私的外洩問題。

網際網路已成現代人類生活、經濟及各項發展的重要驅動力量，尤以近年在人工智慧（AI）與資訊科技創新及無線通信快速發展下，更促使「智慧物聯網系統（Smart IoT）」的產生，帶給人類生活內容更趨向於智慧化。綜合起來，物聯網技術的發展歷程概可分成七個階段，如表 12.2 所示。

表 12.2 物聯網技術的發展階段

階段	年代	主要的創新觀念及應用
一	1970	IBM 建立主機間的互聯系統，為全球第一個聯網主機。
二	1995	微軟創辦人比爾蓋茲提出未來將物與物聯成網路的資訊科技發展概念。
三	1999	美國麻省理工學院的 Auto-ID 實驗室、科技趨勢預言家 Kevin 提出物聯網一詞及物聯網系統概念。
四	2006	歐盟宣布「物聯網行動計畫」，IBM 提出「智慧地球」概念，將 IT 技術應用到各行各業。
五	2008	美國總統歐巴馬提倡物聯網振興經濟戰略，日本提出無所不在網路的國家層級研究計畫。
六	2018	將物聯網與人工智慧（AI）結合進化為智慧版（AIoT），應用範圍廣及城市治理、醫療照護、製造生產、物流運籌、行銷零售、運輸交通、家居生活、農業養殖等相關領域。
七	2020	隨著無線通信、資訊科技發展及產業實際應用需求，預估全球將建置二百億個以上的物聯網系統，市場經濟規模達五千億美元。

二、物聯網的架構與應用領域

整體物聯網系統的內容架構與應用領域，由下往上概可分成可四個層次，包含第一層的感測器與裝置，第二層的網際網路系統，第三層的資料蒐集運算及平台發展及第四層的實際應用服務。關於每一層次的技術發展內容需求及其產出效益，彙整如圖 12.9 所示。

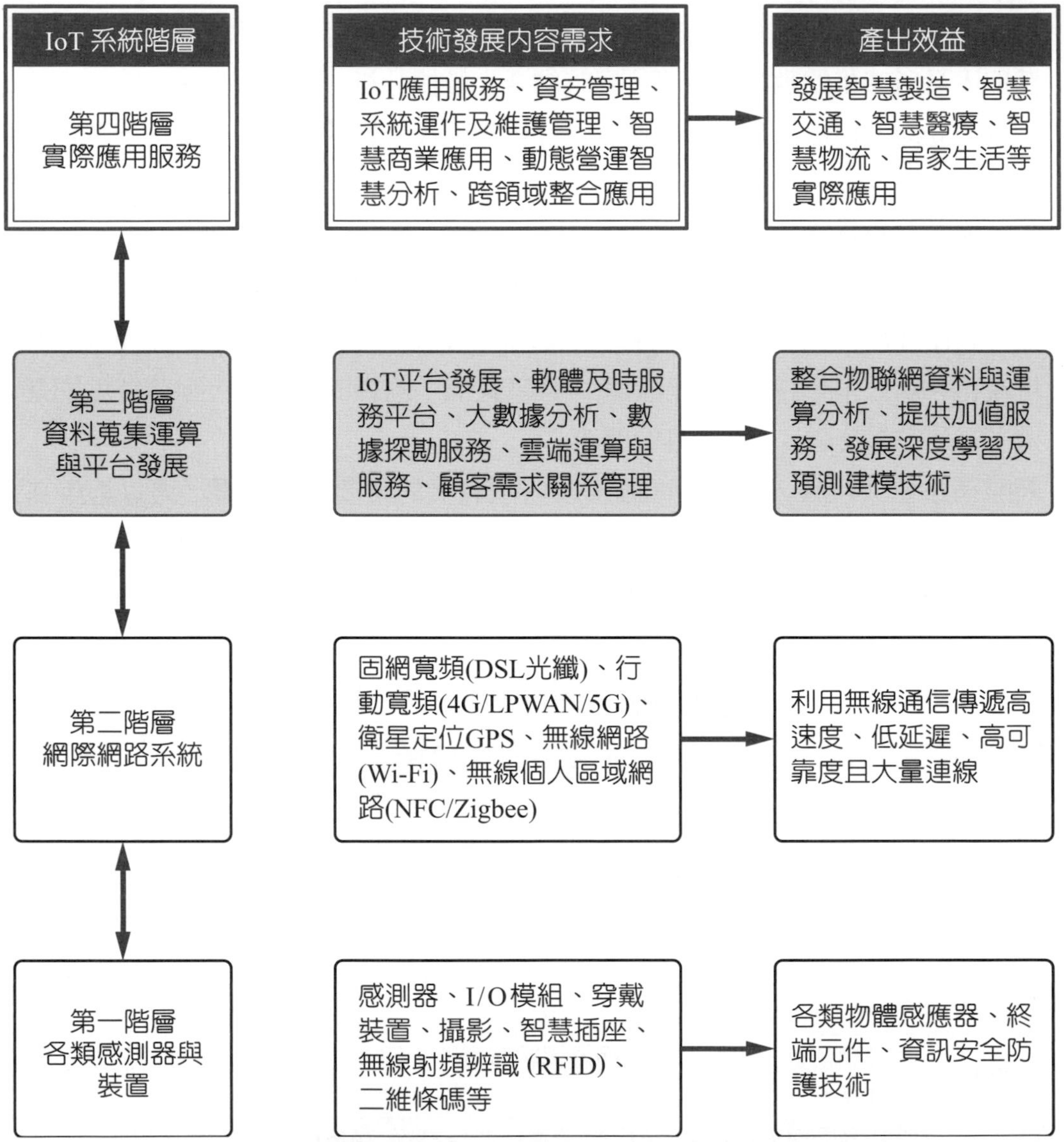

圖 12.9 物聯網系統的內容架構與應用

除上述所介紹的物聯網四個層次架構外，學者專家另紛提出三層架構（含感測層、網路層及應用層）及五層架構（含感測層、傳送層、處理層、應用層及企業層）。基本上，**整體物聯網系統的運作程序，首先是利用各類感測器與裝置蒐集物體與人員的數據，其次藉網際網路系統及無線通信傳遞各項資訊，透過運用雲端運算與服務、大數據分析、數據探勘及人工智慧等技術，及時化進行資訊處理與運算分析，最後提供政府機構、產業界及相關組織的實際應用服務，以尋求最適的人物監控及管理決策。**

隨著網際網路、人工智慧及現代通信與資訊科技的蓬勃發展，物聯網技術的應用範圍已遍及人類生活的各個層面，涵蓋製造生產、居家生活、交通運輸、醫療照護、能源環保、農業養殖等領域，如圖 12.10 所示。

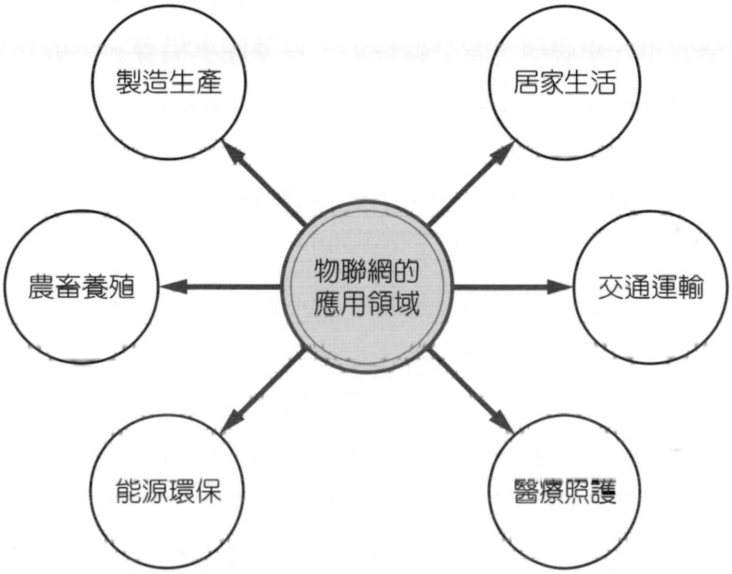

圖 12.10　物聯網技術的主要應用領域

以下分述物聯網技術在六個領域的實際應用內容。

1.　製造生產

智慧製造與生產爲物聯網技術的主要應用領域，如德國工業 4.0 智慧生產系統，目前政府極力推動的生產力 4.0 系統已被國內業者廣泛地導入與推動。關於物聯網技術於製造生產的應用，主要包含現場製程與環境的及時監控，透過裝設於物體與人員的感測器監控在製品的品質與數量狀態，以及物料供應、時間進度、成本控制、機器運轉維護、環境溫濕度、物料搬運、產銷配合、職業安全衛生及相關的生產資訊，有效提升管理效率、產品品質和彈性。

2. 居家生活

智慧居家生活係將家庭內各項物體與設備相互聯結，對其位置、安全、使用狀態及環境變化，進行有效地監測與控制。一般說來，智慧居家生活主要是依據感測器與裝置所蒐集的各項數據與資訊，及時加以辨識與分析各項物體、設備及環境的重要特徵，並依照人員的舒適需求進行回饋及調整。例如，美商亞馬遜的 Echo 透過聲音來監控家內各項智慧物體與設備，已成廣受消費者歡迎的一種智慧居家生活方式。

3. 交通運輸

在交通運輸應用方面，物聯網系統主要是將人員、車輛、道路及行車情境作緊密的聯結，用以改善城市及公路的交通運輸環境，期以提升行車速度、確保交通安全及減少排碳量，並有效提升資源利用效率。現行物聯網在交通運輸領域的應用領域，主要含括智慧公車、車聯網、智慧紅綠燈、智慧停車場等。一般民眾可藉由智慧手機與各類資訊顯示裝置，及時掌握交通、氣候、空氣品質等大眾運輸狀態。

4. 醫療長照

物聯網在醫療長照領域的應用方面，主要在於有效提升醫院對於人與物的智能化管理，內容包括個人健康的照護、監控管理及老人長照等。智慧醫療係使用穿戴裝置與相關感測裝置來蒐集人員的生理數據，如心跳頻率、血壓、血糖、血脂肪及各項生理狀態數據，並及時記錄於個人電子健康文件中，便於醫護人員與病人查詢，以進行有效的監控及管理。同時，透過智慧掛號系統、電子病歷、遠距醫療、智慧病床及醫療設施之聯結，以建構人員與物體的數位化、可視化、及時化之醫療環境。

5. 能源環保

有效結合智慧化的能源環保與交通運輸管理，已成爲現代化智慧城市管理的重要議題。關於物聯網技術在智慧城市管理的應用，一般常聚焦於跟民生息息相關的電力、自來水、碳足跡、路燈照明、停車、垃圾回收、公園、旅遊、河川等各個面向。透過城市物聯網系統將水電供應、能源燃料、交通運輸加以聯結，可以提升能源使用效率，並降低都市的排碳量、空氣汙染與能源損耗。

6. 農畜養殖

關於物聯網在智慧農業的應用方面，涵蓋農產品培植過程及農場的規劃與管理，透過溫度、溼度、風速、陽光等感測器來蒐集數據，監控農作物生長和農場設施運作狀態。在畜牧養殖方面，則係利用穿戴感測裝置蒐集畜牧養殖數據及運算分析，判斷養殖對象的健康狀況、餵養情形、所在位置及生長等資訊，提供精確的監控及管理方式。另外，結合智慧農畜養殖與食品安全需求，達到即時化建立生產履歷及辨識與追溯問題源頭的功能。

除上述六項應用領域外，目前物聯網技術亦已應用到相關領域，包含智慧零售與物流、智慧軌道、智慧安全防護、智慧老人醫院及智慧軍事等。

以台塑六輕麥寮廠區爲例，其建置的「智慧眼鏡暨多元穿戴裝置物聯網系統」已成功應用到大型石化工廠的製程巡檢、設備維護、工程監控、局限空間作業、環品檢測、工業安全及人員越區管理上。整個麥寮六輕廠區約有四千個足球場面積，範圍涵蓋八十座工廠，物聯網系統已帶來可視化、及時化、經濟化的管理效益。

三、物聯網於物料管理之應用

物料管理活動爲物聯網技術的重要應用領域。**基本上，智慧物料管理乃是結合物聯網、大數據分析、人工智慧、雲端運算等現代化資訊科技，在整個產銷供應鏈的物流系統中，從最初的原物料供應、製造加工、倉儲盤點、通路配送，以至於最終顧客的各個階段裡，精確做到系統感知、數據運算與分析及資訊回饋與監控等功能，期以提供尋求最適的物料管理決策，達成整合供應鏈系統的物流、資訊流、金錢流及服務流之目標。**

關於物聯網應用在物料管理系統的內容架構，在感測器與裝置層次方面，主要利用無線射頻辨識（RFID）進行數據蒐集、移動識別、物項定位及追蹤管理，同時利用二維條碼進行各類物項的採購、定價、驗收、入庫、撿貨、領發料、存量管制、盤點及搬運等作業活動。

在運算與分析層次方面，則以大數據分析及時化蒐集、處理、分析及推論整體系統的物料數據與資訊，提供物料需求預測、顧客關係管理、車輛與人員調配及監控作業活動。同時利用雲端運算分析整個物料系統的資訊，有效提供存貨數量與訂購點管制、最適批次訂購量與安全存量、物料成本分析、倉庫儲位及車輛調配管理等。

在網際網路系統層次方面，主要利用智慧交通系統尋求物料運輸和配送路線的最適化決策，同時結合全球衛星定位系統（Global Positioning System, GPS）與地理資訊系統（Geographic Information System, GIS）同步追蹤運送車輛的行駛路徑與位置資訊，以即時化進行車輛定位、調度與監控作業，有效提升物料管理的效率與安全性。

在實務上，關於物聯網在物料管理系統的應用領域，一般涵蓋採購作業與供應商管理、倉儲與領發料作業管理活動，茲分述如下：

1. 採購作業與供應商管理

(1) **採購作業的監控：**利用 RFID 感測器、大數據分析及雲端運算等工具，精確地確認各類採購物項的品質與規格、需求量、批次訂購量、採購時機（訂購點）、採購價格及催料活動。

(2) **物料驗收作業：**利用感測器與裝置來監控驗收作業，包含物料接收、數量點收、品質檢驗、檢驗結果判定及搬運入庫等作業活動。

(3) **供應商的選擇與管理：**利用物與人、物與物的聯結，進行供應商遴選與績效考核，內容含品質、交期、價格及配合度四個項目，並配合績效考核採行適當的管理及獎勵措施。

2. 倉儲與領發料作業管理

(1) **智能化與數位化倉儲管理：**包含智能化與數位化的存量管制、料架儲位與搬運設施調配、能源管理、安全管理與危害檢測、價值工程與分析、設施保養維護及職業安全衛生管理等。

(2) **大數據運算與分析：**結合大數據分析與雲端運算進行倉儲儲位調配、撿貨作業、物項盤點、呆廢料處理、領發料作業、搬運動線規劃及最適訂購點與安全存量設定等。

(3) **物流作業的自動化：**整體供應鏈物流系統管理與作業的自動化，包含進貨檢驗、入庫、撿貨、裝卸及無人搬運車等各類自動化作業活動。

(4) **職業災害及意外事故管理：**預防貨車及物料的意外碰撞，監控司機及搬運人員的疲勞度，確保人員安全與維持物料品質。

近年隨著電子商務、無線通信及資訊科技的蓬勃發展，**美商亞馬遜（Amazon）公司創立一電商倉儲物流整合營運模式，利用大數據、人工智慧、雲端運算及車聯網進行倉儲物流管理，將人力、物品與機器緊密結合，經由其全球化物聯網系統提供商品的預測調撥、跨域配送及跨國配送服務**。綜合而言，亞馬遜的智慧物料管理系統大致涵蓋下列特色：

1. 發展自動倉儲與搬運系統

物流中心透過 KIVA 機器人實現自動搬運模式，達到物流中心無人化，每個倉儲庫位都在 KIVA 機器人驅動下，自動精確的進行撿貨及搬運作業活動。亞馬遜自動搬運系統已提升整體物流作業效率與撿貨正確率，並節省大量的人力成本與倉庫儲位空間。

2. 物流中心平台作業導入大數據分析

亞馬遜藉由導入大數據分析至物流中心平台作業，提供快速完整的物流服務，從消費者瀏覽購物開始，歷經下單、訂單處理、撿貨與包裝倉儲作業、配送發貨及終端顧客服務，每一流程都以大數據分析為基礎，做到精確而快速的物流作業管理。

3. 全程可視化的物流作業活動

亞馬遜引進自動辨識系統，用以建構全球化供應鏈物流管理系統，同步提供消費者、供應商、製造商及物流作業人員，及時化地辨識和監控貨品備貨、包裹位置、訂單處理及車輛運送的作業狀態，進行全程物流作業的可視化監控，有效縮短整體物流作業活動的循環時間。

4. 連續盤點與二維條碼的辨識定位

亞馬遜的智慧倉儲管理系統可及時化進行物項連續盤點，準確計算各物項的實際庫存量及訂購點資訊，提供各物項的實際需求量，提供物流中心進行備貨規劃、人力與車輛調配及貨物配送活動之依據。同時每一倉庫儲位都編定其二維條碼，結合 GPS 系統推動全球化的辨識定位與存量管理。

5. 平行倉庫和就近貨品調撥

透過全球化供應鏈物流的大數據分析，提供智慧分倉、就近備貨及貨品調撥作業，藉由各地區物流中心網路連線的調配，確保配送貨品到離客戶最近的物流中心，任一物流中心只要有現貨，即可接受顧客下單及準時交貨，有效展現平行倉庫的經濟效益。

6. 便捷的撿貨與配送分類作業

物流中心的物品配送作業如同八爪魚一樣，根據顧客送貨地址規劃出不同的送貨路線，在作業台操作員工將通過八爪魚的各類包裹，及時分配到最適的配送路線上。透過八爪魚作業提供智慧化的發貨與撿貨功能，可提升揀貨速度、正確率及人力資源的使用效率。

12.6 結論

近年來，由於全球化市場的激烈競爭，產銷物流系統的整合，網際網路、全球資訊網及資訊科技的快速發展，電子商務的興起，ISO 9000 品保及 ISO 14000 環保認證的推行，以及綠色消費運動的風行，使得物料管理的發展正面臨一個新的轉變與挑戰。

物流管理是一種強調企業產銷整合之系統化的管理程序，其最主要者乃是將生產及行銷二個業務功能領域予以有效串連，期使企業最低產銷成本的前提下，能以適時、適質、適地、適量及適價的方式，提供顧客最滿意的服務水準。

物流中心乃是扮演著製造商（或代理商）與零售點（零售商或量販店）之中間介面角色，其能有效地整合產銷體系中之物流和資訊流；物流中心的主要業務活動，含括產品之採購、分類、儲存、揀取、銷售配送、運輸、包裝、流通加工、產品設計、自創品牌及資訊管理等。

凡是將商業交易活動予以電子化者，皆可稱之電子商務。在電子商務環境下，將促使物料管理成爲一快速、有效之生產及後勤支援系統，而電子商務在物料管理上之應用，涵蓋及時採購、網路行銷與全球化市場、倉儲管理、供應鏈管理及以顧客爲主軸等五個層面。

ISO 9000 品保系統自 1987 年公佈以後，已成爲全球化品質管理之共通標準，我國於民國 79 年將其轉訂爲 CNS 12680 系列標準。ISO 9000 品保系統與物料管理的關係相當密切，涵蓋物料品質作業規範、採購、驗收、不合格品之管制、物料搬運、儲存、包裝、保存及交貨等層面。

環保已成決定我國未來國家發展及企業生存之關鍵因素，政府與企業界要更重視及積極推動 ISO 14000 環保標準及綠色消費運動。ISO 14000 及綠色消費對物料管理的影響，涵蓋政府推動綠色採購、環保標章制度、綠色行銷的興起及開發綠色原物料及產品等四個層面。

隨著網際網路及資訊科技的蓬勃發展，已促使物聯網（IoT）技術的興起和應用發展，在現代化社會裡，智慧物聯網系統的應用已遍及各個領域，其中物流爲物聯網技術的重要應用領域。基本上智慧物流乃是在整個供應鏈的物流系統中，精準做到系統感知、數據運算與分析及回饋與監控等功能，期以提供尋求最適物流決策，並達成充分整合物流、資訊流、金錢流及服務流之目標。

參考文獻

1. 王貳瑞、侯君溥（民 86 年 5 月），商業自動化概論，初版，屏東：睿煜出版社，頁 275-312。
2. 石文新譯（民 88 年 2 月），綠色行銷，初版，台北：商業周刊出版公司，頁 17 及頁 79。
3. 比爾 ‧ 蓋茲著，樂爲良譯（民 89 年 4 月），數位神經系統，初版 120 刷，台北：商業周刊出版公司，頁ＸＸⅧ 頁ＸＸＸⅤⅠ。
4. 白滌清譯（民 102 年 6 月），生產與作業管理，初版，台北：歐亞書局，民國 102 年 6 月，頁 319-342。
5. 洪振創、湯玲郎、李泰琳（民 105 年 1 月），物料與倉儲管理，初版，台北：高立圖書，頁 365-394。
6. 李昌雄（民 87 年 5 月），商業自動化與電子商務，修訂二版，台北：智勝文化事業公司，頁 137-197，頁 321-367，頁 493-529。
7. 余千智主編（民 88 年 4 月），電子商務總論，初版，台北：智勝文化事業公司，頁 1-39，頁 251-276。
8. 朱雪田、趙孝武、宋令楊、張銀成、朱瑾文、李慧芳（民 104 年 7 月），初版，台北：家魁資訊，頁 33-34。
9. 何應欽譯（民 104 年 7 月），作業管理，四版一刷，台北：華泰文化事業公司，頁 363-391。
10. 周中理（民 1 年 2 月），ISO 9000 與物料管理，品質管制月刊，VOL.32，NO.2，頁 36-40。
11. 查修傑、連麗眞、陳雪美譯（民 88 年 2 月），電子商務概論，初版，台北：愛迪生維斯理朗文臺灣分公司與跨世紀電子商務出版社，頁 2-42，頁 333-344。
12. 高旭（民 87 年 9 月），ISO 9000 品質系統稽核與評鑑，初版一刷，台北：中華民國品質學會，頁 18-20。
13. 張有恆（民 87 年 9 月），物流管理，初版，台北：華泰文化事業公司，頁 2-74。
14. 張志勇、翁仲銘、石貴平、廖文華（民 104 年 11 月），物聯網概論，初版六刷，台北：基峰資訊公司。
15. 張振燦、張君逸合譯（民 104 年 11 月），物聯網應用全圖解，初版，台北：和致科技公司。
16. 陳瑞陽（民 106 年 1 月），物聯網金融商機，初版，台北：財團法人台灣金融研究院。

17. 裴有恆、林祐祺（民106年8月），物聯網無限商機產業概論X實務應用，初版，台北：基峰資訊公司。
18. 簡聰海、鄒靖寧（民86年11月），全面品質保證：ISO 9000品保模式之認證，初版，台北：高立圖書公司，頁7-23，頁56-165。
19. 蘇雄義（民87年7月），企業物流導論，初版，台北：華泰文化事業公司，頁1-16。
20. 蘇雄義（民102年2月），供應鏈管理：原理、程序、實務，再版二刷，台北：智勝文化事業公司，頁183-200。
21. Burhan, M., R.A. Rehman, B. Khan, and B.S. Kim (2018), "IoT elements, layered architectures and security issues: a comprehensive survey," Sensors, Vol. 18, 1-37.
22. Hanes, D., G. Salgueiro, P. Grosstete, R. Barton, and J. Henry (2017), IoT Fundamentals: Networking Technologies, Protocols, and Use Cases for the Internet of Things, Eighth Edition, First Edition, Indianapolis: Cisco Press.
23. Jacobs, F.R. and R.B. Chase (2017), Operations and Supply Chain Management: The Core, Fourth Edition, McGraw-Hill International Edition, New York: McGraw-Hill Education, pp. 432-448.
24. Kalakota, R. and A.B. Whinston (1996), Frontiers of Electronic Commerce, 1st Edition, Reading, Massachusetts: Addison-Wesley, pp. 4.
25. Russell, R.S. and B.W. Taylor (2014), Operations and Supply Chain Management, Eighth Edition, International Student Edition, Singapore: John Wiley & Sons Singapore Pte. Ltd., pp. 345-358.

自我評量

一、解釋名詞

1. 物流（Logistics）。
2. 物流管理（Logistics Management）。
3. 物流中心（Distribution Center）。
4. 及時採購（Just-in-Time Purchasing）。
5. 第三方物流（Third-Party Logistics）。
6. 逆向物流（Reverse Logistics）。
7. 電子商務（Electronic Commerce）。
8. ISO 14000。

二、選擇題

(　　) 1. 供應鏈系統中，買方同意賣方分享其需求資訊，建立需求預測，並決定再供給時間表，以減少庫存，稱之為 (A) 資訊平台 (B) 越庫作業 (C) 供應商管理庫存 (D) 聯合採購。

【101 年第一次工業工程師－生產與作業管理】

(　　) 2. Wal-Mart 運用下列何種方法有效地化解存貨和運輸成本之間的矛盾？ (A) 滿載（full truckloads） (B) 增加一次運送批量 (C) 直接配送（direct shipping） (D) 越庫（cross-docking）。

【101 年第二次工業工程師－生產與作業管理】

(　　) 3. 某零售業成功導入供應商管理存貨（vendor managed inventory, VMI），導入效益應不包含以下那一項？ (A) 協助降低供應鏈整體庫存，減少長鞭效應（bullwhip effect）需求變動所造成影響 (B) 提高供應商對終端顧客需求之掌握度 (C) 降低零售商與供應商之供應鏈成本 (D) 供應商為供應鏈庫存與終端需求預測主導角色。

【101 年第二次工業工程師－生產與作業管理】

(　　) 4. 下列哪一項不是 3PL 的特色功能？ (A) 運輸 (B) 議價 (C) 倉儲 (D) 配銷。

【100 年第一次工業工程師－生產與作業管理】

(　　) 5. 買方同意賣方分享他們的需求資訊，以建立銷售預測，並決定再供給時間表，以減少庫存，被稱為 (A) 資訊平台 (B) 訂購批量 (C) 供應商管理庫存 (D) 聯合採購。

【99 年第一次工業工程師－生產與作業管理】

(　　) 6. 買方同意賣方分享他們的需求資訊，以建立銷售預測，並決定再供給時間表，以減少庫存，被稱爲 (A) vendor managed inventory (B) information system (C) batch ordering (D) joint replenishment。

【99 年第二次工業工程師－生產與作業管理】

(　　) 7. 下列何者不是最佳化物流策略應該包括之項目？ (A) 將所有類別中流動速度最快的物項委外處理 (B) 供應商代管存貨 (C) 越庫作業 (D) 傳統倉儲系統。 【94 年第一次工業工程師－生產與作業管理】

(　　) 8. 第三方物流（third party logistics）是透過一家外部公司來執行公司的物流管理或產品配銷的部份或全部功能，屬於供應鏈中策略聯盟的一種，其合作關係成功的最主要因素，下列何者爲非？ (A) 顧客導向 (B) 可靠性 (C) 顧客需求的反應能力 (D) 龐大車隊。

【92 年第一次工業工程師－生產與作業管理】

(　　) 9. 下列何者不屬於物流作業活動的範圍？ (A) 物料取得 (B) 倉儲管理與存量管制 (C) 工安與保養維修 (D) 訂單處理與確認顧客服務水準。

(　　) 10. 藉由監視與管控回流物品，避免接收不當的回收物品，目的在於掌控物品回流率與減少回收成本，並降低對顧客服務帶來負面影響，這種物流作業的做法稱爲 (A) 避免（avoidance） (B) 看守（gatekeeping） (C) 越庫（cross-docking） (D) 供應商管理存貨（VIM）。

(　　) 11. 藉由尋求物品回流極小化的方法，以減少無法售出的回收數量，包括準確的需求預測、產品設計、品質保證等，這種物流作業的做法稱爲 (A) 避免（avoidance） (B) 看守（gatekeeping） (C) 越庫（cross-docking） (D) 供應商管理存貨（VIM）。

(　　) 12. 在供應商運送貨物到倉庫時，直接將其裝載至出貨車上，藉以避免額外的倉儲物流作業，並可加速訂單履行能力和有效降低儲存成本，這種物流作業的做法稱爲 (A) 避免（avoidance） (B) 看守（gatekeeping） (C) 越庫（cross-docking） (D) 供應商管理存貨（VIM）。

(　　) 13. 企業與消費者間，透過電子化方式來完成交易行爲及資訊流通，例如藉由網路來進行網路行銷、線上購物、線上服務之商業行爲，稱爲 (A) 企業對客戶（B-to-C） (B) 企業內部（intra-business） (C) 企業對企業（B-to-B） (D) 客戶對客戶（C-to-C）。

(　　) 14. 化學工廠排放廢水廢氣，如欲符合 ISO 標準規定，宜申請 (A) ISO 9001 (B) ISO 9002 (C) ISO 14000 (D) ISO 2000。

(　　) 15. 在 ISO 9000 系列品保系統內，範圍涵蓋設計 / 開發、生產、檢驗與測試、以及服務之品質保證模式為 (A) ISO 9001 (B) ISO 9002 (C) ISO 9003 (D) ISO 14000。

三、問答題

1. 在企業的產銷體系中，共含那三個物流階段？試說明之。
2. 一完整的物流系統共含那六項物流作業活動？試說明之。
3. 物流管理的功用為何？試說明之。
4. 物流中心扮演何種中介角色？試繪圖說明之。
5. 現代化物流中心具有那些效益？試說明之。
6. 在電子商務環境中，相關參與者所扮演的角色及彼此之互動關係為何？試繪圖說明之。
7. 電子商務環境共劃分成那三個領域？試說明之。
8. 企業推動電子商務可帶來那些效益？試說明之。
9. 試依及時採購、網路行銷與全球化市場、倉儲管理、供應鏈管理及以顧客為主軸等五個層面，說明電子商務在物料管理上之應用。
10. 試繪圖說明 Kalakota & Whinston 電子商務架構。
11. 現階段我國行政院在推動電子商務的具體做法有那些？試說明之。
12. 何謂綠色物流？正向物流與逆向物流有何差異？試說明之。又有效的逆向物流涵蓋看守及避免二種能力，試分別說明其意義和效益。
13. 何謂綠色物流無線設頻辨識（RFID）？在物流管理和作業上，使用 RFID 帶來哪些具體的利益？試說明之。
14. 在物流作業實務上，有效訂單配送的做法包括整車運送負荷、回程貨運、在途併貨及越庫作業，試分別說明其意義和可帶來的效益。
15. 何謂供應商管理存貨（VMI）？ VMI 在物流管理上可以獲致哪些具體的利益？試說明之。
16. 試繪圖說明 ISO 9000 品保系統之架構。
17. ISO 9001、ISO 9002 及 ISO 9003 三種品質保證模式之內容有何差異？試說明之。

18. ISO 9000 品保系統對物料採購之規定爲何？試說明之。
19. ISO 9000 品保系統對物料檢驗之規定爲何？試說明之。
20. ISO 9000 品保系統對物料搬運、儲存、包裝、保存及交貨之規定爲何？試說明之。
21. 試繪圖說明 ISO 14000 環保標準之內容架構。
22. 試繪圖說明推動 ISO 14000 之 PDCA 模式。
23. 政府推動綠色採購對物料管理有何影響？試說明之。
24. 行政院環保署推動綠色產品之環保標章制度對物料管理有何影響？試說明之。
25. 企業在開發綠色原物料及產品之做法爲何？試說明之。
26. 何謂物聯網（IoT）？物聯網系統涵蓋那些概念？又物聯網技術及應用的發展大致分成那些階段？試說明之。
27. 試繪製物聯網系統的內容架構與應用圖形，並簡要說明每一階層的技術發展內容，以及所創造的產出效益。
28. 隨著網際網路及現代資訊科技的蓬勃發展，物聯網技術應用已涵蓋城市治理、製造生產、居家生活、交通運輸、醫療長照、農業養殖及相關領域，試任舉一實際案例說明物聯網系統實際應用及帶來的經濟效益。
29. 物聯網技術現階段在產業物流管理系統的實際應用，主要涵蓋採購作業與供應商管理、倉儲與領發料作業管理活動二個領域，試分就這二個領域的內容及效益說明之。
30. 美商亞馬遜（Amazon）公司首先創立了電商倉儲物流整合營運模式，可提供全球化商品預測調撥、跨區域配送、跨國配送服務。試問亞馬遜的智慧物流管理涵蓋那些重大特色及效益？試說明之。

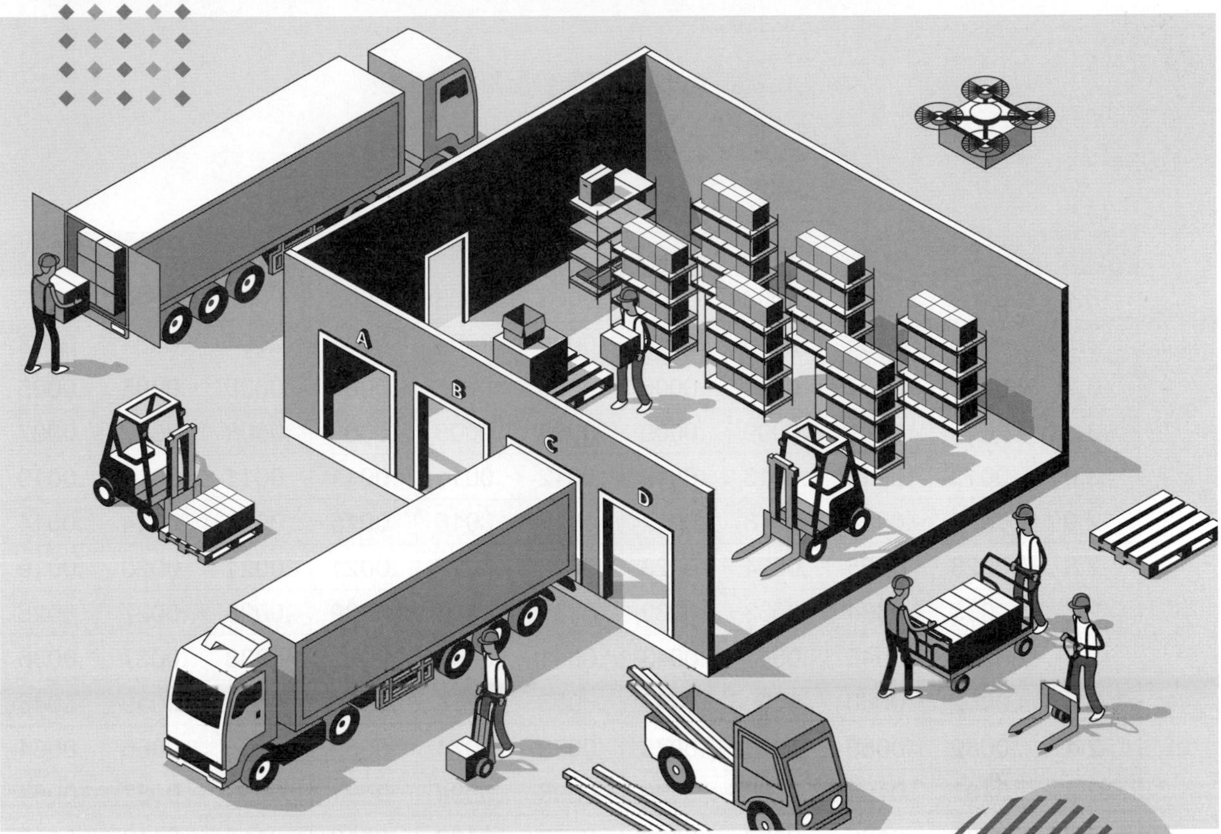

Appendix

附錄

▷ 內容大綱

附表 A　標準常態分配累積機率表

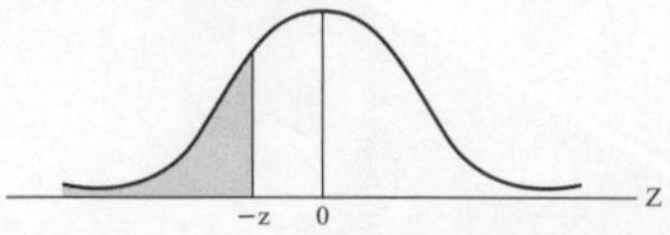

z	.00	.01	.02	.03	.04	.05	.06	.07	.08	.09
-3.4	.0003	.0003	.0003	.0003	.0003	.0003	.0003	.0003	.0003	.0002
-3.3	.0005	.0005	.0005	.0004	.0004	.0004	.0004	.0004	.0004	.0003
-3.2	.0007	.0007	.0006	.0006	.0006	.0006	.0006	.0005	.0005	.0005
-3.1	.0010	.0009	.0009	.0009	.0008	.0008	.0008	.0008	.0007	.0007
-3.0	.0013	.0013	.0013	.0012	.0012	.0011	.0011	.0011	.0010	.0010
-2.9	.0019	.0018	.0018	.0017	.0016	.0016	.0015	.0015	.0014	.0014
-2.8	.0026	.0025	.0024	.0023	.0023	.0022	.0021	.0021	.0020	.0019
-2.7	.0035	.0034	.0033	.0032	.0031	.0030	.0029	.0028	.0027	.0026
-2.6	.0047	.0045	.0044	.0043	.0041	.0040	.0039	.0038	.0037	.0036
-2.5	.0062	.0060	.0059	.0057	.0055	.0054	.0052	.0051	.0049	.0048
-2.4	.0082	.0080	.0078	.0075	.0073	.0071	.0069	.0068	.0066	.0064
-2.3	.0107	.0104	.0102	.0099	.0096	.0094	.0091	.0089	.0087	.0084
-2.2	.0139	.0136	.0132	.0129	.0125	.0122	.0119	.0116	.0113	.0110
-2.1	.0179	.0174	.0170	.0166	.0162	.0158	.0154	.0150	.0146	.0143
-2.0	.0228	.0222	.0217	.0212	.0207	.0202	.0197	.0192	.0188	.0183
-1.9	.0287	.0281	.0274	.0268	.0262	.0256	.0250	.0244	.0239	.0233
-1.8	.0359	.0351	.0344	.0336	.0329	.0322	.0314	.0307	.0301	.0294
-1.7	.0446	.0436	.0427	.0418	.0409	.0401	.0392	.0384	.0375	.0367
-1.6	.0548	.0537	.0526	.0516	.0505	.0495	.0485	.0475	.0465	.0455
-1.5	.0688	.0655	.0643	.0630	.0618	.0606	.0594	.0582	.0571	.0559
-1.4	.0808	.0793	.0778	.0764	.0749	.0735	.0721	.0708	.0694	.0681
-1.3	.0968	.0951	.0934	.0918	.0901	.0885	.0869	.0853	.0838	.0823
-1.2	.1151	.1131	.1112	.1093	.1075	.1056	.1038	.1020	.1003	.0985
-1.1	.1357	.1335	.1314	.1292	.1271	.1251	.1230	.1210	.1190	.1170
-1.0	.1587	.1562	.1539	.1515	.1492	.1469	.1446	.1423	.1401	.1379
-0.9	.1841	.1814	.1788	.1762	.1736	.1711	.1685	.1660	.1635	.1611
-0.8	.2119	.2090	.2061	.2033	.2005	.1977	.1949	.1922	.1894	.1867
-0.7	.2420	.2389	.2358	.2327	.2296	.2266	.2236	.2206	.2177	.2148
-0.6	.2743	.2709	.2676	.2643	.2611	.2578	.2546	.2514	.2483	.2451
-0.5	.3085	.3050	.3015	.2981	.2946	.2912	.2877	.2843	.2810	.2776
-0.4	.3446	.3409	.3372	.3336	.3300	.3264	.3228	.3192	.3156	.3121
-0.3	.3821	.3783	.3745	.3707	.3669	.3632	.3594	.3557	.3520	.3483
-0.2	.4207	.4168	.4129	.4090	.4052	.4013	.3974	.3936	.3897	.3859
-0.1	.4602	.4562	.4522	.4483	.4443	.4404	.4364	.4325	.4286	.4247
-0.0	.5000	.4960	.4920	.4880	.4840	.4801	.4761	.4721	.4681	.4641

標準常態分配累積機率表（續）

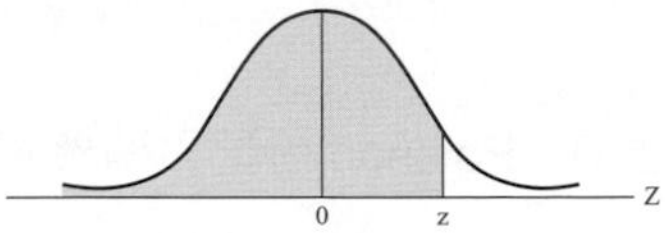

z	.00	.01	.02	.03	.04	.05	.06	.07	.08	.09
.0	.5000	.5040	.5080	.5120	.5160	.5199	.5239	.5279	.5319	.5359
.1	.5398	.5438	.5478	.5517	.5557	.5596	.5636	.5675	.5714	.5753
.2	.5793	.5832	.5871	.5910	.5948	.5987	.6026	.6064	.6103	.6141
.3	.6179	.6217	.6255	.6293	.6331	.6368	.6406	.6443	.6480	.6517
.4	.6554	.6591	.6628	.6664	.6700	.6736	.6772	.6808	.6844	.6879
.5	.6915	.6950	.6985	.7019	.7054	.7088	.7123	.7157	.7190	.7224
.6	.7257	.7291	.7324	.7357	.7389	.7422	.7454	.7486	.7517	.7549
.7	.7580	.7611	.7642	.7673	.7703	.7734	.7764	.7794	.7823	.7852
.8	.7881	.7910	.7939	.7967	.7995	.8023	.8051	.8078	.8106	.8133
.9	.8159	.8186	.8212	.8238	.8264	.8289	.8315	.8340	.8365	.8389
1.0	.8413	.8538	.8461	.8485	.8508	.8531	.8554	.8577	.8599	.8621
1.1	.8643	.8665	.8686	.8708	.8729	.8749	.8770	.8790	.8810	.8830
1.2	.8849	.8869	.8888	.8907	.8925	.8944	.8962	.8980	.8997	.9015
1.3	.9032	.9049	.9066	.9082	.9099	.9115	.9131	.9147	.9162	.9177
1.4	.9192	.9207	.9222	.9236	.9251	.9265	.9279	.9292	.9306	.9319
1.5	.9332	.9345	.9357	.9370	.9382	.9394	.9406	.9418	.9429	.9441
1.6	.9452	.9463	.9474	.9484	.9495	.9505	.9515	.9525	.9535	.9545
1.7	.9554	.9564	.9573	.9582	.9591	.9599	.9608	.9616	.9625	.9633
1.8	.9641	.9649	.9656	.9664	.9671	.9678	.9686	.9693	.9699	.9706
1.9	.9713	.9719	.9726	.9732	.9738	.9744	.9750	.9756	.9761	.9767
2.0	.9772	.9778	.9783	.9788	.9793	.9798	.9803	.9808	.9812	.9817
2.1	.9821	.9826	.9830	.9834	.9838	.9842	.9846	.9850	.9854	.9857
2.2	.9861	.9864	.9868	.9871	.9875	.9878	.9881	.9884	.9887	.9890
2.3	.9893	.9896	.9898	.9901	.9904	.9906	.9909	.9911	.9913	.9916
2.4	.9918	.9920	.9922	.9925	.9927	.9929	.9931	.9932	.9934	.9936
2.5	.9938	.9940	.9941	.9943	.9945	.9946	.9948	.9949	.9951	.9952
2.6	.9953	.9955	.9956	.9957	.9959	.9960	.9961	.9962	.9963	.9964
2.7	.9965	.9966	.9967	.9968	.9969	.9970	.9971	.9972	.9973	.9974
2.8	.9974	.9975	.9976	.9977	.9977	.9978	.9979	.9979	.9980	.9981
2.9	.9981	.9982	.9982	.9983	.9984	.9984	.9985	.9985	.9986	.9986
3.0	.9987	.9987	.9987	.9988	.9988	.9989	.9989	.9989	.9990	.9990
3.1	.9990	.9991	.9991	.9991	.9992	.9992	.9992	.9992	.9993	.9993
3.2	.9993	.9993	.9994	.9994	.9994	.9994	.9994	.9995	.9995	.9995
3.3	.9995	.9995	.9995	.9996	.9996	.9996	.9996	.9996	.9996	.9997
3.4	.9997	.9997	.9997	.9997	.9997	.9997	.9997	.9997	.9997	.9998

附表 B　Poisson 分配累積機率表

$$P(X \leq x) = \sum_{k=0}^{x} \left(\frac{\lambda^k e^{-\lambda}}{k!} \right)$$

x \ λ	0.1	0.2	0.3	0.4	0.5	0.6	0.7	0.8	0.9	1.0
0	0.905	0.819	0.741	0.670	0.607	0.549	0.497	0.449	0.407	0.368
1	0.995	0.982	0.963	0.938	0.910	0.878	0.844	0.809	0.772	0.736
2	1.000	0.999	0.996	0.992	0.986	0.977	0.966	0.953	0.937	0.920
3	1.000	1.000	1.000	0.999	0.998	0.997	0.994	0.991	0.987	0.981
4	1.000	1.000	1.000	1.000	1.000	1.000	0.999	0.999	0.998	0.996
5	1.000	1.000	1.000	1.000	1.000	1.000	1.000	1.000	1.000	0.999
6	1.000	1.000	1.000	1.000	1.000	1.000	1.000	1.000	1.000	1.000

x \ λ	1.1	1.2	1.3	1.4	1.5	1.6	1.7	1.8	1.9	2.0
0	0.333	0.301	0.273	0.247	0.223	0.202	0.183	0.165	0.150	0.135
1	0.699	0.663	0.627	0.592	0.558	0.525	0.493	0.463	0.434	0.406
2	0.900	0.879	0.857	0.833	0.809	0.783	0.757	0.731	0.704	0.677
3	0.974	0.966	0.957	0.946	0.934	0.921	0.907	0.891	0.875	0.857
4	0.995	0.992	0.989	0.986	0.981	0.976	0.970	0.964	0.956	0.947
5	0.999	0.998	0.998	0.997	0.996	0.994	0.992	0.990	0.987	0.983
6	1.000	1.000	1.000	0.999	0.999	0.999	0.998	0.997	0.997	0.995
7	1.000	1.000	1.000	1.000	1.000	1.000	1.000	0.999	0.999	0.999
8	1.000	1.000	1.000	1.000	1.000	1.000	1.000	1.000	1.000	1.000

x \ λ	2.2	2.4	2.6	2.8	3.0	3.2	3.4	3.6	3.8	4.0
0	0.111	0.091	0.074	0.061	0.050	0.041	0.033	0.027	0.022	0.018
1	0.355	0.308	0.267	0.231	0.199	0.171	0.147	0.126	0.107	0.092
2	0.623	0.570	0.518	0.469	0.423	0.380	0.340	0.303	0.269	0.238
3	0.819	0.779	0.736	0.692	0.647	0.603	0.558	0.515	0.473	0.433
4	0.928	0.904	0.877	0.848	0.815	0.781	0.744	0.706	0.668	0.629
5	0.975	0.964	0.951	0.935	0.916	0.895	0.871	0.844	0.816	0.785
6	0.993	0.988	0.983	0.976	0.966	0.955	0.942	0.927	0.909	0.889
7	0.998	0.997	0.995	0.992	0.988	0.983	0.977	0.969	0.960	0.949
8	1.000	0.999	0.999	0.998	0.996	0.994	0.992	0.988	0.984	0.979
9	1.000	1.000	1.000	0.999	0.999	0.998	0.997	0.996	0.994	0.992
10	1.000	1.000	1.000	1.000	1.000	1.000	0.999	0.999	0.998	0.997
11	1.000	1.000	1.000	1.000	1.000	1.000	1.000	1.000	0.999	0.999
12	1.000	1.000	1.000	1.000	1.000	1.000	1.000	1.000	1.000	1.000

x \ λ	4.2	4.4	4.6	4.8	5.0	5.2	5.4	5.6	5.8	6.0
0	0.015	0.012	0.010	0.008	0.007	0.006	0.005	0.004	0.003	0.002
1	0.078	0.066	0.056	0.048	0.040	0.034	0.029	0.024	0.021	0.017
2	0.210	0.185	0.163	0.143	0.125	0.109	0.095	0.082	0.072	0.062
3	0.395	0.359	0.326	0.294	0.265	0.238	0.213	0.191	0.170	0.151
4	0.590	0.551	0.513	0.476	0.440	0.406	0.373	0.342	0.313	0.285
5	0.753	0.720	0.686	0.651	0.616	0.581	0.546	0.512	0.478	0.446
6	0.867	0.844	0.818	0.791	0.762	0.732	0.702	0.670	0.638	0.606
7	0.936	0.921	0.905	0.887	0.867	0.845	0.822	0.797	0.771	0.744
8	0.972	0.964	0.955	0.944	0.932	0.918	0.903	0.886	0.867	0.847
9	0.989	0.985	0.980	0.975	0.968	0.960	0.951	0.941	0.929	0.916
10	0.996	0.994	0.992	0.990	0.986	0.982	0.977	0.972	0.965	0.957
11	0.999	0.998	0.997	0.996	0.995	0.993	0.990	0.988	0.984	0.980
12	1.000	0.999	0.999	0.999	0.998	0.997	0.996	0.995	0.993	0.991
13	1.000	1.000	1.000	1.000	0.999	0.999	0.999	0.998	0.997	0.996
14	1.000	1.000	1.000	1.000	1.000	1.000	0.999	0.999	0.999	0.999
15	1.000	1.000	1.000	1.000	1.000	1.000	1.000	1.000	1.000	0.999
16	1.000	1.000	1.000	1.000	1.000	1.000	1.000	1.000	1.000	1.000

x \ λ	6.5	7.0	7.5	8.0	8.5	9.0	9.5	10.0	10.5	11.0
0	0.002	0.001	0.000	0.000	0.000	0.000	0.000	0.000	0.000	0.000
1	0.011	0.007	0.005	0.003	0.002	0.001	0.001	0.000	0.000	0.000
2	0.043	0.030	0.020	0.014	0.009	0.006	0.004	0.003	0.002	0.001
3	0.112	0.082	0.059	0.042	0.030	0.021	0.015	0.010	0.007	0.005
4	0.224	0.173	0.132	0.100	0.074	0.055	0.040	0.029	0.021	0.015
5	0.369	0.301	0.241	0.191	0.150	0.116	0.089	0.067	0.050	0.038
6	0.527	0.450	0.378	0.313	0.256	0.207	0.165	0.130	0.102	0.079
7	0.673	0.599	0.525	0.453	0.386	0.324	0.269	0.220	0.179	0.143
8	0.792	0.729	0.662	0.593	0.523	0.456	0.392	0.333	0.279	0.232
9	0.877	0.830	0.776	0.717	0.653	0.587	0.522	0.458	0.397	0.341
10	0.933	0.901	0.862	0.816	0.763	0.706	0.645	0.583	0.521	0.460
11	0.966	0.947	0.921	0.888	0.849	0.803	0.752	0.697	0.639	0.579
12	0.984	0.973	0.957	0.936	0.909	0.876	0.836	0.792	0.742	0.689
13	0.993	0.987	0.978	0.966	0.949	0.926	0.898	0.864	0.825	0.781
14	0.997	0.994	0.990	0.983	0.973	0.959	0.940	0.917	0.888	0.854
15	0.999	0.998	0.995	0.992	0.986	0.978	0.967	0.951	0.932	0.907
16	1.000	0.999	0.998	0.996	0.993	0.989	0.982	0.973	0.960	0.944
17	1.000	1.000	0.999	0.998	0.997	0.995	0.991	0.986	0.978	0.968
18	1.000	1.000	1.000	0.999	0.999	0.998	0.996	0.993	0.988	0.982
19	1.000	1.000	1.000	1.000	0.999	0.999	0.998	0.997	0.994	0.991
20	1.000	1.000	1.000	1.000	1.000	1.000	0.999	0.998	0.997	0.995
21	1.000	1.000	1.000	1.000	1.000	1.000	1.000	0.999	0.999	0.998
22	1.000	1.000	1.000	1.000	1.000	1.000	1.000	1.000	0.999	0.999
23	1.000	1.000	1.000	1.000	1.000	1.000	1.000	1.000	1.000	1.000

附表 C　MIL-STD-105E 標準附表

表 C-1　樣本大小代字

批量		特殊	檢驗	水準	一般	檢驗	水準
大小	S-1	S-2	S-3	S-4	I	II	III
2-8	A	A	A	A	A	A	B
9-15	A	A	A	A	A	B	C
16-25	A	A	B	B	B	C	D
26-50	A	B	B	C	C	D	E
51-90	B	B	C	C	C	E	F
91-150	B	B	C	D	D	F	G
151-280	B	C	D	E	E	G	H
281-500	B	C	D	E	F	H	J
501-1200	C	C	E	F	G	J	K
1201-3200	C	D	E	G	H	K	L
3201-10000	C	D	F	G	J	L	M
10001-35000	C	D	F	H	K	M	N
35001-150000	D	F	G	J	L	N	P
150001-500000	D	E	G	J	M	P	Q
500001-	D	E	H	K	N	Q	R

表 C-2　正常檢驗單次抽樣計劃主表

樣本大小代字	樣本大小	AQL																									
		0.010	0.015	0.025	0.040	0.065	0.10	0.15	0.25	0.40	0.65	1.0	1.5	2.5	4.0	6.5	10	15	25	40	65	100	150	250	400	650	1000
		AcRe	AcRe	AcRe	AcRe	AcRe	AcRe	AcRe	AcRe	AcRe	AcRe	AcRe	AcRe	AcRe	AcRe	AcRe	AcRe	AcRe	AcRe	AcRe	AcRe	AcRe	AcRe	AcRe	AcRe	AcRe	AcRe
A	2	↓	↓	↓	↓	↓	↓	↓	↓	↓	↓	↓	↓	↓	↓	0 1	↓	↓	1 2	2 3	3 4	5 6	7 8	10 11	14 15	21 22	30 31
B	3	↓	↓	↓	↓	↓	↓	↓	↓	↓	↓	↓	↓	↓	0 1	↑	↓	1 2	2 3	3 4	5 6	7 8	10 11	14 15	21 22	30 31	44 45
C	5	↓	↓	↓	↓	↓	↓	↓	↓	↓	↓	↓	↓	0 1	↑	↓	1 2	2 3	3 4	5 6	7 8	10 11	14 15	21 22	30 31	44 45	↑
D	8	↓	↓	↓	↓	↓	↓	↓	↓	↓	↓	↓	0 1	↑	↓	1 2	2 3	3 4	5 6	7 8	10 11	14 15	21 22	30 31	44 45	↑	↑
E	13	↓	↓	↓	↓	↓	↓	↓	↓	↓	↓	0 1	↑	↓	1 2	2 3	3 4	5 6	7 8	10 11	14 15	21 22	30 31	44 45	↑	↑	↑
F	20	↓	↓	↓	↓	↓	↓	↓	↓	↓	0 1	↑	↓	1 2	2 3	3 4	5 6	7 8	10 11	14 15	21 22	↑	↑	↑	↑	↑	↑
G	32	↓	↓	↓	↓	↓	↓	↓	↓	0 1	↑	↓	1 2	2 3	3 4	5 6	7 8	10 11	14 15	21 22	↑	↑	↑	↑	↑	↑	↑
H	50	↓	↓	↓	↓	↓	↓	↓	0 1	↑	↓	1 2	2 3	3 4	5 6	7 8	10 11	14 15	21 22	↑	↑	↑	↑	↑	↑	↑	↑
J	80	↓	↓	↓	↓	↓	↓	0 1	↑	↓	1 2	2 3	3 4	5 6	7 8	10 11	14 15	21 22	↑	↑	↑	↑	↑	↑	↑	↑	↑
K	125	↓	↓	↓	↓	↓	0 1	↑	↓	1 2	2 3	3 4	5 6	7 8	10 11	14 15	21 22	↑	↑	↑	↑	↑	↑	↑	↑	↑	↑
L	200	↓	↓	↓	↓	0 1	↑	↓	1 2	2 3	3 4	5 6	7 8	10 11	14 15	21 22	↑	↑	↑	↑	↑	↑	↑	↑	↑	↑	↑
M	315	↓	↓	↓	0 1	↑	↓	1 2	2 3	3 4	5 6	7 8	10 11	14 15	21 22	↑	↑	↑	↑	↑	↑	↑	↑	↑	↑	↑	↑
N	500	↓	↓	0 1	↑	↓	1 2	2 3	3 4	5 6	7 8	10 11	14 15	21 22	↑	↑	↑	↑	↑	↑	↑	↑	↑	↑	↑	↑	↑
P	800	↓	0 1	↑	↓	1 2	2 3	3 4	5 6	7 8	10 11	14 15	21 22	↑	↑	↑	↑	↑	↑	↑	↑	↑	↑	↑	↑	↑	↑
Q	1200	0 1	↑	↓	1 2	2 3	3 4	5 6	7 8	10 11	14 15	21 22	↑	↑	↑	↑	↑	↑	↑	↑	↑	↑	↑	↑	↑	↑	↑
R	2000	↑	↑	1 2	2 3	3 4	5 6	7 8	10 11	14 15	21 22	↑	↑	↑	↑	↑	↑	↑	↑	↑	↑	↑	↑	↑	↑	↑	↑

↓ = 依箭頭下指第一個抽樣計劃，如果樣本大小 n 等於或超過送驗批批量 N 時，則採 100%檢驗

↑ = 依箭頭下指第一個抽樣計劃

Ac = 允收數　　Re = 拒收數

表 C-3　嚴格檢驗單次抽樣計劃主表

樣本大小代字	樣本大小	AQL 0.010 AcRe	0.015 AcRe	0.025 AcRe	0.040 AcRe	0.065 AcRe	0.10 AcRe	0.15 AcRe	0.25 AcRe	0.40 AcRe	0.65 AcRe	1.0 AcRe	1.5 AcRe	2.5 AcRe	4.0 AcRe	6.5 AcRe	10 AcRe	15 AcRe	25 AcRe	40 AcRe	65 AcRe	100 AcRe	150 AcRe	250 AcRe	400 AcRe	650 AcRe	1000 AcRe
A	2	↓	↓	↓	↓	↓	↓	↓	↓	↓	↓	↓	↓	↓	↓	↓	↓	↓	↓	1 2	2 3	3 4	5 6	8 9	12 13	18 19	27 28
B	3	↓	↓	↓	↓	↓	↓	↓	↓	↓	↓	↓	↓	↓	↓	0 1	↓	↓	1 2	2 3	3 4	5 6	8 9	12 13	18 19	27 28	41 42
C	5	↓	↓	↓	↓	↓	↓	↓	↓	↓	↓	↓	↓	↓	0 1	↓	↓	1 2	2 3	3 4	5 6	8 9	12 13	18 19	27 28	41 42	↑
D	8	↓	↓	↓	↓	↓	↓	↓	↓	↓	↓	↓	↓	0 1	↓	↓	1 2	2 3	3 4	5 6	8 9	12 13	18 19	27 28	41 42	↑	↑
E	13	↓	↓	↓	↓	↓	↓	↓	↓	↓	↓	↓	0 1	↓	↓	1 2	2 3	3 4	5 6	8 9	12 13	18 19	27 28	41 42	↑	↑	↑
F	20	↓	↓	↓	↓	↓	↓	↓	↓	↓	↓	0 1	↓	↓	1 2	2 3	3 4	5 6	8 9	12 13	18 19	↑	↑	↑	↑	↑	↑
G	32	↓	↓	↓	↓	↓	↓	↓	↓	↓	0 1	↓	↓	1 2	2 3	3 4	5 6	8 9	12 13	18 19	↑	↑	↑	↑	↑	↑	↑
H	50	↓	↓	↓	↓	↓	↓	↓	↓	0 1	↓	↓	1 2	2 3	3 4	5 6	8 9	12 13	18 19	↑	↑	↑	↑	↑	↑	↑	↑
J	80	↓	↓	↓	↓	↓	↓	↓	0 1	↓	↓	1 2	2 3	3 4	5 6	8 9	12 13	18 19	↑	↑	↑	↑	↑	↑	↑	↑	↑
K	125	↓	↓	↓	↓	↓	↓	0 1	↓	↓	1 2	2 3	3 4	5 6	8 9	12 13	18 19	↑	↑	↑	↑	↑	↑	↑	↑	↑	↑
L	200	↓	↓	↓	↓	↓	0 1	↓	↓	1 2	2 3	3 4	5 6	8 9	12 13	18 19	↑	↑	↑	↑	↑	↑	↑	↑	↑	↑	↑
M	315	↓	↓	↓	↓	0 1	↓	↓	1 2	2 3	3 4	5 6	8 9	12 13	18 19	↑	↑	↑	↑	↑	↑	↑	↑	↑	↑	↑	↑
N	500	↓	↓	↓	0 1	↓	↓	1 2	2 3	3 4	5 6	8 9	12 13	18 19	↑	↑	↑	↑	↑	↑	↑	↑	↑	↑	↑	↑	↑
P	800	↓	↓	0 1	↓	↓	1 2	2 3	3 4	5 6	8 9	12 13	18 19	↑	↑	↑	↑	↑	↑	↑	↑	↑	↑	↑	↑	↑	↑
Q	1200	↓	0 1	↓	↓	1 2	2 3	3 4	5 6	8 9	12 13	18 19	↑	↑	↑	↑	↑	↑	↑	↑	↑	↑	↑	↑	↑	↑	↑
R	2000	0 1	↑	↓	1 2	2 3	3 4	5 6	8 9	12 13	18 19	↑	↑	↑	↑	↑	↑	↑	↑	↑	↑	↑	↑	↑	↑	↑	↑
S	3150			1 2								↑	↑	↑	↑	↑	↑	↑	↑	↑	↑	↑	↑	↑	↑	↑	↑

↓ = 依箭頭下指第一個抽樣計劃，如果樣本大小 n 等於或超過送驗批批量 N 時，則採 100%檢驗

↑ = 依箭頭下指第一個抽樣計劃

Ac= 允收數　　Re= 拒收數

表 C-4　減量檢驗單次抽樣計劃主表

樣本大小代字	樣本大小	AQL																									
		0.010	0.015	0.025	0.040	0.065	0.10	0.15	0.25	0.40	0.65	1.0	1.5	2.5	4.0	6.5	10	15	25	40	65	100	150	250	400	650	1000
		AcRe	AcRe	AcRe	AcRe	AcRe	AcRe	AcRe	AcRe	AcRe	AcRe	AcRe	AcRe	AcRe	AcRe	AcRe	AcRe	AcRe	AcRe	AcRe	AcRe	AcRe	AcRe	AcRe	AcRe	AcRe	AcRe
A	2	↓	↓	↓	↓	↓	↓	↓	↓	↓	↓	↓	↓	↓	↓	0 1	↓	↓	1 2	2 3	3 4	5 6	7 8	10 11	14 15	21 22	30 31
B	2	↓	↓	↓	↓	↓	↓	↓	↓	↓	↓	↓	↓	↓	0 1	↑	↓	0 2	1 3	2 4	3 5	5 6	7 8	10 11	14 15	21 22	30 31
C	2	↓	↓	↓	↓	↓	↓	↓	↓	↓	↓	↓	↓	0 1	↑	↓	0 2	1 3	1 4	2 5	3 6	5 8	7 10	10 13	14 17	21 24	↑
D	3	↓	↓	↓	↓	↓	↓	↓	↓	↓	↓	↓	0 1	↑	↓	0 2	1 3	1 4	2 5	3 6	5 8	7 10	10 13	14 17	21 24	↑	↑
E	5	↓	↓	↓	↓	↓	↓	↓	↓	↓	↓	0 1	↑	↓	0 2	1 3	1 4	2 5	3 6	5 8	7 10	10 13	14 17	21 24	↑	↑	↑
F	8	↓	↓	↓	↓	↓	↓	↓	↓	↓	0 1	↑	↓	0 2	1 3	1 4	2 5	3 6	5 8	7 10	10 13	↑	↑	↑	↑	↑	↑
G	13	↓	↓	↓	↓	↓	↓	↓	↓	0 1	↑	↓	0 2	1 3	1 4	2 5	3 6	5 8	7 10	10 13	↑	↑	↑	↑	↑	↑	↑
H	20	↓	↓	↓	↓	↓	↓	↓	0 1	↑	↓	0 2	1 3	1 4	2 5	3 6	5 8	7 10	10 13	↑	↑	↑	↑	↑	↑	↑	↑
J	32	↓	↓	↓	↓	↓	↓	0 1	↑	↓	0 2	1 3	1 4	2 5	3 6	5 8	7 10	10 13	↑	↑	↑	↑	↑	↑	↑	↑	↑
K	50	↓	↓	↓	↓	↓	0 1	↑	↓	0 2	1 3	1 4	2 5	3 6	5 8	7 10	10 13	↑	↑	↑	↑	↑	↑	↑	↑	↑	↑
L	80	↓	↓	↓	↓	0 1	↑	↓	0 2	1 3	1 4	2 5	3 6	5 8	7 10	10 13	↑	↑	↑	↑	↑	↑	↑	↑	↑	↑	↑
M	125	↓	↓	↓	0 1	↑	↓	0 2	1 3	1 4	2 5	3 6	5 8	7 10	10 13	↑	↑	↑	↑	↑	↑	↑	↑	↑	↑	↑	↑
N	200	↓	↓	0 1	↑	↓	0 2	1 3	1 4	2 5	3 6	5 8	7 10	10 13	↑	↑	↑	↑	↑	↑	↑	↑	↑	↑	↑	↑	↑
P	315	↓	0 1	↑	↓	0 2	1 3	1 4	2 5	3 6	5 8	7 10	10 13	↑	↑	↑	↑	↑	↑	↑	↑	↑	↑	↑	↑	↑	↑
Q	500	0 1	↑	↓	0 2	1 3	1 4	2 5	3 6	5 8	7 10	10 13	↑	↑	↑	↑	↑	↑	↑	↑	↑	↑	↑	↑	↑	↑	↑
R	800	↑	↑	0 2	1 3	1 4	2 5	3 6	5 8	7 10	10 13	↑	↑	↑	↑	↑	↑	↑	↑	↑	↑	↑	↑	↑	↑	↑	↑

↓ = 依箭頭下指第一個抽樣計劃，如果樣本大小 n 等於或超過送驗批批量 N 時，則採 100%檢驗

↑ = 依箭頭下指第一個抽樣計劃

Ac= 允收數　　Re= 拒收數

註：經抽樣檢驗後，若不良數(或缺點數)超過允收數，但尚未達到拒收數時，可允收該批，但下批恢復正常檢驗

表 C-5　正常檢驗雙次抽樣計劃主表

樣本大小代字	樣本大小	AQL 0.010 AcRe	0.015 AcRe	0.025 AcRe	0.040 AcRe	0.065 AcRe	0.10 AcRe	0.15 AcRe	0.25 AcRe	0.40 AcRe	0.65 AcRe	1.0 AcRe	1.5 AcRe	2.5 AcRe	4.0 AcRe	6.5 AcRe	10 AcRe	15 AcRe	25 AcRe	40 AcRe	65 AcRe	100 AcRe	150 AcRe	250 AcRe	400 AcRe	650 AcRe	1000 AcRe
A		↓	↓	↓	↓	↓	↓	↓	↓	↓	↓	↓	↓	↓	↓	*	↓	↓	*	*	*	*	*	*	*	*	*
B	2 2	↓	↓	↓	↓	↓	↓	↓	↓	↓	↓	↓	↓	↓	*	↑	↓	0 2 1 2	0 3 3 4	1 4 4 5	2 5 6 7	3 7 8 9	5 9 12 13	7 11 18 19	11 16 26 27	17 22 37 38	25 31 56 57
C	3 3	↓	↓	↓	↓	↓	↓	↓	↓	↓	↓	↓	↓	*	↑	↓	0 2 1 2	0 3 3 4	1 4 4 5	2 5 6 7	3 7 8 9	5 9 12 13	7 11 18 19	11 16 26 27	17 22 37 38	25 31 56 57	↑
D	5 5	↓	↓	↓	↓	↓	↓	↓	↓	↓	↓	↓	*	↑	↓	0 2 1 2	0 3 3 4	1 4 4 5	2 5 6 7	3 7 8 9	5 9 12 13	7 11 18 19	11 16 26 27	17 22 37 38	25 31 56 57	↑	↑
E	8 8	↓	↓	↓	↓	↓	↓	↓	↓	↓	↓	*	↑	↓	0 2 1 2	0 3 3 4	1 4 4 5	2 5 6 7	3 7 8 9	5 9 12 13	7 11 18 19	11 16 26 27	17 22 37 38	25 31 56 57	↑	↑	↑
F	13 13	↓	↓	↓	↓	↓	↓	↓	↓	↓	*	↑	↓	0 2 1 2	0 3 3 4	1 4 4 5	2 5 6 7	3 7 8 9	5 9 12 13	7 11 18 19	11 16 26 27	↑	↑	↑	↑	↑	↑
G	20 20	↓	↓	↓	↓	↓	↓	↓	↓	*	↑	↓	0 2 1 2	0 3 3 4	1 4 4 5	2 5 6 7	3 7 8 9	5 9 12 13	7 11 18 19	11 16 26 27	↑	↑	↑	↑	↑	↑	↑
H	32 32	↓	↓	↓	↓	↓	↓	↓	*	↑	↓	0 2 1 2	0 3 3 4	1 4 4 5	2 5 6 7	3 7 8 9	5 9 12 13	7 11 18 19	11 16 26 27	↑	↑	↑	↑	↑	↑	↑	↑
J	50 50	↓	↓	↓	↓	↓	↓	*	↑	↓	0 2 1 2	0 3 3 4	1 4 4 5	2 5 6 7	3 7 8 9	5 9 12 13	7 11 18 19	11 16 26 27	↑	↑	↑	↑	↑	↑	↑	↑	↑

表 C-5　正常檢驗雙次抽樣計劃主表（續）

樣本大小代字	樣本大小	AQL 0.010	0.015	0.025	0.040	0.065	0.10	0.15	0.25	0.40	0.65	1.0	1.5	2.5	4.0	6.5	10	15	25	40	65	100	150	250	400	650	1000
		AcRe	AcRe	AcRe	AcRe	AcRe	AcRe	AcRe	AcRe	AcRe	AcRe	AcRe	AcRe	AcRe	AcRe	AcRe	AcRe	AcRe	AcRe	AcRe	AcRe	AcRe	AcRe	AcRe	AcRe	AcRe	AcRe
K	80	↓	↓	↓	↓	↓	*	↑	↓	0 2	0 3	1 4	2 5	3 7	5 9	7 11	11 16	↑	↑	↑	↑	↑	↑	↑	↑	↑	↑
	80									1 2	3 4	4 5	6 7	8 9	12 13	18 19	26 27										
L	125	↓	↓	↓	↓	*	↑	↓	0 2	0 3	1 4	2 5	3 7	5 9	7 11	11 16	↑	↑	↑	↑	↑	↑	↑	↑	↑	↑	↑
	125								1 2	3 4	4 5	6 7	8 9	12 13	18 19	26 27											
M	200	↓	↓	↓	*	↑	↓	0 2	0 3	1 4	2 5	3 7	5 9	7 11	11 16	↑	↑	↑	↑	↑	↑	↑	↑	↑	↑	↑	↑
	200							1 2	3 4	4 5	6 7	8 9	12 13	18 19	26 27												
N	315	↓	↓	*	↑	↓	0 2	0 3	1 4	2 5	3 7	5 9	7 11	11 16	↑	↑	↑	↑	↑	↑	↑	↑	↑	↑	↑	↑	↑
	315						1 2	3 4	4 5	6 7	8 9	12 13	18 19	26 27													
P	500	↓	*	↑	↓	0 2	0 3	1 4	2 5	3 7	5 9	7 11	11 16	↑	↑	↑	↑	↑	↑	↑	↑	↑	↑	↑	↑	↑	↑
	500					1 2	3 4	4 5	6 7	8 9	12 13	18 19	26 27														
Q	800	*	↑	↓	0 2	0 3	1 4	2 5	3 7	5 9	7 11	11 16	↑	↑	↑	↑	↑	↑	↑	↑	↑	↑	↑	↑	↑	↑	↑
	800				1 2	3 4	4 5	6 7	8 9	12 13	18 19	26 27															
R	1250	↑	↑	0 2	0 3	1 4	2 5	3 7	5 9	7 11	11 16	↑	↑	↑	↑	↑	↑	↑	↑	↑	↑	↑	↑	↑	↑	↑	↑
	1250			1 2	3 4	4 5	6 7	8 9	12 13	18 19	26 27																

↓ = 依箭頭下指第一個抽樣計劃，如果樣本大小 n 等於或超過送驗批批量 N 時，則採 100%檢驗

↑ = 依箭頭下指第一個抽樣計劃

Ac = 允收數　　Re = 拒收數

* = 選用對應的單次抽樣計劃(或選用下面的雙次抽樣計劃)

表 C-6　嚴格檢驗雙次抽樣計劃主表

樣本大小代字	樣本大小	0.010	0.015	0.025	0.040	0.065	0.10	0.15	0.25	0.40	0.65	1.0	1.5	2.5	4.0	6.5	10	15	25	40	65	100	150	250	400	650	1000
		AcRe	AcRe	AcRe	AcRe	AcRe	AcRe	AcRe	AcRe	AcRe	AcRe	AcRe	AcRe	AcRe	AcRe	AcRe	AcRe	AcRe	AcRe	AcRe	AcRe	AcRe	AcRe	AcRe	AcRe	AcRe	AcRe
A		↓	↓	↓	↓	↓	↓	↓	↓	↓	↓	↓	↓	↓	↓	↓	↓	↓	↓	*	*	*	*	*	*	*	*
B	2	↓	↓	↓	↓	↓	↓	↓	↓	↓	↓	↓	↓	↓	↓	*	↓	↓	0 2	0 3	1 4	2 5	3 7	6 10	9 14	15 20	23 29
	2																		1 2	3 4	4 5	6 7	11 12	15 16	23 24	34 35	52 53
C	3	↓	↓	↓	↓	↓	↓	↓	↓	↓	↓	↓	↓	↓	*	↓	↓	0 2	0 3	1 4	2 5	3 7	6 10	9 14	15 20	23 29	↑
	3																	1 2	3 4	4 5	6 7	11 12	15 16	23 24	34 35	52 53	
D	5	↓	↓	↓	↓	↓	↓	↓	↓	↓	↓	↓	↓	*	↓	↓	0 2	0 3	1 4	2 5	3 7	6 10	9 14	15 20	23 29	↑	↑
	5																1 2	3 4	4 5	6 7	11 12	15 16	23 24	34 35	52 53		
E	8	↓	↓	↓	↓	↓	↓	↓	↓	↓	↓	↓	*	↓	↓	0 2	0 3	1 4	2 5	3 7	6 10	9 14	15 20	23 29	↑	↑	↑
	8															1 2	3 4	4 5	6 7	11 12	15 16	23 24	34 35	52 53			
F	13	↓	↓	↓	↓	↓	↓	↓	↓	↓	↓	*	↓	↓	0 2	0 3	1 4	2 5	3 7	6 10	9 14	↑	↑	↑	↑	↑	↑
	13														1 2	3 4	4 5	6 7	11 12	15 16	23 24						
G	20	↓	↓	↓	↓	↓	↓	↓	↓	↓	*	↓	↓	0 2	0 3	1 4	2 5	3 7	6 10	9 14	↑	↑	↑	↑	↑	↑	↑
	20													1 2	3 4	4 5	6 7	11 12	15 16	23 24							
H	32	↓	↓	↓	↓	↓	↓	↓	↓	*	↓	↓	0 2	0 3	1 4	2 5	3 7	6 10	9 14	↑	↑	↑	↑	↑	↑	↑	↑
	32												1 2	3 4	4 5	6 7	11 12	15 16	23 24								
J	50	↓	↓	↓	↓	↓	↓	↓	*	↓	↓	0 2	0 3	1 4	2 5	3 7	6 10	9 14	↑	↑	↑	↑	↑	↑	↑	↑	↑
	50											1 2	3 4	4 5	6 7	11 12	15 16	23 24									

表 C-6　嚴格檢驗雙次抽樣計劃主表（續）

樣本大小代字	樣本大小	AQL 0.010	0.015	0.025	0.040	0.065	0.10	0.15	0.25	0.40	0.65	1.0	1.5	2.5	4.0	6.5	10	15	25	40	65	100	150	250	400	650	1000
		AcRe	AcRe	AcRe	AcRe	AcRe	AcRe	AcRe	AcRe	AcRe	AcRe	AcRe	AcRe	AcRe	AcRe	AcRe	AcRe	AcRe	AcRe	AcRe	AcRe	AcRe	AcRe	AcRe	AcRe	AcRe	AcRe
K	80 80	↓	↓	↓	↓	↓	↓	*	↓	↓	0 2 1 2	0 3 3 4	1 4 4 5	2 5 6 7	3 7 11 12	6 10 15 16	9 14 23 24	↑	↑	↑	↑	↑	↑	↑	↑	↑	↑
L	125 125	↓	↓	↓	↓	↓	*	↓	↓	0 2 1 2	0 3 3 4	1 4 4 5	2 5 6 7	3 7 11 12	6 10 15 16	9 14 23 24	↑	↑	↑	↑	↑	↑	↑	↑	↑	↑	↑
M	200 200	↓	↓	↓	↓	*	↓	↓	0 2 1 2	0 3 3 4	1 4 4 5	2 5 6 7	3 7 11 12	6 10 15 16	9 14 23 24	↑	↑	↑	↑	↑	↑	↑	↑	↑	↑	↑	↑
N	315 315	↓	↓	↓	*	↓	↓	0 2 1 2	0 3 3 4	1 4 4 5	2 5 6 7	3 7 11 12	6 10 15 16	9 14 23 24	↑	↑	↑	↑	↑	↑	↑	↑	↑	↑	↑	↑	↑
P	500 500	↓	↓	*	↓	↓	0 2 1 2	0 3 3 4	1 4 4 5	2 5 6 7	3 7 11 12	6 10 15 16	9 14 23 24	↑	↑	↑	↑	↑	↑	↑	↑	↑	↑	↑	↑	↑	↑
Q	800 800	↓	*	↓	↓	0 2 1 2	0 3 3 4	1 4 4 5	2 5 6 7	3 7 11 12	6 10 15 16	9 14 23 24	↑	↑	↑	↑	↑	↑	↑	↑	↑	↑	↑	↑	↑	↑	↑
R	1250 1250	*	↑	↓	0 2 1 2	0 3 3 4	1 4 4 5	2 5 6 7	3 7 11 12	6 10 15 16	9 14 23 24	↑	↑	↑	↑	↑	↑	↑	↑	↑	↑	↑	↑	↑	↑	↑	↑
R	2000 2000			0 2 1 2																							

↓ = 依箭頭下指第一個抽樣計劃，如果樣本大小 n 等於或超過送驗批批量 N 時，則採 100%檢驗

↑ = 依箭頭下指第一個抽樣計劃

Ac = 允收數　　Re = 拒收數

* = 選用對應的單次抽樣計劃(或選用下面的雙次抽樣計劃)

表 C-7 減量檢驗雙次抽樣計劃主表

樣本大小代字	樣本大小	AQL																									
		0.010	0.015	0.025	0.040	0.065	0.10	0.15	0.25	0.40	0.65	1.0	1.5	2.5	4.0	6.5	10	15	25	40	65	100	150	250	400	650	1000
		AcRe	AcRe	AcRe	AcRe	AcRe	AcRe	AcRe	AcRe	AcRe	AcRe	AcRe	AcRe	AcRe	AcRe	AcRe	AcRe	AcRe	AcRe	AcRe	AcRe	AcRe	AcRe	AcRe	AcRe	AcRe	AcRe
A		↓	↓	↓	↓	↓	↓	↓	↓	↓	↓	↓	↓	↓	↓	*	↓	↓	*	*	*	*	*	*	*	*	*
B		↓	↓	↓	↓	↓	↓	↓	↓	↓	↓	↓	↓	↓	*	↑	↓	*	*	*	*	*	*	*	*	*	*
C		↓	↓	↓	↓	↓	↓	↓	↓	↓	↓	↓	↓	*	↑	↓	*	*	*	*	*	*	*	*	*	*	↑
D	2 2	↓	↓	↓	↓	↓	↓	↓	↓	↓	↓	↓	*	↑	↓	0 2 0 2	0 3 0 4	0 4 1 5	0 4 3 6	1 5 4 7	2 7 6 9	3 8 8 12	5 10 12 16	7 12 18 22	11 17 26 30	↑	↑
E	3 3	↓	↓	↓	↓	↓	↓	↓	↓	↓	↓	*	↑	↓	0 2 0 2	0 3 0 4	0 4 1 5	0 4 3 6	1 5 4 7	2 7 6 9	3 8 8 12	5 10 12 16	7 12 18 22	11 17 26 30	↑	↑	↑
F	5 5	↓	↓	↓	↓	↓	↓	↓	↓	↓	*	↑	↓	0 2 0 2	0 3 0 4	0 4 1 5	0 4 3 6	1 5 4 7	2 7 6 9	3 8 8 12	5 10 12 16	↑	↑	↑	↑	↑	↑
G	8 8	↓	↓	↓	↓	↓	↓	↓	↓	*	↑	↓	0 2 0 2	0 3 0 4	0 4 1 5	0 4 3 6	1 5 4 7	2 7 6 9	3 8 8 12	5 10 12 16	↑	↑	↑	↑	↑	↑	↑
H	13 13	↓	↓	↓	↓	↓	↓	↓	*	↑	↓	0 2 0 2	0 3 0 4	0 4 1 5	0 4 3 6	1 5 4 7	2 7 6 9	3 8 8 12	5 10 12 16	↑	↑	↑	↑	↑	↑	↑	↑
J	20 20	↓	↓	↓	↓	↓	↓	*	↑	↓	0 2 0 2	0 3 0 4	0 4 1 5	0 4 3 6	1 5 4 7	2 7 6 9	3 8 8 12	5 10 12 16	↑	↑	↑	↑	↑	↑	↑	↑	↑
K	32 32	↓	↓	↓	↓	↓	*	↑	↓	0 2 0 2	0 3 0 4	0 4 1 5	0 4 3 6	1 5 4 7	2 7 6 9	3 8 8 12	5 10 12 16	↑	↑	↑	↑	↑	↑	↑	↑	↑	↑

表 C-7　減量檢驗雙次抽樣計劃主表（續）

樣本大小代字	樣本大小	AQL⁺ 0.010	0.015	0.025	0.040	0.065	0.10	0.15	0.25	0.40	0.65	1.0	1.5	2.5	4.0	6.5	10	15	25	40	65	100	150	250	400	650	1000
		AcRe	AcRe	AcRe	AcRe	AcRe	AcRe	AcRe	AcRe	AcRe	AcRe	AcRe	AcRe	AcRe	AcRe	AcRe	AcRe	AcRe	AcRe	AcRe	AcRe	AcRe	AcRe	AcRe	AcRe	AcRe	AcRe
L	50	↓	↓	↓	↓	*	↑	↓	0 2	0 3	0 4	0 4	1 5	2 7	3 8	5 10	↑	↑	↑	↑	↑	↑	↑	↑	↑	↑	↑
	50								0 2	0 4	1 5	3 6	4 7	6 9	8 12	12 16											
M	80	↓	↓	↓	*	↑	↓	0 2	0 3	0 4	0 4	1 5	2 7	3 8	5 10	↑	↑	↑	↑	↑	↑	↑	↑	↑	↑	↑	↑
	80							0 2	0 4	1 5	3 6	4 7	6 9	8 12	12 16												
N	125	↓	↓	*	↑	↓	0 2	0 3	0 4	0 4	1 5	2 7	3 8	5 10	↑	↑	↑	↑	↑	↑	↑	↑	↑	↑	↑	↑	↑
	125						0 2	0 4	1 5	3 6	4 7	6 9	8 12	12 16													
P	200	↓	*	↑	↓	0 2	0 3	0 4	0 4	1 5	2 7	3 8	5 10	↑	↑	↑	↑	↑	↑	↑	↑	↑	↑	↑	↑	↑	↑
	200					0 2	0 4	1 5	3 6	4 7	6 9	8 12	12 16														
Q	315	*	↑	↓	0 2	0 3	0 4	0 4	1 5	2 7	3 8	5 10	↑	↑	↑	↑	↑	↑	↑	↑	↑	↑	↑	↑	↑	↑	↑
	315				0 2	0 4	1 5	3 6	4 7	6 9	8 12	12 16															
R	500	↑	↑	0 2	0 3	0 4	0 4	1 5	2 7	3 8	5 10	↑	↑	↑	↑	↑	↑	↑	↑	↑	↑	↑	↑	↑	↑	↑	↑
	500			0 2	0 4	1 5	3 6	4 7	6 9	8 12	12 16																

↓ = 依箭頭下指第一個抽樣計劃，如果樣本大小 n 等於或超過送驗批批量 N 時，則採 100%檢驗

↑ = 依箭頭下指第一個抽樣計劃

Ac= 允收數　　Re= 拒收數

* = 選用對應的單次抽樣計劃(或選用下面的雙次抽樣計劃)

註：經第二次抽樣檢驗後，若不良數(或缺點數)超過允收數，但尚未達到拒收數時，可允收該批，但下批恢復正常檢驗

表 C-8　減量檢驗界線數

最近 10 批中之樣本數	AOQ																									
	0.010	0.015	0.025	0.040	0.065	0.10	0.15	0.25	0.40	0.65	1.0	1.5	2.5	4.0	6.5	10	15	25	40	65	100	150	250	400	650	1000
20-29	*	*	*	*	*	*	*	*	*	*	*	*	*	*	*	0	0	2	4	8	14	22	40	68	115	181
30-49	*	*	*	*	*	*	*	*	*	*	*	*	*	*	0	0	1	3	7	13	22	36	63	105	178	277
50-79	*	*	*	*	*	*	*	*	*	*	*	*	*	0	0	2	3	7	14	25	40	63	110	181	301	
80-129	*	*	*	*	*	*	*	*	*	*	*	*	0	0	2	4	7	14	24	42	68	105	181	297		
130-199	*	*	*	*	*	*	*	*	*	*	*	0	0	2	4	7	13	25	42	72	115	177	301	490		
200-319	*	*	*	*	*	*	*	*	*	*	*	0	2	4	8	14	22	40	68	115	181	277	471			
320-499	*	*	*	*	*	*	*	*	*	0	0	1	4	8	14	24	39	68	113	189						
500-799	*	*	*	*	*	*	*	*	0	0	2	3	7	14	25	40	63	110	181							
800-1249	*	*	*	*	*	*	*	0	0	2	4	7	14	24	42	68	105	181								
1250-1999	*	*	*	*	*	*	0	0	2	4	7	13	24	40	69	110	169									
2000-3149	*	*	*	*	*	0	0	2	4	8	14	22	40	68	115	181										
3150-4999	*	*	*	*	0	0	1	4	8	14	24	38	67	111	186											
5000-7999	*	*	*	0	0	2	3	7	14	25	40	63	110	181												
8000-12499	*	*	0	0	2	4	7	14	24	42	68	105	181													
12500-19999	*	0	0	2	4	7	13	24	40	69	110	169														
21000-31499	0	0	2	4	8	14	22	40	68	115	181															
31500-49999	0	1	4	8	14	24	38	67	111	186																
50000&-Over	2	3	7	14	25	40	63	110	181	301																

＊= 表在此 AQL 下，最近 10 批所檢驗之累積樣本數，尚不足以採用減量檢驗

中英文索引

一劃

二劃

三劃

四劃

五劃

六劃

七劃

八劃

九劃

十劃

十一劃

規準型抽樣檢驗 Stipulated Sampling Inspection CH 9
產出管理 Yield Management CH 11
產出價值 Output CH 1
產品佈置 Product Layout CH 3
產能需求規劃 Capacity Requirements Planning（CRP） CH 4
產品結構樹 Product Structure Trees CH 4
產能規劃 Detailed Capacity Planning CH 5
現有庫存狀況 Inventory Stock Status（ISS） CH 4
現有庫存餘額 On-Hand Balances CH 4
間斷或塊狀需求 Discrete or Lumpy Demand CH 4
間斷或塊狀 Lumpy CH 5
間接物料存貨 Indirect Materials Inventory CH 6
移動看板 Move Kanban CH 5
移動 Move CH 10
移動平均法 Moving Average Method CH 2
採購 Purchase CH 8
採購管理 Purchase Management CH 8
採購合約 Purchase Contract CH 8
基本的物料項目 Basic Product CH 4
組織設計 Organizing CH 1
控制 Controlling CH 1
專家意見法 Experts Opinions Method CH 2
唯一性 Unity CH 3
終項 End Item CH 4
淨需求量 Net Requirements CH 5
推式生產系統 Push System CH 5
商品 Merchandise CH 6
常態分配 Normal Distribution CH 6
國內生產毛額 Gross Domestic Product, GDP CH 11
堆高機 Fork Lift Truck CH 10
貨櫃 Container CH 10

十二劃

十三劃

十四劃

十五劃

十六劃

十七劃

十八劃

十九劃

二十劃

二十一劃

顧客拉動生產方式 Customer Pull CH 11

二十二劃

權數 Weights CH 2

二十三劃

變動成本 Variable Cost（VC） CH 10

NOTE

NOTE

NOTE

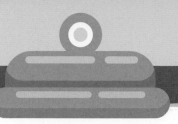

國家圖書館出版品預行編目資料

物料管理 / 梁添富編著. -- 四版 --
新北市 : 全華圖書, 2020.10
面 ; 公分
ISBN 978-986-503-495-5 (平裝)
1. 物料管理
494.57 109014289

物料管理(第四版)

作者 / 梁添富
發行人 / 陳本源
執行編輯 / 郜愛婷
封面設計 / 盧怡瑄
出版者 / 全華圖書股份有限公司
郵政帳號 / 0100836-1 號
印刷者 / 宏懋打字印刷股份有限公司
圖書編號 / 0367703
四版二刷 / 2022 年 2 月
定價 / 新台幣 550 元
ISBN / 978-986-503-495-5
全華圖書 / www.chwa.com.tw
全華網路書店 Open Tech / www.opentech.com.tw
若您對書籍內容、排版印刷有任何問題，歡迎來信指導 book@chwa.com.tw

臺北總公司(北區營業處)
地址：23671 新北市土城區忠義路 21 號
電話：(02) 2262-5666
傳真：(02) 6637-3695、6637-3696

南區營業處
地址：80769 高雄市三民區應安街 12 號
電話：(07) 381-1377
傳真：(07) 862-5562

中區營業處
地址：40256 臺中市南區樹義一巷 26 號
電話：(04) 2261-8485
傳真：(04) 3600-9806(高中職)
(04) 3601-8600(大專)

（請由此線剪下）

歡迎加入 全華會員

● 會員獨享

會員享購書折扣、紅利積點、生日禮金、不定期優惠活動…等。

● 如何加入會員

掃 QRcode 或填妥讀者回函卡直接傳真（02）2262-0900 或寄回，將由專人協助登入會員資料，待收到 E-MAIL 通知後即可成為會員。

如何購買 全華書籍

1. 網路購書

全華網路書店「http://www.opentech.com.tw」，加入會員購書更便利，並享有紅利積點回饋等各式優惠。

2. 實體門市

歡迎至全華門市（新北市土城區忠義路 21 號）或各大書局選購。

3. 來電訂購

(1) 訂購專線：(02) 2262-5666 轉 321-324

(2) 傳真專線：(02) 6637-3696

(3) 郵局劃撥（帳號：0100836-1　戶名：全華圖書股份有限公司）

※ 購書未滿 990 元者，酌收運費 80 元。

OpenTech 全華網路書店 .com.tw

全華網路書店 www.opentech.com.tw
E-mail: service@chwa.com.tw

※ 本會員制如有變更則以最新修訂制度為準，造成不便請見諒。

廣　告　回　信
板橋郵局登記證
板橋廣字第540號

23671 新北市土城區忠義路 21 號

全華圖書股份有限公司

行銷企劃部　收

（請由此線剪下）

讀者回函卡

掃 QRcode 線上填寫 ▶▶▶

姓名：________ 生日：西元____年____月____日 性別：□男 □女

電話：(　)________ 手機：________

e-mail：(必填)________

註：數字零，請用 Φ 表示，數字 1 與英文 L 請另註明並書寫端正，謝謝。

通訊處：□□□□□

學歷：□高中・職 □專科 □大學 □碩士 □博士

職業：□工程師 □教師 □學生 □軍・公 □其他

學校／公司：________ 科系／部門：________

・需求書類：

□ A. 電子 □ B. 電機 □ C. 資訊 □ D. 機械 □ E. 汽車 □ F. 工管 □ G. 土木 □ H. 化工 □ I. 設計

□ J. 商管 □ K. 日文 □ L. 美容 □ M. 休閒 □ N. 餐飲 □ O. 其他

・本次購買圖書為：________ 書號：________

・您對本書的評價：

封面設計：□非常滿意 □滿意 □尚可 □需改善，請說明________

內容表達：□非常滿意 □滿意 □尚可 □需改善，請說明________

版面編排：□非常滿意 □滿意 □尚可 □需改善，請說明________

印刷品質：□非常滿意 □滿意 □尚可 □需改善，請說明________

書籍定價：□非常滿意 □滿意 □尚可 □需改善，請說明________

整體評價：請說明________

・您在何處購買本書？

□書局 □網路書店 □書展 □團購 □其他________

・您購買本書的原因？（可複選）

□個人需要 □公司採購 □親友推薦 □老師指定用書 □其他________

・您希望全華以何種方式提供出版訊息及特惠活動？

□電子報 □ DM □廣告（媒體名稱________）

・您是否上過全華網路書店？（www.opentech.com.tw）

□是 □否 您的建議________

・您希望全華出版哪方面書籍？________

・您希望全華加強哪些服務？________

感謝您提供寶貴意見，全華將秉持服務的熱忱，出版更多好書，以饗讀者。

填寫日期：　/　/

2020.09 修訂

親愛的讀者：

感謝您對全華圖書的支持與愛護，雖然我們很慎重的處理每一本書，但恐仍有疏漏之處，若您發現本書有任何錯誤，請填寫於勘誤表內寄回，我們將於再版時修正，您的批評與指教是我們進步的原動力，謝謝！

全華圖書　敬上

勘誤表

書號		書名		作者	
頁數	行數	錯誤或不當之詞句		建議修改之詞句	

我有話要說：（其它之批評與建議，如封面、編排、內容、印刷品質等・・・）